正確選擇和使用塗料

鮑勃・弗萊克斯納
Bob Flexner

楓葉社

序言

中國擁有世界上最為悠久燦爛的木文化和木工傳統，也是世界上最早對木料進行表面處理的國家。中國先民最早發現了生漆的特性，並將生漆調和成各種顏色，用於木料的表面防腐處理與裝飾美化。以距今六七千年的河姆渡文化遺址中出土的紅漆木胎碗為代表的多款原始木胎漆器，就是中國乃至世界上最早的木料表面處理的實例。

作為一名致力於木工家具設計、製作及精細木工教學與實踐的專業人士，我對木材加工本身的各項技術工序非常熟悉，但不得不說，我對作品完成後的木工表面處理知識知之甚少，相信很多木工領域的業內人士與我有相似的感受。很多人會膚淺地認為，木工表面處理是一項比木材加工更為簡單的技藝，只需把容器裡面的液體通過布、刷子或者噴槍分散到木料表面，任務就完成了，這樣的操作相比製作木工作品的結構來說容易多了。為什麼我們精於複雜的木材加工，而對更加簡單的木工表面處理更加陌生呢？我想這與我們的感官感受有直接的關係，因為表面處理屬於化學的範疇——它需要把多種不同的材料混合在一起才能形成具有特定屬性的液體，這個過程無法從視覺角度看出差別。就像你無法通過眼睛分辨出油漆的組成成分，卻能很容易地看出燕尾榫與普通榫卯的差別，也能輕易地區分臺鋸與帶鋸那樣。

本書的作者從20世紀70年代開始接觸木料表面處理，並經過幾十年的實踐積累，收集第一手資料，將它們整理成有助於木匠和表面處理師學習的形式，在化學家與使用表面處理產品的木工工作者之間架起一道橋梁。本書共分為五部分。第一部分系統講解了為什麼要為木料做表面處理，木料表面預處理的類型及所使用的工具；第二部分介紹了木料染色的各種知識；第三部分介紹了木料表面處理產品的使用和選擇，包括油類表面處理產品、蠟、膏狀木填料、蟲膠、合成漆、清漆、水基表面處理產品等；第四、第五部分則進一步介紹了木料表面處理的高級技術，比如上色、不同木料的表面處理、表面處理塗層的後期維護等。

這是我迄今見過的最為系統且深入淺出地介紹木工表面處理科學的專業書籍，既適合業餘木工愛好者及發燒友，也適合職業院校及高等院校與木工相關專業的學生學習使用。本書圖文並茂，如同一本專業詞典，你可以從中找到大部分想要了解的木工表面處理的知識。通過學習本書，我們可以解決在木工房遇到的實際問題，不用再通過反覆的試錯和品嘗失敗的苦澀完成木工表面處理知識的積累。相信廣大讀者也能從中找到解決自身疑惑的方法。茲為序。

余繼宏博士

東華大學產品設計系副教授

世界技能大賽第 44/45 屆精細木工項目中國專家組組長

引言

20世紀70年代中期，我跟著一對在木工房附近做表面處理的夫妻開始學習木料的表面處理。回想起來，我就是從那個時候開始變成一個優秀的表面處理師的。我學習如何噴漆、如何使用催化型表面處理產品、如何使用染料、如何上釉調色、如何填充孔隙以及如何擦拭表面。

在學習這些技術的同時我還閱讀了一些木工雜誌，但卻事與願違，我反而在這個過程中逐漸喪失了自信。讀過的表面處理的文章愈多，我就變得愈加困惑──這種狀況持續到了20世紀80年代初。然後我放棄了自己完成表面處理，把這些工作轉交給了他人。

就這樣又過去了幾年。但我對結果並不滿意，因為一切都不在我的控制之內。我的作品是經他人之手最後完成的，我也開始收到一些客戶的投訴。這一切都讓我變得愈來愈有挫敗感。

我發覺我自認為的困境是說不通的，表面處理應該沒有那麼難。我必須把它弄清楚。然後我開始去圖書館查閱有關木料表面處理以及重做表面處理的書籍，我還付出雙倍的努力閱讀相關的木工雜誌。但是這一切努力絲毫不起作用，我反而變得更加困惑。每當我理解了一些說明或者步驟的時候，接下來我便會讀到一些與之矛盾的內容。

全新的突破

有一天，我給我的朋友吉姆（Jim）打電話，他有很好的化學背景知識。我問他是否能夠解釋，為什麼那些用動物膠黏合的家具拼接處可以用酒精分離。

他問：「什麼是動物膠？」我回答道：「動物膠就是用動物皮革製作出來的黏合劑。」「哦，那不就是蛋白質嘛！」他驚呼道。他隨後向我解釋了有關動物膠的知識──這些知識在我之前查閱的木工書本上從未被提及。比如，它是如何發揮作用的，它是如何退化、為何會退化，為什麼它不需要夾具就能完成黏合，為什麼酒精會使它結晶化，為什麼蒸氣會使它溶解等一系列的疑問。

我當時就驚呆了。這麼多年以來我一直在尋找那些被用在古董家具上的

動物膠的知識都無濟於事，但是吉姆卻一直是知道的──僅僅是因為他了解蛋白質的化學知識。

那次交談之後，吉姆帶我去當地大學的工程圖書館挖掘我們需要的資料。當我走出來的時候，我的手上捧滿了介紹動物膠知識的書籍。

在介紹膠水的書籍旁還有幾個架子，上面放著介紹染色劑、染料、溶劑、油和蠟的化學知識和使用技術的書籍。幾週之後，我借閱了幾本這樣的書繼續鑽研。

因為欠缺化學和工程方面的知識背景，所以開始的時候我覺得這些書很難理解。為了深入學習，我加入了美國塗料和表面處理化學家協會，參加了很多研討會和座談會。我投入了大量時間向這些化學家請教，他們是真正為表面處理產品製作原材料的人。我發現這些化學家與我之前接觸過的很多木匠一樣：只要對方感興趣，他們很樂意去分享他們了解到的知識。

我開始慢慢地了解了一些表面處理的知識。如何了解每種產品的性質、如何使這些產品的應用效果更顯著，以及如何運用所學的知識幫助我解決在木工房遇到的實際問題，它們在我的頭腦中變得清晰起來。我不必再通過不斷地嘗試、一次次的失敗尋找真相了。那樣成本太高，也會使我愈來愈有挫敗感，而且通向成功的路異常漫長。說實話，如果你沒有機會經常地做表面處理，我很難想像你如何能夠僅憑一己之力、通過不斷地嘗試和失敗掌握它。

同樣，我也很難理解，為什麼之前沒有人有效地收集這些資料，並將它們整理成有助於木匠和表面處理師學習的形式。之前沒有人嘗試在化學家──他們非常清楚表面處理材料的本質──與使用表面處理產品的木匠之間架起一道橋梁。所以，我決定親自完成這樣一本書，並在1994年完成了它的第1版。

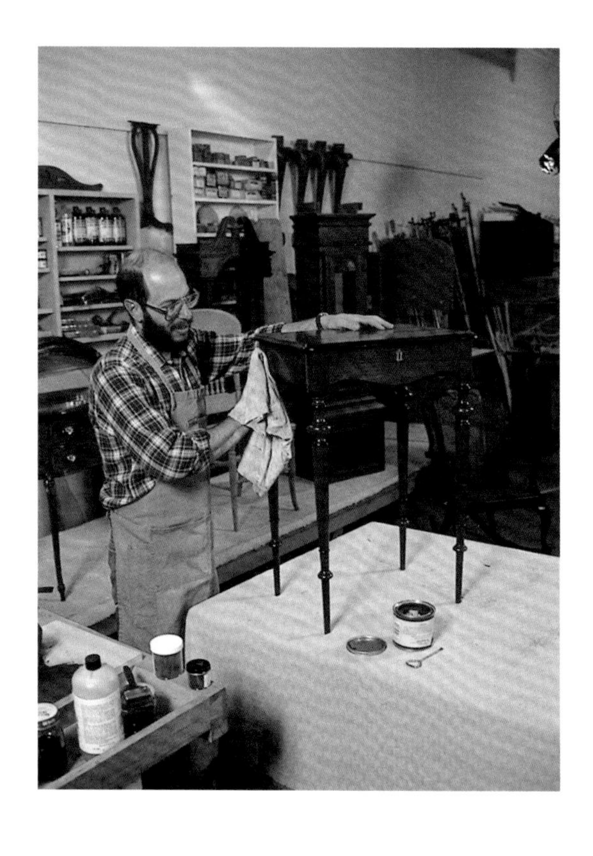

「半保留規則」

這本書真的非常成功——而且超出了我的想像！但它並沒有真正地解決問題。發表的那些關於表面處理的訊息依然讓人感到困惑和矛盾。我們仍然受到「半保留規則」的困擾——我們所讀到的或者聽到的關於表面處理的知識只有一半是正確的。但是我們不知道哪一半是正確的！

為什麼會這樣呢？為什麼木工表面處理的知識依然如此匱乏呢？木工表面處理應該是一項很簡單的技藝啊。把容器裡面的液體用布、刷子，或者噴槍分散到木料表面就可以了。而且這些工具都很容易掌控——相比那些製作木工製品時用到的工具要容易得多。

我想可以從兩個方面解釋這個現象。其一，表面處理屬於化學的範疇——它需要把多種分子混合在一起才能形成具有特定屬性的液體，這個是無法從視覺角度看出差別的。這完全不同於使用的木工工具（它們都是物理範疇的物品）。比如，無論是在容器裡還是木料表面，你都無法分辨出清漆和合成漆。相反地，你卻能很容易地看出燕尾榫與普通榫卯結構的區別，也能輕易地區分臺鋸與帶鋸（即使帶鋸也是帶有臺面的）。

無法從視覺上區分也催生了第二個層面的問題，並使它看起來不可避免。其二就是，很多表面處理產品的製造商在產品的命名和宣傳上給用戶造成了誤導。製造商不僅誤導了大眾，同樣造成了編輯相關書籍的人們理解上的困惑，使他們無法判斷哪些是正確的，哪些是錯誤的。你也沒有什麼有效的途徑能夠檢查製造商宣傳的產品屬性是否比產品的實際屬性要好或者根本不同。我相信，如果沒有很多錯誤訊息的話，對表面處理的理解不會比一件家庭瑣事更複雜（這本書也可以更薄一些）。你會發現，你的時間更多的是花在了排除錯誤訊息而不是學習正確的訊息上。

安全

在這本書中，我指出了使用各種表面處理產品時需要的安全防護措施。這樣的內容貫穿全書，這裡只是綜述。

表面處理用到的大多數材料都是對身體有害的。溶劑，比如油漆溶劑油、石腦油以及漆稀釋劑，都會引起皮炎、眩暈、頭痛、惡心的症狀。化學成分，諸如鹼液、草酸、氯漂白劑容易引起支氣管和皮膚問題。即使廠家宣稱的「安全」剝離劑或者水基表面處理產品同樣包含一些有機溶劑成分，如果吸入過多的話，也是有害健康的。

你必須在自己的工作區域安裝通風設備，保持空氣的持續流通，從而保護自己免受傷害。如果不能保證空氣的流通，你必須佩戴經過美國國家職業安全與衛生研究院（National Institute for Occupational Safetyand Health，簡稱NIOSH）認證的有機蒸氣防護面罩。（美國國家職業安全與衛生研究院是美國的一家國家級研究機構，專門負責與職業工人健康以及呼吸保護相關的測試和認證。）除此之外，你還要在接觸表面處理產品時佩戴手套來保護手部。

儘管需要採取安全措施，但使用表面處理產品也無須過於擔心，它們並不會比使用木工工具更麻煩。這一點非常重要，因為現在關於使用某些表面處理產品的警告愈來愈多。有些警告是來自製造商的競爭對手的，還有一些警告則來自一些作者，他們在沒有經過考證的情況下過分誇大了安全隱患。在有些情況下，如果你對產品缺乏了解，使用了隨意從一家油漆店買來的產品，的確可能出現事故。

正如你使用電動木工工具時那樣，使用表面處理產品同樣依賴於常識。多關心自己的身體。如果你覺得頭暈或者開始咳嗽，或者手開始變得乾燥或者開裂，你就要採取更有力的措施保護自己。長期接觸會增加表面處理產品中的溶劑以及其他化學成分引起健康問題（身體會變得更加敏感）的風險，所以，如果你的工作以此為基礎，那麼你要在使用這些產品時採取更有力的防護措施。

祕密就是沒有祕密

製造商常常會對他們的產品訊息緘默不語，最明顯的體現就是他們不願意告知大家他們使用的確切成分是什麼。製造商不願意洩露他們所謂的「祕密」。他們常用知識產權來做藉口。

曾經有一段時間，製造商，甚至一些自己製作表面處理產品的油漆工都要保守這些祕密。但是在過去的100年間，表面處理產品的配製已經發展為了成熟的科學。大多數表面處理產品的化學成分也在最近的幾十年變得廣為人知。

現在，木料的表面處理產品已經沒有什麼新鮮可言了。「新鮮」的東西幾乎已經被生產原材料的大型化工企業開發殆盡了。這些公司會向任何有需求的人，特別是那些作為潛在客戶的、表面處理產品的製造商，提供相關製作工藝的新的訊息。這些原材料供應商甚至會提供使用其產品的配方。表面處理產品的製造商所要做的只是將這些材料混合起來。

所以，所有表面處理產品的製造商，以及你和我，都可以獲得原材料和生產表面處理產品的相關訊息。而訊息不流通的環節只存在於把原材料生產成產品的製造商與最終用戶之間。

各個製造商之間也不存在這種祕密。因為每個大型製造商都能夠借助相關的設備分析競爭對手的產品。每個製造商都能夠找到其他製造商的賣點。現代表面處理的先驅之一、威廉姆·科倫布哈爾（William Krumbhaar）曾經說過：「保守祕密的真正原因其實是在掩蓋根本沒有祕密這個事實。」

現代的木工表面處理產品供應商與銷售公司差不多，他們尋求積極的商業運作模式以達到最大的銷量。在過去的幾十年間，出於控製成本的原因，這些公司裡十分了解產品的人已經非常少了。這同樣能夠解釋，即使致電詢問，你也很難得到正確的答復，以及標籤上的說明常常是不正確的原因。

接近理解

如果不能每天實踐，就無法通過不斷地嘗試和失敗掌握表面處理技術，同時又不能過於依賴製造商以及供應商提供的訊息。面對這樣的雙重困境，我們要如何應對呢？

根據我的經驗，只需知道產品的類型、它們如何起作用，以及你最終期待獲得的效果就可以了。你不需要查詢產品的原始化學成分，因為我已經為你做好了這項工作。10餘年來，我不斷精煉第1版的內容，也增加了一些新的知識，促成了第2版的問世。

我期待這本書提供的內容能夠幫助你成功地掌握木工表面處理技術。我也希望別人可以拾遺補闕，完善這本書的內容。畢竟，表面處理的類型是多樣的，應用表面處理產品的方式也是無限的，產生的效果也會千差萬別。（不過，正確定義產品的方式只有一種。）

總之，我希望從現在開始，製造商可以幫助我們了解他們的產品。他們應在容器表面貼上正確的標籤，並在標籤上列出確切的成分。這樣才能使表面處理技術恢復它本來的簡單面貌！

如何使用這本書？

講解表面處理的書籍很難直截了當地讀懂，因為如果沒有經驗，很多部分你是很難跟得上的。這本書的內容按照實際完成表面處理的過程做了線性安排。但這並不意味著，你必須首先完成前面章節的閱讀才能學習後面的內容。這門技術的學習過程是一個循序漸進的過程，但並不是完全線性的。你需要通過實際操作來階段性地理解概念性的知識。

首先翻閱你感興趣的章節，並在處理完整的木工製品之前，先在一塊廢料上進行試驗。（就像你在製作燕尾榫抽屜之前所做的那樣。）

隨著技術的進步，你感興趣的內容也會隨之改變，這時候你就可以學習其他部分了。你會發現，表面處理中用到的各種材料和技術是彼此關聯的。你在某個主題上學習得愈多，對其他內容的理解就會愈好。

目錄

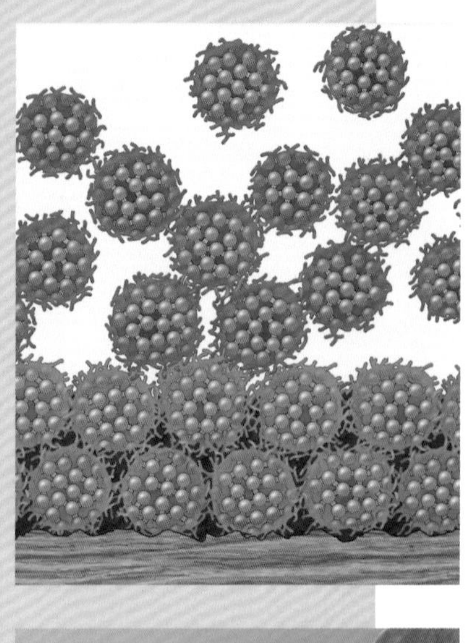

◆ 第一部分 ◆

準備工作

1

為什麼木料必須做表面處理？

簡介

- 衛生
- 穩定性
- 裝飾性

為什麼我們必須為木料做表面處理呢？作為額外的步驟，這個過程夾雜著臭味和髒亂，還可能出現各種錯誤，木匠們也很難從中找到樂趣。而且很多作品在做表面處理之前已經看起來非常棒了，為什麼還要做表面處理呢？有三個主要原因，即便於保持衛生、提高作品的穩定性和增添裝飾效果。

衛生

木料是多孔材料，包含無數大大小小的孔洞。這些孔洞會因為手摸、接觸空氣中的懸浮物以及食物而積累塵垢和產生汙漬。骯髒的木料不僅外觀難看，而且不利於使用者的健康，因為它們為細菌提供了溫床。通過表面處理可以把多孔的表面密封起來，使木料不易被汙染，並且便於清潔。

穩定性

木料除了多孔，還很容易吸收和釋放水分。木料含水的多少叫作含水量。環境中的水既包含液態水也包含水蒸氣（構成環境溼度）。木料通常會隨環境含量水的不同做出反應。如果把乾燥的木料放入水中或高溼度的環境中，木料就會吸水膨脹；如果把含水量較高的木料放在相對乾燥的環境中，那木料就會釋放水分並收縮。

木料尺寸的這種變化通常被稱為木料形變。木料形變通常不會在整塊木料上發生。比如，木料表面的形變要比木料中心的形變更為明顯。木料的膨脹和收縮主要出現在橫向的紋理部分。這意味著，相對於木料的長度方向來說，木料的寬度與厚度方向更容易發生變化。而且，木料通常會在年輪的周圍──而不是垂直於年輪的方向──膨脹或收縮。

這些不同反應造成的結果就是，木料形變會在木料內部和木工製品的接合部位產生巨大的應力。這種應力會造成接合部件的斷裂、龜裂、翹曲，降低接合的強度。木料表面處理則可以延緩含水量差異帶來的變化，從而減少應力，使木料更加穩定。

一般情況下，表面處理塗層愈厚，水分對木工製品的影響愈小。木料吸收水分的情況並非必須遇到液態水才會發生，更多的時候是環境中的水蒸氣對木料產生影響。

水蒸氣的吸收對那些未作保護的木家具和木工製品的影響很大，液態水環境的影響速度反而相對慢一些。

傳言

在木料的側面做好表面處理能夠避免或者至少減少翹曲的情況出現。

事實

表面處理只能延緩，但不能防止或減少由木料收縮導致的翹曲。而且，相對於放射性收縮（垂直於年輪），表面處理對切向收縮（圍繞年輪）的減緩作用更明顯。水蒸氣依然會穿過表面處理塗層，導致同等程度的翹曲。由於木板的側面暴露在潮溼與乾燥交替的環境中的機會更多，所以由加壓收縮導致的翹曲（通常發生在桌面一側）是無法完全避免的。因此，一旦桌面浸水，應立刻用乾布將其擦掉。如果表面處理的塗層退化或者磨損嚴重，則需要及時重新進行表面處理。

斷裂、龜裂和翹曲

為了能夠更好地理解溼度變化對木料斷裂、龜裂和翹曲的影響，請參閱**圖1-1**。用夾具將一塊經過烘乾的木板緊緊地夾住，使木板無法沿寬度方向膨脹，然後將其在相對溼度100%的環境中放置一段時間。你會發現，木板出現膨脹（由於細胞的擴張），但是因為被夾具限制住了，所以木質細胞的截面在外力作用下從圓形變成了橢圓形。

如果把夾具拿掉，把環境相對溼度下調到30%，隨著水分的揮發，木質細胞會收縮，但是不會再回到之前的形狀了，它們會保持在扁平狀態。所以，木板會收縮，其寬度也會比之前更窄。如果再次夾緊木板，並使其再次經歷從高溼度環境到低溼度環境的過程，木板會進一步地收縮。這種現象被稱為加壓收縮（也叫作壓縮形變）。這就可以解釋，為什麼時間久了木工製品上的釘子和螺絲會變鬆，錘子和斧頭的木柄也會變鬆，這是木料持續地吸收和釋放水分造成的。當木板暴露在溼度較大的環境中時，加壓收縮就會產生。這會導致木板的兩

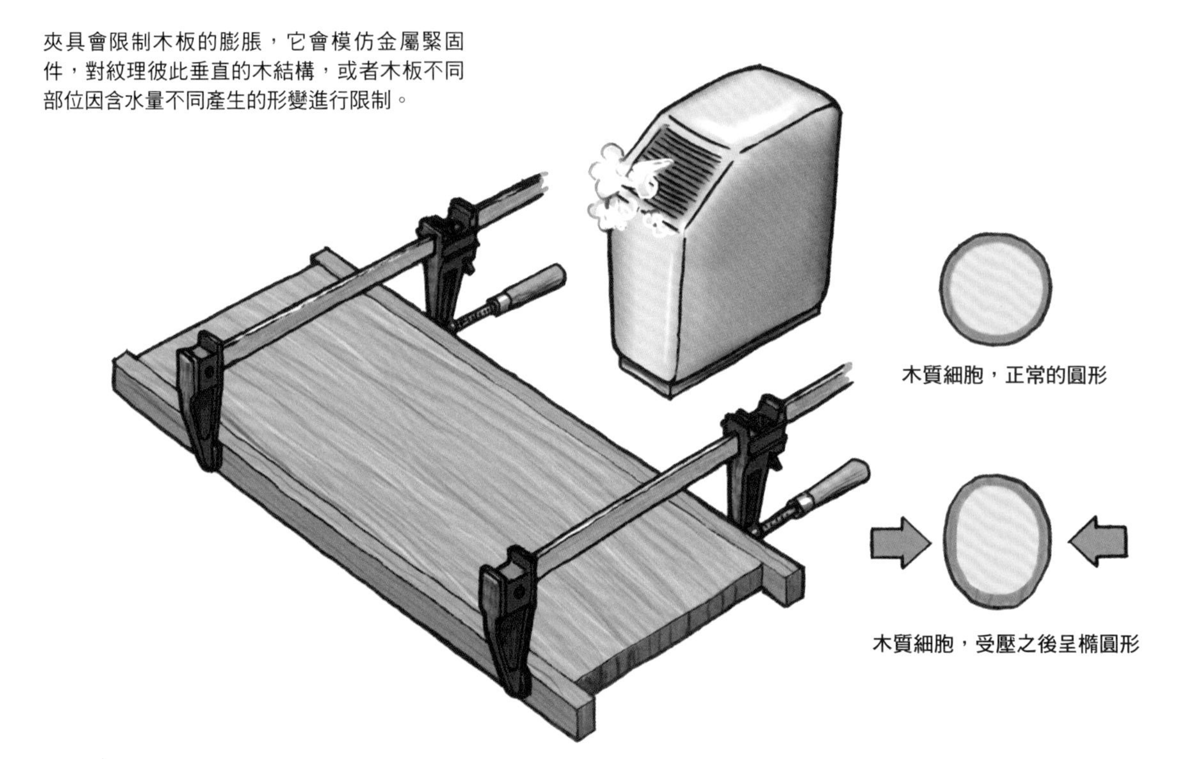

圖1-1 當乾燥的木板暴露在潮溼的空氣中時，細胞會吸水擴張。如果木板不能膨脹，細胞就會受到擠壓。

> **小提示**
> 理解木料加壓收縮可能有些困難，但可以有效地幫助你解決因為木板的一側反覆接觸水環境產生的翹曲問題。用夾具夾住木板，將凸起的一面（通常是面板的底面）多次打溼，並且每次都要等木板乾透。凸起的部分會受到來自周邊的壓力並收縮，使木板恢復平整。

端出現裂紋、中間部分龜裂，木板產生杯形形變（翹曲的一種形式，**照片1-1**至**1-3**）。如果木板的一部分與水接觸，那麼這部分的膨脹會超出剩餘部分的承受限度。在經歷多次這樣的膨脹與充分收縮的循環之後，這部分木板的形狀就會改變甚至產生裂紋。當然，這些問題不太可能發生在做好表面處理的木工製品上。經過表面處理的木料的吸溼能力會減弱。

接合失敗

通常，與液態水相比，水蒸氣導致的木材形變會加速接合的失敗。木細胞就像吸管一樣沿著木板的縱向延伸。因此，細胞的擴張和收縮會改變木板的寬度與厚度，但不會影響木板的長度。當木板接合部件的紋理彼此垂直的時候，位於同一結構中的兩個接合部件會沿不同的方向膨脹和收縮，從而在接合部位產生巨大的應力。隨著膠水老化並失去彈性，存在於任何紋理彼此垂直的接合結構中的、方向相反的形變都會導致接合的失敗。這就是用膠水黏合的家具年深日久後會解體，以及任何膠水都無法永遠把家具黏合在一起的原因（**圖1-2**）。

照片1-1 當木板吸溼的時候，它的端面會比中間部分吸收更多水分。一方面是因為端面比其他表面存在更多的孔，另一方面是因為端面與相鄰的幾個面一起形成了更大的空氣接觸表面。所以，木板的端面比中間部分的膨脹幅度會更大。而中間部分就像兩端被夾具夾住一樣，產生了加壓收縮。經過多次循環之後，木板的端面會開裂以釋放這個過程產生的應力。在那些反覆與水接觸的木板的端面，你會看到這種加壓收縮帶來的影響。

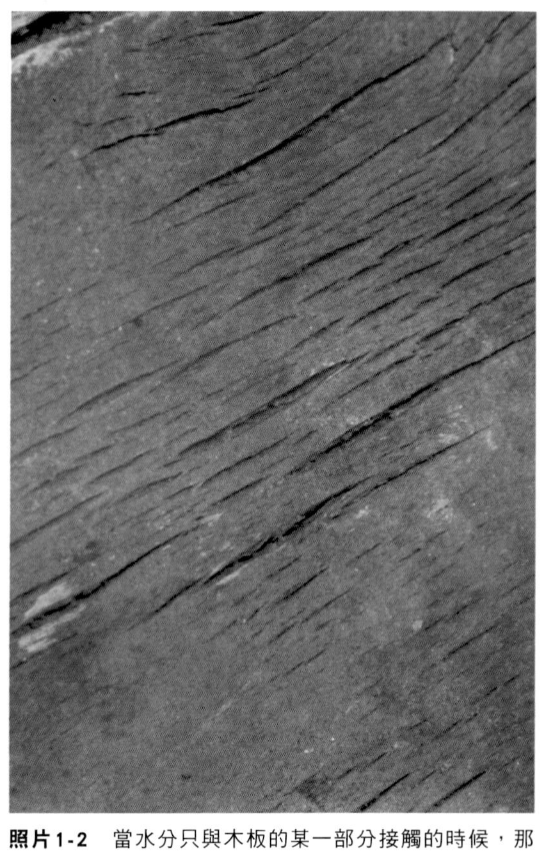

照片1-2 當水分只與木板的某一部分接觸的時候，那部分的木質細胞就會膨脹，但是其周邊的部分就會像夾具一樣阻止這種膨脹，這就造成了加壓收縮並產生了龜裂。在桌面上經常會接觸水的某個部分，比如來自某個盆栽植物的漏水，你能看到這種加壓收縮。

照片1-3 當木板的一面比另一面接觸水的機會更多時，這種失衡會使其發生杯形形變。受木板厚度的限制，吸水較多的那一面會出現加壓收縮。這種收縮常常發生在戶外地板、桌面，並且杯形形變的方向總是指向木板的頂面。即使年輪方向不同，木板只有頂面做了表面處理仍會如此。你要記住，即使頂面做過表面處理，隨著時間的推移，塗層也會因為老化和磨損而喪失防水能力。所以，在吃完飯之後，你需要用溼布將桌面擦拭乾淨。

水分變化損壞木料的速度以及破壞接合結構中膠水黏合作用的速度取決於環境條件。暴露在室外的木料或家具出現斷裂、龜裂、翹曲以及接合失敗的速度比存放在罩子下的快得多，而存放在罩子下的木料或家具出現問題的速度則要比放置在可控環境（比如室內）中的快得多。即使是做好表面處理的家具，如果從紐奧良潮溼的環境轉移到鳳凰城乾燥的環境中，一兩年內也會引發很多接合問題。保存木料以及木工製品最好的環境就是恆溫恆溼的環境。這也是博物館一直致力於做到這一點的原因。

無論周圍環境的溫度與溼度如何變化，表面處理都可以延緩木料的水分交換過程。表面處理能夠幫助木料或者木工製品存續更久。但事物都有它的兩面性。能夠長久使用的特性使某些人產生了「無須重做表面處理」的極端想法。如果人們都這麼做，那麼長此以往就會導致大量家具的損壞（**圖1-3**）。

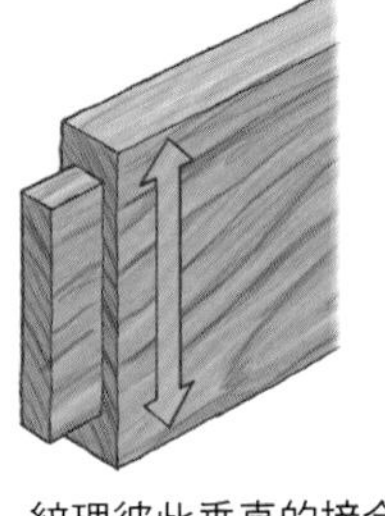

圖1-2 木料垂直於紋理方向的收縮與膨脹。當木板沿著彼此垂直的紋理接合時，方向相反的收縮與膨脹最終會導致接合失敗。

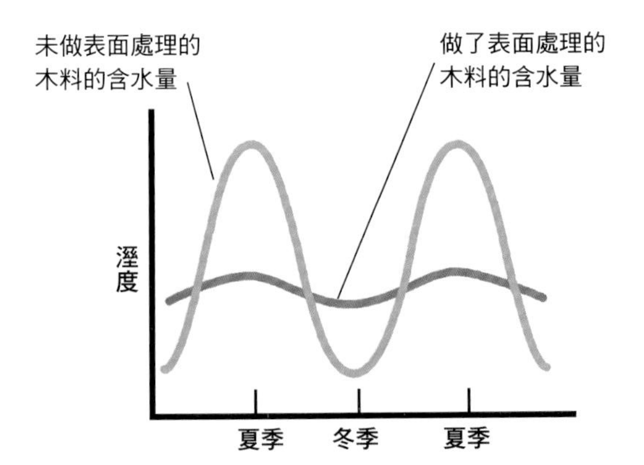

圖1-3 本圖展示了在季節更替、環境溼度變化的過程中，良好的表面處理如何有效地穩定木料中的含水量。抑制水蒸氣交換能夠有效地將木料中因溼度的大幅波動產生的應力減至最小。

注意！！！

沒有一種表面處理方式或油漆能夠完全抑制木材的水分交換。比如，完成表面處理的門窗在冬天的時候會收縮，導致冷空氣進入室內，而在春天和夏天的時候，門窗會膨脹，並緊緊地擠住牆體。良好的表面處理能夠減少由於季節性的溼度變化帶來的極端影響，但並不能完全阻止變化的發生。

裝飾性

除了增加木料的穩定性、保護其免於汙漬的汙染之外，表面處理還具有裝飾作用。即使僅僅是用油或者蠟做了簡單的處理，你也是完成了一次對木工製品的裝飾。裝飾的方法成千上萬，但基本上可以歸為三類：上色、增加質感和提高光澤度。

顏色

共有四種為木料上色的方法。如果通過化學反應來上色，稱為漂白或化學染色；如果使用染色劑直接為木料上色，稱為染色；如果是在不同的表面處理塗層之間塗抹染色劑，稱為上釉；如果將染色劑直接混入表面處理劑中，並用其處理木料表面，此時如果能透過著色的塗層看到木料本身的紋理，就稱作調色或描影，如果看不見基底的木料表面則稱作渾水（塗漆）。不同的方法會產生不同的裝飾效果。

- 漂白就是把木料本身的顏色提取出來，使它呈現白色（**照片1-4**）。這種方法基於化學染色劑與木料的天然成分之間的化學反應或者加入到木料中以改變其顏色。
- 應用在裸色木坯上的顏料會使木料的圖案和紋理更清晰。當然，染色也會放大木料本身的瑕疵，比如刮痕、刨削痕跡、機器加工的痕跡和密度不均勻等。
- 如果薄而均勻地塗滿整個表面，釉料會改變木料顏色的色調，並能突出木料的孔隙和凹陷等細節（**照片1-5**）。可以用不同的工具來上釉，塗抹厚一點的話可以模仿木料的紋理、大理石紋理以及其他做舊效果。

照片1-4 雙組分漂白劑用於除去這個白蠟木咖啡桌桌面原來的顏色。黑色染料則用於染黑白蠟木桌腿。照片由邁克爾·佩里爾（Micheal Puryear）友情提供。

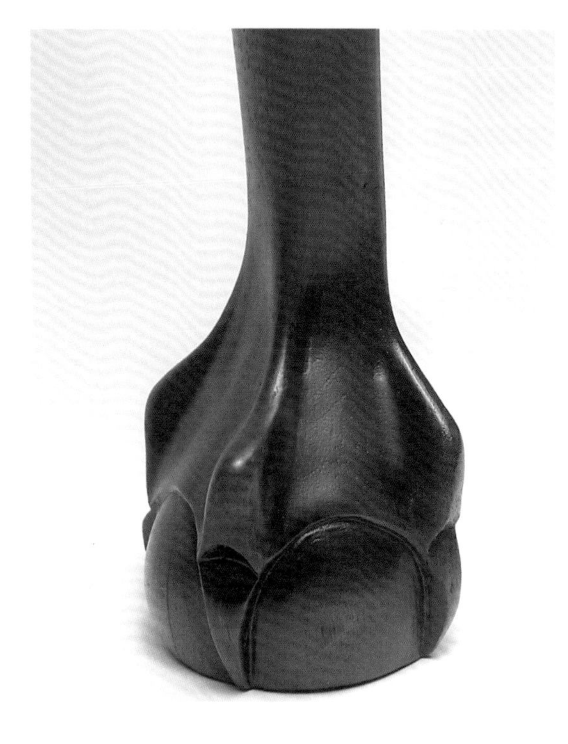

照片1-5　為了加深雕刻的深度，木匠在這種動物球爪式桌腿的第一層表面處理塗層上運用了上釉工藝。然後把較高部位的釉料擦掉，從而使凹陷部分的顏色更深。最後完成外塗層的處理。

■描影、調色以及渾水都能在不突出孔隙和凹陷的情況下改變木料的色調。描影和調色能夠讓人看到木料表面的圖案和紋理。渾水則完全遮蓋住了木料的表面特徵。描影能夠按照你的想法只改變某個特定區域的色調，調色則能夠用來改變整個木料表面的色調。

還有一種更加精細但又非常重要的控制木料顏色的方法：使用表面處理劑。有些表面處理劑是完全無色的，有些則會呈現輕微的橙色（通常被認作黃色）。還有一些表面處理產品，比如說琥珀色蟲膠，會產生比較深的橙色（**照片1-6**）。

照片1-6　這件由桃花心木、桑木和美洲花柏木製作的床頭櫃通過上油使木料呈現出自然本真的顏色。繼續塗抹一層薄薄的蟲膠，則會使其呈現出溫暖的琥珀色。本照片以及第3頁的照片由查爾斯．雷特克（Charles Radtke）友情提供。

紋理

所有木料都擁有天然的紋理，這取決於木料的尺寸以及導管的分布。如果表面處理塗層做得非常薄，木料本身的紋理就能保留下來。這種薄塗層的表面處理方式非常流行，習慣上被稱為「天然木外觀」，只需上油或上蠟就可以達到預期的效果。使用薄膜型表面處理產品也可以達到同樣的效果，比如清漆、蟲膠、合成漆或者水基表面處理產品。當然，同樣需要薄薄地塗一層才能達到這樣的效果。名聞遐邇的斯堪的納維亞（Scandinavian）柚木家具就是使用薄膜型表面處理產品（通常是改性清漆）薄薄地塗上一層完成的處理，沒有用到油。

通過完全或部分填充導管，可以完全改變木料的紋理。可以用膏狀木填料填充導管，或者完成多個塗層，再經過打磨或刮擦處理來達到目的（**照片1-7**）。最精細的表面處理同樣需要填充導管。這種表面處理方式常用於一些昂貴的餐桌面板的處理。

光澤度

光澤度是指表面處理塗層展現出來的光亮程度。有兩種方式能夠控制光澤度。第一種方式是選擇一款能夠達到預期光澤度的表面處理產品：高光、緞面光澤和啞光。第二種方式是對已經完成的表面處理塗層進行擦拭或拋光。

照片1-7 這款由夏威夷寇阿相思木和烏木製作的椅子，其導管經過了膏狀木填料的填充，表面處理塗層最終達到鏡面般平滑的效果，並在擦拭後呈現出緞面光澤。

2

木料表面預處理

簡介

- 選擇木料
- 打磨和抛光
- 砂紙
- 去除毛刺
- 膠水汙漬
- 壓痕、刀痕和孔洞
- 木粉膩子的工作特性

如果木料沒有經過妥善的前期處理，很難獲得高質量的表面處理效果。你可能早就清楚這一點，至少聽別人說起過。很多木匠為了回避準備階段的繁雜過程而直接跳過這個階段，最終的表面處理結果往往非常糟糕；還有一些人則在刮削、打磨、填補、再打磨、消除水蒸氣痕跡、繼續打磨的過程中耗費了比預期更多的時間和精力。這兩種極端情況的出現都是因為木匠對需要達成的目標缺少理解。

對表面預處理缺乏理解而導致處理結果低劣，最典型的例子發生在完成家具製作和表面處理的工匠不是同一個人，而他們之間又缺乏溝通的情況下。這種情況在建造房屋的過程中很普遍，製作櫥櫃和完成裝飾加工的木匠很少會注意與表面處理相關的細節。他們本來可以做得更好，使表面處理工作可以更輕鬆、更高效地完成，但他們卻經常說：「表面處理師會處理好那些問題的。」

預處理過度則往往是因為，很多人認為用400目或粒度更細的砂紙打磨時表面處理的效果會更好。用400目砂紙打磨的確會使木料表面看上去更光滑，但為什麼隨後的表面處理效果沒有得到改善呢？

當你從始至終掌控著一件木工製品的製作流程時，你會發現，從一開始就應當考慮到後期的表面處理問題。事實上，那些歷久彌新的經驗會告訴你，漂亮的表面處理結果始於最初對木料的選擇。

開始進行表面處理之前的預處理過程包含以下四個步驟。

1 **木料的選擇、切割和成形**。在這一步投入適當的關注，很多潛在的表面處理問題都可以避免。

2 **打磨或抛光木料表面**。這是大多數木匠最不喜歡的一項操作。了解相關的工具知識以及合理確定預期目標可以幫助你節省體力，並提高處理效果。

3 **處理掉殘留在木料表面的膠水**。因為在染色和上漆等工序完成後，膠水的殘留痕跡會顯露出來。

4 **消除木料表面瑕疵**。常見瑕疵包括壓痕、刀痕、裂紋，以及因膠合不夠理想留下的縫隙等。這個步驟可以稱為「一個木匠對可染色木粉膩子的永恆追求」。

選擇木料

不同種類木料的紋理之間存在巨大的差異，即使在完成表面處理之後也不可能看起來一樣。比如，橡木永遠不會看起來像桃花心木，松木也不會看起來像胡桃木，楓木也不會看上去像白蠟木。所以，在製作木工製品之前你就需要考慮，木工製品經過表面處理之後應該是什麼樣子的，並確保選擇的木料能夠達到預期的外觀效果（**照片2-1**）。

即使是同種木料，顏色和紋理也存在很大的差別，甚至有些樹種的心材和邊材之間也存在明顯的區別。因此，當你製作需要拼板的製品時，需要注意相鄰木板的排列順序。相比工業化產品，這樣做的最大好處就是使你更加著重木料的選擇和排列。

不管你是從木材廠還是自己的庫存裡選擇板材，都要仔細檢查材料，並想像它們出現在木工製品的不同位置時所呈現出的紋理和圖案樣式。注意木料上的節疤、裂紋或者其他缺陷，然後確定你是要利用這些缺陷，還是必須消除它們。如果你準備使用貼面膠合板或者自己為木料貼皮，則應該想一想如何利用這些木皮的紋理優勢獲得最佳效果。總之，你需要特別注意木料顏色的變化，比如心材和邊材的顏色差別，當然，如果你想完全覆蓋木料表面原有的紋理，就不需要考慮這些了。

對於桌子或櫃子的頂板，你可以嘗試不同的木板分組方式，或者把木板掉頭翻轉過來，不斷嘗試，直至找到最合適的排列方式。然後在這些木板上做好標記，以免在隨後的拼接中將它們弄混（**圖2-1**）。如果選擇貼面膠合板製作桌面，你需要認真考慮，一塊標準膠合板的哪個部分最為適合。製作帶抽屜的櫥櫃時，你同樣需要認真選擇抽屜的正面面板。當人們看到你的作品時，他們可能看不到你耗費時間、精心製作的漂亮的榫卯結構，但是他們肯定會看到你的整體設計，其中包含對板材的選擇和排列，同時他們也會注意到表面處理。你不會因為投入時間選擇和排列板材而後悔的。

在開始處理木料之前，請先檢查你的工具，確保刀片鋒利，機器調試正常。較鈍的壓刨、平刨和成形機刀片以及破損的電木銑銑頭會在木板

照片2-1　這四種木料從上向下依次是松木、楓木、桃花心木和橡木，右側的圖片是每種木料經相同染料染色後的效果。染色後的四種木料看起來仍然是不同的，因為它們天然具有的顏色、圖案和紋理是完全不同的。請堅持按照你的需要選擇木料，因為你永遠無法讓一種木料看起來像另一種木料。

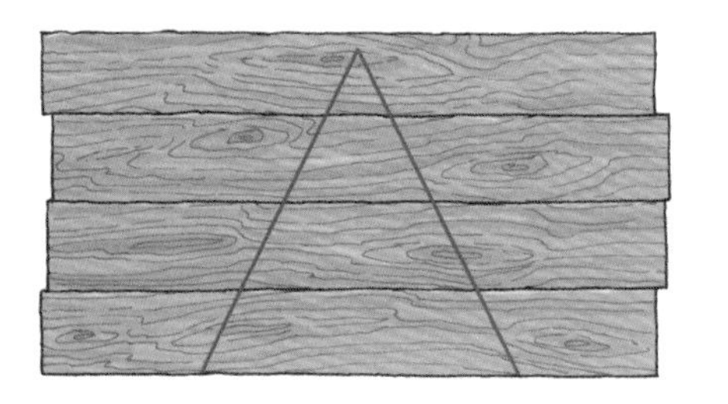

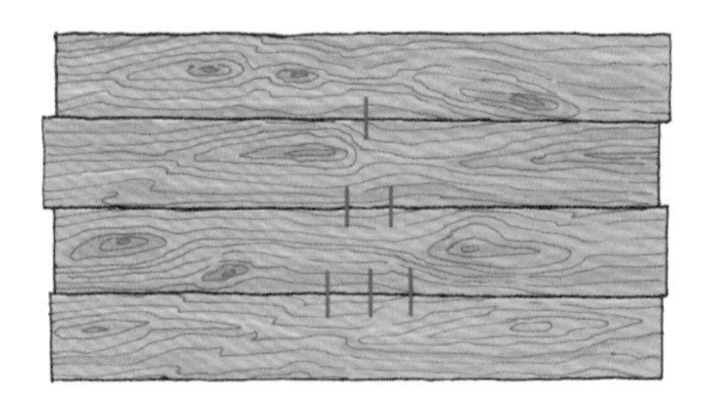

圖2-1　為排列好的木板做好標記，防止在隨後的拼接過程中弄混。這裡介紹了兩種不同的標記方法。

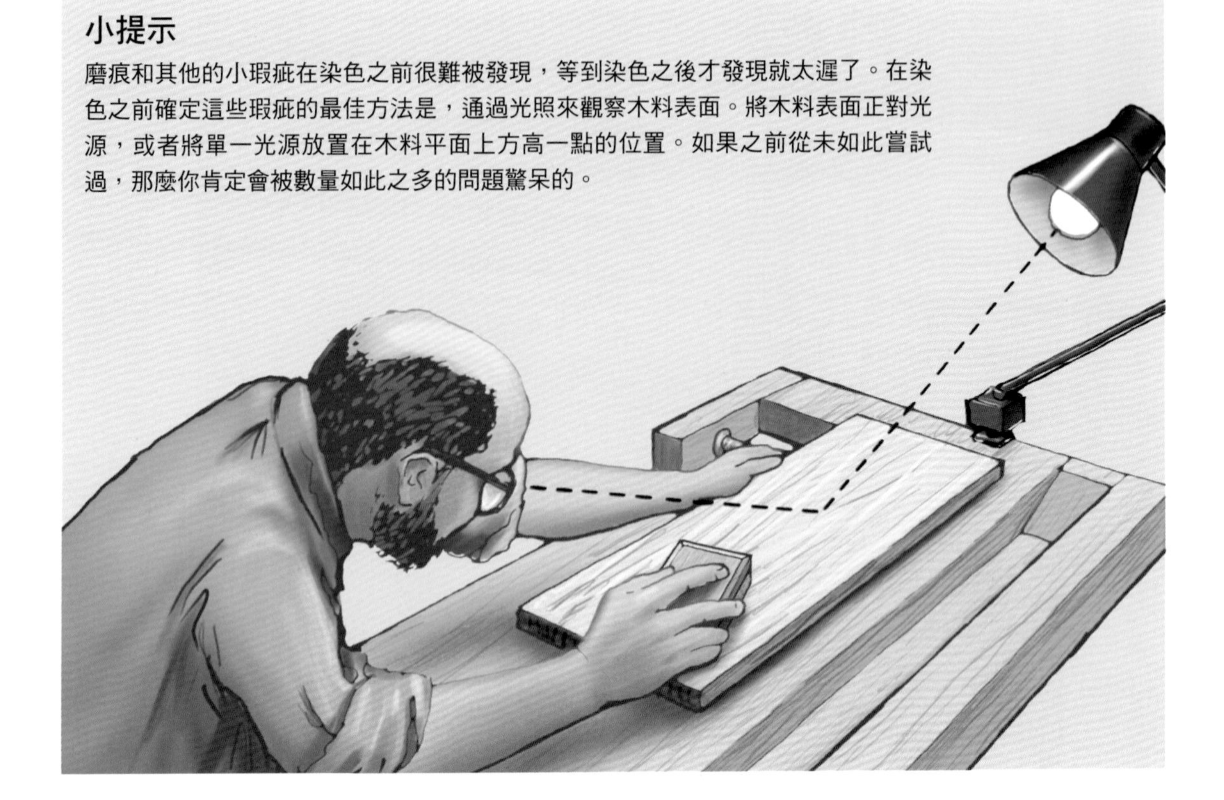

小提示

磨痕和其他的小瑕疵在染色之前很難被發現，等到染色之後才發現就太遲了。在染色之前確定這些瑕疵的最佳方法是，通過光照來觀察木料表面。將木料表面正對光源，或者將單一光源放置在木料平面上方高一點的位置。如果之前從未如此嘗試過，那麼你肯定會被數量如此之多的問題驚呆的。

上留下明顯的搓衣板式的切痕，為了消除這些痕跡，你需要投入額外的精力。損壞的刀具會留下難看的脊線，調整不到位的機器會導致木板哨尾。如果機床的刀具太鈍，導致木料表面出現了釉質的磨痕，你的木工作品可就毀了（**照片 2-2**）。最乾淨的切削和不留痕跡的表面是木匠們永恆的追求。

小提示

需要打磨的唯一原因是，要消除壓刨、平刨和成形機留在木板上的、搓衣板式的切痕，以及電木銑刀頭留下的較輕微的痕跡。在木工機器發明出來之前，木料極少需要打磨，當然，可能那時候也沒有砂紙。打磨是為了使用機器更省力、更便捷地完成木料加工過程所要付出的必要代價。

打磨和拋光

在木料加工和表面處理的所有流程中，打磨通常是最讓人厭煩，也是最費功夫的環節。很多人都認為，打磨愈多，最終效果就會愈好，可經驗老到的表面處理師卻說：「如果已經洗乾淨了，繼續躺在浴缸裡就是浪費時間！」一旦木料的表面變得光滑，所有的加工痕跡或其他缺陷已經消失，且磨痕已經細緻到難以分辨的程度，就沒有必要繼續打磨了。

你的目的已經達成，你的目標應該是用盡可能少的工作完成任務。

在木工機器誕生之前，家具表面拋光使用的都是手動工具──臺刨、成型刨和刮刀等。這些工具現在仍被廣泛使用，它們可以非常有效地消除木料表面的痕跡。對某些木工作品來說，用手工工具完成的、細緻的刨削表面甚至可以當作最終表面來使用。某些時候，手工刨留下的痕跡，無論是圓頭刨刀兩側留下的凸起，還是刮刨留下的凹痕，可以形成一種表面特色，表明這件作品是手工製作的。此外，對那些財力不足或者沒有興趣使用大型砂光設備的木匠來說，刮刀一類的簡單手工工具簡直是天賜的寶物。

無論使用什麼樣的工具，在組裝前準備好所有的部件，可以使你的作品完成得更加出色。首先將加工部件固定在工作臺上，那裡光線良好，便於你清楚地看到所做的工作，也便於你找到一個舒適的位置，選用合適的工具完成操作，同樣可以減輕你在打磨或刮削以直角形式完成組裝的接合件（比如門梃和冒頭或者支撐腿與橫擋）時的困難，同時不會在垂直的部件上產生橫向於紋理的刮痕（**圖2-2**）。

需要注意的是，在組裝前準備好各個部件與在組裝前完成各個部件的表面處理是不同的，雖然在有些情況下像後者那樣操作是有道理的，但通常不會那麼做。

木旋件和木工雕刻件不需要額外準備。木旋件的打磨是在車床上完成的。大多數的雕刻作品完全不需要打磨，因為打磨不可避免地會弱化雕刻刀留下的清晰刻痕。

桌子和箱體的頂板、側板、嵌板、橫擋，門和抽屜的面板，以及絕大多數的線腳，都含有需要消除的切削或打磨痕跡。除了手工刨和刮刀，能夠完成這個任務的最有效的工具就是砂紙了。

打磨的基本要素

有效打磨的關鍵在於，使用顆粒足夠粗的砂紙起始操作過程──砂紙要粗到既可以投入最少的精力除去缺陷，同時不會產生更大的擦痕。這個原則對於機器打磨和手工打磨都適用（**圖2-3**和**2-4**）。實踐證明，砂紙的最佳起始目數通常是

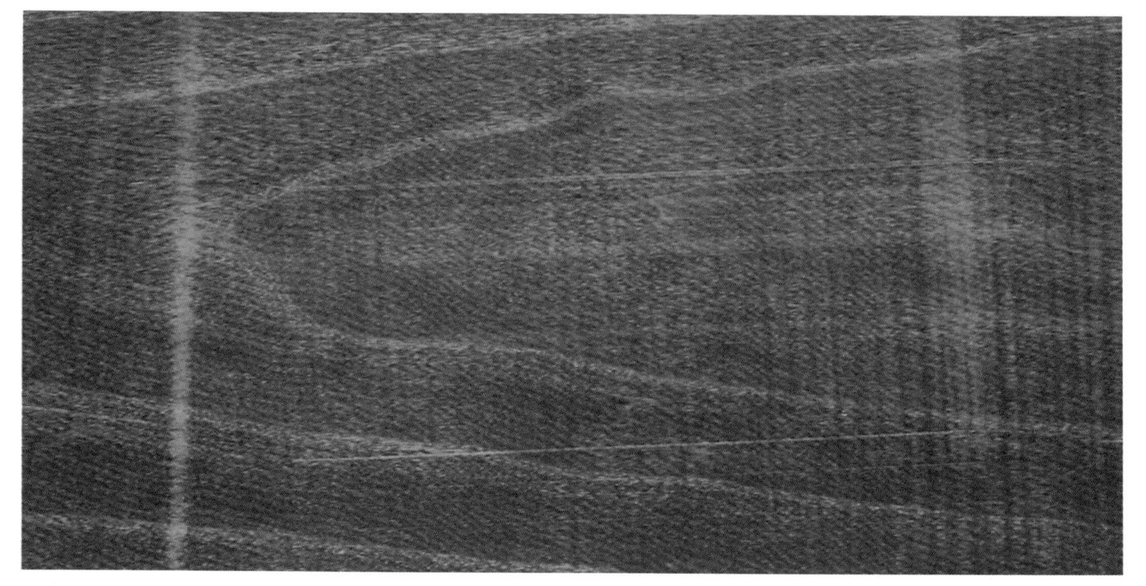

照片2-2 與鋒利的刀具和調試到位的機器相比，變鈍的刀具或沒有正確調試的機器會在木板上留下非常明顯的痕跡。染色和表面處理不會消除這些痕跡，反而會使其更加凸顯。

80或100。如果問題很嚴重，以至於80目的砂紙都無法快速去除痕跡，就需要降低砂紙的目數，或者使用刮刀或手工刨來去除痕跡（請參閱第18頁「砂紙」）。

另一方面，如果使用更細的砂紙（比如120或150目的）可以消除痕跡，那麼使用較粗糙的砂紙起始打磨就是在浪費時間。當使用180目或220目的砂紙才能將木料表面的塗層去除乾淨的時候，很多人卻從使用100目的砂紙開始打磨帶有塗層的木料。這完全沒有必要。畢竟，最初的木料也是打磨得到的。

選用錯誤目數的砂紙起始打磨是低效的，但更常見的錯誤是繼續使用鈍化的砂紙完成打磨。結果顯而易見，砂紙的打磨效率會極速降低。如果較為頻繁地更換砂紙，你就可以保持較高的打磨效率，打磨時間肯定會減少。

瑕疵去除之後，你可以使用更精細的砂紙打磨除去粗砂紙留下的痕跡，直到取得令你滿意的效果。打磨痕跡的粗細程度直接決定了染色時著色的均一程度，尤其是在使用色素染料時（**照片2-3**）。通常使用的最精細的砂紙會達到150、180或220目。我通常會打磨到180目的細度，這樣完全能夠做到在染色後不會明顯看出機器或砂紙留下的痕跡。如果之前刮削的痕跡非常均勻，那120或150目的砂紙已經足以令你獲得滿意的效果了。那些性能穩定的砂光機可以很好地做到這一點。

如果使用震動砂光機或軌道砂光機進行打磨，你要選用最精細的砂紙，並應沿著木料的紋理手工完成最終的打磨工作，這樣做可以去除不規則的邊緣磨痕。

如果你可以非常準確地掌控不同型號砂紙的磨削量，按照下面給出的順序連貫地使用砂紙可以獲得最高的打磨效率：80目-100目-120目-150目-180目。不過，大多數人在按照目數連貫使用砂紙時存在過度打磨的問題。相比之

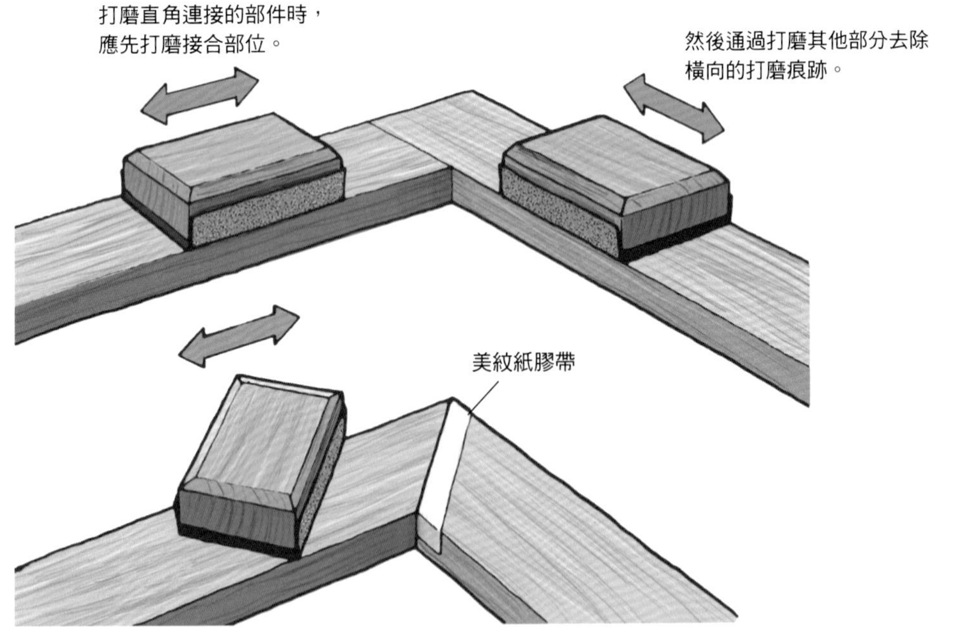

圖2-2 打磨直角部件。

下，跳躍使用砂紙比較省力，這種差別在使用砂光機時尤為明顯。

打磨是一項非常個性化的操作。每個人會施加不同的壓力，使用磨損程度不同的砂紙，以及投入不同的時間。檢驗打磨是否充分的唯一方法是給木料染色，並觀察塗色之後機器刮痕或打磨痕跡是否會凸顯。因此，明智的做法是，用廢木料勤加練習，直至找到最適合自己的操作感覺。

傳言

打磨到400目或使用更細的砂紙完成打磨工作時，可以取得更好的效果。

事實

在做表面處理之前，打磨到400目的木料的確會比打磨到180目的木料擁有更高的光澤度。但是在完成任何薄膜表面處理之後，你不會看出或感受到二者存在任何區別。試一下吧！你可能會因此節省大量時間，避免將其浪費在打磨上。請參考「使用油和油與清漆的混合物」部分，學習在使用這些表面處理產品時如何有效地減少無謂的打磨工作。

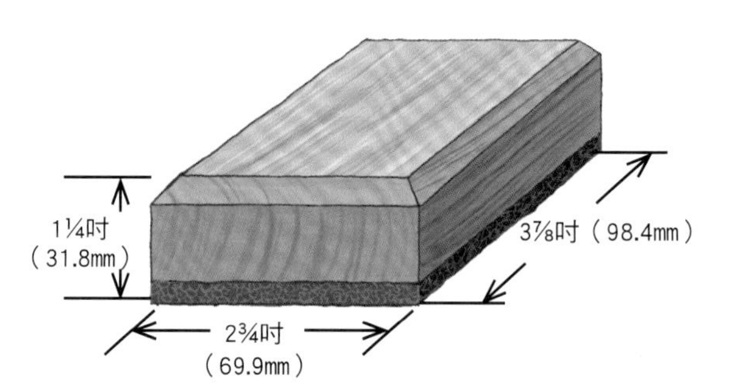

圖2-3　手工打磨平面時需要使用砂磨塊。理想的砂磨塊尺寸要根據使用者的手掌大小決定。上圖展示的是一個常規尺寸的砂磨塊。如果你的砂磨塊是用實木製作的，可以在砂磨塊的下表面黏貼一片⅛～¼吋（3.2～6.4mm）厚的毛氈塊、軟木墊片（可在汽車零配件商店買到）或橡膠墊，以減少砂紙的堵塞。

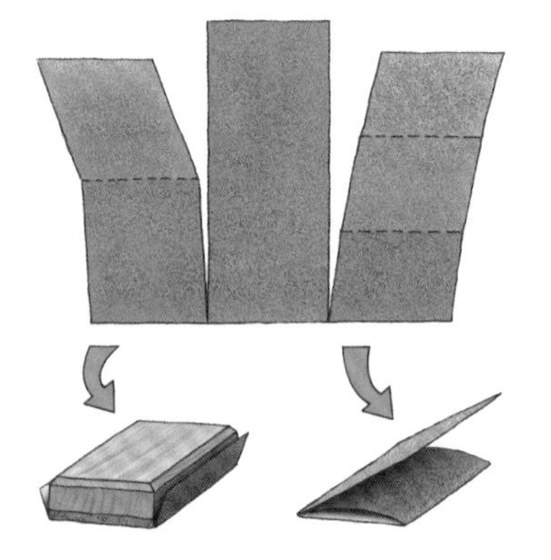

圖2-4　使用砂紙的最佳方法是將9吋×11吋（22.86cm×27.94cm）砂紙橫向三等分，然後將每條撕好的砂紙對折撕開配合砂磨塊使用，或者將每條砂紙折成三折用於徒手打磨。

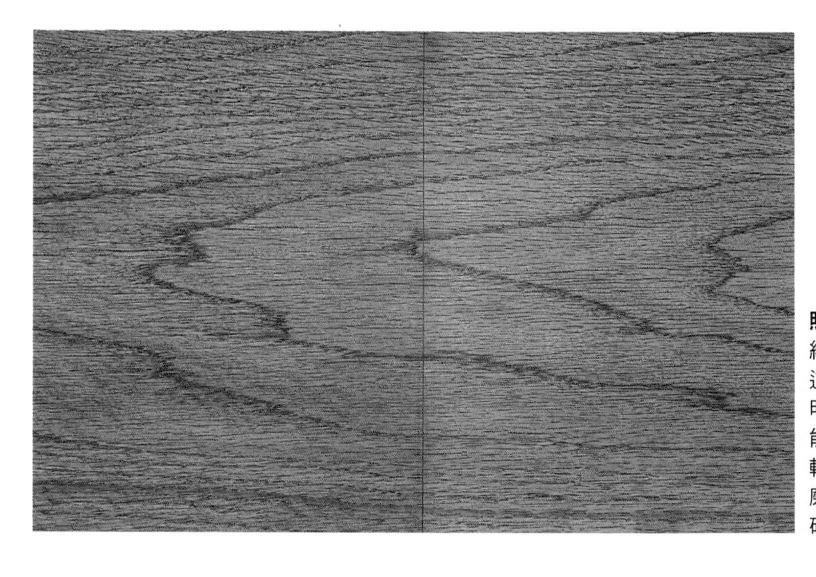

照片2-3　打磨木料所用的砂紙愈細，木料染色後的顏色就會愈淺。這一點在使用色素染色劑時尤其明顯，因為打磨留下的愈細，其中能夠嵌入的色素就愈少。圖中顏色較淺的一側使用了400目的砂紙打磨，而深色的一側只用了150目的砂紙打磨。

砂紙

如果算一算所有手持式和固定式砂光設備使用的砂紙，你會發現市面上的砂紙種類非常繁多，完全可以單獨出一本書來介紹。關於砂紙，你有必要知道三個非常重要的事實。

砂紙分類

可以把片狀砂紙撕成小塊並用於手工打磨，通過顏色對砂紙進行分類是最簡單的（見下圖）。

- ■橙色砂紙使用石榴石磨料製成，最高支持280目。它價格低廉，可用於打磨木料。
- ■棕黃色砂紙由氧化鋁磨料製成，最高支持280目。它比石榴石磨料的砂紙要貴一些，但是耐磨性更好，可用於打磨木料。
- ■黑色砂紙（溼／乾）由碳化矽（金剛砂）磨料和防水膠製作而成，最高支持2500目，需要以水或油充當潤滑劑來打磨木料表面的處理塗層。
- ■灰色和金色砂紙（乾料潤滑）由碳化矽或氧化鋁磨料製成，最高支持600目。這種砂紙的表面覆有一層乾燥的、肥皂狀硬脂酸鋅潤滑劑，或者類似的潤滑劑，所以它們不易堵塞。它們可用於打磨木料表面的處理塗層，尤其是那些在溼磨情況下不足以提供保護的封閉層和薄塗層。為了區別不同的乾料潤滑砂紙，明尼蘇達礦務及製造業公司（Minnesota Miningand Manufacturing，簡稱3M）的產品商標名為「Tri-M-ite」和「Fre-Cut」；諾頓（Norton）使用「Adalox」和「No-Fil」商標；金世博（Klingspor）使用「Stearate」的商標。

對木匠來說，有四種類型的片狀砂紙可供使用。這些砂紙可以通過顏色加以區分：橙色（石榴石）砂紙是打磨木料時最常用的；棕黃色（氧化鋁）砂紙也是打磨木料常用的砂紙，同時是最常見的機器用砂紙；黑色（溼／乾碳化矽）砂紙最適合在加入潤滑劑的情況下打磨塗層；灰色和金色（碳化矽或氧化鋁）砂紙最適合打磨木料表面的封閉層和薄塗層。

砂紙分級

世界上有兩種常見的砂紙分級標準：CAMI（Coated Abrasives Manufacturing Institute）標準和FEPA（Federationof European Producers Association）標準。CAMI標準是傳統的美國砂紙分級標準。FEPA標準屬於歐洲標準，與它對應的產品在砂紙目數前都加有字母「P」。在220目以內，這兩種標準對應的產品在目數和分級上都相當接近。超過220目之後，差別開始顯現。相對於CAMI標準，帶有「P」標記的產品分級更多，對應的數字也上升得更快。在打磨的初始過程（粗磨木料），你不必考慮兩種標準的不同，但是在打磨的收尾階段，當你需要使用更細的溼／乾砂紙時，兩種標準對應的產品會產生巨大的不同。例如，如果你打算使用600目的砂紙完成打磨工作，並在實際操作中用P600的砂紙作為替代，那麼你的實際打磨效果只達到了360目左右（請參照「砂紙分級表」）。

砂紙分級表

市售的大多數片狀砂紙使用的都是CAMI或FEPA分級標準。CAMI是傳統的美國砂紙分級標準，FEPA則屬於歐洲標準，它對應的產品在砂紙目數前都加有字母「P」。在220目以內，這兩種標準對應的產品在目數和分級上相當接近。但超過220目之後，兩種標準的差異迅速顯現，特別是在用黑色溼／乾砂紙將作品表面處理平滑時更是如此。兩種標準砂紙目數的對應關係如下。

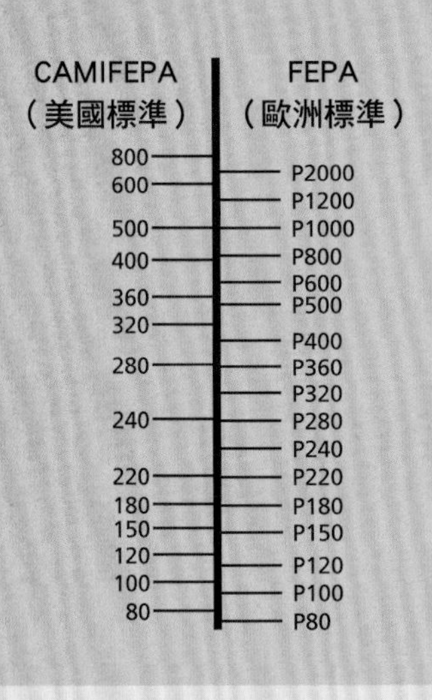

圓盤砂紙

最受歡迎的手持型砂光機是不規則軌道砂光機。這種砂光機配有兩種常用的圓盤砂紙：壓敏黏合劑背膠（Pressuresensitive Adhesive，簡稱PSA）砂紙和鈎毛搭扣型背面植絨砂紙。PSA砂紙相對便宜，但是不能在更換一張砂紙之後換回原來的那張砂紙。因此，PSA砂紙更適合在批量生產的條件下使用，這樣在你更換其他目數的砂紙之前，使用的砂紙很可能已經完全磨損了。鈎毛搭扣型背面植絨砂紙很像維可牢尼龍搭扣，你可以根據需要隨意更換砂紙。

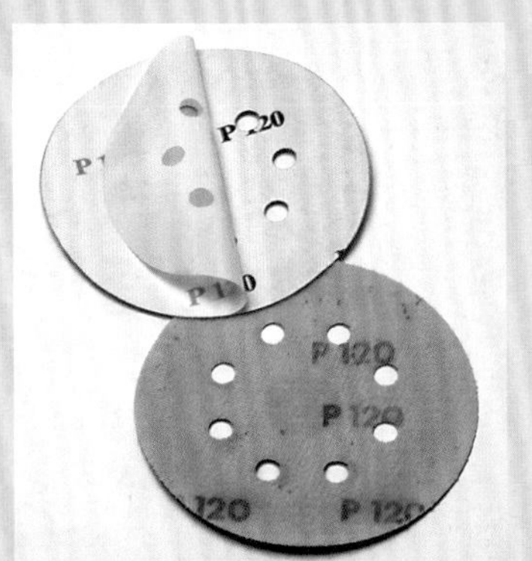

不規則軌道砂光機使用兩種砂紙：背膠型的PSA砂紙（圖片上方）價格相對較低。鈎毛搭扣型背面植絨砂紙（圖片下方）的工作原理與維可牢尼龍搭扣類似，並且價格較高。

如果手工打磨，你需要一直順著紋理方向打磨（木旋和木雕作品除外），否則在完成表面處理後，橫向於紋理的磨痕就會顯現。另一個需要注意的細節是，應將砂紙的折疊邊朝向打磨的方向，因為砂紙的開放邊緣很可能會蹭下一些碎木屑，這些木屑很可能會撕裂砂紙或者刺入你的手掌造成傷害。

最終工序使用的砂紙無論多麼精細，也無法去除所有細小的木纖維，它們可能導致木料受潮膨脹而變得粗糙。如果使用的染料或表面處理產品含水，你在正常打磨結束後還需要處理毛刺。把木料打溼，待其乾燥後重新打磨光滑（請參閱「去除毛刺」部分）。

在打磨的最後，你要用砂紙輕輕打磨直角邊緣，去除那些容易造成壓痕的、摸起來不是很舒服的、過於鋒利以至於很難塗上塗料的邊角部分。這個步驟稱為倒角。

清除粉塵

只要最後的步驟涉及打磨，就一定會在木料表面留下粉塵。這些粉塵必須在做表面處理之前去除。去除粉塵通常有四種方法：

- 用刷子將其刷掉；
- 使用黏布（一種塗抹了薄薄一層類似清漆的材料，並因此保留了一些黏性的織物）擦除；

去除毛刺

無論何時木料接觸到水，木纖維都會膨脹，並使木料在乾燥後摸上去感覺很粗糙。這些膨脹的木纖維通常被稱作毛刺。所有含水的染料和表面處理產品都會使木料產生毛刺。毛刺會穿過染料和表面塗層，使木料摸起來很粗糙，並造成表面處理層變薄和清晰度變差。

無論木料在前期被打磨得多麼光滑，都會出現毛刺。既然無法阻止毛刺出現，那麼最有效的處理方法就是，在染色或做表面處理之前讓木料吸水膨脹，待木料乾燥後再將其打磨平滑。毛刺一旦被去除就不會再次明顯地出現。去除毛刺的操作也被稱為水拭、起須或起紋理。

首先將木料打磨至150目或180目，然後使用海綿或布料將木料表面打溼到與經過染色或其他表面處理方式處理後相同的溼潤程度，短暫按壓即可。

讓木料乾燥一夜，然後使用砂紙打磨掉毛刺。若要保證表面平整且不會打磨過深，一般要選用更精細一些的砂紙。用過的舊砂紙最好用，因為它們剛好可以去除毛刺。如果你手邊沒有使用過的舊砂紙，你也可以將兩塊砂紙互相研磨來快速獲得。

輕輕打磨，只需打磨掉薄薄的一層，讓木料表面重新變得光滑即可。如果打磨得稍深了一些，就會磨去那些已經膨脹的纖維，導致木料再次溼潤時仍會出現毛刺。在操作過程中，你可能仍然會發現一些毛刺，但是問題已經明顯地減少。請記住，永遠順著紋理方向打磨。

■用吸塵器吸除；

■用氣槍吹掉。

用刷子除塵是最簡單也是最方便的，但是它會將粉塵揚起到空氣中。你如果不是在高效的噴漆房中操作，要等待塵埃落定之後才能開始進行表面處理。

使用刷子後，用黏布去除表面殘留粉塵是最有效的方法。當殘留的粉塵很少的時候，裸露的雙手也是非常管用的。（當你準備使用水基染色劑或表面處理產品時，不應該選擇黏布，因為黏布清漆樣的薄層會黏在木料表面，影響塗料的流動性和黏合性，應使用其他替代方法。）

如果進行表面處理時房間飛揚的粉塵給你帶來了麻煩，使用吸塵器是去除粉塵最好的方法。另外，氣槍的除塵效果也不錯。在室外或通風良好的環境中使用氣槍，粉塵會被有效地驅散。

儘管從邏輯上來說，孔隙中的粉塵全部被清除會使表面處理的效果更好，但沒有必要吹毛求疵，而且實際的操作結果與理論上的完美相比並沒有顯著差別。

膠水汙漬

無論你如何努力地想要避免膠水形成汙漬，你還是經常會在膠合過程中把膠水弄到木料的表面上。膠水可能會在各部件被夾緊的時候從接合處溢出，或者被你用手指塗抹到了別處。膠水能夠封閉木料的表面，導致染料或其他表面處理劑不能順利地浸入木料。因此，你必須將木料表面的膠水全部去除，否則會導致處理後的木料表面顏色不均勻。

下面介紹的技巧可以幫助你防止木料表面被膠水弄髒。

■不要在接合處塗抹過多的膠水，只有在邊對邊拼接木板時，才會塗抹相對過量的膠水。這時需要用力擠壓木板，通過膠水的溢出來確認其用量是否足夠，同時應保證夾具夾得足夠緊。

■榫眼和圓木榫孔要切得略深一些，這樣可以讓多餘的膠水沉集到底部，而不會從接合處溢出（**圖2-5**）。同時，要記得為榫頭或圓木榫的末端以及榫眼和圓木榫孔的開口處進行倒角。

■身邊要同時備有一塊溼布和一塊乾布，這樣可以隨時擦除弄到手上的膠水：首先用溼布擦手，然後快速地用乾布將手擦乾，這樣就不會弄溼木料了。

即使按照要求操作，你仍然會遇到膠水滲出的情況。以下兩種方法可以使滲出的膠水凸顯出來，便於你將其去除。

■用液體將木料表面完全打溼。最常用的液體是水或油漆溶劑油。在沒有膠水的地方，這些液體浸入較深，相比之下，有膠水的位置由於膠水阻止了液體的滲入而顏色較淺（**照片2-4**）。浸水會導致毛刺出現，所以需要將木料重新打磨光滑。

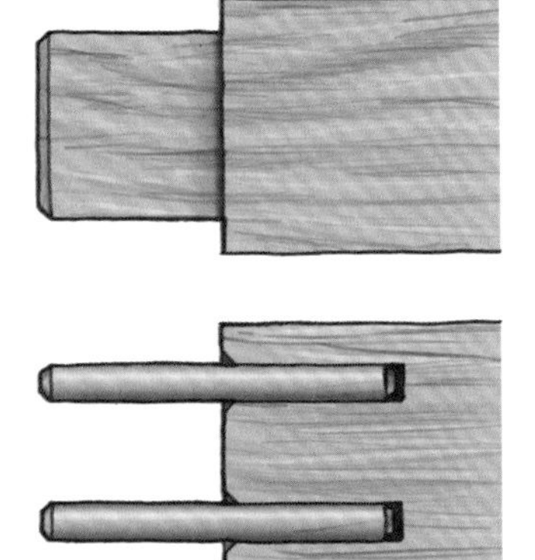

圖2-5　容納多餘的膠水。

■塗膠前，可在膠水中添加染料或紫外線染色劑（可以從木工產品供應商處獲得）。染料的顯色作用非常明顯，但是隨後必須將其徹底去除。紫外線染色劑在照射紫外線後會發出螢光，從而發揮顯色作用。

去除木料表面乾結的膠水

膠水在木料表面乾結後，只有兩種方法可以將其去除，即機械去除（直接刮掉或打磨掉）和溶劑去除。

機械去除。對開放區域來說，刮掉或打磨去除既方便又直接。可以將鑿子伸入接合部周圍業已緊密接合的區域，輕輕沿著木料的邊緣刮除膠水，注意是刮除而不是鑿刻。你必須清理被膠水汙染的表面，然後使用同樣的砂紙重新打磨這些區域，才能確保經過染色或表面處理後的木料表面顏色均勻。

溶劑去除。先將白膠或黃膠軟化，再用水將其刷洗乾淨。熱水的效果會好一些，如果在其中加入少許醋效果會更好（醋屬於弱酸，可以軟化白膠和黃膠）。

很多常用的有機溶劑同樣可以軟化白膠和黃膠。根據效果的強弱可排序如下：甲苯、二甲苯、丙酮和漆稀釋劑。這些溶劑不會像水那樣使木料產生毛刺，但需要的擦洗時間更長。

不管使用哪類溶劑，都需要一點點地刷洗，才能將木料孔隙中的膠水清除掉。通常使用牙刷的效果不錯，但你還需要準備一把軟銅刷。在將木料孔隙中的膠水被全部清除之後，需要徹底打磨木料，以去除粗糙的部分，必要時可以使用較粗糙的砂紙，但要確保最後使用的砂紙目數與打磨木料其他表面時使用的相同，從而保證最終的染色或表面處理後的顏色是均勻的。

其他黏合劑，比如接觸型膠合劑、氰基苯烯酸酯黏合劑（超級膠）和熱熔膠可以使用丙酮溶解，但是環氧樹脂、聚氨酯和塑料樹脂（脲甲醛）黏合劑只能通過刮削或打磨去除。

染色後去除膠水汙漬

即使盡了最大的努力，在染色或表面處理後仍有可能留有膠水汙漬（**照片2-5**）。這時該如何處理呢？此時的處理方法與在染色前發現並解決問題時完全一樣，仍然需要去除所有膠水，同樣只有兩種方法：機械去除法和溶劑去除法。

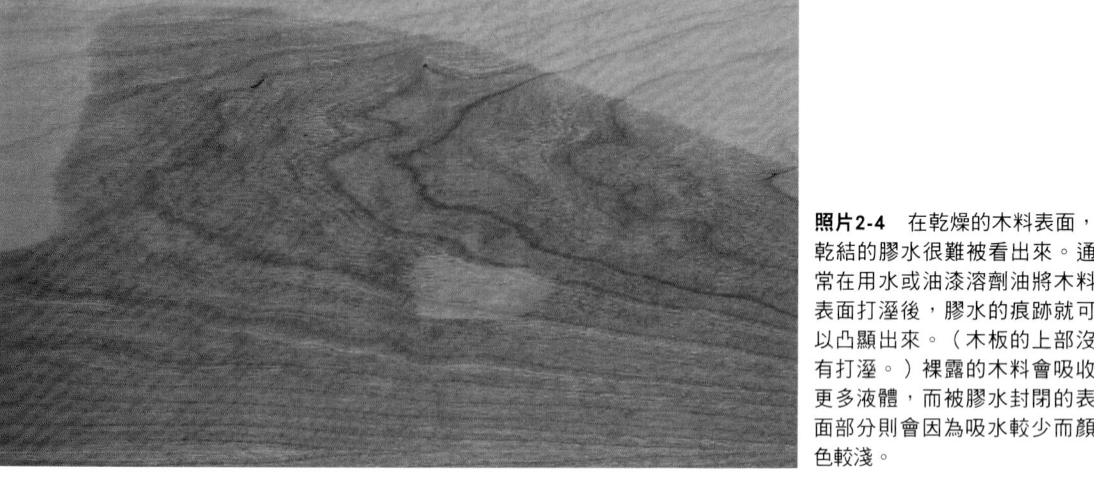

照片2-4 在乾燥的木料表面，乾結的膠水很難被看出來。通常在用水或油漆溶劑油將木料表面打溼後，膠水的痕跡就可以凸顯出來。（木板的上部沒有打溼。）裸露的木料會吸收更多液體，而被膠水封閉的表面部分則會因為吸水較少而顏色較淺。

去除膠水後需要重新染色，新染色的區域比最初的染色區域顏色更淺一些。這可能是因為之前滲入木料中的染色劑成了砂紙的潤滑劑，導致其不能更深入地進行打磨。所以，儘管你使用與原來一樣目數的砂紙重新打磨，但染出的顏色還是會淡一些。

解決這個問題的簡單方法是，在整個區域加入較多的染色劑（支撐腿、梃、冒頭，甚至臺面），並在染色劑潮溼的情況下重新打磨每個角落，之後再除去多餘的染料。溼磨可以保證整個區域表面的劃痕分布均勻。如果經過溼磨後的區域著色仍然太淺，你可以使用更粗糙的砂紙重新溼磨。

如果仍然存在你無法接受的色差，那麼你需要剝離整個部件的表面處理層，並重新打磨（不需要去除木料上的所有著色），然後重新完成染色操作。

小提示

如果使用水基的色素染色劑塗抹在了白膠或黃膠形成的汙漬上，可以等待染色劑自行溶解膠水。這些染色劑使用的溶劑是乙二醇醚，它與水一起能夠分解膠水，使其很容易用布擦除或用刷子刷洗掉。只需讓染色劑在膠水汙漬的表面保持1分鐘左右，就可以將其擦除或刷洗掉了。應保持處理區域被溼潤的染色劑覆蓋。不到1分鐘你就會看到，染色劑開始被「吸收」。這種方法並不適合其他的染色劑。

壓痕、刀痕和孔洞

無論如何小心操作，仍有可能在準備階段或組裝工件時壓傷或劃傷木料表面，也有可能留下一些小孔，比如需要遮蓋的釘眼。

汽蒸壓痕

汽蒸壓痕是木料受到擠壓後形成的，只要木纖維沒有被破壞，通常可以用蒸汽撫平。蒸汽會使木纖維膨脹，從而填補被壓縮的空間。水平表面的壓痕是最容易用蒸汽撫平的。用滴管（也可以用擠壓瓶或注射器）在壓痕處滴上幾滴水，讓水

照片2-5 如果膠水殘留在木料表面，它會阻止染料和表面處理劑的滲入，並形成著色偏淺的斑點。

分稍稍浸潤壓痕，如有需要可添加一些水。然後用非常熱的物體與之接觸，使水轉化為蒸汽（**照片2-6**）。你可以選用焊槍、烙鐵的尖端，或是用火烤過的金屬物體的尖頭（與水接觸前要擦除殘留的炭黑）。

汽蒸壓痕並不能保證百分百有效，結果很難預測，但處理效果很接近原有的木料表面。如果讓凸起的部分完全乾透後再將其打磨平整，通常留下的痕跡會非常細微，很難觀察到。

當然，如果紋理斷裂，是不太可能再次恢復平整的。斷裂的紋理應該按刮痕處理。可以把這塊木料切下來，用另一塊木料填充，或者選用其他材料填補。

小提示

對於異常頑固的壓痕，可以用一塊薄薄的襯衫紙板蓋住潤溼的壓痕，然後將熨斗壓在上面。這會使蒸汽被限制在壓痕處，強制其向下進入木料中。注意：很多人通常會在壓痕和熨斗之間墊上一塊溼布，用於產生蒸汽。這種方法會導致與蒸汽接觸的木料表面過大，使處理後的表面出現大面積溼氣破壞的痕跡。

木補丁

如果刮痕很大，採用木補丁是最好的處理方式，因為木補丁很容易修飾，並且也很耐用（**照片2-7**）。木補丁也很適合填補木料上的裂縫和不完美接合留下的縫隙。木補丁的紋理應與周圍的木料紋理走向一致，這樣才能與之同步收縮和膨脹，不會在日後開裂或脫落。木補丁的顏色還應與周圍木料的顏色接近。外來材料的效果則差很多，比如木粉膩子，在填補較大的刮痕、裂縫或縫隙時既沒有伸縮性，又不能長久保持，而且它的顏色與木料顏色差別很大。

給刮痕製作補丁的原則與用木銷填補螺絲孔是一樣的。不過，除非是菱形或細長的木補丁，一般的圓形和方形木補丁很難看得出來。首先要確認補丁的形狀，並將其從另一塊與目標木料的顏色和紋理相近的木料上切割下來。然後找到需要修補的部位，將木補丁的輪廓畫上去，並用鑿子去除適量的木料。如果受損的區域很大，可以使用電木銑和夾具精準地控制切削過程。（當然，你也可以先挖掉待修復的區域，然後使用描圖紙拓出其形狀，並切割出木補丁。）最好把木補丁

照片2-6 可以通過汽蒸的方法去除壓痕。將壓痕處徹底浸潤，然後用焊槍、烙鐵的尖端或者用火烤過的金屬物體的尖頭接觸水滴使之汽化。

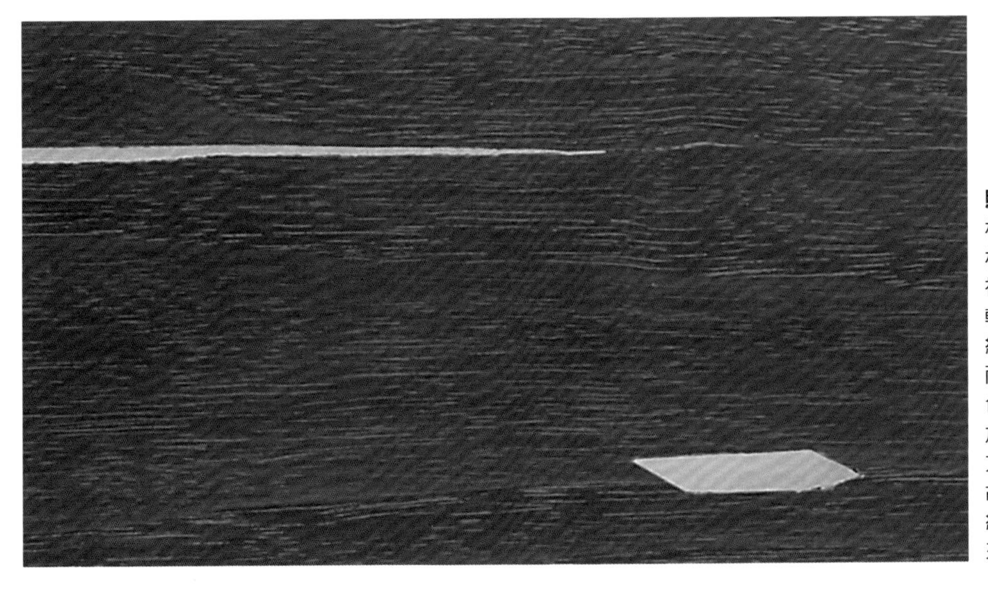

照片2-7 使用相同種類和紋理相近的木料製作補丁，可以填補較大的刮痕和裂紋。木補丁經久耐用，並且比純色木粉膩子更易於裝飾。（為了方便觀察，這塊胡桃木板上的裂紋使用的是楓木來打補丁。）

做得稍厚一些，這樣在完成黏合後木補丁會高出木料表面，待膠水凝固後可以使用鑿子、刨子或手工刮刀將其修平。

填補木料的裂紋或不完美接合留下的縫隙非常簡單，只需從同種木料上切下一些薄片或者把木皮切到合適的厚度嵌入開口處即可。將木條削出小的錐度可以使其更容易地滑入並填滿縫隙。待膠水凝固後修平填充部位的表面。這種修復方式通常易於修飾，並且能很好地與周圍的木料融為一體。

木粉膩子

相比木補丁，使用木粉膩子填補刮痕、裂縫或縫隙要省事得多。木粉膩子在填補小缺陷方面很有效。

木粉膩子通常由黏合劑和一些固體材料組成。黏合劑是指表面處理劑、膠水或石膏（熟石膏），固體材料則包括鋸末、石灰（碳酸鈣）或木粉（非常細的鋸末）。用黏合劑將固體顆粒黏在一起並固化，就形成了膩子。你之前可能沒想過，大多數的市售木粉膩子與你使用的表面處理

> **小提示**
>
> 如果壓痕很深，最好反覆塗抹膩子，直至其與木料表面齊平。較厚的塗層需要很長時間才能固化，並可能因為固化不均勻導致開裂。所以，要在每一層膩子完全固化後再塗抹下一層。

產品具有相同的成分，只是額外添加了一些石灰或木粉。這也解釋了，為什麼木粉膩子染色性較差以及固化後的表面處理效果也不太好。

市售的木粉膩子有三種常見類型──硝酸纖維素類、水基丙烯酸酯類和石膏類（請參考第27頁「木粉膩子的工作特性」）。你可以通過包裝上的說明加以分辨：

- 硝酸纖維素類木粉膩子可以用丙酮或漆稀釋劑（含丙酮）稀釋或清除。
- 水基的丙烯酸酯類木粉膩子在硬化前可以用水清除。
- 石膏類木粉膩子呈粉末狀，需要加水與其混合。

自製木粉膩子通常用膠水和鋸末混合製成。取一些鋸末，最好是來自於與待填補部分相同的木料，將其與任何一種膠水混合即可。環氧樹脂膠、白膠、黃膠、氰基丙烯酸酯膠（超級膠）都

可以。注意，膠水的用量要盡可能少，木粉的用量要盡可能多。如果加入的膠水過多，補丁的顏色會比周圍的木料顏色更深。

無論哪種膩子，其使用方法都是相同的。在膩子刀（如果孔隙很小，可以使用較鈍的一字螺絲刀）上塗抹一些膩子，然後將其向下壓入孔洞或刮痕中。如果壓痕不是很深，可以通過橫向移動膩子刀來抹平表面。你需要保持木粉膩子稍稍高於木料的表面，這樣在其凝固後不會因為收縮留下空隙。除了必要的操作，不要過多地擺弄膩子，因為膩子暴露在空氣中的時間愈久，其可操作性就會愈差。木粉膩子中的黏合劑是表面處理產品、膠水或石膏，所以它們會與接觸的木料黏合在一起，並阻止染料和表面處理產品的滲透，留下一塊斑點。

一旦木粉膩子完全固化，要參照周圍的木料將其打磨平整。如果你打磨的是一個平面，可以在砂紙背面墊一個木塊。

給木粉膩子染色

為了匹配周圍木料的顏色，可以通過兩種方法為木粉膩子染色，即在木粉膩子處於膏狀時染色和在木粉膩子固化後染色。

你可以使用通用型染色劑（UTCs）給木粉膩子染色，大多數的油漆店或美術用品店都有這種染色劑。通用型染色劑適合三種類型的成品木粉膩子和自製的膠水—鋸末木粉膩子。你配出的顏色要與染色或表面處理後的「背景色」，或者說木料表面最淺的顏色相同。配出這樣的顏色可能需要經過一些試驗，你可以先在一些廢料上練習。配色的技巧是在染料快要乾燥之前（仍保持溼潤）判斷顏色。這個時候的顏色最接近完成表面處理之後的顏色。染料或木粉膩子乾燥後呈現的顏色並不準確。

通常情況下，在塗抹之前為木粉膩子染色較為容易，給塗抹好的中性膩子（塗抹前未經染色的膩子）染色同樣可以獲得很好的效果。為了讓木粉膩子（無論是否染色）與周圍的木料融為一體，要在整個木料表面塗抹染料（你正準備使用的）以及第一層表面處理劑（封閉層）。這可以確保得到你想要的顏色（請參閱第144頁「封閉劑與封閉木料」）。一旦封閉層凝固，需要在木粉膩子補丁上繪出紋理和圖案，並調整其背景顏色。（詳見第19章「表面處理塗層的修復」，學習如何讓純色的木粉膩子補丁獲得與木料相似的紋理。）

無論你使用何種木粉膩子填補刮痕，無論木粉膩子的染色多好，幾年後它依舊會顯露出來。隨著時間的推移，周圍木料的顏色會變深或變淺，而材質上的差別使木粉膩子的顏色無法與木料同步變化，最終導致木粉膩子凸顯出來。從根本上避免出現這個問題的方法是保證製作膩子的木屑取自被修補的木料本身。這樣可以最大限度地保持顏色的一致。

注意！！！

成品的彩色木粉膩子通常是根據其需要匹配的木料本身的顏色來選用，而不是根據木料染色後所呈現的顏色選擇的。如果你不準備給木料染色，這些膩子非常適用。

使用蠟筆給木粉膩子染色

用木粉膩子填補細小的釘孔或刮痕並不划算（除非它們在桌面上），這會讓孔洞周邊變得很糟糕，因為木粉膩子只要與木料接觸便會黏住。通常情況下，等到封閉層或整個表面處理完成後再操作會簡單一些。

封閉層完成後可以使用彩色木粉膩子填補小孔洞。彩色木粉膩子是傳統油漆膩子的商品形式，是在亞麻籽油和碳酸鈣（石灰）中添加植物色素製成的。這種產品在家居中心隨處可見。用手指刮出一些顏色合適的木粉膩子壓入孔洞，之後再用布或乾淨的手指將表面多餘的膩子擦除即可。你可以用清漆、蟲膠或油漆塗抹在油基的彩色木粉膩子上。對於水基的彩色木粉膩子，則可以使用任何表面處理產品（**照片2-8**）。在完成表面處理後也可以使用蠟筆填補小孔。蠟筆有各種不同的顏色。使用顏色相近的蠟筆在孔洞處來回擦拭，然後用布或乾淨的手指擦除周圍多餘的蠟（**照片2-9**）。

木粉膩子的工作特性

工作特性

硝酸纖維素類：
凝固迅速，使用丙酮和漆稀釋劑稀釋和清洗

丙烯酸酯類：
固化前可以使用水清洗，固化之後可以使用丙酮、甲苯、二甲苯或漆稀釋劑清洗。很難有效地稀釋

石膏類：
呈粉末狀，使用時需要加水，凝固後無法再次溶解

照片2-8 使用彩色木粉膩子填補小孔洞。染色並封閉木料表面，用手指刮出一些顏色合適的彩色木粉膩子壓入孔洞。然後用布或乾淨的手指將表面多餘的膩子擦除，接下來繼續完成其他表面處理步驟。

照片2-9 使用蠟筆填補小孔。選擇顏色相近的蠟筆在孔洞處來回擦拭，直至孔洞被填充到與周邊平齊的程度。然後用布或乾淨的手指除去多餘的蠟。

3

表面處理使用的工具

簡介

- 製作擦拭墊
- 抹布
- 刷子
- 刷子的使用
- 常見的刷塗問題
- 噴槍及其輔助裝備
- 典型噴槍的工作原理
- 噴漆房
- 常見的噴塗問題
- 噴霧器表面處理產品
- 壓縮機
- 常見的噴槍問題

表面處理使用的工具有三種：抹布、刷子和噴槍。擦拭墊屬於抹布，塗墊屬於刷子，噴霧器屬於噴槍。使用的工具如此之少正是表面處理與木工製作的主要區別。木工製作需要的工具種類繁多，而且市場上不斷有新工具推出。如果你是個木匠，需要花費大量時間學習使用這些工具，包括它們的工作原理和使用技巧。

表面處理則完全不同，使用上述三種工具不需要太多的技巧。除了保持手部乾淨，使用表面處理工具的主要目的是將容器中的產品轉移到木料表面，並將其均勻、平滑地分散在木料表面。當然，你也可以把表面處理產品倒在木料表面，再用乾淨的手將其塗勻。等到表面處理劑凝固後再將其打磨平滑，使用研磨膏擦拭後可以得到非常好的結果（請參閱第259頁**照片16-2**）。如果表面處理一開始就完成得足夠平整光滑，事情會更加簡單，完全不需要重新打磨，或者只需要極少的打磨，就可以得到光滑平整的表面。

製作擦拭墊

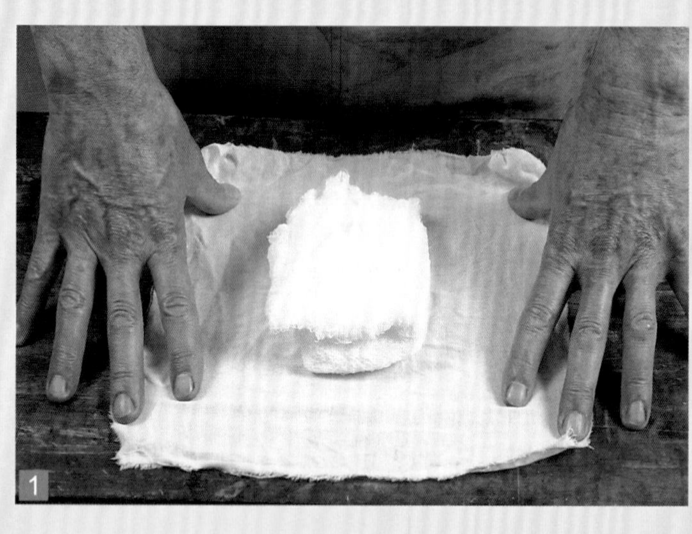

1 將一小塊乾淨的、緊密編織的、不可伸縮的棉布攤開（床單、手帕或粗棉布都可以），在中間放上一塊軟綿布或羊毛布。將內層布折疊，防止出現褶皺。如果你要進行大面積的表面處理，需要使用一塊大的內層布製作一塊大的擦拭墊；如果表面處理的面積較小，則只需要一塊較小的內層布製作擦拭墊。

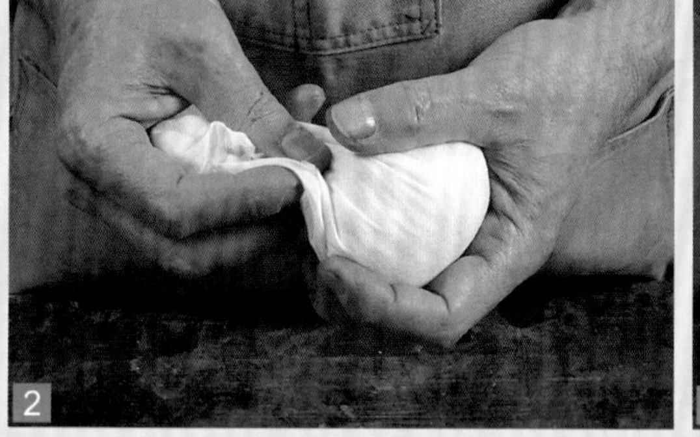

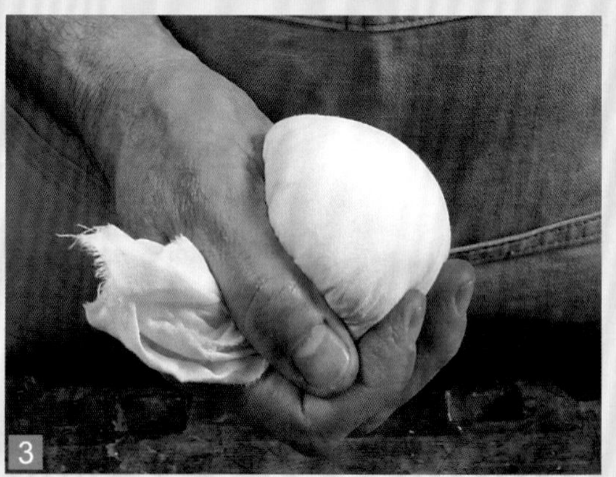

2 將外層布的四個角向內折疊至一點並轉緊。

3 將外層布的四個角充分轉緊，使其緊緊包裹住內層布。此時擦拭墊的底部摸起來應該是光滑且沒有褶皺的。

接下來你需要了解這三種工具的基本知識。

抹布

用於表面處理的抹布應該是棉布材質的。聚酯纖維和其他化纖材質的抹布沒有足夠的吸溼能力。如果你沒有大量的棉布或表面處理的工作量不大，也可以使用便宜的紙巾作為替代品，尤其是在塗抹不含水的表面處理產品時。如果表面處理產品含水，則可以使用斯科特抹布（Scott Rags），這種紙質產品在各大超市和折扣店很容易買到，並且遇水後不會散架。你可以先將一塊棉布折疊，然後用另一塊抹布將其緊緊包裹，製成一個底部沒有褶皺的擦拭墊，這是完成法式拋光和擦塗式表面處理最好的工具（參閱第162頁「法式拋光」和第16章「完成表面處理」）。這種擦拭墊還可以在任意尺寸的木料表面完成任何形式的薄膜表面處理。唯一的限制來自表面處理的乾燥速率。相比填絮和折疊的抹布，使用擦拭墊進行表面處理留下的痕跡更少。並且與普通棉布相比，擦拭墊還能減少表面處理產品的浪費。

內層的填充布可以使用任何種類的棉布或羊毛布：粗紗布或者來自純棉T恤、羊毛衫的面料都可以。外層的棉布不能具有太強的伸展性，密織的棉布、舊床單或舊手帕（我的最愛）都是理想的材料。為了製作擦拭墊，要用外層抹布裹緊填充布，就像上一頁描述的那樣。簡單地轉緊外層的棉布，就可以獲得一塊底部沒有褶皺的擦拭墊。

刷子

刷子是歷史最為悠久的表面處理工具。隨著噴塗設備的日益流行，刷子似乎不那麼重要了，但是，沒有準備幾把刷子的表面處理師還是很少見的。

選擇刷子

要想獲得好的表面處理效果，選擇一把優質的刷子很重要。優質刷子可以吸附更多的表面處理材料（這樣就無須頻繁地沾取塗料，節省了時間），並能使塗料分散得更為均勻，從而獲得更加光滑的刷塗效果。這樣的刷子不僅用著順手，並且更耐用。

有三種類型的刷子：天然鬃毛刷、合成毛毛刷和泡沫橡膠刷。塗墊通常也被當成一種刷子，因為它與刷子的使用方式相同（**照片3-1**）。

照片3-1 從左至右：尖頭天然鬃毛刷；尖頭合成毛毛刷；方頭合成毛毛刷；泡沫刷；塗墊。

天然鬃毛刷和合成毛毛刷，是刷毛的頂部用環氧樹脂膠黏合後，通過鐵箍包裹並與木柄或塑料柄連接製成的（**圖3-1**）。製作刷子的手柄、膠水和鐵箍的品質會有不同，這通常與刷毛的品質是對應的。因此，一般情況下可以通過刷毛的品質來判斷一把刷子的好壞。好的刷毛通常具有三個重要特徵：

- 刷毛排列整齊，刷頭形成類似鑿子的尖端，而不是被切得方方正正；
- 每一根刷毛都有錐度，頭部比尾部更細；
- 大多數刷毛的刷頭是開叉的——也就是分裂出了幾根纖維。

尖頭刷（中間部分的刷毛比兩側的長）做出的表面處理塗層比方頭刷更光滑。但方頭刷更便宜，而且適合塗抹染色劑、剝離劑或漂白劑，因為光滑度對這些操作來說不那麼重要。

錐形刷毛通常比沒有錐度的刷毛更好用。靠近鐵箍處的刷毛較粗，有利於提高刷子的剛性；刷毛尖端較細，使刷子具有較好的韌性和柔軟度。

傳言

慢慢刷塗可以獲得最佳效果。

事實

無論你從事何種工作，都不會因為慢而獲得收益。試想一下，如果你雇來刷房子的油漆工人每8秒鐘只能刷進1ft（30.5cm），你會是什麼反應？你要堅持一點：在保持控制的同時快速刷塗！

傳言

你應該先橫向於木料的紋理刷塗，然後再順著木料的紋理刷塗。

事實

這種方式適合刷塗慢乾型的表面處理產品，比如清漆。你可能會因此比採用其他方式獲得厚度更均一的表面處理塗層，但其差別肉眼可能是分辨不出來的。

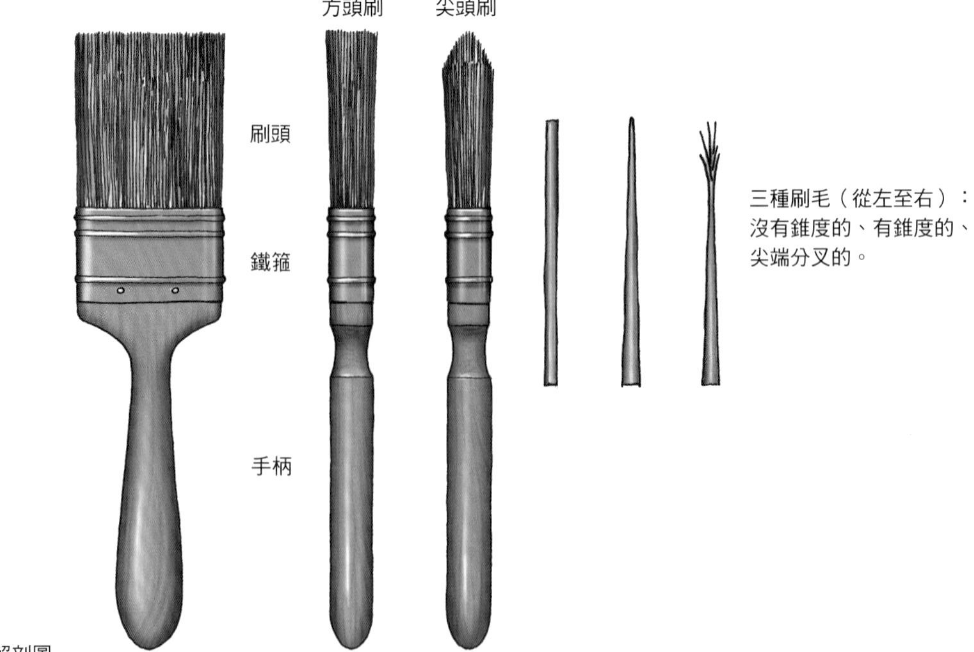

圖3-1 刷毛解剖圖

尖端較軟的刷毛相比尖端較硬的刷毛不易留下刷痕。（拖動刷子使其末端劃過手掌，可以對比出刷毛的柔軟度。）

刷毛分叉可以使與木料表面接觸的刷毛的數量增加1倍甚至2倍。因此，相比刷毛沒有分叉的刷子，刷毛分叉的刷子可以沾取更多的表面處理材料，並獲得更為光滑的刷塗效果。

天然鬃毛和合成毛之間的差別就像頭髮與塑料之間的差別。頭髮質地柔軟，在水中會變得難以控制，塑料則不會這樣。因此，天然鬃毛刷不適合與水基染色劑或表面處理產品配套使用，合成毛毛刷卻可以與之搭配。這兩種刷子與溶劑型的染色劑和表面處理產品搭配效果都很不錯，不過大多數的油漆匠和表面處理師更喜歡天然鬃毛刷的處理效果。

天然鬃毛刷是用動物毛髮製作的，最好的用來刷塗溶劑型表面處理產品的刷子是用來自中國的豬鬃製成的。合成毛毛刷通常由聚酯纖維或尼龍製成，有時也會用這兩種材料混合製成。大多數情況下，完成表面處理最適宜的刷子寬度是2～3吋（5.08～7.62cm），刷毛長度是2～3吋（5.08～7.62cm）。

市面上有數百種樣式、質量不一的刷子，很難斷定哪種最好用。通常情況下愈貴的刷子品質愈好。判斷刷子品質優劣的標準是：尖端刷頭類似鑿子、刷毛分叉、刷毛頭較為柔軟並且極少掉毛。根據個人經驗，我認為選擇表面處理產品比選擇刷子更重要。有些品牌的表面處理產品，無論使用哪種類型的刷子，都能獲得比其他廠家的產品更好的刷塗效果。

泡沫橡膠刷留下的刷痕最少，但是它們在每次刷塗後都會在刷塗邊緣留下兩道因表面處理產品堆積而形成的明顯凸痕。泡沫橡膠刷的密度愈高，刷塗效果愈好。泡沫橡膠刷價格低廉，因此對於那些完成表面處理後不想清理刷子而是選擇直接扔掉的人是不錯的選擇。泡沫橡膠刷會在漆稀釋劑中溶解，這取決於泡沫橡膠的種類，有些還會在酒精中溶解。這意味著，這種刷子不能用於刷塗油漆。對蟲膠產品來說，你需要在使用前進行測試。

塗墊包含成千上萬根嵌入泡沫塑料襯背上的細絲。它們的使用方式與泡沫橡膠刷很像，只是一般被安裝在塑料或金屬支架上，因此它們只適合處理木料的平面部分。因為它們可以吸附大量的表面處理劑並且尺寸很大，很受為地板做表面處理的工匠的青睞。與泡沫橡膠刷一樣，塗墊不能刷塗油漆，並應在使用蟲膠前進行測試。

清潔和儲存刷子

刷子每次用完，必須妥善地清洗和儲存，否則很容易被殘留的表面處理劑損壞。蟲膠和合成漆是為數不多的在表面處理產品完全固化後可以使刷子恢復如初的產品。將沾有蟲膠的刷子浸入酒精中，沾有合成漆的刷子浸入漆稀釋劑中，洗淨即可。

如果你打算在當天的晚些時候或第二天繼續使用這把刷子完成相同的表面處理工作，可以把刷子浸入合適的溶劑中保存。具體做法是：將塗抹油基處理劑或清漆的刷子浸入油漆溶劑油中；將塗抹蟲膠的刷子浸入酒精中；將塗抹合成漆的刷子浸入漆稀釋劑中；將塗抹水基表面處理產品的刷子浸入水中。你也可以用保鮮膜將刷子包起來，防止刷子與空氣接觸。如果需要將刷子浸入溶劑中，你可以用一根圓棒穿過刷柄上的孔（如有必要，可以在靠近鐵箍的位置打孔）並架在瓶口，使刷毛懸浮在溶劑中，不會碰到瓶底（**照片3-2**）。在瓶口罩上一個塑料咖啡罐的蓋子可以減少溶劑的揮發。在蓋子的底部鑽一個中心孔，能讓刷柄穿過即可。

刷子的使用

以下是使用刷子刷塗表面處理產品的基本步驟。記住，你的目標是盡自己所能，讓表面處理完成得光滑平整。

1 如果刷子是新的，你要首先用手敲擊鐵箍，抖掉那些鬆動的刷毛。更好的做法是，在第一次使用前清洗刷子。

2 將適量的表面處理產品倒入一個容器中，比如咖啡罐或者其他的廣口容器。這樣可以防止刷子黏到的髒東西弄髒所有的塗料。

3 將工件放在光源下合適的位置，使你可以看見工件表面的反光，這樣你可以在表面處理出現瑕疵的時候及時發現並加以修正。

4 如果你在高效噴漆房中操作，可以使用氣槍和刷子將需要處理的表面清理乾淨。否則，你需要使用吸塵器或黏布完成清理工作（參閱第20頁「清除粉塵」）。在開始刷塗前，你可以用乾淨的手除去任何可能存在的粉塵。

5 抓住刷子的鐵箍，此時手柄應該處在你的拇指和食指之間。將刷毛長度的三分之一到二分之一浸入塗料中，吸取塗料。

6 把待處理的木料放在一個大塊的、水平的表面上（比如桌面），將沾好塗料的刷子向下按，使著力點位於其投影區域的中間。然後來回刷塗，將表面處理產品塗開，注意每次的刷痕首尾相接。順紋理方向刷塗，這樣之前的刷痕就會被掩蓋。在每次刷塗的盡頭，你要像飛機起飛那樣提起刷子，再次沾好塗料返回時則要像飛機降落那樣落下刷子。這樣可以避免在處理的表面和刷痕兩側留下痕跡。刷塗寬大的表面時，你可能需要多次沾取塗料，並從不同的位置多次起始刷塗才能將塗料刷開並延伸到兩端。你的目標是從表面的一端到另一端刷出至少一個刷子寬度的、均勻覆蓋的薄塗層。對於水平表面，可以從任意一頭開始刷塗。你要用另一隻手拿著盛放表面處理產品的容器，或者將其放在合適的位置，確保沾好塗料的刷子不會出現在已完成刷塗的表面的上方，這樣不會有塗料滴落在已經完成刷塗的木料表面。

7 在從一端至另一端刷塗完後，應調整「筆鋒」，將刷子豎起來以戳破出現的氣泡。此時需要保持刷子幾乎垂直於表面，然後用刷頭輕輕地回刷一遍。

8 每次沾取塗料後，都要在上一次刷塗結束位置的前方約20㎝處重新開始，當其與上一次刷塗的邊緣接上後再離開。你要刷塗得足夠快，以保證上一次刷塗的邊緣仍然足夠溼潤，這樣不會在邊緣留下明顯的痕跡。很顯然，相比於刷塗清漆，刷塗蟲膠或水基表面處理產品時要更快些。

9 刷塗垂直表面時，要減少刷子上的塗料量以減少塗料的滾動和流掛。可以在瓶口處輕刷或按壓刷子以削減塗料的含量。如果可能，刷塗時盡量將「筆鋒」從一端延伸至另一端，並且順著紋理刷塗。在光線下觀察塗料，一旦出現滾動和流掛，立刻將其刷去。

10 在刷塗木旋、雕刻作品和線腳等不規則的表面時，可減少刷子沾取的塗料量，避免在凹痕處留下滾動和水痕。對於木旋件，沿旋切方向刷塗的效果比沿軸向刷塗的效果更好。

刷塗非常依賴直覺。講解如何抓握和移動刷子的內容非常多（我在這裡已經說得夠多了）。有個很重要的方法是，在反光下操作，這樣可以隨時觀察刷塗的效果。如果出現了錯誤，可以及時加以修正（請參閱第36頁「常見的刷塗問題」）。

清洗刷子上的表面處理材料的最後幾個步驟通常是相同的：使用清水和肥皂清洗刷子，再將刷子放回原來的包裝中，或者用紙將其包裹，這樣既能保持其乾直，又能保持清潔（**照片3-3**）。在用清水清洗前，針對不同的產品要使用不同的方法。

- 將家用氨水和清水對半混合，可清洗蟲膠（最有效的方法），或者用工業酒精多次漂洗。
- 使用漆稀釋劑反覆漂洗合成漆。
- 使用油漆溶劑油反覆漂洗油或清漆，然後用漆稀釋劑漂洗，以除去含油的油漆溶劑油。
- 使用肥皂水清洗水基表面處理產品。

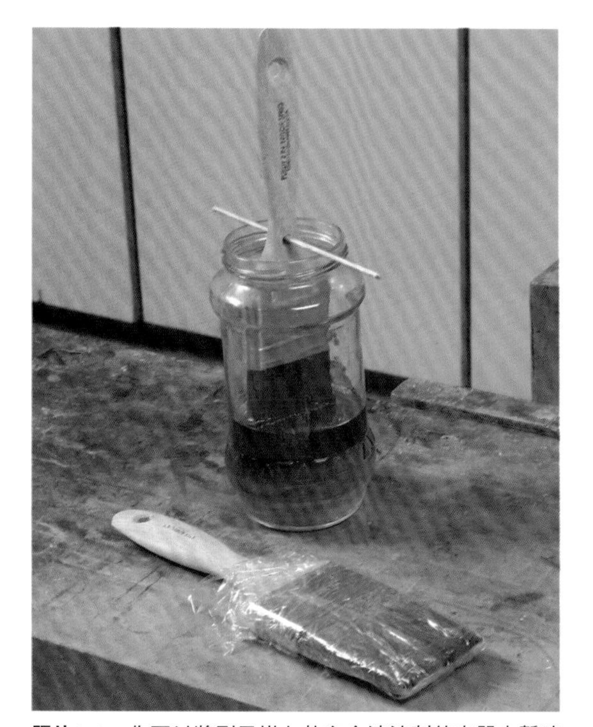

照片3-2 你可以將刷子掛在放有合適溶劑的容器中暫時儲存且無須清洗，或者用保鮮膜將其包好。

常見的刷塗問題

刷塗的主觀性非常強，也常會出現各種問題。這裡列出了一些常見問題。對於不同類型表面處理的特殊問題，請參考相關章節。

問題	原因	解決方法
刷痕	刷子的質量很差	使用質量好的刷子（請參考「選擇刷子」）
	塗層太厚	使用合適的稀釋劑稀釋表面處理產品，表面處理劑愈稀，留下的刷痕就會愈少，當然塗層的厚度也會愈薄
	以上兩種情況都有	將表面打磨平整並擦拭至理想的亮度（請閱讀第 16 章「完成表面處理」）
氣泡	氣泡是暴力刷塗的結果，表面處理產品乾得太快，氣泡沒有足夠的時間自行破裂	在溫度較低的環境中刷塗，氣泡會有足夠的時間破裂
		在表面處理產品凝固前戳破氣泡（保持刷子幾乎垂直於表面，用刷頭輕輕地回刷一遍）
		添加合適的稀釋劑或緩凝劑延緩塗料的乾燥
灰點	空氣、木料表面、塗料或刷子是髒的	在開始刷塗之前讓塵埃落定，用黏布或乾淨的手擦除木料表面的粉塵；過濾表面處理產品；使用合適的溶劑清洗刷子
	表面處理產品乾燥得太慢	使用快乾型表面處理產品
	以上兩種情況都有	將表面打磨平整並擦拭至理想的亮度（請閱讀第 16 章「完成表面處理」）
滾動和流掛	表面處理塗層過厚	在滾動和流掛的塗料硬化前將其刷去，如有必要，可以通過在另一個表面刷塗或者在盛放塗料的罐口邊緣輕刮去除多餘的塗料，然後刷塗更薄的表面處理塗層
		將塗層表面打磨平整並擦拭至理想的亮度（請閱讀第16章「完成表面處理」）
拖痕	在刷塗的時候，上一次刷塗的塗料邊緣在連接下一次刷塗之前已經乾了。你沒能保持溼潤的邊緣	動作快一些，如果溫度偏高可以換到涼快的地方刷塗
		添加合適的稀釋劑或緩凝劑延緩塗料的乾燥
		使用慢乾型表面處理產品

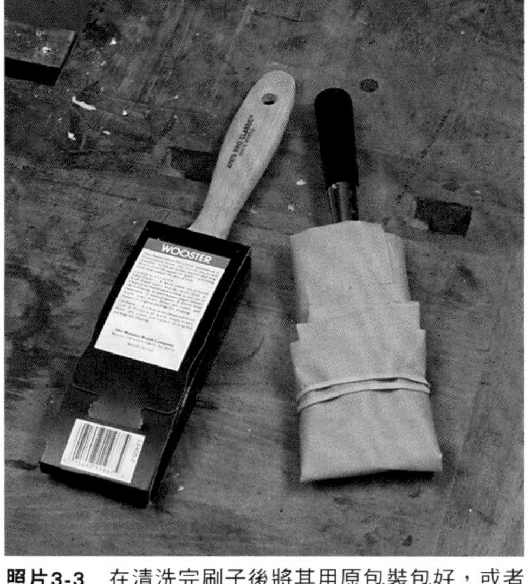

照片3-3　在清洗完刷子後將其用原包裝包好，或者將其包裹在吸水紙中，以保持刷毛乾淨、平直。

如果你只是用刷子刷塗溶劑型表面處理產品，則可以在刷毛上塗抹幾滴輕油，比如礦物油，以保持刷頭柔軟。但是不要在任何可能使用水基表面處理產品的刷子上塗油。保持刷子的良好造型是一項困難的工作，其間精神上的挑戰比體能挑戰更容易讓人抓狂，儘管這個過程只要5～10分鐘。你要養成及時清洗刷子的良好習慣。如果在下次使用的時候刷子仍然保持柔軟，用起來很順手，你會感覺很愉快的。如果能夠一直保持刷子乾淨整潔、刷毛順而直，刷子的使用壽命也會延長，並為你提供多年的優質服務。只有分叉的刷毛嚴重磨損時，才需要購買新刷子。但是磨損的刷子也不要扔掉，可以用它們做一些要求不高的工作，比如塗抹剝離劑。

噴槍及其輔助裝備

噴槍是一種將染色劑、油漆、其他表面處理產品轉化為細霧形態（這個過程被稱為「霧化」），並使霧氣覆蓋加工面的工具（請參閱第43頁「噴霧器表面處理產品」）。噴槍可以使大多數液體霧化，當然最濃稠的液體除外。相比抹布和刷子，噴槍處理液體的效率更高，形成的表面塗層更為平整。但其成本偏高，且由於回彈和過噴（噴霧時錯過了目標）會造成很大的浪費。耗費在空氣中的霧氣也會影響操作者的身體健康。為了防止這些氣霧回落到木料表面，需要添加一些設備，這進一步提高了噴槍的操作成本（請參閱第40頁「噴漆房」）。

如果換用噴霧器，你不僅可以獲得噴槍的諸多好處，且無須大量的費用。噴霧器適合處理較小的木工製品和修補工作。很多表面處理產品、調色劑和其他產品會跟噴霧器一起打包銷售（請參閱第43頁「噴霧器表面處理產品」）。

噴槍的分類

噴槍可以分成5類：

- 傳統型；
- 渦輪—HVLP（高流量，低氣壓）型；
- 壓縮機—HVLP型；
- 無氣型（液噴）；
- 氣輔式無氣型。

傳統型噴槍為高壓噴槍，氣體壓力通常為35～45psi（241.3～310.3kPa），由壓縮空氣驅動，已經有百年的使用歷史（請參閱第45頁「壓縮機」）。液體塗料的供給方式如**圖3-2**所示，可分為三種：虹吸式、重力式和遠程壓力進給式。現在，傳統噴槍幾乎全部被HVLP噴槍所取代。

渦輪—HVLP型。這項技術早在20世紀50年代已經出現，但一直沒有被廣泛接受，直到20世紀80年代，更嚴格的環保法的頒布才使其受到重視。渦輪—HVLP使用渦輪風機所產生的高流量空氣代替壓縮空氣來霧化液體。壓力的減小有助於形成更柔和的噴霧，相比傳統的高壓噴槍有效減少了塗料的回彈和浪費。渦輪的風葉和分級愈多，能夠提供的空氣流量和氣壓就會愈高。3級渦輪通常可以提供110cfm（3.1m³/min）的空氣流量和6psi（41.4kPa）氣壓，這是最受歡迎的數值範圍，同時可以獲得乾淨的表面處理效果。相比3級渦輪，5級渦輪可以提供的空氣流量和壓力可以高達135cfm（3.8m³/min）和10psi（69.0kPa）。塗料一般由分離的遠程加壓罐或噴槍下方的加壓杯提供（**圖3-2**）。

壓縮機—HVLP型。該技術是在20世紀80年代晚期引入行業的。通過這項技術，壓縮空氣會在噴槍內轉換為大流量的低壓氣流。和渦輪—HVLP技術一樣，壓縮機—HVLP技術形成的噴霧柔和，回彈小，浪費少。用專業術語描述，HVLP噴槍比傳統噴槍具有更高的轉換效率。因為其柔和的噴霧速度，大約⅔的塗料可以留在噴塗表面，而傳統噴槍處理的表面通常只能留住⅓的塗料。

傳言

渦輪產生的熱空氣加熱了表面處理塗層，因此合成漆和蟲膠的霧濁減少或消失了，表面處理塗層流布得更好。

事實

熱空氣在其噴出噴槍之前不會與表面處理產品接觸，等到噴出後已經太遲了，完全失去了加熱液體的作用。你可以試一下，將冷水放入噴壺或壓力杯中，然後將其噴到手上。無論噴槍中的氣體有多熱，水霧仍然是冰涼的。為了減少霧濁或提高流動性，可以將表面處理產品加熱後使用，通常用水浴法加熱表面處理產品。

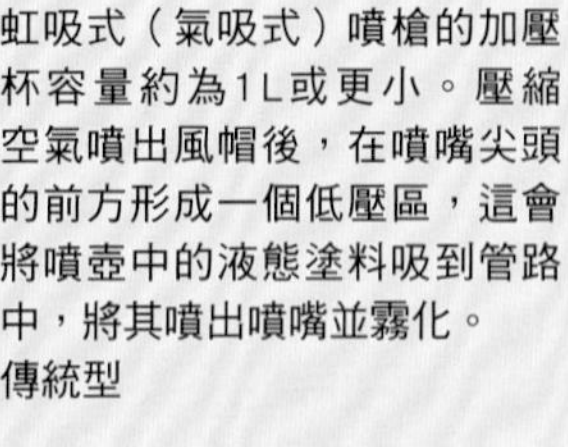
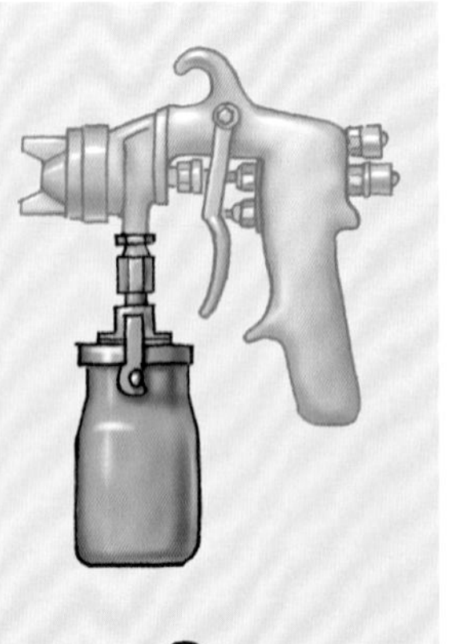

虹吸式（氣吸式）噴槍的加壓杯容量約為1L或更小。壓縮空氣噴出風帽後，在噴嘴尖頭的前方形成一個低壓區，這會將噴壺中的液態塗料吸到管路中，將其噴出噴嘴並霧化。
傳統型

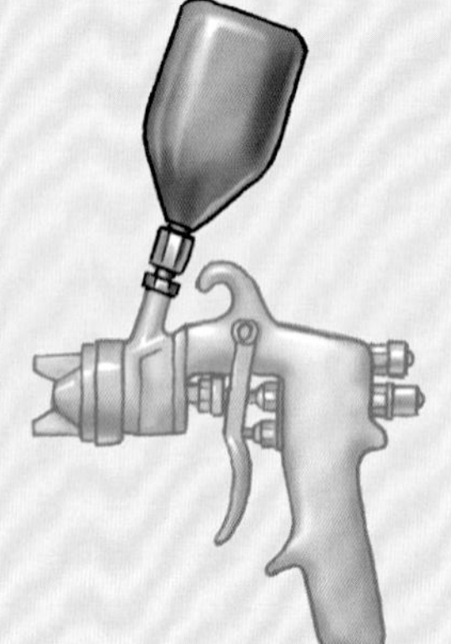

重力式噴槍的加壓杯容量通常為1L或更小，安裝在噴槍上部。液體塗料完全借助重力作用流入噴嘴並霧化。重力式噴槍因為具有更好的平衡性和高效性（不需要將空氣轉至加壓杯並為其加壓），所以很受歡迎，並有取代壓力進給式噴槍的趨勢。
傳統型
壓縮機—HVLP型

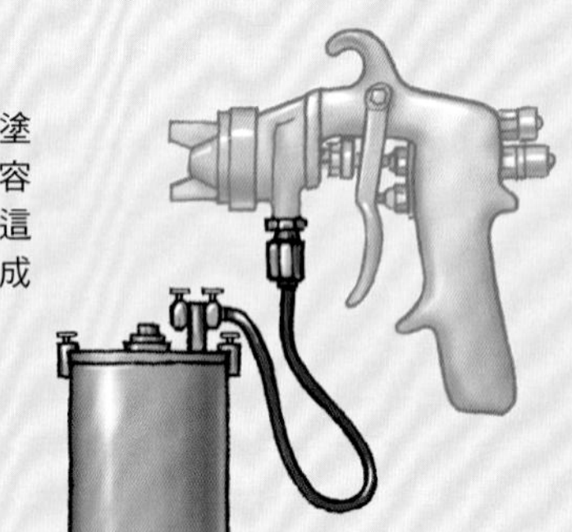

遠程壓力進給式噴槍的塗料是從一個分離的壓力容器經軟管流入噴槍的。這套系統最適合在需要完成大量噴塗工作時使用。
傳統型
壓縮機—HVLP型
渦輪—HVLP型

壓力虹吸式噴槍是專門為渦輪—HVLP和壓縮機—HVLP系統設計的。因為HVLP系統無法產生足夠的氣壓以形成低壓區域，從而將噴壺中的液態塗料吸到管路中，所以必須為加壓杯加壓。通常需要用一根塑料管連接到槍身上，將渦輪或壓縮機產生的部分氣體轉入加壓杯中。
壓縮機—HVLP型
渦輪—HVLP型

圖3-2 噴槍類型。

典型噴槍的工作原理

噴槍分解圖

針閥密封螺母
針閥密封件（內部）
扇面控制旋鈕
噴嘴
氣帽
出料控制旋鈕
出料針閥
尖角
扳機
進料口
槍身（或手柄）
主氣閥
進氣口

噴槍前端剖視圖

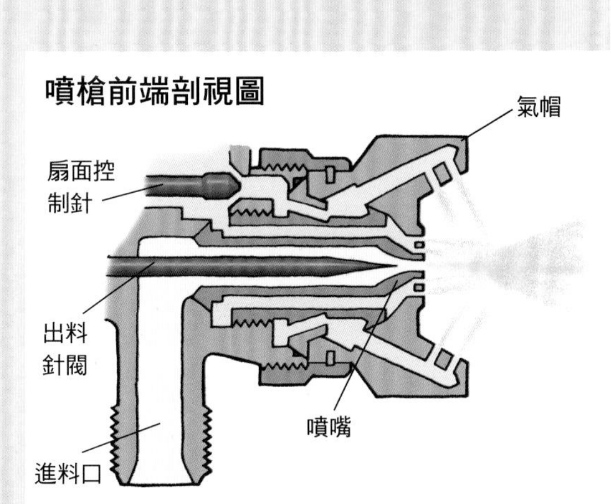

來自壓縮機或渦輪的空氣通過手柄下方的進氣口進入噴槍。當你輕輕按壓扳機時，手柄內側的主氣閥打開，使空氣穿過槍身並通過風帽的中心和尖角處的小孔流出（圖中藍色部分即為空氣流動的示意）。在HVLP噴槍中，即使沒有按壓扳機，空氣也在不停地流動。

進一步按壓扳機會使出料針閥回縮，這樣液體就可以流出噴嘴了（如圖中黃色部分所示）。霧化的塗料會垂直於兩個尖角所在的平面噴出，並且噴霧模式可以從圓形變為橢圓形。

大多數噴槍在背側有兩個控制鈕。上控制鈕調節進入氣帽的空氣量，可改變扇面的寬度；下控制鈕調節流出噴嘴的塗料流量。通過轉緊上控制鈕，你可以調整噴霧扇面至圓形；轉緊下控制鈕可以限制扳機回退的幅度（即針閥的退回量），減少塗料的噴出量。

某些渦輪—HVLP噴槍只有一個控制鈕──扳機控制鈕，噴霧扇面的寬度則會根據扳機壓力自動調整。通過調節氣帽或氣帽下方的模塊可以在一定程度上創造出橢圓形的噴霧模式。

噴漆房

配置了專業設備的工房和工廠會使用商業化的噴漆房去除多餘的噴霧。實際上，噴漆房就像一個一端開口、另一端裝有排氣扇的箱子，過濾器則安裝在中間位置，以吸走多餘的噴霧。商業噴漆房有以下特點：

- 鋼結構，可防火。
- 過濾器，在多餘的噴霧到達風扇之前將其吸走。
- 收集廢氣的氣室，借助比風扇面積大得多的過濾面積，將空氣均勻地抽走。一個排氣量達到100cfm（$2.8m^3$/min）的風扇，完全可以將多餘的噴霧從工件表面吸走。
- 一組防爆風扇和電機，用於消除可能導緻密集的表面處理產品和溶劑蒸氣發生火災或爆炸的火花。
- 在牆面和天花板布置氣室或管道，引導工件表面的氣流通過過濾器。
- 天花板和其他牆面的照明，讓操作者可以觀察噴塗工件表面的反光。

商業噴漆房是生產型工房的必備要素，但是對大多數的家庭工房來說，噴漆房占用空間過大，而且太貴了（一般需要3000～5000美元），同時需要大量換氣（熱空氣或冷空氣，以補充被排除的空氣）。如果你在家使用噴槍的頻率不是很高，且需要在室內工作以排除冷空氣、風、飛蟲、落葉等外在因素的干擾，那麼你可以考慮自己建造或改裝一個噴漆房。

自己建造

注意，不管你在家中使用何種噴槍，是否有噴漆房，都會影響到你的房屋安全。下面介紹的是如何建造家用噴漆房的方法。這是一個安全且不貴、有足夠的空氣量，並通過使用HVLP噴霧系統將過量噴霧控制在最低水平，占用空間很小的噴漆房（具體方法見下頁圖示）。

噴漆房需要一個由獨立電機通過皮帶帶動的風扇，一塊或多塊熔爐（高溫氣體）過濾板和塑料窗簾。這樣的設計可以引導工件附近的空氣流經風扇，避免溶劑形成的霧氣與電機直接接觸，也不會造成多餘噴霧顆粒累積在扇葉表面。

對風扇的選擇取決於所需換氣量的大小，以立方英尺每分鐘（cfm）計量，你需要在消除過量噴霧和減少換氣量之間找到合適的平衡點。換句話說，風扇交換的空氣愈多，效果愈好，但同時需要在房間對側打開的窗戶也會愈多，房間內的冷量或熱量流失的速度也愈快。通常情況下，風扇愈大，扇葉的角度愈尖銳，能夠有效交換的空氣量就愈大。

為了安裝風扇，你要用膠合板或刨花板建造一個大約1ft（30.48cm）深、兩端開口的箱體。箱體四邊的尺寸要足夠大，可以把風扇裝入一端，同時把熔爐過濾板（高溫端）裝在另一端。過濾板的效率要足夠高，以保證多餘的噴霧顆粒在接觸風扇之前已被全部捕獲。

在箱體頂部挖一個足夠寬的槽，讓風扇皮帶可以從中穿過，並連接到外面的電機上。電機的功率應該足夠大，通常需要具備¼～½hp（0.18～0.37kW，對應轉速約為1725rpm）。

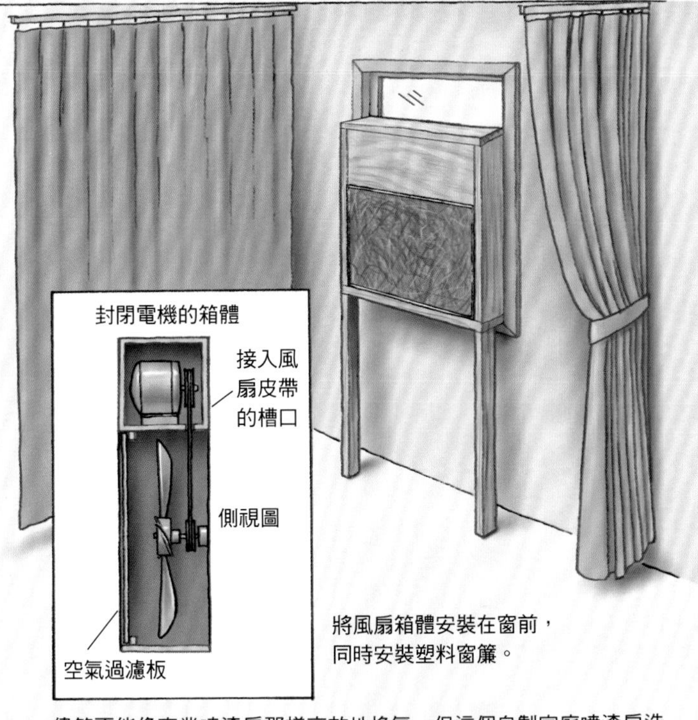

儘管不能像商業噴漆房那樣高效地換氣，但這個自製家庭噴漆房造價低廉，占用空間小，並且在保證所有部件乾淨整潔的情況下非常安全。

如果你準備噴塗溶劑型表面處理產品，最好選用防爆電機；如果只是噴塗水基表面處理產品，一臺標準的全封閉風冷（Totally Enclosed，Fan-Cooled，簡稱TEFC）感應電機就足夠了。不管是哪一種，電機都應放置在箱體內，防止多餘噴霧顆粒在其表面積累。

將裝有封閉風扇的箱體放在窗口，最好是放置在窗前的支架上，並將箱體外側與窗戶之間的空間密封起來。然後在箱體兩側的天花板上分別掛上一條窗簾，使其從牆面向外延伸6～8ft（1.8～2.4m）。如果窗戶靠近一側牆體，你可以用牆體代替這一側的窗簾。窗簾應足夠寬，這樣在操作時你就可以站在氣體通道內或剛好位於通道外側的位置。

厚重的、帶有天花板軌道的工業級防火窗簾是最好的。這種窗簾可以在汽車用品店或五金市場買到。你也可以使用任何類型的塑料窗簾，當然，最好不要使用會被流動的空氣吹動的過輕的窗簾。

將窗簾掛在位於天花板上的軌道內，便於你在工作時將其拉開，工作完成後將其拉起。這樣幾乎不會浪費工房內的任何空間。

關於照明，在天花板上的托梁之間嵌入一盞或兩盞4ft（1.2m）長的日光燈，並使其盡可能靠近窗戶。為了防止日光燈接觸霧氣，可以在日光燈與天花板之間安裝玻璃面板（面板可以嵌入牆角的石膏線內）。要使用全光譜燈泡，以保證色彩平衡。

為了確保噴漆房遠離火災危險，保持其乾淨非常重要。每次工作完成後要清掃地面，並經常清理或更換空氣過濾板。如果在風扇箱體或窗簾上開始出現表面處理產品的膠凝物，你要清洗或更換窗簾。

常見的噴塗問題

操作噴槍不會比操作電木銑更難，但是與使用電木銑一樣，問題在所難免。下表列出了一些常見問題，對於不同表面處理時出現的特定問題，請參閱相關章節。

問題	原因	解決方法
橘皮	氣壓不足	增大氣壓（只有在使用壓縮空氣時才可以用這個方法）
	表面處理產品過於濃稠	使用合適的溶劑稀釋表面處理產品。採用這個方案時，必須使用渦輪—HVLP噴槍
	噴槍離工件表面太遠，或者噴槍移動得太快，導致沒有形成完整的溼潤塗層	使噴槍靠近處理表面或減緩其移動速度。借助反射光線隨時觀察噴塗效果
	噴槍離工件表面太近或噴槍移動得太慢，導致塗料堆積形成波紋	將噴槍適當遠離操作面，或加快噴槍的移動速度。借助反光隨時觀察噴塗效果
乾噴	表面處理塗層乾燥過快	添加合適的緩凝劑，延長塗料乾燥時間
	噴槍離工件表面太遠，或者噴槍移動過快	將噴槍適當靠近操作面、放慢噴槍移動速度或添加緩凝劑
	原有塗層乾燥後，多餘噴霧顆粒重新附著	添加合適的緩凝劑，延長塗料乾燥時間；改善換氣系統
滾動和流掛	用於噴塗的表面處理產品過於濃稠	稀釋表面處理產品，噴塗更薄的塗層
	噴槍離工件表面太近，或噴槍移動過慢	借助反光觀察噴塗效果，及時進行調整
	每次噴塗結束後，沒有及時鬆開扳機	在轉動手腕的同時鬆開扳機
	噴槍口沒有垂直於操作面，因此在距離噴槍口較近的地方，塗料堆積過多	噴塗時應始終保持噴槍口垂直於操作面

噴霧器表面處理產品

很多受歡迎的表面處理產品都做成噴霧器形，並且從啞光到高光有不同的光澤度可選。這些產品包含聚氨酯、蟲膠、合成漆、水基表面處理劑和預催化漆。其他產品，諸如打磨封閉劑、調色劑和霧濁（白色水痕）去除劑也會使用噴霧器包裝。

噴霧器表面處理產品與使用噴槍噴塗的產品一樣，只是通常稀釋的程度更高，以確保其可以順利通過噴嘴中的小孔。你通常需要噴塗兩遍才能獲得與一次噴槍噴塗相當的塗層。噴霧器的使用方法與噴槍一樣（參閱第48頁「使用噴槍」）。在處理大的操作面時，你可以在噴霧器的罐身附加按壓手柄，從而緩解手指的壓力，更好地完成操作。

無論噴霧器含有何種表面處理產品，它們的罐體幾乎是相同的，包含噴嘴（由閥門和促動器組成）、汲取管以及推動液體通過汲取管和噴嘴的氣體推進劑。

1978年以前，噴霧器使用氟利昂（Chlorofluorocarbons，簡稱CFCs）作為推進劑將塗料噴出，但是現在，氟利昂的生產已經基本停止，因為其對臭氧層有破壞作用。現今，大多數噴霧器使用液化石油氣（Liquefied Petroleum Gases，簡稱LPGs）作為推進劑，比如丙烷、異丁烷和正丁烷。

有兩種類型的噴霧器。其中較為常見的是當你按壓促動器後形成的噴霧呈錐形（左圖）的噴霧器。另一種噴霧器形成的是扇形噴霧，通過用鉗子旋轉噴嘴前端的碟片方向可以調整扇形的方向。後者通常霧化效果更好一些，可以形成更均勻的表面處理塗層。

大多數噴霧器的噴嘴有一個簡單的圓柱形促動器，將其按下可以產生錐形的噴霧。有些噴嘴在促動器前端有一個方形碟片，通過用鉗子旋轉碟片調節其方向可以使噴霧器像噴槍那樣，形成水平或垂直的噴霧扇面。這種噴霧器相比使用圓柱形促動器的那種可以得到更加均勻的表面處理效果。

這兩種噴霧器在使用前都需要充分搖晃。如果罐體中包含固體材料，比如色素或消光劑，當你搖晃時可以聽到一個金屬球撞擊罐體側壁的聲音。這個金屬球可以幫助固體顆粒更好地懸浮。如果沒有聽到小球的撞擊聲，你就要不停地搖晃噴霧器，直到你聽見聲音，然後繼續搖晃10～20秒。

結束噴塗後，及時清潔汲取管和閥門，使表面處理產品不會凝固和堵塞噴嘴。方法是將噴霧器上下顛倒，然後按壓噴射，直到沒有液體噴出。

根據加州的法律和其他地區廣為接受的標準，HVLP噴槍噴嘴處的霧化氣壓被限制在10psi（69.0kPa）或更小。不過，很多表面處理師仍會使用更高的氣壓以改善黏稠液體的霧化效果。對壓縮機HVLP噴槍來說，液體塗料是通過連接在上方的重力進給式壓力杯、連接在噴槍下方的獨立的壓力進給式壓力罐或虹吸式壓力杯供應的（第38頁**圖3-2**）。

有些廠家還供應一種叫作低流量、低氣壓（Low Volume，Low Pressure，簡稱LVLP）的噴槍。這種噴槍可搭配小型壓縮機使用，比如平降式壓縮機。除了塗料的輸出量較少，LVLP噴槍與HVLP噴槍的性能相當。

無氣型（液壓霧化）噴槍通過一個液泵推動塗料從一個非常小的噴嘴噴出，出口處形成的壓力可以高達3000psi（20685kPa）。無氣型系統噴射液體塗料的流量非常大，因此經常在粉刷房屋時使用。不過，無氣型噴槍的霧化效果沒有其他噴槍細緻，會產生更多的橘皮效果（請參閱第42頁「常見的噴塗問題」）。因此，無氣型噴槍通常不用於非常細緻的木料表面處理。

氣輔式無氣型噴槍及其空氣混合系統使用氣壓範圍800～1000psi（5516～6895kPa）的中等壓力液泵和壓縮空氣驅動。大約80%的噴霧是通過液壓霧化形成的，只有20%的噴霧是通過低壓空氣實現霧化的。這種噴塗系統較為昂貴，通常用於工廠和大型工房，可以快速完成噴塗並保證噴塗質量。

傳言

HVLP噴槍只能噴塗水基表面處理產品。

事實

HVLP只是一種把液體從容器傳遞至木料表面的技術。你可以使用HVLP噴槍噴塗幾乎任何液體。

選擇噴槍

除非你在專業工房中從事大量的噴塗工作，否則只需從前三種噴槍中選擇一種。這些噴塗系統比較便宜，唯一的不足在於噴塗的流量有限。不過，除非你的工作量非常大，否則已經夠用了，接下來我會重點討論這些系統。

如果你準備購買一把新的噴槍，你應選擇渦輪—HVLP或壓縮機—HVLP系統。沒有理由選購傳統噴槍，除非你之前已經購買了，不想重複投資。如果你已經有了尺寸合適的壓縮機，或你需要壓縮機完成其他工作，可以選擇壓縮機—HVLP噴槍（參閱下一頁「壓縮機」）；如果你沒有或不需要壓縮機，可以選擇渦輪—HVLP噴槍。兩種噴槍效果都不錯。與其他工具一樣，一分錢一分貨。你的投入愈高，產品的耐用性和可靠性就愈好。比如，品質不同的噴槍的可調節和控制性能會有非常明顯的差別。

優化噴槍（進氣壓調節）

為了讓你的噴槍獲得最佳噴霧效果，你需要調整液體的黏度以及針閥、噴嘴和風帽的尺寸。比如，濃稠液體相比稀液體需要更高的氣壓才能達到最佳的霧化效果。大的針閥和噴嘴比小的需要更高的氣壓。（液體愈黏稠或流量愈大，霧化需要的氣壓就愈高。）我們接下來依次討論每種噴槍的調整步驟。

虹吸式和重力進給式噴槍。調節氣壓型虹吸式或重力進給式噴槍時要逆時針旋轉兩個旋鈕，直至獲得寬度最為理想的噴霧模式。對大多數噴槍來說，當你看到螺紋時就調好了。你可以獲得最寬的噴霧扇面和最深的扳機按壓深度（注意，千萬不要把流量旋鈕完全鬆開。）。然後將氣壓下調至大約10psi（69.0kPa）。如果你使用的是移

壓縮機

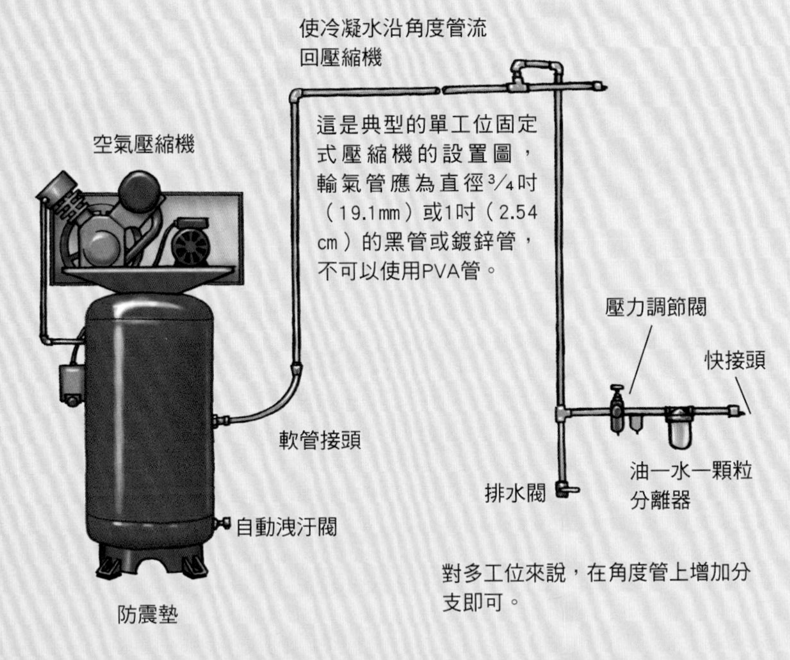

有三種類型的壓縮機，即隔膜式壓縮機（以自行車氣筒為典型代表）、螺桿式壓縮機（可以產生恆定氣流並且不需要氣缸）和活塞式壓縮機。最後一種壓縮機被廣泛用於家庭工房和小型工廠。

活塞式壓縮機由一個電機、一臺泵（類似汽車引擎，有活塞和飛輪連桿）和一個氣缸組成。氣缸愈大，儲存的空氣就愈多，使用時電機和氣泵的脈衝（衝程）間隔就愈長。一級壓縮機只能完成一次壓縮，使氣壓增至125psi（861.9kPa）。二級壓縮機可將空氣壓縮兩次，第一次增壓至125psi（861.9kPa），第二次可將氣壓進一步提高至175psi（1206.6kPa）。

將大量空氣泵入氣缸中可形成均一的壓力。容積的單位是立方英尺，出氣量則表示為立方英尺每分鐘或cfm。風量和氣壓是協同作用、緊密關聯的。每一種氣動工具都有其實現最優效率的風量和氣壓要求。比如，壓縮機—HVLP噴槍需要30psi（206.9kPa）的壓力和15cfm的出氣量，而氣釘槍需要的壓力高達90psi（620.6kPa），出氣量只需2.4cfm。

為了能夠根據需求選擇壓縮機，你要首先確定使用的工具對壓縮風量和氣壓的要求。壓縮機型號要根據出風量最大的工具來選擇，以保證氣量供應充足。如果你和使用其他氣動工具的人同時使用壓縮機，你需要選用可以將每個人的用氣量提高30%的壓縮機。不必將每個人的用氣量提高1倍，因為並不是所有的工具都在一直使用。

很多家庭工房和小型專業工房使用移動式的壓縮機（輪式）。這些壓縮機通過一根末端帶有快接頭的軟管與你的噴槍連接。如果使用固定式壓縮機，你需要安裝輸氣管通至多個操作位。典型的設置請參考上圖。

常見的噴槍問題

以下是六種常見的使用噴槍的錯誤，以及原因分析和解決方法。原因和解決方法根據出現頻率粗略排布。

問題	分析	原因	解決方法
塗料從噴槍前端的噴嘴尖處滴落或洩漏	針閥沒有很好地對齊噴嘴的尖端	針閥密封螺母（位於扳機前端）太緊了，導緻密封件壓住了針閥	將螺母轉鬆一點
		針閥密封螺母已經固化變硬，導致針閥無法緊密閉合	使用無矽油潤滑針閥密封螺母
		有雜物、染料或塗料堵塞了噴嘴，阻止了針閥緊密閉合	清洗噴嘴
		噴嘴頭或針閥磨損或損壞，導致液體洩漏	更換磨損或損壞的部件
		鬆開扳機後，推動針閥的彈簧無法正常工作	更換彈簧
		針閥對噴嘴來說太大或太小，導致其無法緊密匹配	更換部件，使其可以緊密匹配
塗料從扳機前方的針閥密封螺母處洩漏	針閥密封件沒有密封針閥周圍	針閥密封螺母沒有轉緊，導緻密封件沒有壓向針閥	轉緊密封螺母
		針閥密封件磨損或過於乾燥	嘗試使用無矽油潤滑針閥密封件。如果無法防止洩漏，更換密封件
塗料或表面處理產品時在壓力杯中起泡	空氣回流進入壓力杯中	噴嘴太鬆了	轉緊噴嘴

動型壓縮機（平降式或帶有輪子的），你會發現壓縮機上裝有一個壓力調節閥；如果你使用的是大型固定壓縮機，那麼你需要購買一個獨立的壓力調節閥安裝在操作位上（**照片3-4**）。

在棕色紙或卡紙上簡單地水平噴塗一下（噴塗面的形狀在白紙上會呈現得更好）。然後調節壓力閥，將氣壓上調5psi（34.5kPa）再噴塗一次。每次上調5psi（34.5kPa），直到噴塗面呈現勻稱的橢圓圖案。此時噴槍的性能達到最佳。繼續增大氣壓會造成更多的回彈和浪費，也並不會提高塗料的霧化效果（**照片3-4**）。

使用壓力壺的噴槍。使用分離式壓力容器需

問題	分析	原因	解決方法
噴霧跳動或抖動	沒有足夠的空氣進入壓力杯或噴壺中置換被噴出的液體	進氣閥被堵住了	清洗進氣閥
	空氣進入了出料通道，與液體混合後噴出	壓力杯或壓力壺過於傾斜	保持壓力杯／壓力壺更為豎直或添加更多塗料
		壓力杯或壓力壺中的液位過低	添加更多塗料
		針閥密封件太鬆或太乾	轉緊針閥密封螺母或使用無矽油潤滑針閥密封件
		出料通道堵塞	嘗試使用溶劑反沖或拆下清洗。用手指按住氣帽中心孔，然後快速輕壓扳機完成反沖操作
		噴嘴太鬆或損壞	轉緊或更換噴嘴
噴霧的重心偏上、偏下、偏左側或偏右側	空氣或塗料在從噴槍中流出時不夠均勻	氣帽或噴嘴堵塞。將氣帽旋轉半圈，如果不均勻的噴霧扇面保持不變，堵塞在噴嘴處；如果噴霧扇面翻轉，問題出現在氣帽處	清洗出現問題的部件
		噴嘴的前端損壞	更換噴嘴
噴霧過於集中在中心或分散在兩端	氣壓與塗料的黏度不匹配	氣壓太高導致噴塗扇面分裂	減小氣壓
		氣壓太小導致無法形成最大寬度的噴霧	增大氣壓

要增加一個步驟，因為進入噴槍的液體壓力同樣需要調節。為了設置壺壓，首先要完全打開噴槍的控制旋鈕，然後完全關閉旋鈕使空氣不再流入噴槍，此時壓力壺處於承壓狀態。接下來完全壓下扳機。如果壓力容器中的壓力能夠在液體噴出8～10吋（20.32～25.4cm）後開始下降，此時容器中的氣壓約為10psi（68.9kPa）。然後再次打開進氣閥為噴槍充氣，並按照上述的調節方法調節氣壓。如果噴塗扇面看起來很乾，你需要增加壺內的壓力；如果噴塗的扇面顏色很淺，則需要調節噴槍。

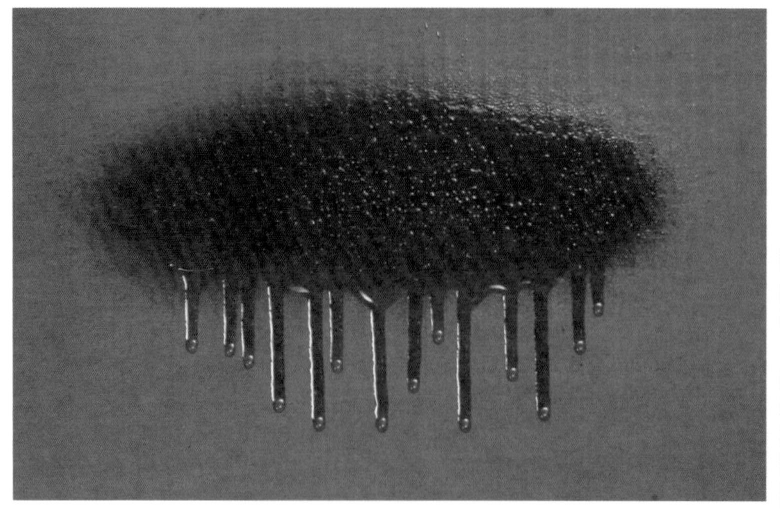

照片3-4 為了優化壓力噴槍，需要打開控制旋鈕以獲得最大的扇面和最深的扳機按壓深度。從大約10psi（68.9kPa）的低氣壓開始，在棕色紙或卡紙上簡單地水平噴塗一下，然後以5psi（34.5kPa）為增量上調氣壓並試噴。當噴霧呈橢圓形並在寬度上保持一致時，噴槍在液體黏度、針閥、噴嘴和氣帽的設置上就達到了最優狀態。

小提示

除了調整噴槍，你還可以稀釋塗料以獲得最佳霧化效果。這個方法的缺點是，每次噴塗的塗層很薄，需要增加噴塗次數才能獲得想要的效果。

渦輪噴槍。因為渦輪噴槍不需要調節氣壓，所以你不能按照壓縮機噴槍的方式進行調節。你應該調節液體的黏度。如果將控制旋鈕全部打開後，在棕色紙或紙板上形成的噴霧扇面不是完整的橢圓形，說明液體過於濃稠，應加以稀釋，直到形成正確的噴霧扇面。

如果你想調節這些噴槍的扇面寬度以噴塗更窄的木料表面，你應該旋緊上方的扇面控制旋鈕。如果這個步驟導致控制出現問題，造成了噴出的表面處理產品在某些位置堆積過多，你應該旋緊下方的出料控制旋鈕，減少扳機的下壓量以減少噴塗量。這些操作不會影響噴槍的霧化效率。如果噴槍設置已經優化，但無法噴出足夠的塗料，你可以換裝一個直徑更大的噴嘴和與之配套的針閥。不過這樣需要重新優化噴槍的設置，因為需要霧化的液體增加了。

使用噴槍

使用噴槍不難，但是在處理重要的作品之前，你應該在紙板或膠合板廢料上多加練習。以下是使用噴槍的基本原則（請參考第42頁「常見的噴塗問題」和第46頁「常見的噴槍問題」）。

- 布置光源，使你可以通過反光隨時觀察噴塗效果。不借助反光，你就等於蒙住眼睛完成操作。你的目標是獲得一層完全溼潤且不流動的塗層。
- 如果你在一個可以有效去除揚塵的噴漆房中操作，你要首先使用高壓空氣或刷子去除待處理表面的粉塵，用吸塵器或黏布也可以。如果使用的是水基表面處理產品，你需要使用沾水的抹布。在開始噴塗之前，要用乾淨的手去除任何可能落在表面的粉塵。調節噴塗扇面的寬度：完成大表面噴塗要加寬，處理窄小的表面要收窄。
- 制訂系統的噴塗流程。噴塗水平表面時，邊緣可以直噴，然後傾斜45°噴塗（部分噴霧覆蓋邊緣，部分噴霧覆蓋面板表面）。最終要像**照片3-5**所示的那樣完成噴塗。對於複雜的作品，要先噴塗不容易看到的部位。比如，先噴塗椅子腿和橫擋，然後才是椅面和椅背（**照片3-6**）。

■如果可能，要從距離木料幾吋外的地方開始噴塗，然後靠近木料。持續噴塗，直至越過對側邊緣幾吋再鬆開扳機。最好在每段衝程

照片3-5 開始噴塗平整的水平表面時，應使噴霧的一半覆蓋前邊緣，另一半在邊緣之外（a），然後保持每次的噴塗痕跡有一半重疊，直至噴塗到後邊緣（b），收尾時應使噴霧的一半覆蓋後邊緣，另一半在邊緣之外（c）。用這個方法可以將整個表面噴塗均勻。

結束時鬆開扳機（這個操作被稱為「扳機動作」），這樣不僅可以減少過度噴塗，還能避免手部痙攣。

■當噴塗接合處的表面時，比如椅子的橫擋，在每段衝程開始和結束時，你要在壓下或鬆開噴槍扳機的同時輕抬手腕，使噴霧方向變得水平。

■保持噴槍與作品表面的距離一致。這個距離通常是8～10吋（20.3～25.4cm），大致與你的手掌完全張開時，拇指尖到小指尖的距離相當。

■噴霧垂直於表面的噴塗要像**圖3-3**所示的那樣操作，不要晃動噴槍。

小提示

在開始噴塗作品之前，握住噴槍並將其舉至視線的水平高度，試噴，檢查噴霧扇面的寬度和噴霧的均勻程度。如有問題，可調節相關旋鈕，直至噴霧的寬度和均勻程度滿足要求。這樣嘗試幾次，你就可以非常準確地調節噴槍了。

照片3-6　噴塗複雜的表面時，比如椅子，要從最不容易看見的部位開始噴塗。將椅子顛倒放置，噴塗椅子腿的內側和橫擋的內側以及底部（a）；然後放正椅子，噴塗椅子腿的外側、橫擋的外側和頂部以及凳面邊緣（b）；最後噴塗凳面、椅背和扶手（如果有的話）（c）。

清洗和儲存噴槍

徹底清洗噴槍非常重要。如果表面處理產品的殘留物在噴槍中硬化，噴槍就不能再用了，而且很難再次清理乾淨。具體操作步驟如下。

1 在每天使用噴槍後或接下的一段時間不會使用噴槍時，應加入溶劑，並通過噴灑使其流過與表面處理產品完全相同的路徑。這在使用水基表面處理產品、清漆和雙組分表面處理產品時尤其重要，因為這些產品一旦固化幾乎不可能去除。如果是合成漆，則可以將其留在噴槍和壓力杯中很長一段時間（幾週是沒有問題的）。對所有表面處理產品來說，最有效的溶劑就是漆稀釋劑，當然，水基表面處理產品用水處理也很有效。

2 每天使用完噴槍後要取下氣帽和針閥。將它們浸入漆稀釋劑中或清洗乾淨後裝回噴槍。

3 有些表面處理師喜歡取下並清洗噴嘴。當你處理完一件作品並且很長時間不會使用噴槍時，這麼做非常明智。

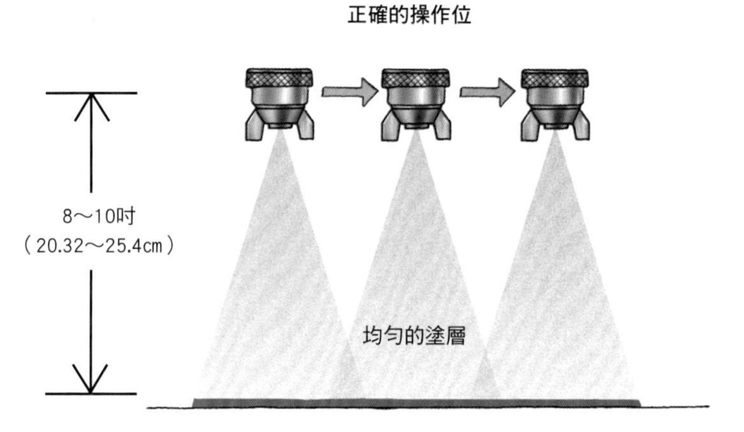

為了獲得最佳效果，將噴嘴垂直置於噴塗表面的正上方，然後沿直線移動噴槍。

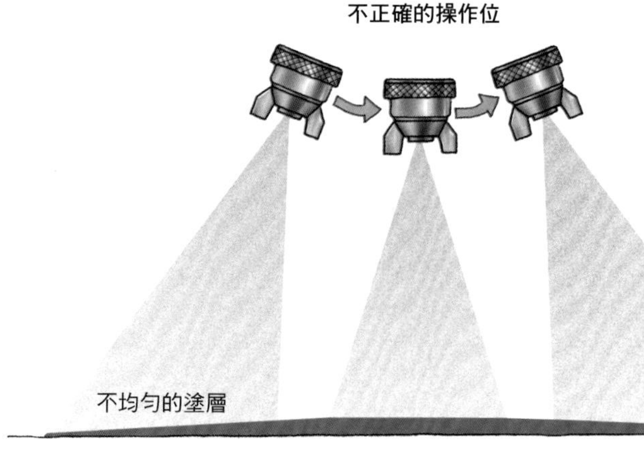

噴嘴的傾斜或噴槍的晃動會導致塗層不均勻。

圖3-3 恰當的噴塗。

4 如果你使用杯式噴槍，要徹底清洗壓力杯，包括墊圈。如果你使用的是壓力罐，那麼要徹底清洗壓力罐和軟管。要在軟管中加入合適的溶劑，使其在軟管中流動以完成清洗。

5 清洗完噴槍後，最好在針閥密封螺母處點上一兩滴油保持其潤滑。你可以從噴槍供應商那裡購買小管的潤滑油或直接使用礦物油。

◆ 第二部分 ◆

染色劑的使用和選擇

4

木料染色

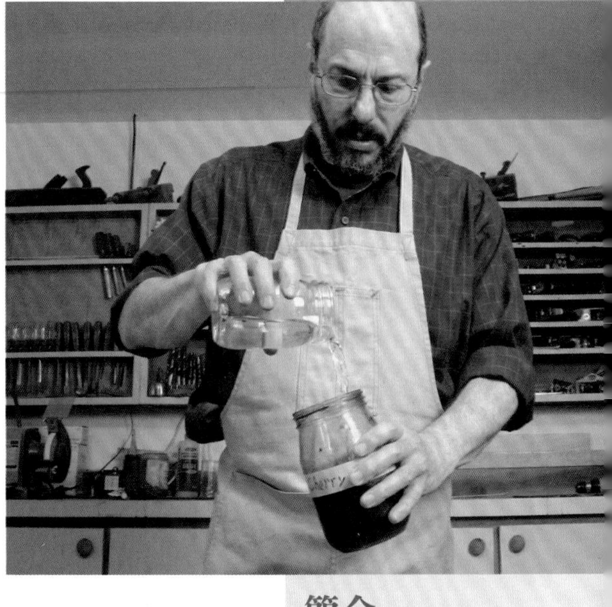

簡介

- 了解染色劑
- 染色劑的組成
- 選擇染色劑
- 化學染色
- 漂白木料
- 黑化木料
- 使用苯胺染料
- 配色
- 染料以及防褪色
- 使用染色劑
- 染色前的基面塗層
- 基面塗層
- 端面染色
- 常見染色問題、原因及解決方法

在木工表面處理的所有步驟中，染色階段的問題最多。因為汙點、斑點、條紋、著色不均以及染色與後期處理之間的不協調造成的問題非常多，很多木匠會放棄染色。我確信，「木料原色」之所以很流行，至少有部分原因在於，木匠認為染色難度太大。

正確染色不僅可以為木料增色，還能解決一些木料本身的問題。染色劑可以給木料添加顏色，豐富木料的視覺層次，可以幫助裝飾問題區域，消除不同板材之間或同一板材的心材和邊材之間的色差，甚至可以把一些廉價的木料（比如楊木和軟楓木）染成與昂貴的胡桃木和桃花心木一樣的色（第56頁**照片4-1**）。

染色劑最關鍵的特性是它的顏色，通常木匠也會因為顏色而選擇某款染色劑。當然，你同樣需要考慮其他方面，比如製作染色劑使用的原料、染色劑的乾燥速度以及它在木料上的染色效果等。廠家不會輕易透露這些訊息。除了所謂的「專業效果」，標籤上極少會注明你所期待的內容，如果忽視了這些，即使染色劑的顏色沒有問題，仍會出現意料之外的結果。

初聽起來可能有些匪夷所思，但是當你認識到染色劑和鋸一樣有太多選擇的時候，你就不會覺得，上面的提醒是多餘的了。你不會選擇臺鋸去鋸切曲線，也不會用曲線鋸去鋸切斜角。同理，你不應使用擦拭型染色劑凸顯虎皮楓木的波紋，也不應該用染色的方式消除松木中的花斑。和鋸一樣，沒有所謂最好的染色劑，只有相對來說最合適的染色劑。

照片4-1 染色劑可以使廉價木料的顏色，而不是紋理，更接近令人喜愛的胡桃木或桃花心木。圖中顯示的是胡桃木貼皮的面板被安裝在染成胡桃木色的櫸木框架中。

木料是不同的，同樣，染色劑對不同木料的染色效果也是不同的。選擇染色劑時，你需要考慮木料的兩個通用特性。

第一個特性就是木料本身的顏色。很明顯，同樣的染色劑用在白楓木、粉櫻桃木，或者黃樺木和棕胡桃木上，最終呈現的顏色是不同的。

第二個特性則是木料的紋理和圖案。木料可以分為四大類：軟木，諸如松木和冷杉木；緻密紋理硬木，諸如楓木、椴木和櫻桃木；中等紋理硬木，比如胡桃木和桃花心木；粗紋理硬木，諸如橡木、榆木和白蠟木。對同一類木料來說，可以通過漂白和染色成功實現任何兩種木料的顏色匹配。但要實現兩個不同分類下木料顏色的完全匹配則很困難，因為彼此間紋理和圖案的差別很大。所以在為木製品選擇木材時需要考慮木材的這種侷限性（**照片2-1**）。

除了不同種類的木料，染色劑在實木和木皮上的染色效果也是不同的。通常實木的染色較深，只有少數情況下木皮的染色較深。

當然，在準備給木料染色時，還需要考慮很多因素。如果你想正確地使用染色劑，則需要理解不同的木料和染色劑之間的相互作用。通常情況下，染色失敗的主要原因在於錯誤地選擇染色劑，染色劑的使用方式只能算是次要原因（請參閱第85頁「常見染色問題、原因及解決方法」）。

了解染色劑

有很多種方法對染色劑進行分類。理解染色劑的配方、特性及其與木料相互作用的方式可以幫助你預測染色的結果（請參閱第60頁「染色劑的組成」）。

以下介紹了一些需要注意的產品特性。

■染色劑──色素還是染料？

■染色劑含量──一些還是很多？

■黏合劑──是油、清漆、合成漆，還是水基黏合劑？

■黏稠度──是液體還是凝膠狀？

染色劑

用於染色的染色劑有兩種：色素和染料（**照片4-2**）。色素是經過精細研磨的天然或人造土壤。染料是可以溶解於溶劑中的化學製品。那些沉澱在瓶底的都是色素，在色素全部沉澱後，賦予液體顏色的就是染料（染料只有在沒有足夠的液劑溶解時才會沉澱）。色素和染料還有其他差異，我們接下來會重點討論與木料染色相關的不同點。

■色素只會附著在可以保留色素的、足夠大的刮痕（或擦痕）和孔隙中，多餘的部分則會被擦除；而染料則可以隨溶劑滲入任何地方（**圖4-1**和**照片4-3**）。

■殘留在木料表面沒有被擦除的色素會降低木料的光澤度，而殘留的染料看起來仍然是透明的（**照片4-4**）。

■色素不易褪色，但染料暴露在強紫外線的陽光下時褪色相當快，在一些弱紫外線的螢光燈下也會緩慢衰退（請參閱第76頁圖）。

■色素需要用黏合劑將色素顆粒黏合到木料上，染料可以使用也可以不用黏合劑。這有些令人困惑，並且你無法通過染色劑的名稱獲得所需訊息（請參閱第62頁「選擇染色劑」）。

色素。直到最近，所有色素都是在歐美各地開採出來經過精細研磨的土壤。現在，大多數色素是著色後的類似土壤的人造顆粒。因為色素是不透明的，因此常被用作油漆中的染色劑。如果在

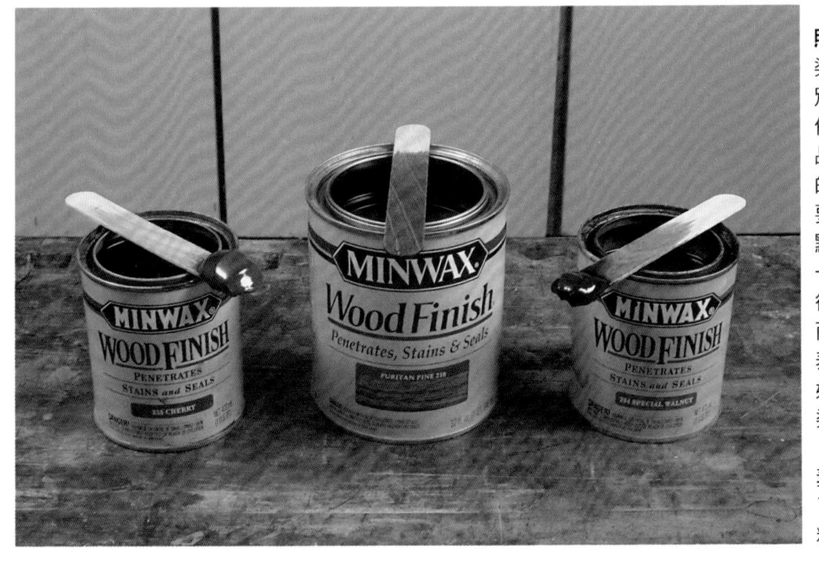

照片4-2 廠家很少會透露他們的染色產品中使用的染色劑種類（特別是一些有祕方的產品）。有時，你可能不想使用染料，因為木製品常會受到光照，在陽光下，染料的褪色速度要比色素快得多。你需要自己測試產品的類型。首先，花點時間等待色素沉澱下來，然後將一根木棒插入染色產品中，看能否從罐底挖出一些色素。如果可以，而木棒的其他地方沒有被染色，則表明產品中只含有色素（左）；如果沒有挖出色素，而木棒又被染色了，表明產品中只含有染料（中）；如果你從罐底挖出了色素，同時木棒的其餘部分被染色了，說明產品中同時包含色素和染料（右）。

木料表面塗抹足夠的色素，你將無法看到木料本身的紋理。因為色素顆粒比其賴以懸浮的液體密度更大，所以色素顆粒會沉澱到容器的底部，你必須在使用前通過攪動使其重新懸浮起來。大多數市售的染色產品中都含有色素。

當多餘的色素被擦除後，色素會附著在凹陷處，比如孔隙、刮痕和刀痕處。凹陷處的體積愈大，附著的色素就會愈多，這些部位的顏色就會變得更深、更不透明。這就是色素染料會使較大的孔隙、刀痕和橫向打磨的痕跡更突出的原因。通常附著在順紋理方向的打磨痕跡中的色素很難與木料本身的紋理區分開來，這就是應該順紋理打磨木料的原因（**照片4-5**）。

通過在木料表面形成一定的厚度，色素也可以為木料上色，只要不擦除多餘的色素就可以。這與塗抹一層薄漆的效果是一樣的。你可以通過控制殘留在木料表面的色素的量來改變木料表面的明暗效果。如果不去除任何多餘的色素，可以產生類似上漆的均勻著色效果，只是木料表面會顯得有些混濁（**照片4-6**）。

小提示

通過控制打磨的最終目數，可以在一定程度上改變色素在木料表面染色的深度。砂紙愈粗，產生的擦痕就愈大，可以附著的色素就會愈多。從而讓木料的顏色變得更深。砂紙愈細，產生的擦痕就愈小，可以附著的色素就愈少，木料的外觀顏色就顯得更淺。

色素

染料

圖4-1 色素會附著在木料的孔隙、刮痕（或擦痕）和缺陷處，並凸顯它們的存在。染料通過滲透使木纖維飽和，可以產生更加均勻的外觀效果。

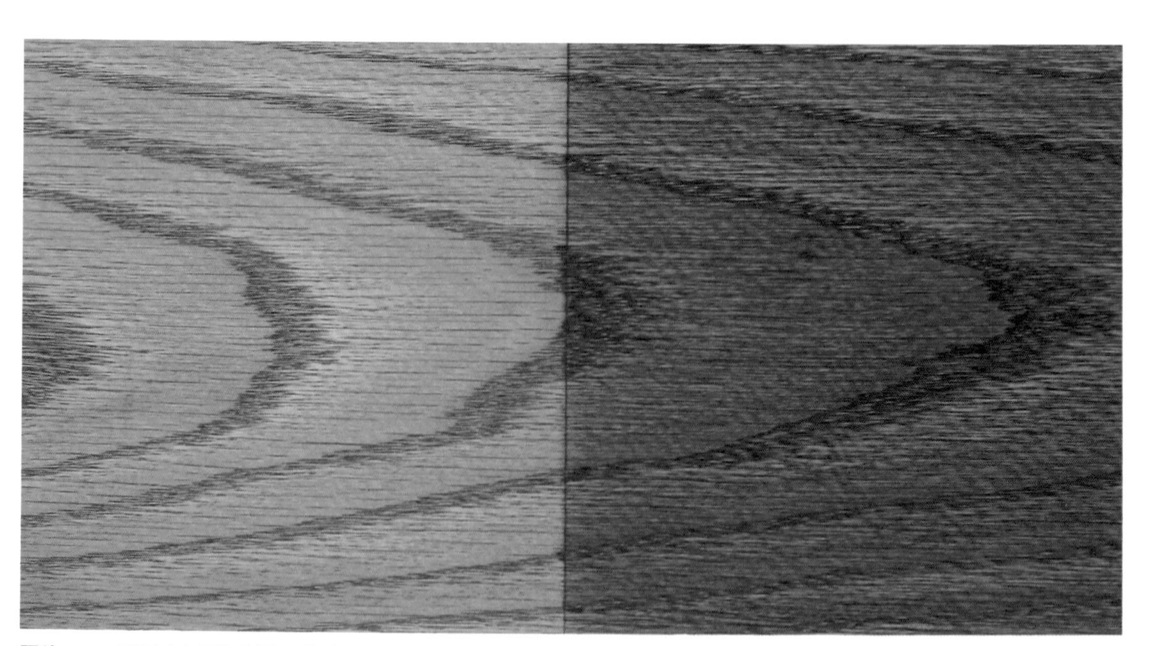

照片4-3 色素（左圖）增強了橡木的粗紋理和緻密紋理的對比度。染料染色（右圖）加深了橡木的緻密紋理部分，從而降低了兩種紋理的對比度。

照片4-4 染料的透明特性可以讓一些木料區域變得比其他部分更深，同時不會出現類似色素染色的混濁。面板的左側使用染料染色，右側使用色素染色。上半部分只染了一層並擦除了多餘的色素，下半部塗抹了多層並且沒有擦除多餘的色素。注意，染料仍能保持透明。這個特性允許你使用不同類別的木料、相同類別木料的不同板材或者使用心材和邊材染出各種顏色，同時都不會產生混濁的視覺效果。

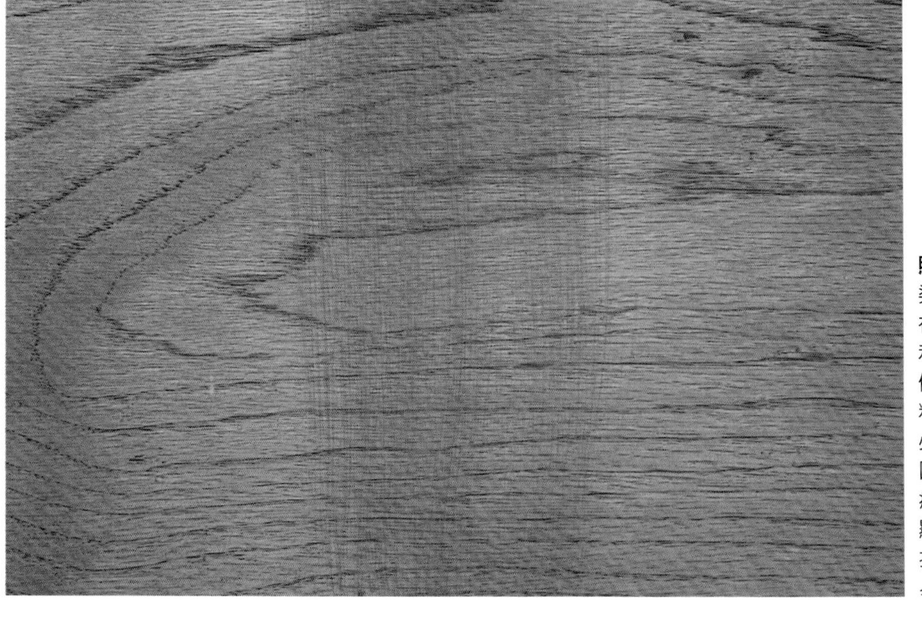

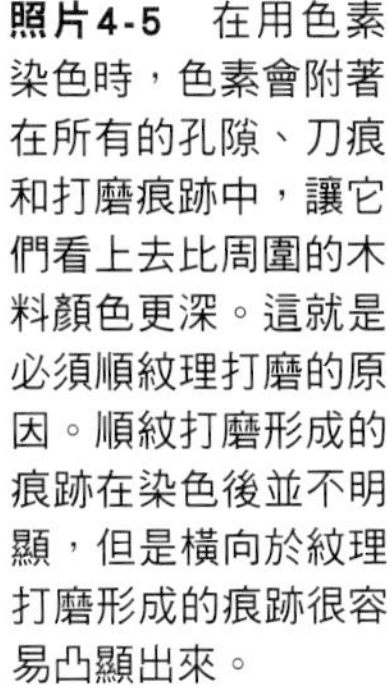

照片4-5 在用色素染色時，色素會附著在所有的孔隙、刀痕和打磨痕跡中，讓它們看上去比周圍的木料顏色更深。這就是必須順紋理打磨的原因。順紋打磨形成的痕跡在染色後並不明顯，但是橫向於紋理打磨形成的痕跡很容易凸顯出來。

染色劑的組成

染色效果會由於染色劑的類型（色素或染料）、染色劑的含量和濃度的不同以及是否使用黏合劑（表面處理產品）而變化。色素可以與任何黏合劑一同使用，染料一般不需要黏合劑，也可以選擇一種黏合劑與其搭配使用，就像色素—染料混合染色產品那樣。每種染料和每種黏合劑都有對應的溶劑或稀釋劑。

	色素				染料		
黏合劑	油[1]	清漆[1]	合成漆	水基產品	不需要黏合劑		
溶劑或稀釋劑	油漆溶劑油	油漆溶劑油	漆稀釋劑、快乾型石油餾出物	水、乙二醇醚、丙二醇	水	酒精	石腦油、甲苯、二甲苯、松節油和漆稀釋劑
其他配方	凝膠[2]	凝膠[2]		凝膠[2]	不起毛刺染色劑[3]		

1. 這兩種產品可以混合製成油／清漆黏合劑。
2. 凝膠染色產品在染色劑和黏合劑中混合了觸變劑，這種方式可以防止染色劑流動，並且只能通過物理操作清除。
3. 不起毛刺（Non-Grain Raising，簡稱 NGR）染色劑是金屬絡合染料，溶於乙二醇醚類溶劑。可以用水、酒精或漆稀釋劑稀釋。

染料是一種染色劑，它們的存在很普遍，在咖啡、茶葉、漿果和核桃皮中都可以找到。還有其他一些天然材料，比如洋蘇木、朱草根、胭脂蟲、龍血樹等都曾被用於木料染色。（化學製劑也常用：請參閱第63頁「化學染色」、第66頁「漂白木料」和第71頁「黑化木料」）現在，我們有更好的合成苯胺染料可以使用。這些染料提取自石油（最初是從煤焦油中提煉的），是在19世紀末期被開發並開始用於紡織工業的。與天然染料不同，苯胺染料有無限的顏色區間和更好的防褪色性能（請參閱第76頁「染料以及防褪色」）。

在紡織工業中，苯胺染料是按照化學類型或使用方式分類的。木料表面處理產品的廠家則是按照其對應的最佳溶劑來分類的。其中有四種類型的染料用於木工表面處理中。

- 水溶性染料。
- 酒精溶解的染料。
- 油溶性染料——在強石油餾出物中溶解，比如石腦油、甲苯、二甲苯，也可以溶解在松節油和漆稀釋劑中。
- 溶解於乙二醇醚的不起毛刺染料（第222頁「乙二醇醚」）。

水、酒精和油溶性染料通常以粉末形態銷售。這些染料對應的溶劑非常方便獲取，並且粉末形式的染料便於儲存和運輸。

不起毛刺染料則不同，是以液體形態銷售的。這些染料也被稱為金屬絡合染料。它們一旦在乙二醇醚中溶解就可以用水、酒精、丙酮或漆稀釋劑加以稀釋（**照片4-7**）。雖然也存在特例，但只要你發現以液體形態銷售的染料，不管其是否濃縮，都可以斷定它們是不起毛刺染料。當然，如果用水稀釋不起毛刺染料，那麼它們就不再是不起毛刺染料了。

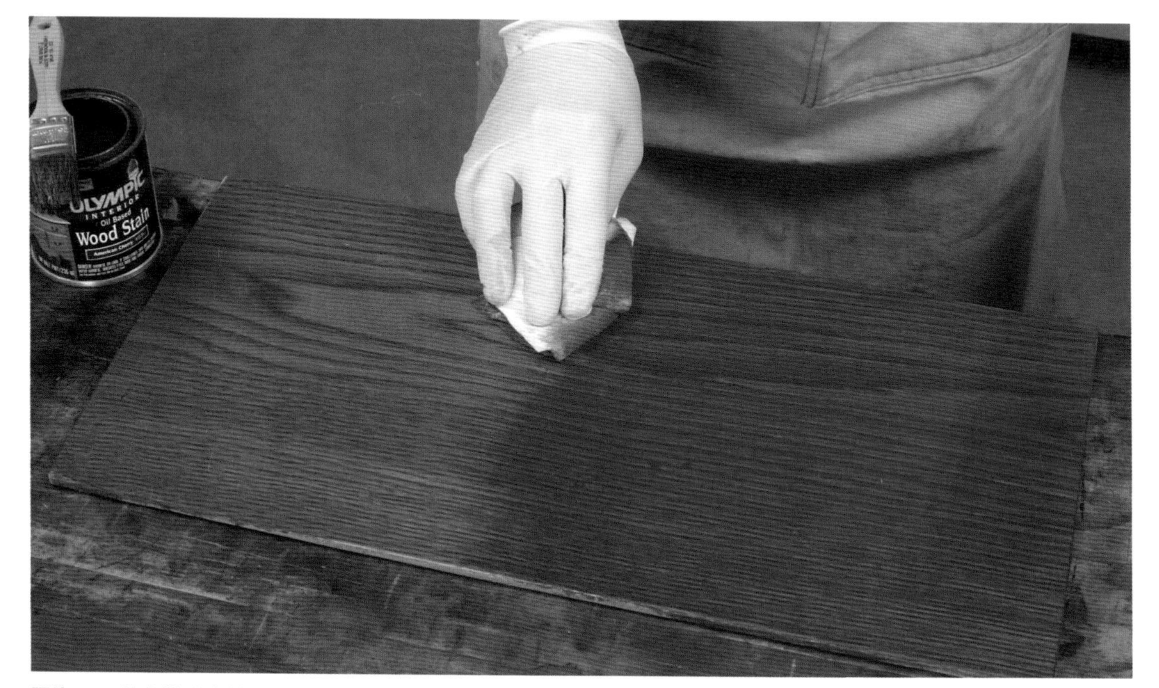

照片4-6 沒有擦除多餘色素的部分（右側）相比擦除了多餘色素的部分（左側）看上去有些混濁。

照片4-7 出售給表面處理師的染料是按照其對應的溶劑分類的。從左側開始，水溶性、酒精溶解和油溶性染料通常以粉末形態銷售。右側，不起毛刺染色劑（溶於乙二醇醚）則是以液體形態銷售。

■當你用刷子和抹布塗抹時，水溶性染料是最適合家具、櫥櫃和其他木工製品的染料。水這種溶劑非常便宜且無毒，而且相比其他溶劑，水的「開放時間」更長，這為操作者提供了更多的時間來塗抹並擦除多餘染料。

■酒精溶解的染料主要用於潤色。可以將染料溶解在蟲膠或填充漆中，然後刷塗至受損的區域（請參閱第19章「表面處理塗層的修復」）。

選擇染色劑

了解各種染色劑的不同是一件很重要的事。把染色劑的名稱（無論是廠家提供的還是人們日常討論時使用的）與染色劑之間的差別聯繫在一起完全是另外一回事。這種體系上的混雜只會讓你更加困惑。以下是相關的指導。

色素染色劑

任何包含色素的染色劑，很多時候被稱為「色素」染色劑，但它們也可以含有染料。色素實際上不會滲入木料中，所以含有色素的染色劑都要使用黏合劑將色素黏到木料上。

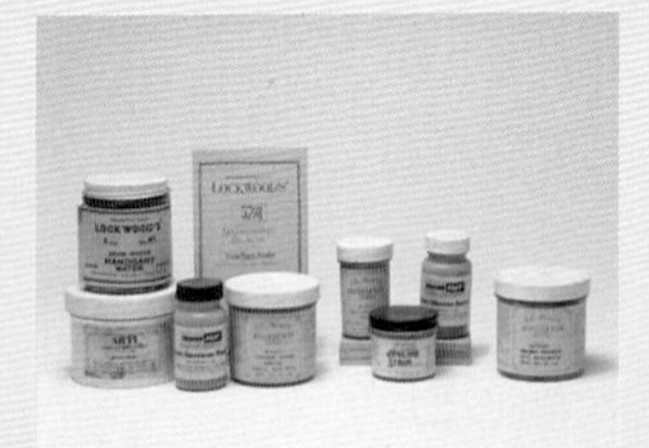

染料染色劑

幾乎所有的染料都可以溶解在液體中。因為染料會隨液體滲入木料中，所以不需要黏合劑。染料通常包含在帶有黏合劑的染色劑中（不管其是否含有色素），但是這些染色劑並不叫作染料染色劑——而是叫作色素染色劑（不正確）、擦拭型染色劑、油性染色劑或水基染色劑。

擦拭型染色劑

含有色素、染料的一種或兩者兼有。這類染色劑都含有黏合劑（通常是油類、清漆或水基表面處理產品），並且乾燥的速度足夠慢，操作者有足夠的時間並以放鬆的心情擦除多餘的染色劑。大多數市售的此類染色劑都屬於擦拭型染色劑。

油基染色劑

任何含有油基黏合劑的染色劑，不管是含有色素、染料，抑或兩者兼有，都叫作油基染色劑。

水基染色劑

任何含有水基黏合劑的染色劑，不管是含有色素、染料，抑或兩者兼有，都叫作水基染色劑。

清漆染色劑

任何含有清漆黏合劑的染色劑，不管是含有色素、染料，抑或兩者兼有，都叫作清漆染色劑。

合成漆染色劑

任何含有快乾型醇酸樹脂清漆或合成漆黏合劑的染色劑，不管是含有色素、染料，抑或兩者兼有，都叫作合成漆染色劑。這類染色劑乾燥非常快速，所以它們通常用於噴塗和快速擦拭（有時需要另一個人協助）。

凝膠染色劑

任何黏稠的染色劑。這些染色劑可以保持在木料表面，但不會流淌。大多數只包含色素，不含有染料。

注意！！！

不要將氯漂白劑與氫氧化鈉（鹼水）混合，它們會產生有毒氣體。

化學染色

有些化學物質能夠與特定的木料反應產生顏色。在苯胺染料出現之前，這些化學物質有時被用作天然染料或土壤色素的替代品。這樣的化學物質包括鹼液、氨水（用氨氣熏蒸著色的方法叫作「氨熏」）、重鉻酸鉀、高錳酸鉀、硫酸銅、硫酸亞鐵和硝酸。如果你讀過很多關於木料表面處理的資料，則不會對這些名稱感到陌生。

這些化學物質會導致兩個嚴重的問題。

■使用的危險性。大多數化學染色劑與皮膚接觸會造成燒傷，並且對身體健康有害。

■糟糕的可控性。如果將木料染得過深或選擇了錯誤的顏色，除了打磨除去這些顏色重新開始外，沒有其他辦法。

由於苯胺染料可以模仿任何化學染色劑的效果，因此沒有理由再冒險使用顏色範圍有限的化學染色劑。但有一個例外。若要為鑲嵌工藝和其他的混合木結構設計中的木料染色，同時避免染上別處，需要使用重鉻酸鉀。

重鉻酸鉀可以加深所有含有單寧酸的木料的顏色。這些木料包括桃花心木、胡桃木、橡木和櫻桃木，它們常被用來製作背景和一些顏色較深的部件。使用重鉻酸鉀處理可以加深這些木料的顏色，同時不會影響冬青、黃楊和椴木這些淺色木料的顏色。

可以從專業供應商或化學品商店購買重鉻酸鉀晶體（請參閱第373頁「資源」）。將晶體溶解在水中，然後像塗抹苯胺染料那樣操作。在用其處理設計作品之前，應該先在廢木料上測試，確定獲得預期染色效果的溶液濃度。在處理重鉻酸鉀晶體時，需要佩戴防塵面具和手套。

不起毛刺染色劑

通常由某種染料溶解在乙二醇醚溶劑中製成，並常用甲醇稀釋。這類染色劑通常只能以液體形式存在，並且不包含黏合劑。因為極快的乾燥速度，不起毛刺染色劑通常用於噴塗，然後自行乾燥。

化學染色劑

任何通過與木料中的天然成分的化學反應給木料染色的化學物質。

修色染色劑

與調色劑一樣──將色素或染料加入稀釋的表面處理產品中製成。區別在於使用方式不同。修色染色劑只能用於木料表面選定的區域，而調色劑則可用於整個表面。具體內容請閱讀第15章「高級上色技術」。有些製造商會將他們的色素調色劑命名為「修色染色劑」。

■油溶性染料主要用於製作油基和清漆基染色劑，這類染料很少單獨用於木料染色。

■不起毛刺染料最好直接噴塗在木料表面並保留，或與其他表面處理產品組合製成調色劑（請參閱第250頁「調色」）。以非濃縮形式銷售的不起毛刺染料具有相當大的毒性，因為其中含有大量甲醇。所以，應該在有良好通風設備的空間裡操作以保護自己。

這些染料的工作特性不同於那些含有黏合劑的染料（油、清漆、合成漆或水基黏合劑）。不含黏合劑可以使顏色的處理更加簡單。即使是在染料完全乾燥後，依然可以擦拭相應的溶劑來去除部分染料，使木料的顏色變淡。染料乾燥後，可以使其再次溶解以去除更多的顏色。對於那些需要借助黏合劑附著在木料表面的染料，這樣的顏色深度是最低限度的。我發現，染料的這種特性在顏色控制上有巨大價值。你不僅可以在保證木料的外觀不出現混濁的情況下加深木料的顏色，或者使用不同顏色的染料改變木料的顏色，而且可以在木料染色過深的情況下去除部分染料。（請參閱第66頁「漂白木料」，學習更多去除木料顏色的方法）不過，去除所有顏色是非常困難的，這通常需要大量的打磨工作。

不管基於什麼原因，使用洛克伍德（W. D. Lockwood）品牌的染料（包含水溶型、酒精溶解型、油溶型的非不起毛刺染料）可以讓我最大限度地控制木料的顏色（**照片4-8**）。這些染料不僅可以提供各種各樣的木質色調，而且可以讓我更好地實現顏色的匹配。這一點是無價的。更為重要的是，相比其他品牌的染料和不起毛刺染料，這種品牌的染料可以從淺色開始，經過多次塗抹，逐漸獲得接近理想的顏色。因為一旦染色過

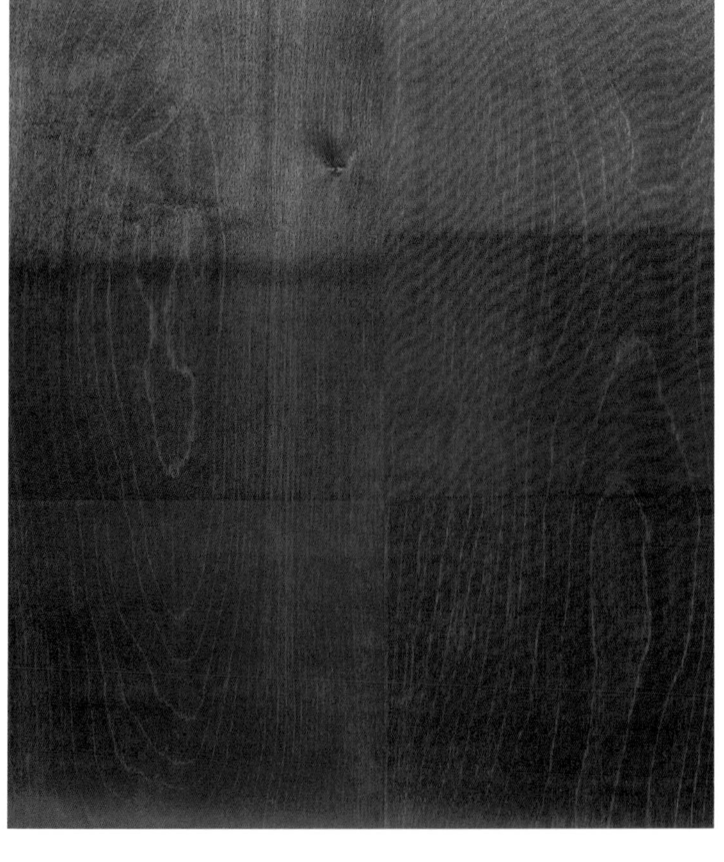

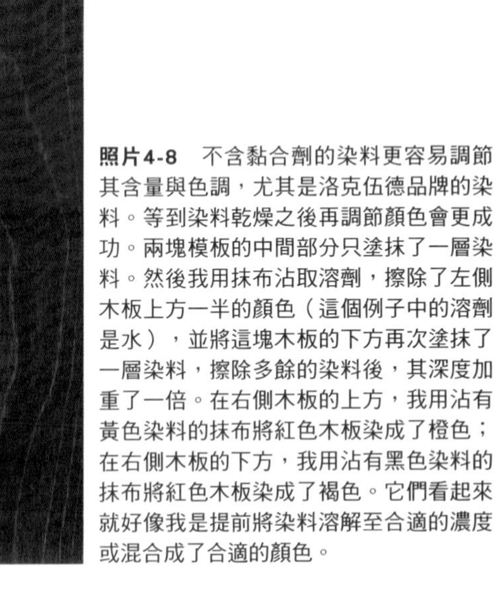

照片4-8 不含黏合劑的染料更容易調節其含量與色調，尤其是洛克伍德品牌的染料。等到染料乾燥之後再調節顏色會更成功。兩塊模板的中間部分只塗抹了一層染料。然後我用抹布沾取溶劑，擦除了左側木板上方一半的顏色（這個例子中的溶劑是水），並將這塊木板的下方再次塗抹了一層染料，擦除多餘的染料後，其深度加重了一倍。在右側木板的上方，我用沾有黃色染料的抹布將紅色木板染成了橙色；在右側木板的下方，我用沾有黑色染料的抹布將紅色木板染成了褐色。它們看起來就好像我是提前將染料溶解至合適的濃度或混合成了合適的顏色。

深，再要回到淺色是非常困難的（請參閱第74頁「配色」）。

染料的另一個非常有價值的特性是，它們可以消除大多數木料的心材和邊材的色差。當然，染色能力強勁的染料比染色能力偏弱的染料更有效。簡單地將染料塗抹在整個木料表面，然後邊材的顏色就會與心材接近（**照片4-9**）。

可以將染料與其他表面處理產品混合使用，前提是兩者使用的溶劑相同。你會發現，這樣做可以調整廠家染料的顏色，或者在染料層之上刷塗其他表面處理產品的時候保持顏色鎖定。

比如，在水溶性染料中加入10%的水基表面處理產品完成染色，然後你可以在染色的基礎上繼續刷塗水基的表面處理產品而不會影響染色效果。這樣做的缺點是，染料乾燥後你無法對顏色進行調整，就像含有黏合劑的染料一樣，一旦乾燥就無法改變染色效果。

色素——染料混合染色劑通常含有黏合劑，用於將色素黏合到木料表面。很多木匠喜歡這種產品，因為在木料的深色部分，染料與色素搭配使用比單獨使用色素的染色效果更好。這種染料的缺點與沒有黏合劑的染料一樣，並且在直射的陽光和螢光燈下會很快褪色（**照片4-10**）。

Watco是什麼？

沃特科（Watco）和戴夫特（Deft）丹麥油表面處理劑（Danish Oil Finishes）中的胡桃木染色劑從技術上來說屬於色素，但其性能更像染料。它的本質是瀝青，也叫作柏油。瀝青是一種無纖維的表層柏油，你可以在多數五金店買到。經油漆溶劑油稀釋後，瀝青就變成了非常棒的胡桃木色染色劑。不過，將瀝青與油或清漆黏合劑混合是最好的（這樣就製成了沃特科），因為它本身是不會乾燥的。

照片4-9 為整個木料表面染色時，染料比色素可以更有效地將心材和邊材的顏色統一。這款胡桃木板材的中間有一片邊材，右側經過了胡桃木色染料的處理。

漂白木料

可以使用染色劑使木料獲得顏色，也可以通過漂白將木料的顏色去除。通過漂白可以將大多數木料提亮至類白色。然後便可以為其做表面處理，或將漂白的木料染出你想要的顏色。如果希望獲得比木料原有的顏色更淺的顏色，或者中和現有的顏色，盡量減少其對後續染色效果的影響，可以使用漂白法。也可以將兩塊不同顏色的木料漂白，再將它們染成常見的顏色。

木料的漂白過程並不困難。要點在於選用正確的漂白劑。木工製作中使用的漂白劑有三種類型，每一種都有不同的用途。

- 雙組分漂白劑（氫氧化鈉和過氧化氫）可去除木料的天然顏色，也可以去除由水、鏽跡、鹼和某些染料留下的深色汙點。
- 氯漂白劑可以去除木料中的染料顏色，如果不用大量水稀釋，還可將木料漂成白色。
- 草酸可去除由水、鏽跡和鹼留下的汙點，並且不會改變木料原有的顏色（不過，草酸有消除氧化的作用，所以在它的作用下，木料可能會在顏色提亮一點之後，又回復到原有的顏色）。

如果想要木料的顏色變淡，可使用雙組分漂白劑。使用稀釋5～10倍的氯漂白劑，這樣既可以去除染料，又能最大限度地保留木料原有的顏色。用草酸可以去除深色染色劑（除了墨水）而不會影響木料本身的顏色。

這三種漂白劑都被標注為「木料漂白劑」。

用於木料表面處理的漂白劑有三種：雙組分漂白劑、氯漂白劑和草酸。雙組分漂白劑（氫氧化鈉和過氧化氫）可去除木料的天然顏色；氯漂白劑可以去除木料中的染料顏色，還可將木料漂成白色；草酸可去除由水、鏽跡和鹼留下的汙點，並且不會改變木料原有的顏色。

這更增加了分辨的難度，下面介紹了幾個區分漂白劑產品的關鍵點。

- ■雙組分漂白劑一般分裝在兩個獨立的容器中銷售，通常標注為A和B。
- ■氯漂白劑通常為液體，標記為「次氯酸鈉」。氯漂白劑也常作為家庭漂白劑出售，或者作為泳池漂白劑以晶體形式出售。（使用時先用氯漂白劑將待處理表面打溼，待其乾燥後，再使用清水洗去任何漂白劑的殘留成分。沒有必要考慮中和的問題，因為其本身就是中性的，既不是酸性也不是鹼性。）
- ■草酸永遠以晶體形態銷售（請參閱第354頁「使用草酸」）。

雙組分漂白劑漂白木料需要以下四個步驟。

1. 將標有A或1的漂白劑倒入玻璃或塑料容器中。切記不能使用金屬器皿，因為漂白劑中的兩種組分都會與金屬反應。使用合成毛刷子或抹布將木料表面塗溼。要從下向上塗抹，這樣可以防止漂白劑滴落至未處理的表面形成斑點。確保整個表面的塗層都是溼潤的。注意保護你的眼睛和皮膚，避免其與這些化學製品接觸。這種漂白劑的成分通常為氫氧化鈉（也稱作鹼水或燒鹼），有極強的腐蝕性，與皮膚接觸會導致嚴重燒傷（為了以防萬一，你應在旁邊放一些水，一旦接觸立刻將其洗去）。氫氧化鈉也會使一些木料變黑，但是不要讓這些因素干擾你，下一步就可以改變這個現象。
2. 將標有B或2的漂白劑（通常為過氧化氫）倒入玻璃或塑料容器中，在第一層漂白劑乾燥之前塗抹第二層。（需要注意的是，有些廠家會顛倒順序，將過氧化氫標記為A，將氫氧化鈉標記為B。這都沒有關係，因為漂白效應是由這兩種成分反應產生的。）換另一把刷子，或者把之前的刷子完全清洗乾淨後再塗抹第二層漂白劑。你會看到兩種成分混合後開始冒泡，然後木料顏色變淡。將木料靜置過夜乾燥。
3. 使用弱酸（比如白醋）與水對半混合，中和留在木料表面的氫氧化鈉。如果在戶外，可以用水沖洗木料以去除殘留的鹼液，然後將木料靜置過夜乾燥。
4. 用細砂紙輕輕打磨木料表面去除毛刺。不要為了追求表面光滑過度打磨木料，以免打磨掉漂白的部分，使未經漂白的部分露出。

你也可以將兩種成分混合後一次性塗抹在木料表面。如果這樣做，你必須快速塗抹，不然漂白劑就會失效（這也是兩種組分需要獨立包裝的原因）。

一次雙組分漂白通常足夠了。如果需要進一步漂白木料，你可以嘗試其他方法。

- ■再次漂白木料。
- ■在陽光下完成漂白（一種溫和的漂白劑）。
- ■在之前的塗層仍然溼潤的情況下再次塗抹過氧化氫。
- ■在氫氧化鈉──過氧化氫塗層仍然溼潤的情況下塗抹草酸溶液。

小提示

當你嘗試使用擦拭型染色劑完成大面積木料的染色時通常會導致問題，因為其乾燥得太快。如果當你準備擦除多餘染色劑的時候部分染色劑已經凝固了，就會出現斑點或條紋。解決這個問題的方法是更換一種乾燥速度較慢的染色劑。如果你打算從寬大的表面擦去多餘的染色劑，使用基於油基黏合劑的染色劑是最簡單的。使用其他三種黏合劑的染色劑乾燥得太快，你根本沒有時間完成擦除。當你希望快速進入下一工序或者不需要擦除多餘染色劑時，它們才會成為更好的選擇。

染色劑用量

染色劑（色素、染料或者色素和染料）與溶劑比例的不同會使染色的差別非常明顯。染色劑比例愈高，木料表面的著色就會愈深；染色劑比例愈小，木料表面的顏色則愈淺。可以向任何染色劑中添加色素或染料，也可以通過沉澱去除染色劑中的色素，同樣可以在色素沉澱後倒掉部分上層液體，然後加入稀釋劑以減少染料的含量。最簡單有效的淡化染色劑顏色的方法就是使用合適的稀釋劑稀釋（**照片4-11**）。

還有一種方法可以控制染色劑的含量，至少其對木料是有效的。在擦除多餘的染色劑之前，其在木料表面保留的時間愈長，木料的染色就會愈深（只要這個過程中染色劑不會乾燥）。並不是因為染色劑滲入了更深層的木料中（事實上，所有的染色劑在幾秒鐘內就已經達到了最大滲透深度），而是因為稀釋劑揮發後導致染色劑以更為濃縮的狀態附著在木料表面。這與你使用染色劑比例更高的塗料完成染色的效果類似。

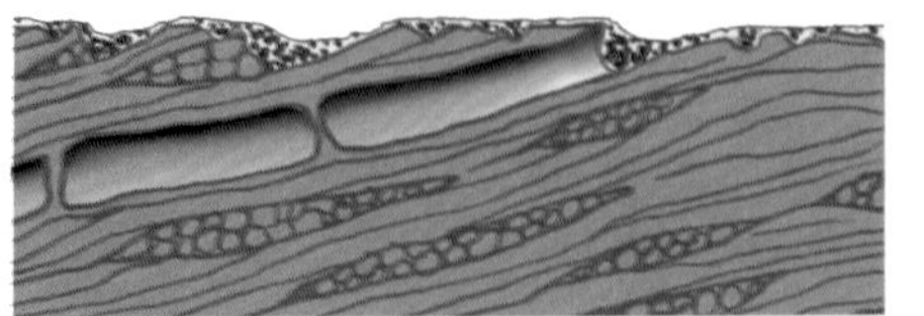

圖4-2 黏合劑將粉塵一樣的色素顆粒彼此黏合並使其附著在木料表面。如果沒有黏合劑，色素顆粒會很容易地被從木料表面刷去或吹掉。

黏合劑

黏合劑就是將色素顆粒附著在木料表面的膠水（**圖4-2**）。沒有黏合劑，當溶劑揮發後，這些色素顆粒會像粉塵一樣被刷掉。所有黏合劑都屬於四類常見的表面處理產品（油基類、清漆類、合成漆類或水基類）中的一種。蟲膠添加酒精染料、不起毛刺染料或通用染色劑（Universal Tinting Colorants，簡稱UTCs）後也可以用作染料，但是沒有成品的蟲膠染料銷售。

你也可以通過在黏合劑中加入色素自製染料，並根據需要稀釋：使用油和日式染色劑的混合物與油和清漆混合；使用丙烯酸染色劑與水基表面處理產品混合；使用工業染色劑（Industrial Tinting Colorants，簡稱ITCs）與合成漆混合；使用通用染色劑可以與任何表面處理產品混合，但可能需要通過攪動使其在油和清漆中懸浮。

黏合劑的選擇並不會明顯影響木料表面的染色效果，但可以決定擦除多餘的染料需要多長時間。油基黏合劑固化非常緩慢，清漆和水基黏合劑的固化時間中等，合成漆黏合劑則可以迅速固化。一些「合成漆」染色劑實際上是短油醇酸樹脂清漆，在第11章「清漆」部分我們會詳細介紹。因為這些染色劑表現的很像合成漆染色劑，並且在表面處理市場被習慣地稱為合成漆染色劑，所以兩種產品很容易混淆。溫度和溼度會影響所有染色劑的乾燥時間。溫度愈高，溼度愈小，乾燥時間就會愈短。

廠家很少會告訴你他們使用的黏合劑種類，但是產品的包裝會提供一些線索。

■使用油或清漆黏合劑的染色劑產品會列出油漆溶劑油作為稀釋劑或清洗溶劑。

■使用合成漆（或短油清漆）作為黏合劑的染色劑會列出漆稀釋劑或快速揮發型的石油餾出物作為稀釋劑或清洗溶劑。

■使用水基黏合劑的染色劑會列出水作為稀釋劑或清洗溶劑。

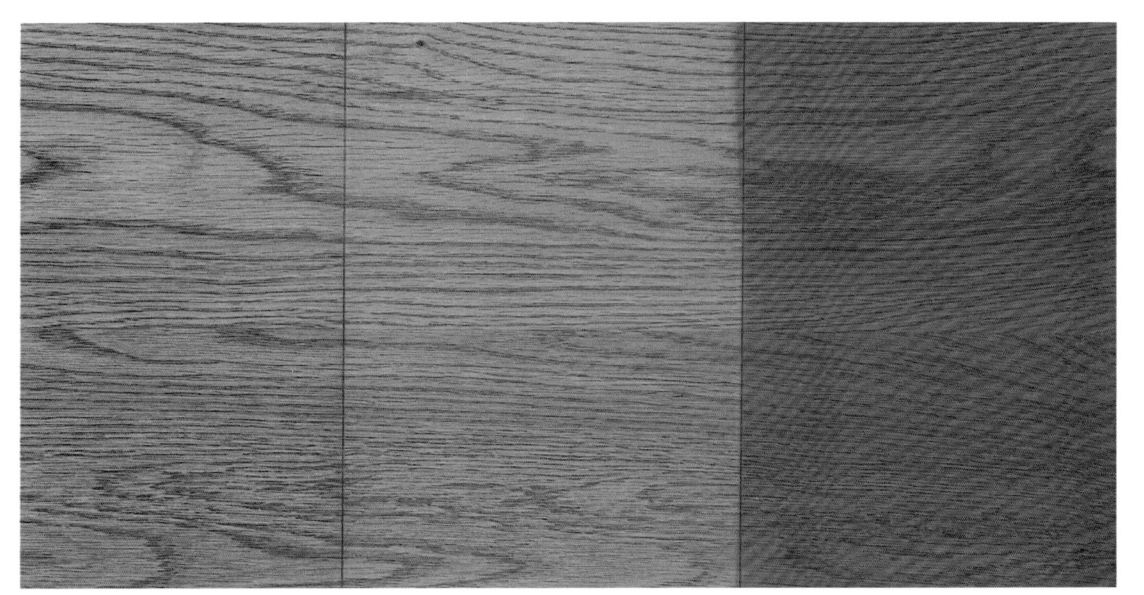

照片4-10 色素染色劑（左側）附著在橡木春材的粗大孔隙處，並使它們更為凸顯，但是色素並不會使緻密的夏材附著很多顏色。色素—染料混合染色劑（中間）也可以凸顯孔隙，但是總體上春材和夏材的顏色更加均一。染料染色劑（右側）可以同時為春材和夏材著色，染色效果也最為均勻。

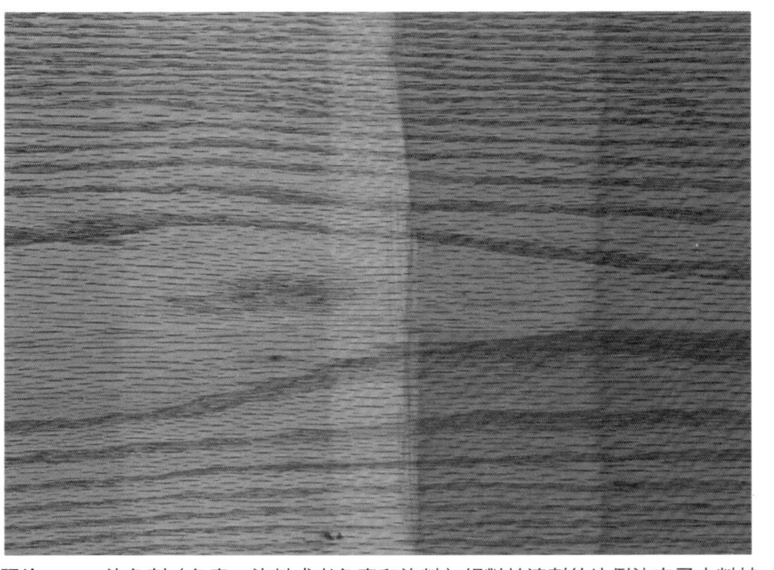

照片4-11 染色劑（色素、染料或者色素和染料）相對於溶劑的比例決定了木料被染色的深度。我在左側使用了普拉特—蘭伯特（Pratt & Lambert）胡桃木色染色劑，在右側使用了明威（Minwax）胡桃木色染色劑──分別在內側塗抹了一層塗料，在外側塗抹了兩層塗料。中間區域保持未染色的狀態。兩者都是色素──染料混合染色劑，但是染色劑與溶劑的比例不同。染色劑比例不同產生的差異顯而易見。

傳言

染色劑留在木料表面的時間愈長，其浸入木料的程度愈深，木料的顏色就會愈深。

事實

染色劑在木料表面保留的時間愈長，木料的顏色確實會變得愈深，但這並不是因為染色劑浸入得更深，而是因為稀釋劑的揮發導致其中的染色劑比例升高。更高濃度的染色劑會產生顏色更深的染色效果。

一些染色劑包含高出普通含量水平的黏合劑。這些染色劑通常以染色劑和表面處理產品的混合形式銷售，比如，明威波利漆（Polyshades）和任何叫作「清漆」染色劑的產品。當使用這些染色劑時，不需要擦除多餘的部分，因為它們的用途就是在木料表面固化。這些染色劑會使木料表面看上去有些混濁，並且非常難用，但不會留下明顯的刷痕或不均勻的著色。

濃度

染色劑的濃度是多樣的。大多數染色劑是液體的，但是一些濃度更高的染色劑通常是凝膠狀的。它們與凝膠清漆一樣，只是添加了染色成分而已（請參閱第195頁「凝膠清漆」）。大多數凝膠染色劑是用色素與清漆黏合劑製成的，一小部分產品會使用染料代替色素，還有一些會使用水基黏合劑代替清漆黏合劑。所有凝膠染色劑的共同特性是它們不會流動。有些凝膠染色劑非常黏稠，即使你打開罐子將其開口朝下倒置過來，染色劑也不會流出來（**照片4-12**）。凝膠染色劑不會流動，是因為其中添加了一種可阻止其流動的觸變劑，你只能用機械手段將其取出。番茄醬是加入觸變物質的典型例子。你需要晃動瓶子才能讓其流出瓶口；在你將它塗抹開之前，它與食物接觸時仍會保持原有狀態。蛋黃醬和乳膠漆塗料是另外兩個使用觸變劑的例子。

凝膠染色劑是在最近的一二十年才流行起來的。在此之前，它們一直很難找到。大多數廠家不明白這種染色劑有何優點。巴特利（Bartley's）是個例外，作為早期的凝膠染色劑生產廠家，他們將櫻桃木染色劑與櫻桃木家具套裝打包銷售，用戶似乎對獲得的結果非常滿意。巴特利正是意識到了他們的染色劑使用方便，所以才決定這樣促銷。其他廠家則把凝膠染色劑作為非常有效的釉料使用（請參閱第15章「高級上色技術」），所以也開始推廣這種染色劑，用於玻璃門或其他非木質基材的染色。

我從20世紀80年代末期開始接觸凝膠染色劑，發現它們很難用。它們會覆蓋所有的木料細節，並且非常難於清洗。更糟糕的是，每次使用這種染色劑結束表面處理後，刷子或抹布上總是留有很多膠狀物，這造成了很大的浪費。所以我停止了凝膠染色劑的使用。

照片4-12 凝膠染色劑非常黏稠且不會流動。所以它們不會浸入木料中。為松木這種帶有天然斑點的木料染色時，它們非常有優勢。

黑化木料

黑化木料意味著使木料變成黑色，這通常需要使用化學染色劑。最常見的用於木料黑化的材料是將鐵料（釘子或鋼絲絨）在醋中浸泡多日製成的。很多書籍和文獻仍然將其作為最好的黑化材料加以推薦。但是在一個多世紀以前，這個配方被苯胺染料取代了，因為後者的使用要簡單、高效得多。

可以使用任何黑色苯胺染料──水基、酒精基、油基或不起毛刺類型的。但要注意，黑色染料能夠產生多種色階（有些明顯偏藍色），你要確保產生的色階是你喜歡的。唯一會碰到問題的可能是水基染料，它們不能有效地完成橡木孔隙的染色，也不適合其他有較大孔隙的木料。如果使用水基染料，可能需要在其乾燥後塗抹一層黑色擦拭型染色劑將孔隙染黑。可以直接在染料塗層或封閉層上（類似釉面）塗抹染色劑。

有些時候，塗抹一層染料並擦除多餘部分就可以在木料表面留下足夠濃縮的染料。但一般情況下，這樣的效果需要塗抹多層才能實現。待每層乾燥後擦去多餘染料，然後繼續刷塗或噴塗另一層，直至獲得你想要的黑色。也可以直接在封閉層上刷塗或噴塗一層染料，待其乾燥後不再擦除多餘部分。

黑色染料黑化木料的效果很好，因為染料是透明的。即使木料被完全染黑，仍能透過塗層看到紋理。也可以使用色素染色劑或其他表面處理產品（比如渾水塗料）黑化木料，但是這類染色劑不能將木料染得很黑，而且渾水塗料會完全覆蓋木料的紋理。

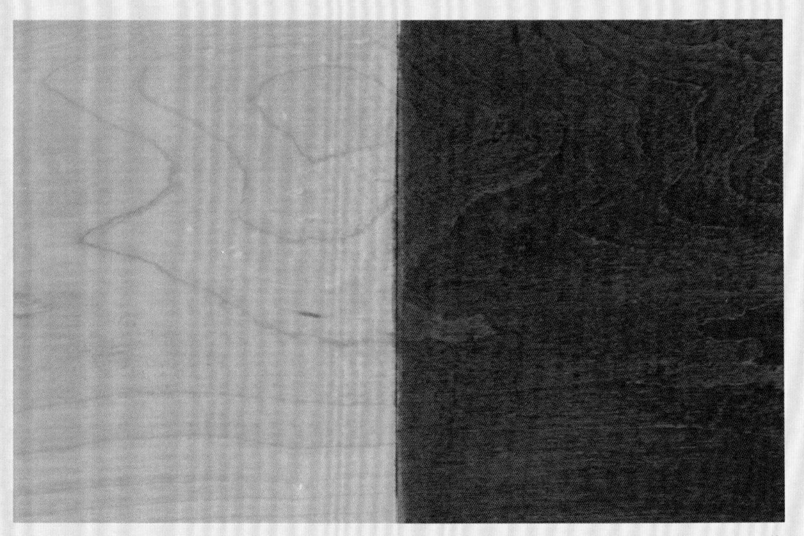

黑色染料是最有效的黑化木料的染色劑。圖中展示的是黑化的楓木，因為對比效果非常強烈。但是如果你真的想讓木料看起來更像黑檀，那最好使用胡桃木染色，因為它們有類似的紋理。

使用苯胺染料

水基、酒精基和油基染料染色劑通常以粉末形態銷售，需要將其溶解在溶劑中使用。不起毛刺染料染色劑通常已經溶解好了。

自己配製染料染色劑

如果用粉末自己配製染料染色劑，請務必使用供應商指定的溶劑（可能包含多種）。用水溶解水基染料，用工業酒精溶解酒精染料，用石腦油、松節油、甲苯、二甲苯或漆稀釋劑溶解油基染料。一定要用玻璃或塑料容器，因為金屬會與染料起反應從而改變其顏色。根據供應商建議的粉末──溶劑比例配製染色劑，以獲得廠家預期的濃度。

開始時，你可能會覺得自己配製染色劑很不方便，但很快你就會因為獲得了更好的顏色控制能力而備感欣慰。如果想要獲得更深的染色效果，可以加入比推薦配方更多的染料粉末或使用更少的溶劑；如果想要更淺的顏色，就削減染料粉末或增加溶劑用量。可以在粉末狀態下混合不同顏色的染料，但是將其分別溶解後再加以混合通常效果會更好。染料粉末的顏色很少會與其溶解後的顏色相同。

你可以將任意品牌的染料以任意比例混合，只要它們溶於相同的溶劑就可以。提前測試一個品牌的染料和溶劑用量的比例，能夠幫助你每次都配出相同的顏色。但通常為了保險，需要在完成一件作品時溶解足夠多的染料，然後使用過濾器或紗布過濾溶解的染料，去除雜質和未溶解的染料，避免產生汙漬。

水基染料在熱水中比在冷水中溶解得更快，並且在熱水中具有更高的溶解度。染料可以被塗抹在熱的或冷的木料表面，但是最好保證每個位置的染色是在相同的溫度下完成的，以防止出現色差。為了避免自來水中含有的礦物質影響染料的顏色，最好使用蒸餾水配製染色劑。不過，我使用自來水從未出現過問題。

塗抹苯胺染料

提前在與作品所用木料相同的廢木料上測試染料的顏色是明智的做法。對所有染色劑來說，在木料表面完成刷塗後仍保持溼潤時的效果非常接近表面處理完成後的效果。

和其他染色劑一樣，苯胺染料有兩種使用方法：第一種，塗抹一層溼塗層，然後在其乾燥前擦除多餘染料；第二種，刷塗或噴塗一層薄塗層，然後任其乾燥而無須擦拭。逐層刷塗，直至獲得想要的顏色。因為染料是透明的，所以你可以接著塗抹新的塗層而不會掩蓋木料的紋理（**照片4-4**）。通常水基染料使用第一種方法，其他染料因為乾燥得更快，可以使用第二種方法。

除非工件很小，否則水基染料是唯一一種在塗抹完成後、染料乾燥前能夠留出足夠的時間擦除多餘部分的染料。但是，水基染料會導致木料表面起毛刺，所以應該在刷塗前去除毛刺，以獲得最佳的表面處理效果（請參閱第20頁「去除毛刺」）。也可以使用封閉塗層覆蓋毛刺，然後再將其打磨光滑。

與其他染色劑一樣，只要擦除多餘的染料，在使用水基染料的時候不需要考慮木料的紋理方向。大多數說明書會告訴你使用刷子塗抹染色劑，我更傾向於使用溼布、海綿或噴槍，因為它們的處理速度更快。

一次完成整個塗層。快速塗抹以覆蓋所有表面，並在染料乾燥前將多餘部分擦除。在處理垂直表面時，從下向上塗抹比較好，這樣即使你在木料表面滴落了一些染色劑也不會形成斑點。

保留多餘的染料

可以塗抹染料而不擦除多餘的部分，並根據需要塗抹多層。每次新的塗層會溶入已經存在的染料中，相當於形成了更高的濃度。顏色將會變深或發生變化，具體情況取決於特定染料的濃度或使用的顏色（**照片4-8**）。

如果選擇在木料表面噴塗染料而不擦除多餘的部分，最好噴塗高度稀釋的染料，然後逐層加深，直至獲得需要的顏色深度。這也解釋了，為什麼不起毛刺染料通常以高稀釋度的狀態銷售。如果想一次獲得最終顏色，很可能會染色過深，並且很難使其變淡。

使用刷子均勻塗抹苯胺染料的訣竅是，沿紋理方向塗抹很長的一道，並保持其邊緣溼潤，並確保每次刷塗時重疊的部分都是溼潤的。這樣染料會分布均勻，不會留下刷痕。

如果染料乾燥後出現了條紋，可以用合適的溶劑將抹布打溼並擦拭整個表面，然後擦乾表面。這樣會去除部分顏色，但是留下來的顏色是均勻的。如果想加深顏色，可以塗抹更多染料。

控制顏色的技巧

相比含有黏合劑的染料，苯胺染料最大的優點在於，可以控制最後的顏色而不會使木料表面混濁。

- 如果木料著色過深，可以使用對應的溶劑擦除部分染料從而提亮木料的顏色。
- 如果顏色太淺，需要塗抹更多的染料。
- 如果用錯了顏色，可以塗抹一種糾正顏色的染料。最常用的染料顏色是紅色、綠色、藍色、黃色和黑色（沒有白色染料）（請參閱第74頁「配色」）。將其大幅稀釋可以避免染色過度。如果顏色仍然過深，可使用對應的溶劑擦除部分染料以提亮顏色。
- 如果你想統一心材和邊材，或者一塊淺色木料與一塊深色木料的顏色，首先選擇一種染料塗抹整個表面。待其乾燥後，如果第一層混合得不夠理想，就在顏色較淺的區域塗抹第二層染料（另一種顏色或另一種濃度的染料）。這種匹配不同木料顏色的方法使用噴槍噴塗時效果最好，使用刷子和抹布也可以完成。也可以在封閉木料後使用調色劑混合木料的顏色（請參閱第15章「高級上色技術」）。

警告！！！

某些苯胺染料，尤其是那些含有聯苯胺的染料可能會導致膀胱癌。據我所知，木工領域使用的染料中不包含這些成分，也不含其他致癌物。但是，你仍需小心對待苯胺染料。至少，它們可能導致呼吸系統問題和一些人的過敏反應。總之，你應在操作苯胺粉末時佩戴手套和防塵面罩，防止其擴散到空氣中，並在塗抹溶解的染色劑時佩戴手套。

配色

在所有的表面處理步驟中，配色是最有難度，也是最難於描述的。我會為大家提供一些關於配色基本原則的指導，但是你要明白，經驗才是最好的老師。

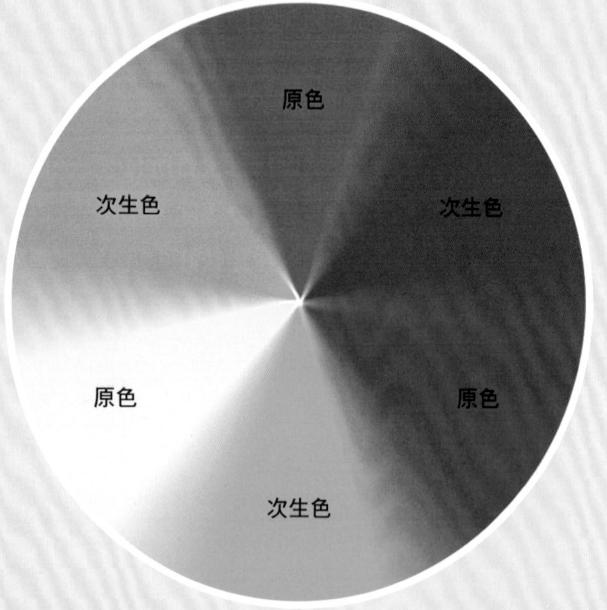

原色包括黃色、紅色和藍色。橙色、紫色和綠色屬於次生色。每一種次生色對面的原色是其互補色，也就是其顏色中去除了這種原色。如果你想去除一些木料或染色劑中的紅色，那你需要使用或添加一些綠色染料；如果你想減少木料或染色劑中的綠色色階，則要使用或添加一些紅色染料。

顏色的通用原則

■學習純色理論只對一點有所幫助。黃色、紅色和藍色這些純色是極少用於木料染色的。木料的顏色更接近棕色，土壤的顏色是很好的例子——生褐和熟褐、生赭和熟赭、土黃色和棕色等。不過，為了配色，你必須確定木料顏色中包含的純色。

■綠色和紅色是互補色。如果需要使木料或染色劑的顏色偏冷色，就要添加綠色；如果想要暖色，就要添加紅色。

■在紅色中添加一點藍色而不是綠色可以製成暗紅色。

■黑色可以削弱任何顏色的色調。

■黑色加橙色，相當於將紅色和黃色混合，可以製成棕色。

■棕色是木料表面處理中最重要的顏色。你可以以棕色為基礎，向其中添加黑色、紅色、綠色、藍色或黃色，調出幾乎所有常見木料的顏色。添加白色可做出淺色。

■光線會影響顏色的視覺效果。來自北面和日光燈管的光線帶有更多的綠色光或藍色光（冷色）。普通白熾燈發出的光包含更多的紅色光（暖色）。中性螢光燈較為理想，但它們通常很貴，其色溫是3500K（日光燈的色溫通常為6300K，白熾燈則為2500K）。也可以將日光燈和白熾燈組合起來使用，從而形成完整的光譜。你應該意識到，即使可以在一種光源下做出完美的配色，但在換用另一種光源時則會出現明顯的偏差，因為不同的光源下呈現出的染色劑顏色是不同的。最好的自然光是來自北面的光，因為其在全天中保持相對穩定，但是關於哪種人造光源是最好的則沒有固定說法。

■如果確定了處理作品時使用的光源及其位置，那麼你應在相同的光照條件下完成配色。

後來我發現，凝膠染色劑不能流動正是用來處理斑點木料（即那些無法均勻吸收染色劑的木料）的理想選擇。凝膠染色劑不會浸入木料中，但是它們可以留在木料表面，為那些不能均勻吸收染色劑的木料提供均勻的顏色（**照片4-13**）。所以也開始推廣這種染色劑，用於玻璃門或其他非木質基材的染色。

附加的實踐注意事項

- 永遠要把木料的顏色考慮在內。木料的顏色會影響染色劑的呈現方式。如果可以，應該選擇一塊與需要染色的木料相同的廢木料做測試。
- 木料和染色劑的顏色會隨時間而變化，通常是因為光漂白或氧化作用的存在。不同的木料、不同的色素和染料，其變化的方式和速率是不同的。因此，得到的配色只是暫時的。
- 當你為了配色混合顏色時，要從使用少量的染色劑開始（比如，非常少量的黑色染色劑），並保持耐心逐漸添加用量，直至得到想要的顏色。
- 因為你幾乎每次都要混合不同的顏色（而不是使用純色），所以如果能建立自己的染色劑清單，並且每次都從它們開始，那麼你的配色技能會提高得更快。你會熟悉這些顏色混合的方式。注意，確保你的配色發生在相同的系統內──水基表面處理產品／染料、油基表面處理產品／色素，諸如此類。
- 除了從純色染色劑開始混合得到預期的配色，也可以選擇一種接近目標顏色的商品染色劑或與之接近的土壤顏色的染色劑開始操作，然後加入黃色、紅色、藍色或白色（用於淺色）染色劑改變其顏色。稀釋染色劑可以減淡顏色，塗抹第二層可以加深顏色。添加黃色可以使顏色更為明亮，添加黑色可以削減亮度。

照片4-13　斑點是染色劑滲入木料的深度不同形成的。因為木料的密度天然不均勻，所以這種現象很常見。軟木中的松木（上圖）和杉木，以及一些紋理緻密的硬木，比如櫻桃木、樺木、楓木、楊木、白楊木和赤楊木，都是典型的例子。

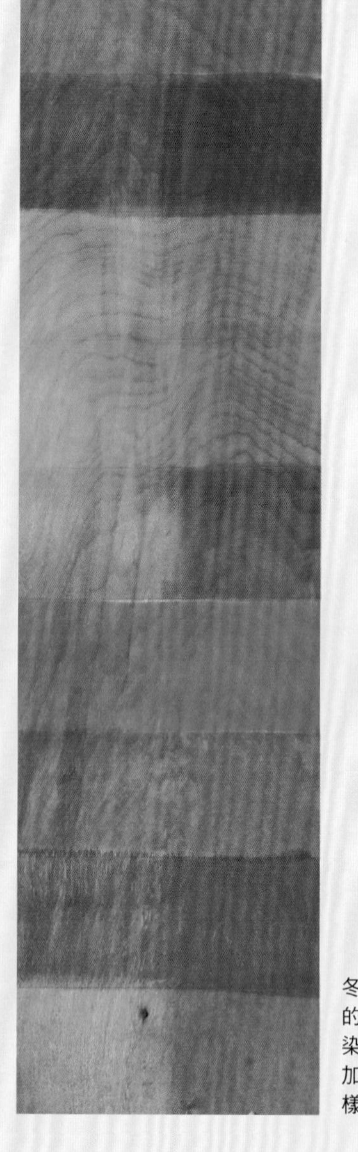

染料以及防褪色

防褪色問題的本質是耐光性，但這個概念已經被生產廠家搞亂了，因為一些廠家的苯胺染料的耐光性有極大的問題。請記住，耐光性是相對的。雖然個別染料或染料類型比其他產品更加耐光，但所有染料暴露在直射陽光下都會快速褪色（幾週內就會顯現）。與防褪色性能卓越的色素相比，不同染料的防褪色性差別不大。

如果你在陽光直射的地方為木料染色，或者是在室內類似於辦公室的螢光燈環境下操作，應盡量避免使用染料給木料染色。不過，在遠離窗戶和螢光燈的室內環境中，染料的色彩則可以保持幾十年，甚至更久。如果你給那些放置在正常室內環境並處在白熾燈光線下的家具或者其他木工製品做表面處理時，你完全不用擔心選擇染料類型的問題，因為它們的色彩都可以保持得很好。除了顏色，你還應根據染料的操作性能、價格和氣味進行選擇。

冬天的時候，我將這塊面板的右半邊用報紙遮蓋，然後在西向的窗戶處放置了幾個月。我使用了每一種染料，包括不起毛刺染料和水溶性染料。你會發現，有些染料比其他染料褪色得更加明顯。很顯然，你不會希望在任何靠近窗戶的製品上使用這樣的染料。

這也正是購買巴特利櫻桃木家具套裝的客戶非常開心的原因：它們可以讓木料看起來更加美觀，因為沒有斑點。

因此，當你在表面處理過程中遇到了最糟糕的情況──不能通過剝離和重新處理解決問題的時候，凝膠染色劑可以提供簡單的一站式解決方案。產生斑點是因為某些木料的密度不均勻，其中包括一些軟木（比如松木和杉木）和多數紋理緻密的硬木（比如櫻桃木、樺木、楓木、楊木、山楊木和赤楊木）。液體染色劑會更深地滲入這些木料的低密度部分。為了去除斑點，你將不得不打磨、刮削或刨削木料至染色劑滲入的深度之下。這樣做的工作量很大，而且你仍然會碰到斑點的問題。

斑點也並不總是有害的。虎皮楓木和雀眼楓木展現出來的美麗圖案就是不均勻染色形成斑點的結果。胡桃木中的節疤（也叫樹瘤）和斑點也得到了大多數人的讚譽。不應該在這樣的木料上使用凝膠染色劑。事實上，應選擇液體染色劑（尤其是染料染色劑）處理這樣的木料，以獲得最顯著的突出漂亮波紋的效果。沒有更好的例子可以說明，染色劑種類的選擇與結果之間存在特定的關係（**照片4-14**）。

使用染色劑

選擇最合適的染色劑處理作品是獲得好結果的關鍵，但使用染色劑的方法也會導致極大的不同。通常有兩種使用染色劑的基本方法。

照片4-14 凝膠染色劑非常適合處理松木，因為它們不會滲透，所以會產生均勻的顏色，如左上圖所示。液體染色劑則因為其滲透性，會凸顯松木密度上的不均勻，導致形成斑點，如左下圖所示。對於有圖案的木料（比如雀眼楓木），凝膠染色劑（右上圖）會將其遮蓋。液體染色劑（右下圖）則會凸顯不規則的圖案。儘管我們稱其為圖案，但本質上這也是一種斑點現象。

■塗抹一層溼潤的染色劑，然後在其乾燥前擦除多餘的部分。

■塗抹一層染色劑，然後任其乾燥無須擦拭。

通常情況下，如果不使用噴槍，第一種方法是最好的。只要木料表面已經處理好，並且沒有天然斑點，總能得到一個著色均勻的木料表面。如果使用噴槍噴塗染色劑，那麼兩種方法都會成功。

傳言

你應該總是沿著木料的紋理塗抹並擦除染色劑。

事實

只要將所有多餘的染色劑擦除，塗抹方向並不重要。我通常會使用浸溼的布快速地在木料表面的任意方向塗抹。擦除染色劑時方向是無所謂的。唯一重要的是，最後的擦拭要順紋理完成。這樣你在無意中產生的任何條紋都會變得不那麼明顯。

使用第一種方法染色需要重點關注，塗抹完成後留給擦除多餘染色劑的時間是否充裕。快乾型染色劑，尤其是合成漆染色劑和所有有機溶劑類的染料染色劑，乾燥速度極快。如果使用這類染色劑處理寬大的表面，並且需要擦除多餘的染色劑，你需要一個幫手緊隨你的塗抹之後迅速完成擦除。如果因為染色劑開始變乾留下了斑點，那你需要加入更多的染色劑，或者使用相應的稀釋劑使其重新溶解為液體，然後快速擦除多餘的染色劑（**照片4-15**）。

使用第二種方法需要重點關注如何在木料表面形成均勻的顏色。儘管用刷子刷塗可以獲得均勻的顏色（使用染料比使用色素要容易一些），但使用噴槍要簡單得多。不管使用哪種方法，都要用足量的、合適的溶劑將染色成分充分稀釋，這樣才不會留下條紋和圈痕。從理論上講，染色劑愈稀（添加的稀釋劑愈多），著色就會愈均勻。你應適度稀釋染色成分，並根據需要通過多次塗抹獲得想要的顏色（**照片4-16**和**4-17**）。

照片4-15 快乾型的清漆、合成漆和水基染色劑經常出現在其乾燥前很難完成擦除的情況。這可能會由於染色過程而不是木料本身的問題產生斑點。如果遇到了這種問題，你要塗抹更多的染色劑或使用相應的稀釋劑將其重新溶解，然後快速擦除多餘部分。對下一個待處理作品來說，你應考慮更換慢乾型染色劑。

照片4-16 圈痕是由於在已經乾燥的塗層上重新刷塗了一層染色劑所致。保持「塗層邊緣溼潤」並刷去重疊的痕跡可以防止出現圈痕。如果染色劑比較濃並且重疊部分不均勻，用噴槍噴塗時也可能產生圈痕。最好的方法是將染色成分充分稀釋，這樣就不會出現圈痕了。

照片4-17 染色劑乾燥後顏色會變淡。這可能會使你產生沒有使用顏色足夠深的染色劑的錯覺。但是在你塗抹表面處理產品後顏色會恢復如初，就像這個例子中的下半部分。染色劑仍保持溼潤時的顏色與塗抹表面處理產品後的顏色非常接近。

染色前的基面塗層

基面塗層是直接塗抹在木料表面用於將其封閉的稀釋後的表面處理產品（請參閱第82頁「基面塗層」）。基面塗層限制了染色劑滲入木料的能力，但是它們留下了足夠多孔的表面，這樣在多餘部分被擦除後，仍有一些染色劑可以保留下來。區別基面塗層和封閉層的簡單方法是，當你試圖將染色劑完全擦除時，是否存在顏色殘留。如果使用乾淨抹布可以擦除所有顏色，這個塗層就是封閉層無疑（請參閱第144頁「封閉劑與封閉木料」）。

使用基面塗層可以削弱存在天然斑點的木料的斑點效果。由於製作基面塗層會削弱總體的染色效果，所以通常不建議在橡木、桃花心木和胡桃木這些不會出現此類問題的木料上使用基面塗層（**照片4-18**）。

塗抹基面塗層以減少斑點的做法存在的問題是，你需要通過實驗確定固體（染色成分）的用量和正確的使用方法。如果你在製作大型的木工製品，或者從事相關的生產工作，需要處理潛在的斑點問題，做實驗就是很有必要的。在塗抹染色劑之前，在寬大表面塗抹基面塗層非常有效。但是，如果需要染色的是一個中小型製品，使用凝膠染色劑更易獲得預期效果。

木料調節劑

木料調節劑是一種很受消費者歡迎的基面塗層產品。大多數品牌使用的是2倍油漆溶劑油稀釋清漆的配方。這種產品自己配製也很容易。有些品牌的基面塗層產品是水基的（**照片4-19**）。因為水基表面處理產品的複雜性，通常很難自己配製出有效的替代品（請參閱第13章「水基表面處理產品」）。

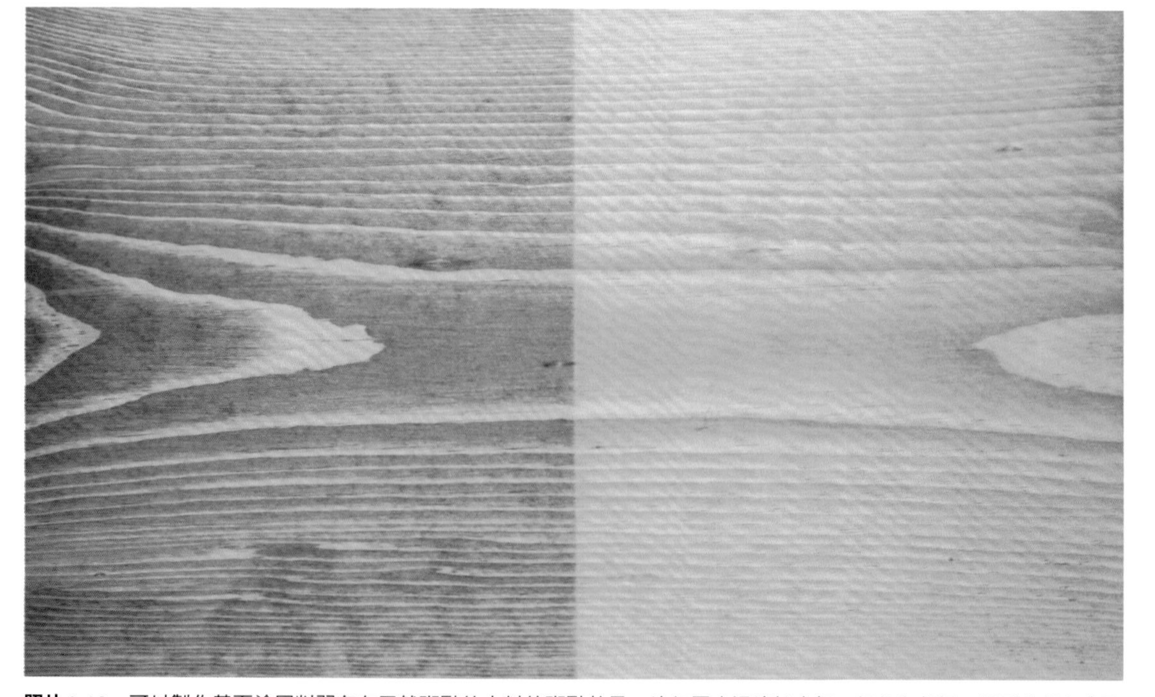

照片4-18 可以製作基面塗層削弱存在天然斑點的木料的斑點效果，比如圖中這塊松木板。但作為代價，得到的顏色會更淺，因為染色劑浸入木料的能力同樣被削弱了。

不幸的是，一些最具影響力的木料調節劑品牌提供的操作說明並不正確，導致了很多失敗的案例（**照片4-20**）。與所有基面塗層一樣，木料調節劑的薄塗層也需要在其完全固化後才能進行染色操作，否則染色劑會與木料調節劑（可以減少斑點，但並不能完全消除）混在一起，導致染色劑被稀釋。在使用清漆基木料調節劑時，最好可以在染色前過夜乾燥。在溫暖的環境中，乾燥只

照片4-19 很多公司提供基面塗層處理產品。大多數基面塗層產品是用2倍油漆溶劑油稀釋的清漆產品（左側），也有一些是稀釋的水基表面處理產品（右側）。不幸的是，使用這些產品輔助染色的說明通常並不正確，導致出現了很多斑點。

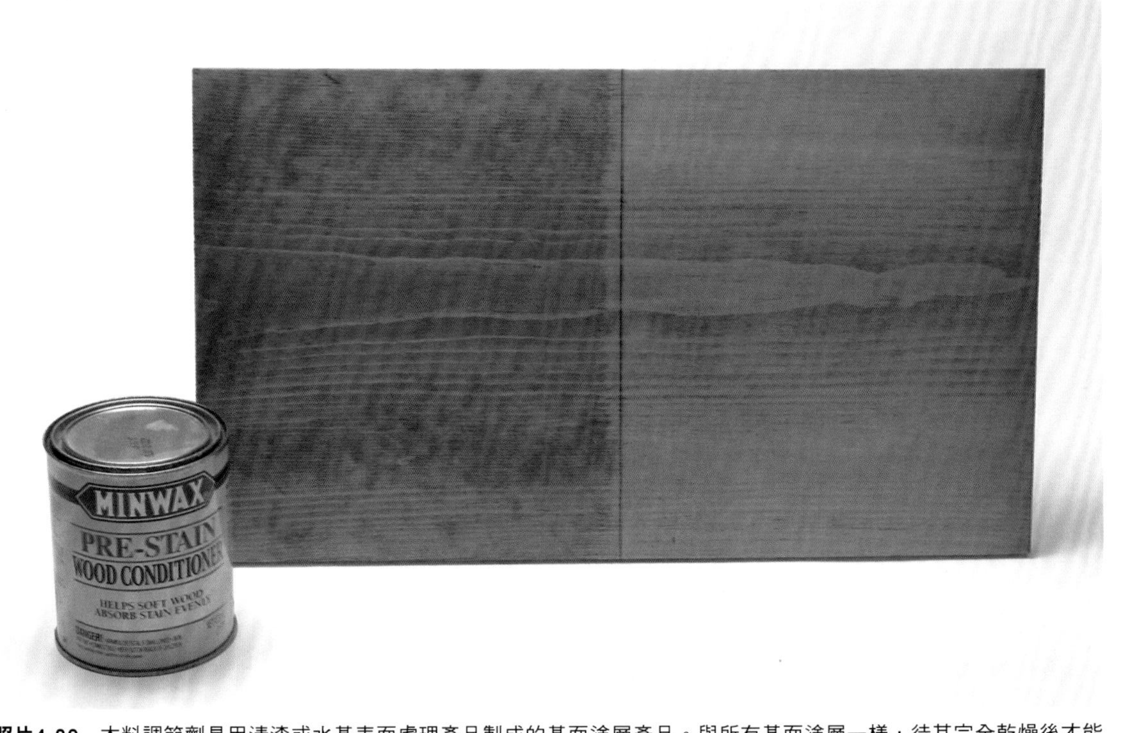

照片4-20 木料調節劑是用清漆或水基表面處理產品製成的基面塗層產品。與所有基面塗層一樣，待其完全乾燥後才能開始後續操作。我在上圖中使用了清漆基木料調節劑刷塗松木板的兩側。然後，左側根據產品說明，乾燥2小時後完成染色；右側則是過夜乾燥後完成染色。結果左側出現了斑點，右側則沒有。

基面塗層

基面塗層是將稀釋的表面處理產品塗抹在染色塗層下方或染色塗層之間的塗層，用於更好地控制裝飾過程（請參閱第15章「高級上色技術」）。基面塗層被廣泛應用於櫥櫃等家具生產行業。

大多數情況下，基面塗層可以是任何固體含量稀釋到10%～12%的表面處理產品、打磨封閉劑（透明底漆）或乙烯基封閉劑（請參閱第134頁「固體含量和密耳厚度」）。為了獲得這個範圍的固體含量，可稀釋下面這些表面處理產品。

- ■用工業酒精將蟲膠稀釋到1磅規格。
- ■用漆稀釋劑將合成漆的濃度稀釋減半。
- ■用2份油漆溶劑油兌1份表面處理產品稀釋清漆。
- ■用2份水兌1份表面處理產品稀釋水基表面處理產品。如果稀釋後的塗料不能順滑地流動，就改用蟲膠製作基面塗層。
- ■用2份漆稀釋劑兌1份表面處理產品稀釋預催化漆。

使用基面塗層的目的是獲得一層非常薄的表面處理塗層，所以如果你準備噴塗或刷塗一層厚的表面處理塗層，那麼需要一層更薄的基面塗層。你甚至需要使溶劑量加倍將固體含量稀釋到5%～6%。可能需要在廢木料上多次嘗試以確定最合適的比例。基面塗層應該非常薄，但不能薄到染色塗層可以透過去的程度。

以下是基面塗層的原則。

- ■處理存在一定程度密封問題的木料，比如那些容易形成斑點的木料，使用基面塗層可使染色劑分布得更加均勻（請參閱第80頁「染色前的基面塗層」）。
- ■硬化木纖維，使其可以用砂紙輕易打磨去除。這個步驟對於木料端面的均勻染色非常有用（請參閱第83頁「端面染色」）。
- ■製作光滑的表面，這樣就可以輕易擦除或操作膏狀木填料了（請參閱第7章「填充木料孔隙」）。
- ■增加與膏狀木填料和釉料之間的黏合性（請參閱第7章「填充木料孔隙」和第242頁「上釉」）。
- ■在染色塗層之間形成一個保護層，防止下一個染色塗層汙染或弄混上一層顏色。
- ■通過多個獨立的染色步驟增加表面處理的層次深度——這樣的構建最為經濟。

一旦基面塗層變乾，需要視具體情況決定是否打磨。很顯然，如果是為了硬化木纖維，就需要打磨。如果需要在基面塗層上上釉，也需要打磨，因為這樣可以提高兩個塗層的黏合性，同時在擦除多餘的釉料後使更多的釉色得以保留。但是，一般不能打磨凹陷處，因為磨穿塗層的風險非常高，而且這些區域通常都有些粗糙。同樣不需要打磨膏狀木填料的下方。在膏狀木填料乾燥後，可以輕輕打磨以去除殘留的條紋。

需6～8小時。但是清漆永遠不會像產品說明描述的那樣，在2小時內就可以完全乾燥。水基木料調節劑的乾燥需要1～2小時，具體用時取決於溫度和溼度的變化，但不會像說明書中描述的那樣只需30分鐘。

沒有更好的例子可以說明，為什麼表面處理特別難理解。木料調節劑是一種用於解決斑點問題──木料表面處理過程中最糟糕的問題──的產品，但主要廠家提供的產品說明毫無意義。相比之下，凝膠染色劑可以穩妥地解決該問題，並且不需要任何專門的說明，但沒有廠家在包裝上告訴你它們可以！

端面染色

相比經過良好打磨處理的長紋理面，端面染色後的顏色總是更深些。通常給出的原因是端面可以吸收更多的染色劑，但這只是部分原因。另一個更為明顯的原因是，端面沒有經過良好的打磨處理，經過銑削的表面仍然粗糙，所以在擦除多餘染色劑後仍會有較多的染色物質留存下來。這與紋理粗糙的橡木的染色效果很像，更多的染色劑附著在了孔隙深處。為了使端面的染色效果接近長紋理面，最簡單的解決方法是，將端面打磨得更細緻些（**照片4-21**）。

但是這樣做工作量很大，並因此經常使人望而卻步，尤其是在凸嵌板的斜面處，由於其加工的脆弱性幾乎很少打磨。有兩種方法可以讓端面獲得與長紋理面大致相同的染色效果。

- 在所有表面噴塗染色劑並使其留在表面，也就是不需要擦除多餘部分。
- 在端面製作基面塗層封閉孔隙並硬化表層木纖維，使其更容易打磨光滑。

兩種方法都被廣泛應用在家具和櫥櫃製造行業，但是兩者都需要一定的練習才能獲得預期的效果。為了成功噴塗染色劑，你最好將其稀釋到合適的濃度，然後多次噴塗。為了把基面塗層限制在端面，你要以擦拭或刷塗的方式處理稀釋的表面處理產品，並在其完全乾燥後再行打磨。你也可以使用稀釋的白膠或黃膠以及稀析膠（Glue Size）產品代替表面處理產品，後者比黃膠和白

照片4-21 端面比長紋理面染色更深的主要原因並不是染色劑在端面滲透得更深（這也是廠家經常抱怨的地方），而是因為打磨不充分。橫向於紋理的鋸切會留下粗糙的表面，所以當你擦除多餘的染色劑後會留存更多的染色成分。右側，橡木板的端面與長紋理面打磨的程度相同；左側，端面經過了比長紋理面更多的打磨處理，獲得了較為完美的光滑度。（但我一直使用與長紋理面相同目數的砂紙打磨端面，並沒有使用更高的目數。）然後完成染色。

膠更容易打磨。

對有斑點的木料來說，可以在長紋理面和端面刷塗或噴塗基面塗層溶液，然後再將端面打磨光滑（**照片4-22**）。

照片4-22 這塊樺木凸嵌板的上半部分塗抹了基面塗層，而且端面已打磨光滑。凸嵌板的下半部分則沒有塗抹基面塗層。經過染色後，由於基面塗層消除了長紋理面的斑點，並且端面業已打磨光滑，所以端面部分的顏色更為均勻，與長紋理面更為匹配。

傳言

凝膠染色劑可以使木料端面獲得均勻的染色效果，正如其可以使帶有斑點的木料染色均勻一樣。

事實

不幸的是，並不是這樣。端面染色更深並不是因為染色劑滲透得更深（凝膠染色劑也無法深入滲透），而是因為擦除多餘染色劑後在粗糙表面留存了更多的染色成分。如果需要擦除染色劑，端面應該被打磨得更光滑。

常見染色問題、原因及解決方法

問題	原因	解決方法
染色劑的顏色與其名字不相符	包裝上的顏色名稱只是廠家的解釋，真實的顏色是會變化的，應在正式使用前在廢木料上做顏色測試。	用合適的溶劑或漆稀釋劑盡可能地去除所有顏色。再使用顏色正確的染色劑再次染色。
染色劑凸顯了之前沒有注意到的撕裂痕跡和搓衣板似的磨痕	染色劑在這些痕跡處的滲透不均勻。應該在染色前通過刨削、刮削或打磨除去這些痕跡。	重新打磨並染色。沒有必要除去所有的顏色。
最終顏色與店內樣品不同	製作樣品的木料來自不同的板材、不同的樹甚至不同的樹種。不同木板，甚至同一木板的不同部位，木料的顏色、質地、密度和紋理圖案都是不同的，都會影響最終的染色效果和整體外觀。	調配染色劑的顏色以達到你的預期（請參考下面的方法）。最好先在廢木料上測試調色的結果。可以添加可兼容的色素或染料，或者使用合適的稀釋劑稀釋，再調配出正確的顏色。
	可能是你使用染色劑的方式與製作樣品的人（或機器）不同，也可能是你打磨木料所用的砂紙與之不同，或者是染色劑在木料表面停留的時間明顯比預定時間更長或更短。	為了加深木料顏色，你需要再次染色，並且不再擦除多餘的染色劑。為了減淡包含黏合劑的染色劑顏色，如果塗層還沒有乾，可以用合適的稀釋劑擦拭，否則要使用脫漆劑將其剝離。如果染色劑中不包含黏合劑，直接用合適的溶劑擦拭即可。為了調配出想要的顏色，你可能需要用稀釋的染色劑多次塗抹，然後不再擦除多餘的染色劑。
顏色在同一家具或一組櫥櫃的門、抽屜和其他部位不同	染色效果不同的主要原因是木料來源不同，這些木料本身的顏色、質地、密度或紋理圖案不同。	如果問題是木料本身的顏色，請參考上面剛提到的兩種解決方法。如果問題是不同的圖案、密度或紋理造成的，除了通過上漆和使用人造紋理遮蓋木料原有的紋理之外別無他法，但這並不是令人滿意的解決方法。
	實木和木皮染色後的外觀是不同的。	調節淺色區域的顏色，使之與深色區域相配合。也可以在染色前製作基面塗層，從而獲得更均勻的顏色。
端面顏色過深	加工後的端面通常比較粗糙，所以經過擦除後留存的染色劑較多（第83頁照片4-21和第84頁照片4-22）。	應在染色前更好地打磨端面；在端面塗抹基面塗層硬化木纖維，從而使打磨更有效；噴塗染色劑，無須擦拭。

常見染色問題、原因以及解決方法（續）

問題	原因	解決方法
木料表面的染色出現斑點	木料的密度差異導致染色劑滲透不均勻（第75頁照片4-13）。	你無法去除所有斑點，除非將染色劑滲透的部分全部打磨掉。你可以通過上釉、描影或調色的方法掩蓋斑點。使用凝膠染色劑或製作基面塗層可避免該問題。
	木料表面有膠水殘留，從而阻止了染色劑均勻滲透。看起來就像在塗層下面出現了一些亮點。這個問題經常出現在接合處（第23頁照片2-5）。	刮掉或打磨掉膠水，然後重新染色。在染色劑乾燥前，打磨掉斑點及其周圍所有顏色混合不均勻的木料。
	原來的表面處理塗層殘留在了被剝離的木料表面，封閉了這些區域，從而阻止了染色劑均勻滲透。封閉區域的顏色是不會改變的。	重新剝離並重新染色。注意，染色前無須去除所有顏色。
	你沒有充分利用第一層溼潤的染色塗層，或者說在第一次刷塗的染色劑充分浸入木料前你就將其擦除了。這經常發生在使用合成漆和水基染色劑時。這種斑駁的效果並不是由木料本身的密度差異造成的。	快速塗抹另一層染色劑，並使其在木料表面保持足夠長的時間再擦除。如果這沒有解決問題，你只能剝離塗層然後重新處理。不必去除所有顏色，只需使染色均勻。
	你使用的染色劑乾燥得太快；你需要一次應對的染色面積過大；你沒有足夠快速地塗抹和擦除染色劑（第78頁照片4-15）。	快速塗抹另一層染色劑或對應的稀釋劑，然後擦拭。如果這樣不管用，你可能需要使用脫漆劑剝離染色層。
擦拭第二層染色劑時並沒有加深木料顏色	第一塗層過度封閉了木料，所以第二層的全部染色劑都作為多餘部分被擦除了。	塗抹更多的染色劑，不再擦除多餘部分。這可能會使木料表面看起來有些混濁。
在完成整個表面的染色之後，染料染色劑滴落在某處，從而加深了那裡的顏色	染料染色劑在最初滴落的位置滲透得更深。	塗抹更多的染色劑，並使其在木料表面保持溼潤的時間足夠長，達到與斑點處相同的滲透深度。從下向上、從已染色的區域向未染色的區域塗抹染色劑可避免此類情況發生。
表面處理帶起了一些染色劑形成很多斑點，或者染色劑與表面處理產品混在了一起，在孔隙上方形成了一些小斑點	表面處理產品包含溶劑成分（通常是漆稀釋劑或水），導致染色劑中的黏合劑被溶解，或者導致染料溶解後進入到表面處理產品的溶液中。	剝離表面處理塗層並重新染色。然後使用不同的、不會彼此干擾的表面處理產品處理，或在進行表面處理前塗抹一層蟲膠作為隔離層。

問題	原因	解決方法
染色劑不乾燥	木料屬於油性木料，比如柚木、花梨木或黃檀木。油性木料會阻止所有油基和清漆基染色劑的固化。	使用石腦油、丙酮或漆稀釋劑擦除部分染色劑，待溶劑揮發後重新染色。溶劑會去除木料表面的油脂，這樣染色劑就可以乾燥了。
	木料表面的油基染色劑太厚了。油的固化時間很長，尤其是在很厚的時候。	設置更長的染色劑固化時間；使用細鋼絲絨和油漆溶劑油、石腦油或漆稀釋劑擦除多餘染色劑；使用脫漆劑去除多餘染色劑，然後重新染色，並擦除多餘的染色劑。
完成染色後木料摸起來非常粗糙或毛糙	染色劑中含水（使用酒精配製的染色劑和不起毛刺染料染色劑效果會好一些）。	使用320目或更細的砂紙輕輕打磨掉毛刺。要避免將塗層磨穿。如果塗層被磨穿，你只能在整個表面重新染色，然後擦除多餘染色劑。
		塗抹一層封閉劑，將毛刺鎖定在適當位置，然後再將其打磨光滑。
染色劑沒有將木料染到預定深度	色素與黏合劑、染料與黏合劑或者染料與溶劑的比例不足夠高。或者是因為木料密度太大，色素很難滲入。	盡可能均勻地再次染色，不要擦除多餘的部分。如果使用的是色素染色劑，可能會使木料看起來有些混濁。
透過表面處理塗層能夠看到染色層的條紋	或者是你沒有擦除多餘的染色劑，或者是你塗抹的表面處理產品溶解了染色劑並使其產生了條紋。	剝離表面處理塗層，這也會同時去除染色層的條紋。重新染色，注意不要產生條紋，然後重做表面處理，如有必要，可塗抹一層蟲膠作為隔離層。
當你完成表面處理後，染色劑的顏色變得更深	染色劑乾燥後顏色會變淺。在塗抹表面處理產品後，染色劑的顏料會再次變深（第79頁照片4-17）。	如果顏色太深，可能需要剝離表面處理塗層，並去除部分染色劑。溼潤的染色劑看起來與做完表面處理後的塗層顏色很接近。當染色劑變乾後，你可以使用不會將其溶解的液體（通常是油漆溶劑油或酒精）打溼染色塗層，以估計完成表面處理後的顏色。
在染色層上完成表面處理之後，表面處理塗層變白了	染色劑沒有完全乾燥。這個現象通常伴隨合成漆出現，並在木料的孔隙處最多，因為那裡的染色層最厚。原因在於，你沒有在染色劑中的所有稀釋劑完全揮發後再塗抹合成漆。	可以嘗試使用漆稀釋劑噴塗木料。如果這個方法不能解決問題，只能剝離表面處理塗層，然後重新處理。務必留出充足的時間使染色劑乾燥，尤其是在潮溼的環境中或天氣寒冷時。
水溶性染料不能在木料有大孔隙的位置著色	水的高表面張力使其無法很好地滲入木料紋理中。	使用相同顏色的擦拭型染色劑擦拭整個表面，然後將多餘的染色劑擦去。為了更好地保持染料的顏色，需要封閉木料或製作基面塗層，然後再用擦拭型染色劑擦拭。

memo

◆ 第三部分 ◆

其他表面處理產品的使用和選擇

5

油類表面處理產品

簡介

- 我們的先輩和亞麻籽油的故事
- 使用油和油與清漆的混合物
- 油類表面處理產品及其滲透性
- 了解油類表面處理產品
- 食品安全的傳言
- 了解清漆
- 辨別什麼是什麼
- 溢出的油類表面處理產品
- 如何辨別表面處理產品？
- 選擇油類表面處理產品
- 維護與修復

1989年下半年，《木工》（Woodwork）雜誌編輯傑夫·格雷夫（Jeff Greff）邀請我寫一篇關於桐油的文章。我爽快地答應了：「沒問題。這應該很簡單。」但實際情況的發展完全超出了我的預料。我首先花了三個月時間做實驗，了解油和清漆，辨別那些貼有錯誤標籤或錯誤說明的產品。當這項任務完成的時候，我才發現，大多數貼有「桐油」標籤的產品其實並不是桐油，而是經過油漆溶劑油（或漆稀釋劑）稀釋後濃度減半的清漆產品。現在，這種情況仍未改變。

差別是顯而易見的。桐油固化後非常柔軟，所以每次塗抹完成後都要擦除多餘的桐油。因此桐油表面處理塗層非常薄，無法提供足夠的保護。而稀釋的清漆固化後很堅硬，能夠對木料表面提供很好的保護。我把這種表面處理產品稱為擦拭型清漆，因為它是經過稀釋的清漆，很容易在木料表面擦拭。

我還發現，很多表面處理產品的名字不能提供任何有用的訊息，比如沃特洛克斯（Waterlox）、密封巢（Seal-a-Cell）、威士伯油（Val-

Oil）和波芬普羅芬（ProFin），其實它們都是用油漆溶劑油稀釋的清漆產品。有些貼有「丹麥油」（Danish Oil）、「古董油」（Antique Oil）、「馬魯夫表面處理劑」（Maloof Finish）以及「桐油」（Tung Oil）標籤的產品是亞麻籽油（有時候是桐油）與清漆的混合物。因為顯而易見的原因，我把這些表面處理產品稱作「油與清漆的混合物」。

「油類」表面處理產品市場就是如此混亂。很多時候，人們以為自己用的是油，實際上卻是清漆。還有很多人天真地認為，他們使用的表面處理產品相比亞麻籽油與清漆的混合物更特別。為什麼我們的木工社區會變得如此混亂呢？為什麼對於正在使用的表面處理產品，我們都無法準確地進行交流呢？

這一切源於西方的木匠先輩們與油類表面處理方式的浪漫情緣，以及對它們的盲目信任與偏愛。後來，這種錯誤的理念通過雜誌和廣告等途徑被大肆傳播，導致現在的人們錯誤地認為，用油做表面處理能夠很好地保護木料內部。隨後，製造商將這種錯誤的理念推向了頂峰。他們利用這種神話為產品貼上錯誤的標籤，使消費者誤以為自己買到了特別的產品。

傳言

在木料表面擦拭油類表面處理產品可以增強油的滲透性。

事實

擦拭會使木料表面升溫。溫度愈高，表面處理塗層固化得愈快，孔隙的封閉就會愈快，而這會阻止塗料進一步地滲透。儘管很難測量其中的差別，但是擦拭表面處理產品實際上削弱了這些產品的滲透能力。

我們的先輩和亞麻籽油的故事

通常認為，使用油類作為表面處理產品始於18世紀。當時的木匠使用並推崇用油，特別是亞麻籽油，來處理木料表面。如果你之前做過很多木工活兒，肯定會對前輩們的表面處理技藝肅然起敬。認為當時的木匠只是擅長木工製作就太膚淺了，他們同樣也是優秀的表面處理師。如果使用亞麻籽油處理木料表面──他們也必須這樣選擇，因為亞麻籽油可以產生高品質的表面處理效果。

我們的先輩是技藝高超的表面處理師，這一觀點被廣泛認同，並經常出現在木工書籍和木工文章中。這些文章推薦這樣一種表面處理方法：如果你每天用亞麻籽油擦塗一次木料表面並堅持1週，然後每週擦塗一次木料表面並堅持1個月，接下來每月擦塗一次木料表面並堅持1年，之後每年用亞麻籽油擦塗一次木料表面，你會製作出最為美麗持久的表面處理──甚至比迄今為止的任何發明的效果都要好。

這一切都是傳言。

- 我們的先輩認為亞麻籽油是最好的表面處理產品這本身就是個傳言。當然，他們使用亞麻籽油，亞麻籽油既便宜又常見。但是現存的記錄──比如家具工匠的帳冊──都沒有證據證明當時的工匠把亞麻籽油當作表面護理產品使用。恰恰相反，在18世紀，大多數精細的、城市風格的家具都是用蠟、醇溶性清漆（由蟲膠這樣可溶解在酒精中的樹脂製成）或者油基清漆（類似於現代的清漆）來做表面處理的。
- 我們的先輩耗費了大量精力使用亞麻籽油也是一個傳言。將亞麻籽油擦塗到木料中絕對沒有

使用油和油與清漆的混合物

油和油與清漆混合的表面處理產品都很好用。在大多數的案例中，只需用它們擦拭木料的表面，然後擦除多餘的部分即可。下面介紹更多的細節。

1 **木料預處理**。去除新木料表面遺留的加工痕跡，將其打磨至180目或220目。對桌面來說，去除毛刺是很必要的，這樣當濺出的水穿過表面處理塗層的時候，能夠避免木料起毛刺。去除毛刺同樣能夠減少幾年後由溼度變化引起的、木料表面重新變得粗糙的概率（請參閱第20頁「去除毛刺」）。

2 **清理木料**。用刷子、黏布、吸塵器或壓縮空氣去除打磨木料表面留下的粉塵。

3 **塗抹第一層**。用表面處理產品覆蓋木料表面。可以用刷子、布料或噴槍完成操作，也可以把木料浸入表面處理產品中取出，或者直接將塗料倒在木料表面，然後用布料將其分散並塗抹均勻。讓這些表面處理產品在木料表面保持幾分鐘的溼潤狀態。如果有乾燥點出現，需要再多塗抹一些表面處理產品。最後，在它們變得黏稠之前，要把多餘的塗料擦掉。

4 **在塗層乾燥之前擦除溢出的塗料**。如果出現任何表面處理產品從木料的孔隙溢出的情況，需要每小時擦一次，直至不再有表面處理產品溢出（請參閱第104頁「溢出的油類表面處理產品」）。

5 **塗抹另外的表面處理塗層**。讓第一層表面處理塗層過夜乾燥。使用280目或更細的砂紙打磨任何殘存的粗糙表面。（相比鋼絲絨，砂紙將第一層表面處理塗層處理光滑的效果要好得多。）擦除粉塵，然後塗抹下一層表面處理產品。你可以把這兩步結合起來，也就是在第二層表面處理塗層還保持溼潤的情況下進行打磨，然後擦乾木料表面。也可以根據需要塗抹多層，但要確保至少乾燥1天再塗抹下一層。不過，表面處理塗層一般不會超過四層。

6 **完成最終的表面處理**。為了獲得最終的光滑表面，你應該用非常精細的砂紙（比如600目的砂紙）打磨表面處理塗層，而非直接打磨木料表面（經常被推薦的方式）。這樣可以獲得同樣的效果，但減少了大量工作量。為了獲得更好的效果，應在木料表面的油尚未乾時打磨，之後再擦除多餘部分。油會潤滑砂紙，使做出的表面更加光滑。

益處。想想看，那些家具工匠每個星期、每個月或者每年都去客戶家再上一次油的場景，實在是太荒謬了！一些家具工匠的帳冊上只有將亞麻籽油與磚灰或浮石混合用來填充木料表面孔隙的記錄。在你發現18世紀有關將亞麻籽油單獨擦入木料中的記錄之前，你看到的是20世紀的相關記錄，但20世紀的作者是如何知道的呢？

傳言

用油和鋸末填充木料的孔隙可以得到光滑如鏡面的表面處理塗層。

事實

這個觀點基於在木料表面油跡未乾時打磨木料，從而形成油與鋸末的膏狀混合物以填充孔隙的前提。實際上，當你從木料表面擦除多餘油跡時，不可避免地會把大部分浸了油的木屑從孔隙中擦除。所以，這並不是填充孔隙的有效方式。如果那就是你的目的，使用膏狀木填料效果會更好。而油基表面處理產品真正的價值在於，它能使孔隙的輪廓變得更為清晰。如果填充或部分填充這些孔隙，這種效果就會消失。如果想獲得填充效果，應選用薄膜型表面處理產品，比如蟲膠、合成漆、清漆或水基表面處理產品，它們形成的塗層能夠更好地保護木料。

警告！！！

不要把沾滿油的布堆放在一起。它們會像副產品一樣在吸收氧氣之後產生熱量。堆在一起的油布由於熱量無法散發出去，很容易造成自燃。可以將油布在桌面上、地面上鋪開，或者將其懸掛在垃圾桶的邊緣（而不是層層疊加）。待油布乾燥變硬之後，才可以把它們安全地扔進垃圾桶。如果你和其他人一起工作，應該準備一個大家都認可的、氣密性良好或者充滿水的容器放置油布，然後集中將其運走燒掉。

■以任何方式使用亞麻籽油都能達到持久的表面處理效果也是個傳言。亞麻籽油塗層太薄太軟，根本無法有效地防熱、防汙、防磨損。無論以何種方式塗抹亞麻籽油、無論塗抹多少層，亞麻籽油塗層都會很快、很輕易地被水和水蒸氣滲透。

根據現在的標準也不能判定18、19世紀的木匠是不是技術高超的表面處理師。現存的家具工匠的帳冊表明，當時對木料表面處理的關注非常少。先進的表面處理方式是20世紀才形成的工藝。

所以，事實就是，我們的先輩有時會將油用於表面處理，但這並不能成為我們把油用作表面處理產品的理由。先輩們當時用亞麻籽油是因為缺少更好的選擇，而我們擁有完整系列的表面處理產品，它們從各個方面都要勝過亞麻籽油。

油類表面處理產品及其滲透性

油類表面處理產品又被稱為滲透性表面處理產品，但這個名字並不是因為它們的滲透性（所有表面處理產品都具有滲透性），而是為了與那些能夠很好地硬化，並在木料表面建立穩定塗層的產品區分開來。然而，「滲透性」這個詞使得油基表面處理產品常常被冠以可以從內部開始保護木料的標籤。這與薄膜型表面處理產品是相反的，比如蟲膠、合成漆、清漆以及一些水基表面處理產品，它們都是通過在木料表面建立一層薄膜來保護木料的。如果你想要確定一下滲透性表面處理產品能不能從內部開始保護木料，那麼你就需要了解滲透是如何形成的，它在保護木料方面有什麼價值（或者沒有什麼價值）。

液體通過毛細作用滲入木料中——這與樹木向上運輸水分和礦物質的方式相同。液體位於木料的頂部、側面和底部沒有任何區別。只要液體能夠接觸木料，就可以通過木料的紋理滲入。

使液體深層滲入的關鍵在於，保持木料表面持續溼潤一段時間。可以把一塊直紋理的木料放入裝有0.5吋（1.3㎝）高的油基表面處理產品的罐子裡，表面處理產品會通過木料中的通路上行並最終從頂部滲出。只有當木料中的表面處理產品固化以後才可以防止進一步的滲透，換句話說，表面處理產品或者在罐子裡凝固了，或者像水一樣揮發掉了，滲透才會停止（**照片5-1**）。

但是滲透有什麼好處呢？實際上很少。你完全可以用亞麻籽油填充一塊木料，但是這對保護木料表面不受損壞起不到任何作用。粗糙的物品照樣會刮傷木料，染色劑照樣可以給木料染色，水照樣會弄髒木料，而且就好像木料從未做過表面處理一樣。用油類表面處理產品填充木料唯一可能得到的好處就是穩定木料狀態，防止其因為水蒸氣的交換收縮或膨脹。用固化型表面處理劑填補所有的孔洞可以塑化木料。但是如果想尋找一種能夠保護木料表面的表面處理產品，那麼產品的滲透能力是無關緊要的。

了解油類表面處理產品

油是一種天然物質，通常是從植物的種子、魚類和石油中提取出來的。一些油，比如亞麻籽油和桐油，可以吸收空氣中的氧氣發生固化，從液態轉變為柔軟的固態。能夠固化的油才能用作表面處理產品。其他的油，比如礦物油、橄欖油和機油，因為不能吸收氧氣發生固化，所以不能用作表面處理產品。因為它們無法固化，所以對表面處理來說沒有任何意義。還有其他一些油，比如胡桃油、大豆油和紅花籽油，它們屬於半固化油，其固化過程非常緩慢，並且無法完全固化。它們用作表面處理產品的效果只能說是聊勝於無。

作為表面處理產品的油有一些常見的特點。它們相比於其他的表面處理產品固化速度慢，如果塗抹了很多層，經過固化後會呈現緞面效果，而不是光亮效果。它們在固化之後也很柔軟。這些特點使其很難成為有效的表面處理產品，除非你不辭辛苦，每次完成塗抹之後都把多餘的部分擦除。你無法用油在木料表面製作

照片5-1　固化速度緩慢是油類表面處理產品的特點，但它們的滲透性卻比其他產品更好。亞麻籽油和桐油的固化速度是最慢的，所以它們的滲透效果也最好。這都是因為毛細作用。這個罐子裡的亞麻籽油沿著橡木塊從下向上滲透，直至頂端。

食品安全的傳言

在很多木匠靈魂的深處，最根深蒂固的觀念就是，那些包含金屬催乾劑的油類和清漆表面處理產品非常不安全，尤其是對兒童來說。很多木工雜誌不遺餘力地散播這種流言，建議使用亞麻籽油、桐油、半固化胡桃油、蟲膠（一種天然樹脂）以及帶有「沙拉碗表面處理劑」標籤的產品作為保障安全的替代品。

很多售賣沙拉碗表面處理產品的公司因為這個傳言大獲成功。但是請注意，「沙拉碗表面處理產品」是一種清漆產品！確切地說是擦拭型清漆產品。並且清漆產品只有在添加金屬催乾劑之後才具備合理的固化速度。由於催乾劑的選擇十分有限，所以幾乎所有的油類與清漆表面處理產品都含有同樣的催乾劑，沙拉碗表面處理產品也不例外。因此，那些標榜「食品安全級」並被雜誌大肆鼓吹的表面處理產品，它們的生產廠家都是在犯罪，因為它們隱瞞了油類和清漆表面處理產品中含有相同催乾劑的事實！

實際上，只要表面處理產品固化了，將其吃掉或咀嚼都是安全的。根據經驗，表面處理產品固化一般需要30天時間，但是如果環境溫度較高，那麼固化進程會加快。對於所有的溶劑型表面處理產品，要想判斷它們是否固化，可以用鼻子貼近聞一下。如果可以聞到氣味，則表明表面處理產品還沒有完全乾燥。只有當你聞不到任何氣味的時候，經過表面處理的器物才能用來安全地盛放食物或用嘴接觸。

金屬催乾劑的問題都與鉛有關。鉛是公認的健康殺手，並且因為會造成兒童智力低下而聲名不佳。

幾個世紀以來，鉛作為主要的催乾劑被添加在油和清漆裡，因為它的效果很突出。同樣因為效果顯著，鉛還經常被添加到色素中。但是，添加到色素中的鉛與添加在催乾劑中的鉛有兩點顯著區別。色素中的鉛含量高達50%，

出如同薄膜型表面處理產品那樣的厚實堅硬的保護層（請參閱第93頁「使用油和油與清漆的混合物」）。如果你在亞麻籽油或者桐油的蓋子上發現了一些固化的溢出物，可以用手指觸摸一下，感受其柔軟程度，注意它們與其他表面處理產品形成的固化塗層之間的硬度差別。

亞麻籽油

亞麻籽油是從亞麻植物的種子裡提取出來的。生亞麻籽油並不是有效的表面處理產品，因為它需要經過幾週甚至幾個月才能固化。為了增強處理效果，需要為其添加金屬催乾劑。這些催乾劑通常是含有鈷、錳或鋅的鹽類。它們能夠作為催化劑促進氧氣的吸收，從而加快表面處理產品的

並且色素很鬆脆，所以當兒童咀嚼（因為鉛鹽是甜的）時很容易吸收大量的鉛造成中毒。而油和清漆類的表面處理產品中只含有極少量的鉛（少於0.5%），並且它們被絡合在交聯基質中，所以即使兒童不小心吞入了這些產品也沒有大礙（鉛鹽幾乎不會被吸收）。

到了20世紀70年代，相關的法律明令禁止了在色素中使用鉛鹽。當然，在油和清漆類產品中，鉛鹽也被禁止使用。所以，現在鉛的問題已經不存在了。

為了能夠進一步說明金屬催乾劑進入食物中或與嘴接觸沒有問題，你可以從以下幾個方面加以印證。

- 美國物料安全數據表（Material Safety Data Sheet，簡稱MSDS）是美國政府要求的、需要製造商列出所有有害或有毒方面的訊息，並警示消費者不要將這些油、清漆或者任何其他表面護理產品與食物或兒童嘴部接觸的提示。現在的產品中沒有這些訊息，表明它們已不存在安全性問題。
- 美國食品和藥品管理局（Foodand Drug Administration，簡稱FDA）列出了所有常見的對食品無害的乾燥劑，前提是它們被正確地使用，也就是在完全固化的狀態下被使用。FDA並不認可製造商對這些表面處理產品的聲明，FDA只認可其成分，並為這些產品的正常固化設置規則。
- 從未聽說過有任何人（無論是成年人還是兒童）因為接觸了已經完全固化的表面處理塗層而中毒的情況。如果有人因此中毒了，那一定會成為大新聞的！

最後，讓我們把這些傳言拋諸腦後吧，換一種方式，通過更加合理的標準來選擇表面處理產品。

固化。（鉛鹽也曾被用作催乾劑，但是由於其對身體有害現已不再生產。）加入了金屬催乾劑的亞麻籽油被稱為熟亞麻籽油，如果能夠及時擦除多餘的油，這種產品便可以在1天之內固化。除非你需要油以極慢的速度固化，否則是不能選擇生亞麻籽油的（請參閱第96頁「食品安全的傳言」）。

在所有的表面處理產品中，除了蠟，亞麻籽油是保護力最弱的。它只能提供軟而薄的表面處理塗層，並不能提供實質性的保護層以防止刮傷，也很容易被水或水蒸氣滲透。液態水只需要幾分鐘的時間就可以透過亞麻籽油的塗層並弄髒木料（**照片5-2**）。水蒸氣同樣可以輕鬆透過亞麻籽油塗層，就好像這個塗層根本不存在一樣。不過，正是因為水蒸氣可以輕易地透過亞麻籽油的塗層，所以以亞麻籽油為基礎的老式油漆「透

傳言

熟亞麻籽油是把生亞麻籽油煮沸製成的。

事實

熟亞麻籽油是在生亞麻籽油中加入了金屬催乾劑製成的——而不是通過煮沸的方式。加熱生亞麻籽油（而不是煮沸）可以幫助金屬催乾劑更好地與油融合。現在，液態催乾劑隨處可見，也就不用再加熱了，但是「煮沸的亞麻籽油」這種叫法卻流傳了下來。

照片5-2 不管在木料表面塗抹多少層亞麻籽油，或者說如何製作塗層，水分都會在極短時間內透過塗層並弄髒木料，就像上圖中間的那塊汙點一樣。

氣」效果非常好。這些油漆允許牆壁中的溼氣散發出來，並且不會造成表面處理塗層起泡。現代的醇酸樹脂塗料很容易起泡，因為它們能夠形成非常有效的屏障阻止水蒸氣的交換。這就是推薦在室外使用水基乳膠漆的原因。因為水基乳膠漆也像亞麻籽油塗料一樣可以「呼吸」。

桐油

桐油是從原產於中國的油桐樹的種子中提取出來的。桐油在中國已經使用了至少數百年了，但是直到19世紀末期西方國家才將其引進。現在，油桐樹在南美和墨西哥灣被大量種植。雖然桐油比亞麻籽油貴得多，但是它仍在油漆和塗料行業中擁有穩固的地位，因為桐油是防水性最強的油類之一。很多高品質的清漆就是用桐油配製的。但是，可能與你想像的相反，桐油作為表面處理產品很少被單獨使用。

塗抹5～6層桐油的木料表面防水性能已經很不錯了，但它還是過於柔軟和單薄了，對防止刮傷或水蒸氣的滲透力不從心。另外，用桐油很難做出漂亮的表面處理效果。在塗抹前面三四層的時候，木料表面會出現很多斑點，摸起來非常粗糙。只有在塗抹了五六層，並且每個塗層都經過了精細的打磨之後，你才能獲得一個均勻、光亮的表面。但是桐油的表面處理效果還是不如亞麻籽油的那樣平滑。

此外，桐油的固化速度非常慢，比生亞麻籽油快得多，但仍比熟亞麻籽油要慢，所以兩次刷塗之間你必須等上好幾天。因此，桐油並不是一種高效的表面處理產品。

聚合油

正如之前所述，亞麻籽油和桐油因為需要吸收氧氣，所以固化速度很慢。但是，如果預先在無氧條件（充入惰性氣體）下把這些油烹煮到260℃使其變得黏稠，就可以大大加快其固化速度。至少有兩種你所熟知的表面處理產品是經過這樣的過程得到的：薩瑟蘭和韋爾斯出品的聚合桐油和聚合亞麻籽油。聚合亞麻籽油常被用來為槍托做表面處理。這些產品的性能更接近清漆，而不是亞麻籽油或者桐油。

在惰性氣體環境中烹煮亞麻籽油和桐油可以使其無須經過氧化過程而發生交聯。當油類產品重新暴露在氧氣中時，這種改變會使其固化過程迅速完成（比清漆的固化速度還快），並獲得更硬、更有光澤的固化塗層。與普通的亞麻籽油和桐油相比，這種產品也使得在木料表面塗抹一層較厚的油塗層成為可能。

這些產品需要一個名字。它們通常被形容成「熱稠化」，這種稱呼很含糊，僅僅告訴你它們經過了烹煮並變得黏稠了。由於木工領域使用的產品都貼有「聚合」的標籤，所以稱之為「聚合油」更為合理。結合上下文，聚合即是指交聯，在你購買這些產品之前，它們的確已經發生了部分交聯，所以這個名字還是合理的。不過，你要對「聚合」這個詞格外小心，因為製造商經常用這個詞作為噱頭，讓客戶以為他們買到了特別的產品，但事實往往不能如你所願。

在寬大的家具表面使用聚合油做表面處理存在兩個問題。首先，這種油的固化速度非常快，所以在使用過程中，在它開始變黏之前將多餘部分擦除會比較困難。此外，聚合油也不能像清漆那樣塗抹那麼厚，否則容易產生一些細小的裂痕。不過，對一些小部件（比如槍托）來說，使用聚合油的效果非常好。

傳言

在表面處理領域，「桐油」這個詞意味著在配方中含有桐油這種成分。

事實

不一定。大多數在售的報以桐油名義的擦拭型清漆實際上根本不包含桐油。這對正確的標籤也沒有任何影響。因為即使在配方中含有桐油，這些表面處理產品仍然是清漆產品，或者桐油與清漆的混合物，而不是純桐油！

了解清漆

為了了解擦拭型清漆以及油和清漆的混合物，你必須首先了解清漆的性能以及它與油之間的區別。詳細講解參閱第11章「清漆」。

清漆是將一種或多種油混合天然或合成樹脂經過烹煮製成的。製作清漆的油包含一些固化油，比如亞麻籽油和桐油，還包含一些經過修飾後固化效果提高的半固化油，比如大豆油和紅花籽油。早期使用的樹脂都是天然的，但現在合成類的醇酸樹脂、酚醛樹脂和聚氨酯占據了主導。

油與樹脂一起烹煮時會發生化學交聯形成清漆。這是一種全新的物質（**圖5-1**）。

雖然清漆是用油製成的，很多製造商也將其稱作「油」，但這就像把麵包稱作「酵母」一樣荒謬。（麵包是通過酵母和麵粉之間的化學反應製

加熱
樹脂＋油 → **清漆**

注意：不要嘗試自己製作清漆。因為製作過程比較危險，並有可能會發生火災。

圖5-1 清漆是用硬樹脂和固化或改性的半固化油經過烹煮製成的。這種新物質相比單獨的油類產品固化速度快得多，形成的塗層也更堅硬、更有光澤。

成的。）清漆要比油的固化速度快得多，固化形成的塗層也非常有光澤（除非生產商添加了消光劑以產生緞面或啞光效果）。固化的清漆也非常硬（再次提醒使用者，要定期檢查盛放清漆或擦拭型清漆的罐蓋周邊是否有溢出物）。

清漆最重要的特點就是硬化。這使得你能夠在木料表面做出相對較厚的塗層。清漆凝固之後，可以保護木料抵禦大多數的刮蹭，並建立起應對汙漬、水和水蒸氣交換的完美屏障。

- 擦拭型清漆像水一樣稀薄，聞起來與清漆的氣味很接近。桐油則較為濃稠（與煮過的亞麻籽油和全效清漆類似），並且帶有明顯的、令人愉悅的香氣，你一聞到就能辨認出來。
- 擦拭型清漆凝固後很硬，在玻璃或無毒容器的表面低窪處留滯一兩天就可以形成一層硬而光滑的表面。桐油的話則需要幾週甚至幾個月時間才能固化，並且固化塗層會起褶，也比較軟（**照片5-3**）。

擦拭型清漆被當作油銷售

擦拭型清漆只是一種經油漆溶劑油（漆稀釋劑）足量稀釋的清漆產品（包含聚氨酯清漆在內的各種類型），很容易用來擦拭木料表面。不同產品的稀釋劑用量各不相同。大多數品牌都包含稀釋劑和清漆等比例配製的產品，但需要這樣稀的擦拭型清漆的情況很少見（請參閱第194頁「擦拭型清漆」）。可以像塗抹油基表面處理產品那樣，在塗抹擦拭型清漆後擦除多餘清漆（請參閱第93頁「使用油和油與清漆的混合物」），也可以使用全效清漆（未經稀釋的）進行表面處理，無須擦除多餘的部分，當然，在塗層完全乾燥之前去除部分多餘清漆也是可以的。

有一點需要特別注意，即真正的擦拭型清漆產品的標籤上並沒有被冠以正確的名字。你很難根據標籤上的名字買到這種產品。它通常會被錯誤地標記為「桐油」，或者其他專有名稱。有三種方式能夠幫助你判斷買到的產品是否是擦拭型清漆。

- 擦拭型清漆需要稀釋後包裝，所以標籤上通常列有「石油餾出物」或者「油漆溶劑油」（有時被稱作「脂肪烴」）字樣。桐油從不會稀釋後再銷售，所以它的標籤上不會出現「石油餾出物」的字樣。

油與清漆的混合物

油和清漆（包含聚氨酯清漆）是互溶的，所以可以將它們混合起來。混合而成的表面處理產品兼具它們的部分特性（**圖5-2**）。混合產品中的油會減少塗層的光澤度，也降低了產品固化的速度。應對這一點非常簡單，只要有足夠的時間等待其固化即可（請參閱第93頁「使用油和油與清漆的混合物」）。但是油的存在會使固化後的塗層很軟（檢查盛放油與清漆混合物的罐蓋周邊的溢出物就可以了解這一點）。這就意味著，無法用油與清漆的混合物做出具有保護性的、較厚的塗層。混合產品中的清漆能夠提供防水特性，並使塗層硬而有光澤。

如你所料，使用的油或清漆的類型，以及油與清漆混合比例的不同都會產生不同的效果，即使其中的差別細微得不易察覺。因為店裡出售的油與清漆的混合產品從不會明確標記兩種成分的種類及其比例，所以你可能需要自己配製。以下這些經驗可以幫助你確定一個配方。

- 清漆相對於油的比例愈高，在防刮傷、防水、防水蒸氣、防汙漬方面效果愈好，並能夠增加塗層的光澤度。但如果清漆的比例過高，也會在使用上造成一定的困難。比如，90%的清漆與10%的油混合，其效果與純清漆差不多，只是固化的塗層稍微軟一些。從等比例開始混合，然後根據需要調整配方，是比較好的策略。

- 使用桐油而不是亞麻籽油的話，混合物的防水性會提高。但桐油的比例愈高，形成均勻、緞面光澤的效果需要刷塗的次數就會愈多。
- 儘管各種清漆的品質可能會大不相同，但是很難從薄薄的塗層中發現差別。所以清漆的選擇並不是一個重要的因素。
- 可以用油漆溶劑油來稀釋混合物（松節油也可以），這樣可以使油與清漆的混合物更好地在寬大的表面分散開。但這同樣會讓每個塗層變得更薄，從而很難在塗抹一次後就實現對木料表面的密封。此外，稀釋的混合物也會增加塗料流溢的可能性（請參閱第104頁「溢出的油類表面處理產品」）。

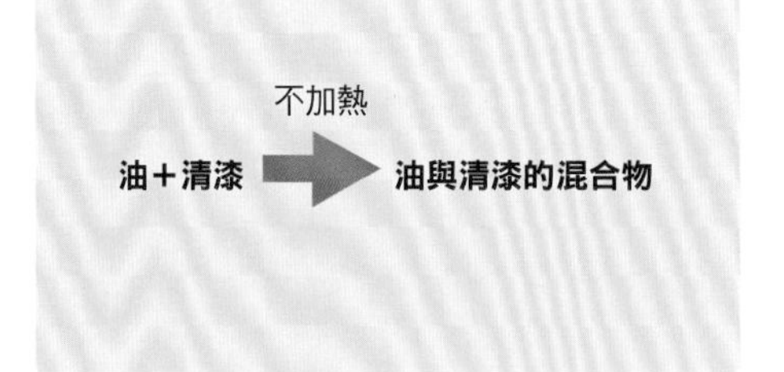

圖5-2 油與清漆可以混合形成一種表面處理產品，新產品兼有兩者的特性。不經過加熱也能達到完全的混合。

傳言

多年以來，生產商一直宣稱，沃特科丹麥油能夠使木料的硬度增加25%。

事實

我不知道這個結論是如何得來的，因為油類表面處理產品固化之後要比一般的家具木料軟得多。柔軟的表面處理塗層如何能使木料變硬呢？

小提示

稀釋清漆非常簡單，只需在清漆中添加一些稀釋劑，直至它很容易用布抹開。這要比製造商混合的擦拭型清漆便宜，不過一般沒有製造商的產品那麼有效。

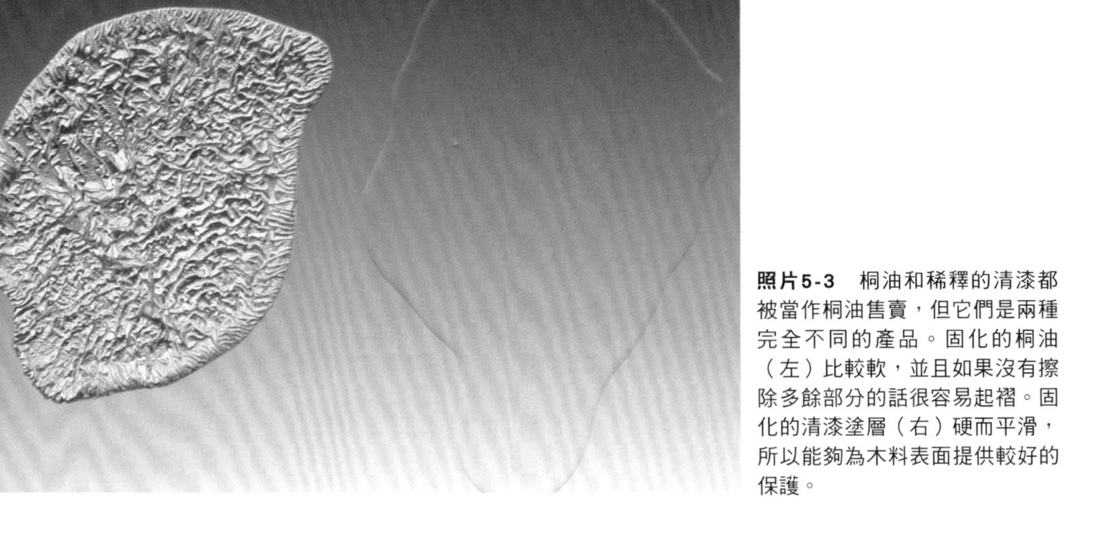

照片5-3 桐油和稀釋的清漆都被當作桐油售賣，但它們是兩種完全不同的產品。固化的桐油（左）比較軟，並且如果沒有擦除多餘部分的話很容易起褶。固化的清漆塗層（右）硬而平滑，所以能夠為木料表面提供較好的保護。

傳言

沃特科丹麥油以及沃特洛克斯真品油（Waterloc Original）是同一類表面處理產品，它們之間的區別在於樹脂含量不同。

事實

沃特科和沃特洛克斯是兩種完全不同的表面處理產品。沃特科是油和清漆的混合物，所以它基本不會硬化，每塗完一層必須將多餘部分擦除，否則只能得到黏手的表面。沃特洛克斯是一種清漆產品，是將油和樹脂混合後烹煮製成的，固化之後非常堅硬，可以在木料表面建立起任何厚度的保護層以滿足需要。

辨別什麼是什麼

很多製造商會用「桐油」來描述四種不同類型的表面處理產品：真正的桐油、聚合油、擦拭型清漆以及油與清漆的混合物。

製造商也會使用一些與產品關聯不大的名稱，比如說丹麥油、古董油、威爾維特油（Velvit Oil）、波芬普羅芬、沃特洛克斯和密封巢。大多數情況下，你並不知道這些東西到底是什麼。你需要學會辨別。

純油——亞麻籽油和桐油——具有獨特的氣味。只要聞到過某種油的氣味，你就不會忘記。它們都散發著堅果的氣味。桐油聞起來要更為香甜，亞麻籽油聞起來則更辛辣一些。這兩種油都不含有稀釋劑，所以它們的標籤上不會出現石油餾出物。

擦拭型清漆、油與清漆的混合物以及聚合油聞起來像油漆溶劑油，因為這些產品中都含有大量的油漆溶劑油。因此，僅僅通過氣味是無法區分它們的。除了固化速度很快，我不知道還有什麼簡單方法可以幫助你判斷產品中是否使用了聚合油，但你可以通過以下三點區分擦拭型清漆和油與清漆的混合物。

- 表面處理產品的固化速度。油與清漆的混合物固化速度很慢，需要一個小時甚至更長時間才能變得黏稠，具體時間則取決於油與清漆之間的比例。擦拭型清漆可以在20分鐘甚至更短的時間內變黏。當然，表面處理產品的固化時間也會隨氣溫的不同而變化。
- 固化形成的塗層是否堅硬。擦拭型清漆固化之後很硬，而油與清漆的混合物固化之後比較軟。
- 較厚的固化塗層起褶是否嚴重（**照片5-4**）。任何含油的表面處理產品（油含量10%以上）形成的較厚塗層固化之後都會產生褶皺。擦拭型清漆固化之後一般不會產生褶皺，除非塗層過厚。請參閱第105頁圖表「如何辨別表面處理產品」。

額外的困惑：柚木油

對油類表面處理產品的困惑不止存在於純油、聚合油、油與清漆的混合物以及擦拭型清漆中。有些製造商還生產針對不同木料的「油」。我曾在丹麥一家家具店裡見到了使用這種營銷手段的最離譜的例子。這家店陳列著滿滿一櫃子的2oz（59.1ml）規格的瓶裝油，其中包括柚木油、花梨木油、胡桃木油、橡木油、樺木油、白蠟木油——每種家具木料都有與之對應的專用油。客戶會被告知，不同的木料只能使用其對應的專用油來處理！

在美國，柚木油的存在造成了巨大的混亂。至少有三種不同類型的表面處理產品被當作「柚木油」售賣。其中包含不能固化的礦物油，以及一種同樣不能固化的蠟與礦物油的混合物。還有一種是油與清漆的混合物，這個是可以固化的。（肯定包含擦拭型清漆，但是目前我還沒有找到。）沃特科、貝倫（Behlen），還有很多斯堪的納維亞的家具商店售賣的柚木油實際上都是油與清漆的混合物。這種油本質上與其他油與清漆混合物是相同的。它的紫外線防禦功能被誇大了，因為這種表面處理產品無法形成足夠的厚度以有效吸收紫外線（請參閱第348頁「紫外線防護」）。沒有任何添加物可以使這些表面處理產品更適用於柚木或者其他油性木料。

油性木料，比如柚木、花梨木、黃檀木、烏木，其表面處理存在一定難度，因為木料天然含有的油成分（非固化）會阻礙油和清漆產品的固化。油也會干擾其他表面處理產品（比如合成漆或水基表面處理產品）在木料表面的黏合。因為油類表面處理產品中不包含任何可以消除木料中的油成分副作用的成分，所以在進行表面處理之前，最好先用快速揮發型溶劑（比如石腦油、丙酮以及漆稀釋劑等）擦拭木料。這樣可以暫時將木料表面的油分擦除。如果之後的表面處理完成得很快速，表面處理產品就有時間與木料緊密黏合，並在更多的油滲出之前徹底固化。

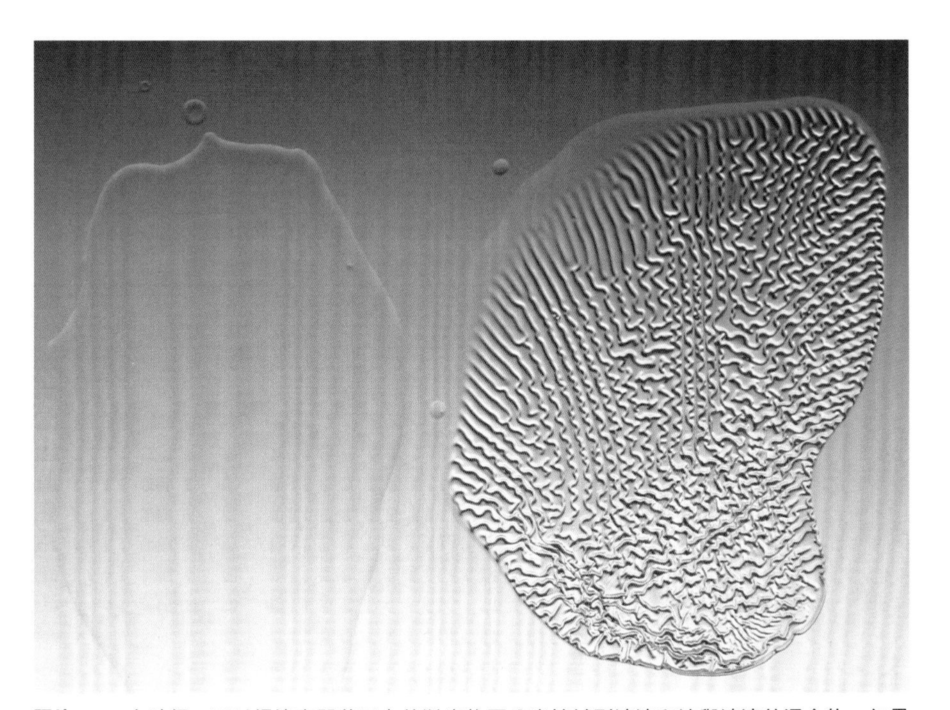

照片5-4 有時候，可以根據容器蓋子上的溢出物區分出擦拭型清漆和油與清漆的混合物。如果沒有溢出物，你可以取一些表面處理產品倒在一塊玻璃或其他無孔的表面上，讓其固化一兩天。如果固化後形成了平滑堅硬的表面，對應的產品就是擦拭型清漆（左）；如果固化層軟而起褶，對應的產品就是油與清漆的混合物（右）。純亞麻籽油和純桐油固化之後也會形成軟而起褶的表面，並且它們的固化需要好多天甚至幾個星期。

溢出的油類表面處理產品

油類表面處理產品有時會從木料的孔隙中溢出，並圍繞孔隙形成微小的凹坑（如下圖所示）。在這種情況下，如果任由表面處理塗層固化，形成光亮的瘡疤狀結構，接下來是很難將其移除的。你必須把這些「瘡疤」磨掉或剝除，同時不能破壞其周邊的表面處理塗層。所以溢出物的固化是一個很嚴重的問題。

溢出現象經常發生在有較大孔隙的木料上，通常是由受熱之後表面處理產品膨脹造成的。受熱原因有以下幾種情況：一是在做表面處理時，木料本身的溫度比產品更高；二是木料因為劇烈的摩擦而生熱；三是木料被轉移到了溫度更高的環境中，特別是被轉移到太陽底下。如果封閉木料的孔隙，溢出的情況就不會發生了──這通常是在第一層或第二層表面處理產品固化之後。油與清漆的混合物溢出最為嚴重，因為其中添加了稀釋劑，而且它們自身的固化速度很慢（可以跟擦拭型清漆做個比較，後者也添加了稀釋劑，但其固化速度要快得多）。

為了防止形成「瘡疤」，必須在塗料固化之前將溢出部分擦除。你要每隔1小時左右觀察一下木料並用乾布擦除溢出的油，直至不再有油溢出。我通常會在當天較早的時候塗抹第一層塗料，這樣有充足的時間在其乾燥之前擦除溢出的部分。

有兩種方法用來處理固化的「瘡疤」。

- 用精細鋼絲絨或者思高（Scotch-Brite）合成鋼絲絨擦拭或鈍化「瘡疤」，使其淡化。這種方法通常適用於中等或較小孔隙的木料，比如胡桃木或者楓木。對孔隙較大的木料來說，比如橡木，很難將所有的瑕疵從孔隙處去除。如果你對處理效果非常滿意，接下來要另外塗抹1～2層塗料替代去除的那一層，也可以將上述的兩步操作合成一步，直接用沾溼的鋼絲絨擦拭木料表面。只要孔隙被封閉住了，就不會再有油溢出了。
- 用砂紙或脫漆劑剝離「瘡疤」。這意味著，所有的表面處理工作需要重頭來過。

油類表面處理產品形成的塗層有時會出現油從孔隙中溢出的現象，其固化之後會在木料表面形成「瘡疤」。必須在塗層固化之前擦除溢出的油，否則就得磨掉「瘡疤」部分，然後重做表面處理。

小提示

對於油或油與清漆的混合物，如果由於沒有將多餘部分擦除乾淨，導致其固化之後仍然黏稠，最好用鋼絲絨沾取油漆溶劑油、石腦油或者更多相同的表面處理產品進行擦拭。在極端情況下，可以使用漆稀釋劑擦拭，然後刷塗更多的表面處理產品，並將多餘部分擦除。

選擇一種油類或擦拭型清漆表面處理產品

選擇需要的表面處理產品一般出於以下考慮：易用性、保護性、耐久性以及顏色（請參閱第106頁「選擇油類表面處理產品」）。

■易用性：純的亞麻籽油、桐油以及油與清漆的混合物使用起來很方便，因為這些產品留給你的處理時間很寬裕。其中桐油比亞麻籽油的操作難度大一些，因為桐油需要塗抹更多層，並且每層之間都要經過打磨。擦拭型清漆的固化速度比較快，聚合油的固化速度更快些，所以這些產品不適合在寬大的木料表面使用。

■保護性：清漆和聚合油相對於純油以及油與清漆的混合物來說保護性更強，因為前者能夠在木料表面形成較厚的塗層。桐油的防水性能要比亞麻籽油更強一些。

■耐久性：與那些包含純油成分的表面處理產品相比，固化後更為堅硬的擦拭型清漆和聚合油耐久性更好，也就是抵禦損傷的能力更出眾。

■顏色：純亞麻籽油和純桐油一般是黃色的（實際上是橙色）。亞麻籽油比桐油的顏色更重一些。如果你想給木料增加些暖色調，這些表面處理產品就是理想的選擇。油與清漆的混合物

如何辨別表面處理產品？

類別	生亞麻籽油或熟亞麻籽油	桐油	真聚合油	油與清漆的混合物	擦拭型清漆
標籤永遠會標注正確的訊息	是	是	是	否	否
標籤上會列出石油餾出物（油漆溶劑油）成分	否	否	是	是[1]	是
在吹風機的作用下薄塗層會快速變黏稠	否	否	是	否	是
在玻璃上或容器蓋子上固化後呈現軟而起褶的狀態	是	是	否	是[2]	否
在玻璃上或容器蓋子上固化後形成硬而光滑的塗層	否	否	是	否	是

1.馬魯夫表面處理劑是個例外，它並不包含油漆溶劑油。
2.與亞麻籽油和桐油相比，油與清漆的混合物固化後更堅硬，褶皺也更少。

選擇油類表面處理產品

表面處理產品	保護性[1]	光澤度	應用	成本	顏色[2]	滲透性[3]
生亞麻籽油	差	緞面光澤	緞面光澤	低	深	強
熟亞麻籽油	差	緞面光澤	緞面光澤	低	深	強
純桐油	塗抹四五層之後保護效果有所提高	塗抹四五層之後便不再灰暗	非常簡單	中等	中等	強
聚合油	只要固化，效果會很好	光亮	處理小表面比較容易	高	淺	中等
油與清漆的混合物	中等	緞面光澤	非常簡單	中等	中等	強
擦拭型清漆（本質上不屬於油類產品，但常被當作油類售賣）	只要固化，效果會很好	光亮，除非添加了消光劑	簡單	中等	淺	中等

1.表示對水和水蒸氣交換的防護性。
2.表示木料表面的塗料顏色的深淺程度。
3.表示當木料表面保持溼潤時，塗料滲入的程度。
4.表示硬度、固化速度和光澤度。

生亞麻籽油

熟亞麻籽油

固化[4]	註解
柔軟且固化速度非常慢──達到緞面光澤需要幾週甚至幾個月	除非有特殊需求，必須使用固化速度非常慢的油，一般不用生亞麻籽油做表面處理
如果擦除了多餘塗料，過夜即可固化，固化塗層柔軟並具有緞面般的光澤	必須擦除多餘的塗料，否則塗層會變得柔軟且黏稠
固化速度比熟亞麻籽油慢，固化後可形成緞面般的光澤	需要塗抹5層甚至更多層，並且每層都要打磨，以形成緞面般的光澤。防水性比熟亞麻籽油更強。必須擦除多餘塗料，否則表面處理塗層會偏軟、變黏稠
塗層堅硬，比擦拭型清漆固化速度更快，固化後塗層光亮	如果不用油漆溶劑油稀釋，塗料會非常黏稠。如果塗層過厚，會容易產生裂痕
固化後很軟，固化速度非常慢，具體特性隨油與清漆的比例不同而變化。可呈現緞面光澤	必須擦除多餘塗料，否則表面處理塗層會偏軟、黏稠
固化後很硬，且固化速度非常快──在塗抹多層之後會形成光亮表面	通過保持每層塗層的表面溼潤，可以建立任意厚度的塗層

純桐油

聚合油

油與清漆的混合物

擦拭型清漆

能為木料增加一些黃色，具體效果取決於油與清漆的混合比例。擦拭型清漆和聚合油增色的效果最弱（**照片5-5**）。

對大多數木工製品來說，油與清漆的混合物和擦拭型清漆是最好的選擇。油與清漆的混合物固化之後會呈現緞面光澤，擦拭型清漆形成的固化塗層則很光亮，除非製造商在產品中添加了消光劑。如果是這種情況，你應該在使用表面處理產品之前將其攪拌均勻，然後刷塗薄層，這樣消光劑才能發揮作用（請參閱第138頁「使用消光劑控制光澤」）。兩種產品中，擦拭型清漆的保護性和耐久性要強得多，因為其塗層更為堅實。

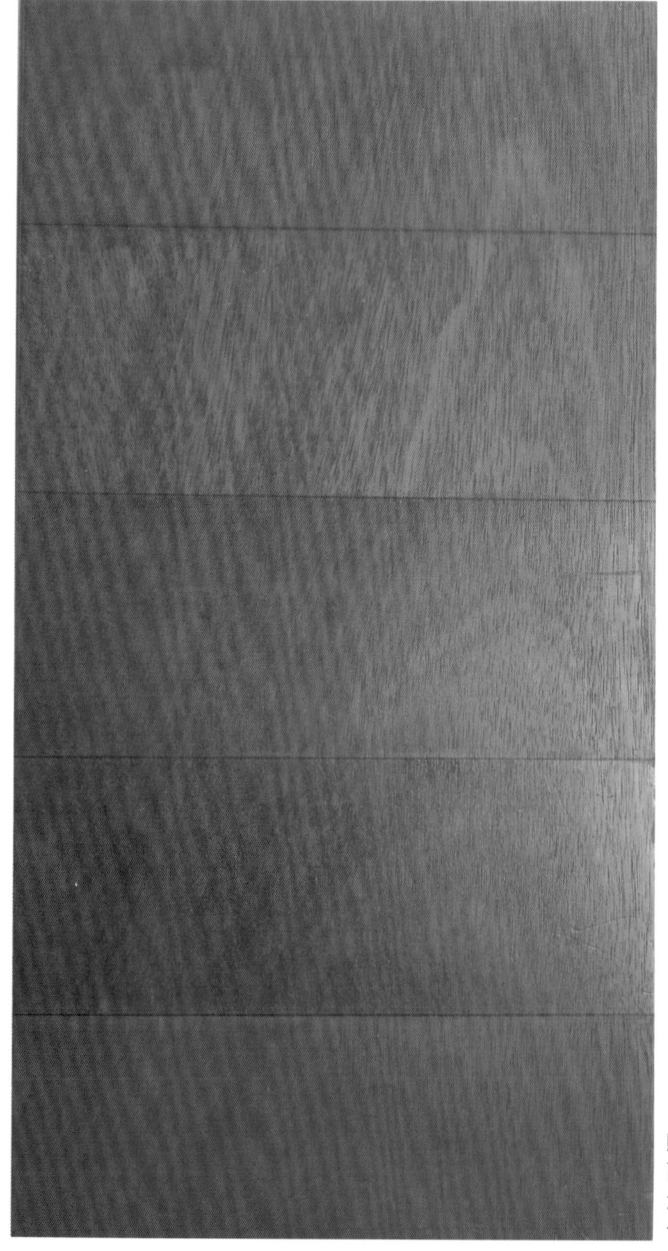

照片5-5　以上每塊木板都用了標籤為「油」的表面處理產品塗抹了3層，從上到下依次為：亞麻籽油、桐油、聚合油、擦拭型清漆和油與清漆的混合物。它們呈現出完全不同的顏色和光澤。

維護與修復

維護一層很薄的擦拭型／擦除型油類產品的塗層通常要比除蠟之外的其他表面處理產品形成的塗層更為嚴格。即使是輕微的磨損也會產生空隙，使裸露的木料表面暴露在溢出的油中。維護薄塗層的最好方法是，只要塗層開始發乾或出現磨損，就要重新刷塗。可以使用與最初相同的表面處理產品，也可以使用其他品牌或其他類型的表面處理產品，前提是最初的塗層已經完全固化。你甚至可以在一層油塗層上使用擦拭型清漆，或者在擦拭型清漆塗層上再塗一層油，但這樣可能會改變木料的外觀（**照片5-6**）。

不管與哪種表面處理產品混用，油類表面處理產品都可以用膏蠟來維護。膏蠟會提高暗淡表面的光澤度，同時通過增加光滑度來有效減少刮傷。但是，一旦使用了蠟，就必須在塗抹下一塗層之前用石腦油或油漆溶劑油將蠟先行除去。否則，新的塗層會偏軟，且容易弄髒。

木匠們通常把易修復性作為油類表面處理產品的一個主要優點。由於油類表面處理產品形成的塗層很薄，所以精確修復比較容易成功。當你擦拭木料表面的油類產品時，它會滲透其中，並加深所有劃痕的顏色。除非劃痕過於明顯，否則新的塗層一般都能將其掩蓋。但實際上劃痕並沒有消失，只是塗料使表層的顏色混一了。任何表面處理塗層只要足夠薄，都能將其有效地修復。

薄薄的油類表面處理塗層的修復難題在於處理水漬與色差。水漬通常會使木料產生毛刺，導致木料的質地看起來與周邊不同。在水漬處塗抹一層塗料並不能從視覺上掩蓋其存在。通常可行的

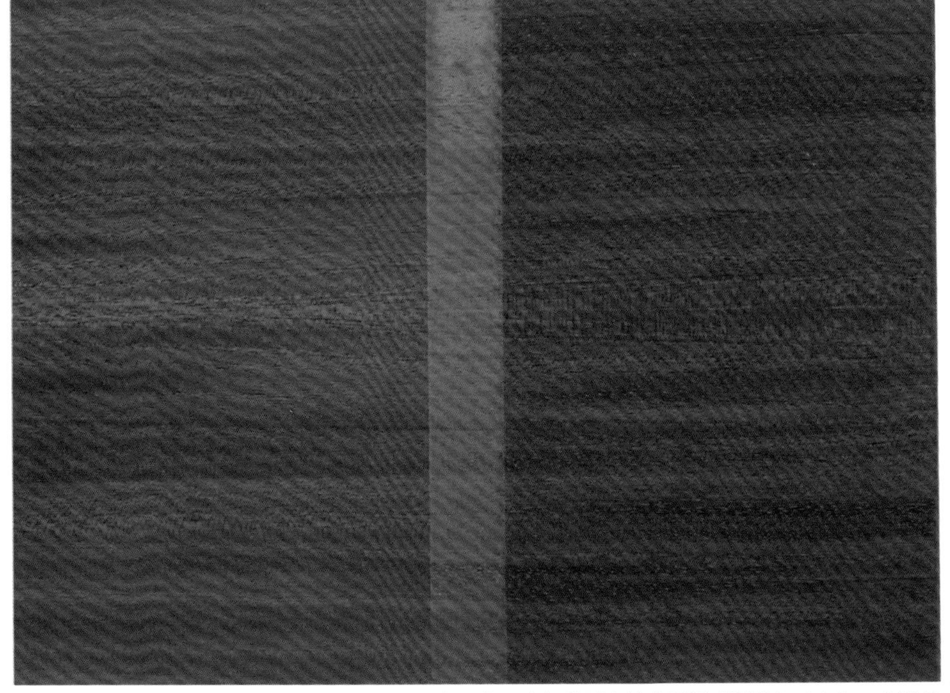

照片5-6　合成漆會輕微地加深木料的顏色（左），熟亞麻籽油則會使木料變成深橙色（右）。中間部分尚未做過表面處理。這種特性可用於多種木料，比如這種帶有緞帶條紋的桃花心木，它的顏色變得更深，層次也更為豐富。當你在木料最上面塗抹一層薄膜型表面處理產品時，這一點會尤為明顯。需要注意的是，此時你需要使用與原木相同的漆。在塗抹下一層之前，需要將亞麻籽油塗層擱置1週或更長時間，以確保其完全固化。

傳言

可以用檸檬油維護油基表面處理塗層。

事實

檸檬油是用一種檸檬味的溶質溶解在油漆溶劑油中製成的油性物質，它是一種時效非常短的保養產品。確切地說，它是一種家具拋光劑，在揮發之前，它有助於吸附粉塵，賦予灰暗的表面暫時的光澤——這些都發生在幾個小時之內。很大程度上，它的吸引力來自於所散發的清新氣味。

小提示

在完成表面處理之後，如果你發現，某塊木料或者木料的某個部分，其顏色比其他部分較淺，那你可以使用任何以酒精或漆稀釋劑配製的染料染色劑來加深顏色（請參閱第4章「木料染色」）。溶劑／染料溶液會深深地溶入表面處理塗層，這樣在擦拭下一塗層並擦除多餘塗料時不會影響之前的染色。

做法是，用一塊布或鋼絲絨擦拭水漬處，或者用400目或600目的砂紙進行打磨，然後再塗抹更多的塗料。也可以先塗抹更多的塗料，並在塗層仍保持溼潤的時候進行擦拭或打磨，之後將多餘塗料擦除。如果這樣仍然不能消除汙漬，你要在損傷區域繼續刷塗更多層塗料，直至其光澤與周邊區域一致。

色差有時是由於高溫和飛濺的汙漬改變了木料的顏色，有時是因為年久形成的光澤被去除了（改變了木料本身的顏色），有時則是因為去除了最初的染色。高溫或者燒灼造成的傷痕只有通過打磨才能去除。飛濺的汙漬有時可以用草酸或家用漂白劑進行漂白處理（請參閱第66頁「漂白木料」）。對於年久形成的光澤，可以通過染色或漂白仿造相應的效果。有時候也可以將損壞染色區域修復如初。不過，所有的這些問題都很難獲得完美的修復效果。

6

蠟

簡介

- 表面處理使用的蠟
- 如何自行製作膏蠟？
- 使用膏蠟
- 與其他表面處理產品的兼容性

蠟的使用已經有幾個世紀了，不僅可以作為主要的木料表面處理產品，而且能作為其他表面處理塗層的拋光劑使用。作為表面處理產品，蠟幾乎被更為耐用的油和薄膜型表面處理產品所替代。關於何時使用蠟做拋光劑，請參閱第18章「表面處理塗層的保養」。

蠟提取自三種典型的天然材料──動物、植物和礦物，還有一些蠟則是人工合成的。所有的蠟在室溫下都是固態的。將其溶解在一些溶劑中後它們會成為膏狀（有一些呈液態）（請參閱第113頁「如何自行製作膏蠟」）。傳統的膏蠟配製會使用松節油溶劑，因為這是唯一適合的溶劑。現在，石油餾出物溶劑更為常見（請參閱第198頁「松節油和石油餾出物」）。

直到不久前，蜂蠟都是主要的蠟製品，因為它是唯一可用的。現在，蜂蠟仍然是很多商品膏蠟和自製膏蠟中唯一使用的蠟。不同的是，有大量天然的或者合成的蠟製品可供選擇，製造商也常常將兩種蠟混合在一起使用。蠟的選擇主要考慮其價格、顏色和防滑性（用於

傳言

花費在蠟製品上的錢與其質量有關。

事實

並不是這樣。典型的16oz（453.6g）罐裝膏蠟的零售價格區間是4～20美元。我真的很懷疑，在同一表面的鄰近區域塗抹任意兩個品牌的蠟之後，你能根據結果判斷出兩種蠟的質量有何不同。當然，前提是蠟的顏色都是相同的。

傳言

蜂蠟肯定是很好的表面處理產品，因為之前的木匠都用它。

事實

我們的木匠前輩使用蜂蠟做表面處理的理由和他們使用亞麻籽油一樣：蜂蠟可用，而且比進口樹脂更便宜。

地板時）。但是每種蠟的硬度、光澤度和熔點各不相同，所以配製蠟的混合物也要將這些因素考慮在內。

硬度、光澤度和熔點是彼此相關的：蠟的熔點愈高，其硬度愈大，光澤度愈好。儘管廠家通常使用性質類似又便宜的合成蠟，但這裡我會介紹幾種你很熟悉的天然蠟。

- ■蜂蠟（從蜂巢中提取）的熔點在60～65.6℃，硬度中等，光澤度中等。使用蜂蠟做表面處理或拋光非常簡單。
- ■石蠟（從石油中分離）的熔點約為54.4℃，它比蜂蠟更軟，光澤度也較蜂蠟稍差。它很少單獨作為表面處理產品或拋光劑使用——儘管傳統上，案板桌的表面處理是用石蠟完成的。
- ■棕櫚蠟（從巴西棕櫚樹的葉片上刮取）的熔點約為82.2℃，其硬度非常高，形成的處理表面的光澤度也比蜂蠟更高，只是單獨使用時很難拋光。

為了更好地使用棕櫚蠟這樣的硬蠟，生產廠家會在其中混合一些較軟的蠟，比如石蠟。混合後的蠟製品，其熔點、硬度和光澤度都會降低。所有常見的膏蠟製品的熔點都在60～65.6℃，與純蜂蠟的熔點範圍相當。因此，所有常見的膏蠟產品具有類似的硬度和光澤度。如果你觀察到了處理效果的差別，這很可能是因為待處理的表面不同，而不是使用的膏蠟不同。（如果你覺得存在差別，可以在鄰近的表面塗抹兩層或更多層蠟以調節色差。）

主要的膏蠟生產廠家很少使用天然蜂蠟，無論是單獨使用，還是與其他蠟產品混合使用。因為蜂蠟價格昂貴。此外，蜂蠟有顆粒狀紋理，很容易把木料表面弄髒。純蜂蠟拋光劑通常是由一些小公司生產的，因為他們掌握了用蜂蠟製作傳統膏蠟的奧祕。

商品蠟唯一的明顯差別在於，塗抹後擦除多餘部分所需時間的長短，具體時長取決於將固體蠟製成膏狀或液態形式時所用溶劑的揮發速率。有些品牌的膏蠟，比如約翰遜（Johnson's）和布里瓦斯（Briwax），使用的溶劑揮發很快。其他品牌，諸如明威，則使用的是揮發較慢的溶劑。所有溶劑揮發之後，蠟會再次成為固態。

蠟的硬化時間愈長就愈難被擦除。如果你想為較大的表面塗蠟，同時不影響隨後的擦拭，應該選擇溶劑揮發速率較慢的蠟製品。不幸的是，你需要多次嘗試並經歷錯誤才能找到最適合的產品。製造商是不會提供有用的乾燥訊息的。

有些膏蠟按顏色銷售，它們的顏色來自於染料或色素（請參閱第4章「木料染色」）。可以在表面處理時使用有色膏蠟為木料染色，或者在拋光木料表面時為劃痕或刮痕處染色。

表面處理使用的蠟

在某些方面，蠟與油以及油與清漆的混合物很像：使用簡單，能夠形成緞面光澤，並且乾燥後很柔軟（請參閱第114頁「使用膏蠟」）。不過，蠟形成的表面處理塗層，其防護性能甚至還趕不上亞麻籽油。事實上，蠟是所有表面處理產品中防護性最差的。塗蠟的木料表面幾乎與未經表面處理的木料表面沒有差別。

蠟對熱、水、水蒸氣或溶劑同樣缺少明顯的防護能力。蠟的熔點約為65.6℃，這樣的溫度太低了，對高溫物體起不到任何防護作用。蠟的質地很軟，因此必須擦除多餘部分，這導致蠟塗層無法形成足夠的厚度以隔絕水或水蒸氣。（不過，經常塗抹在板材端面的厚厚的蠟層能夠很好地防水。）所有常見的溶劑，包含那些液態的家具拋光劑，都可以溶解蠟。

如何自行製作膏蠟？

商品膏蠟與自製的膏蠟效果一樣好。你可能只是因為有趣而自製膏蠟，或者你是為了獲得特定的顏色和光澤效果選擇自製膏蠟。下面介紹自製膏蠟的方法。

1 將一些蠟或混合蠟磨碎放入容器中。

2 按照½qt（0.24 L）溶劑對1lb（0.45kg）蠟的比例加入油漆溶劑油、石腦油或松節油。

3 將容器放入熱水中水浴加熱，讓蠟和溶劑混合，並適當攪拌。你可以將水浴鍋放在熱源上，但是不能將裝有蠟與溶劑的容器直接放在明火或火爐上。這會導致起火。

4 當蠟冷卻後，膏蠟會在夏季保持穩定的黏稠狀態。如果想讓其更濃稠，可以添加更多的蠟並重新加熱；如果想稀釋膏蠟，可以添加更多的溶劑並重新加熱。

5 你可以將矽藻土或染色劑（油或日本色素，或者需要首先溶解在石腦油或甲苯中的油基染料）加入溶解的蠟中，讓其更好地掩蓋劃痕或者創造仿古效果。為了使膏蠟顏色均一，必須加入足夠的染色劑。

可以將任何固體蠟或混合蠟與松節油或石油餾出物（油漆溶劑油、石腦油、甲苯等）溶劑混合自製膏蠟。加熱可以加速溶解過程，但是不要把容器直接放在熱源上，將它放入熱水中然後加熱水浴鍋即可。如果蠟是圖左蜂蠟那樣的固體塊狀，你要將其磨碎後放入容器中與溶劑混合；如果蠟是右側棕櫚蠟那樣的薄片狀，將其直接加入溶劑中即可。

使用膏蠟

現在已經很少使用膏蠟為家具做表面處理了，因為它的保護性和耐久性非常差。不過，可以將膏蠟作為其他表面處理產品的拋光劑使用（請參閱第18章「表面處理塗層的保養」）。下面會介紹膏蠟作為表面處理產品和拋光劑的使用方法。

1 確保木料表面或塗層表面是乾淨整潔的。

2 取一塊膏蠟放在一塊6吋（15.2 cm）見方的柔軟棉布中央包裹住。

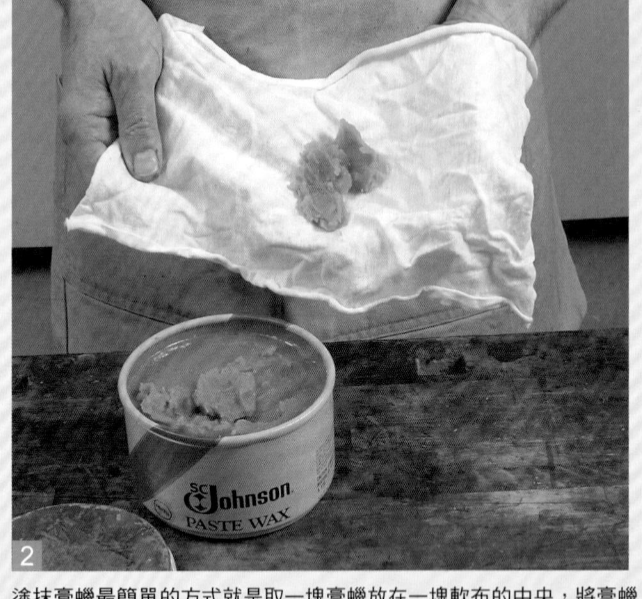

塗抹膏蠟最簡單的方式就是取一塊膏蠟放在一塊軟布的中央，將膏蠟包裹其中，然後借助滲透到表面的膏蠟擦拭處理面。

3 讓膏蠟透過棉布滲透到表面，用棉布擦拭塗層表面。可以向任何方向擦拭，因為最終還要擦除所有多餘的蠟。將蠟包入棉布可以幫助你控制沉積在表面的蠟的數量。早期沉積在表面的蠟愈少，需要擦除的部分就愈少。如果蠟很硬，你可以將其握在手中揉捏，直到蠟變熱並軟化。

4 等待大多數的溶劑揮發掉（處理層的光澤度會從閃亮逐漸變暗）。根據膏蠟使用的溶劑和環境溫度的不同，所需時間會有變化。你應首先在一個小區域進行測試，直到能夠準確把握溶劑的揮發速率。

小提示

如果你將膏蠟作為另一種表面處理產品形成的塗層的拋光劑使用，並且希望這個表面處理塗層變得更光滑、更暗一些，可以使用鋼絲絨擦拭膏蠟，順紋理擦拭產生的劃痕不是很明顯。

5 使用柔軟乾淨的棉布擦除多餘的蠟。如果你選擇在蠟塗層的光澤度正在變化的時候操作，多餘的蠟會非常容易擦除。如果等待的時間過長，你將不得不非常用力地擦拭，因為只有這樣才能產生足夠的熱量（使溫度超過蠟的熔點）將蠟熔化，繼而擦除。另外，如果下手太快，可能會擦掉過多的蠟。

6 可以使用電動拋光機或安裝有羊毛墊的電鑽擦除殘留的蠟，同時將表面拋光。如果羊毛墊造成了蠟層拖尾但沒有將其除去，說明羊毛墊上吸附了過多的蠟。此時你並沒有將多餘的蠟轉移到羊毛墊上，只是讓它不停地滾動而已。嘗試用棉布擦去多餘的蠟，然後換一塊乾淨的羊毛墊重新拋光。必須去除多餘的蠟，而不是讓它們分散均勻。用手指擦拭一下操作面，如果蠟層出現拖尾，就說明多餘的蠟還沒有被徹底去除。

7 如果塗抹了一層以上的蠟（塗抹不同塗層至

如果沒有擦除多餘的蠟，會在處理表面留下上蠟的條痕。

小提示

如果蠟乾燥後變得過硬，以至於很難去除，可以塗抹更多的膏蠟軟化先前的蠟，然後在其變硬前去除多餘的蠟。也可以使用石腦油或油漆溶劑油擦去大部分的蠟，然後重新塗抹。

警告！！！

不要使用液體家具拋光劑用於蠟塗層，除非你想把這層蠟去除。液體家具拋光劑中的油性溶劑足以溶解膏蠟，在用布擦拭液體拋光劑的時候很容易把蠟層弄亂並擦拭掉。

少要間隔幾個小時），通常會得到更好的結果。你不是在製作第二個蠟層，而是在填補第一個塗層留下的細小空白區域。如果塗層的表面光澤開始時很暗淡，那麼塗抹第二層帶來的改善通常是很明顯的。

8 為了維持蠟表面處理或拋光的效果，應使用雞毛撣子或軟布定期撣去粉塵。對於在其他表面處理塗層上完成的蠟拋光層，可以用水將抹布稍微打溼，這樣可以增加吸附粉塵的能力。還可以使用沾水的麂皮撣去粉塵。如果蠟層表面開始變得暗淡，可以使用柔軟的乾布重新擦拭，使其恢復光澤。如果表面光澤無法恢復如初，需要再次塗抹一層膏蠟。因為蠟是不會揮發的，所以沒有必要每隔幾個月為桌面重新上蠟，或者為多年未使用的表面重新塗蠟。

9 如果多次上蠟後，表面沉積的蠟仍然可以用手指抹出拖尾的痕跡，說明你在之前每次上蠟後並沒有擦除多餘的蠟。重新塗抹一層蠟，然後擦除多餘部分，或者使用石腦油或油漆溶劑油去除大部或全部的殘蠟，然後將保留的蠟層拋光。

10 用蠟處理軟木表面通常比硬木表面更困難，因為軟木會吸附更多的蠟。可以一直塗抹，直到塗層出現光澤並變得均勻，或者，在塗蠟的時候可以使用加熱器幫助蠟質熔化，從而使其更快地進入孔隙中加快處理過程。吹風機、熱風槍或類似的熱源都可以產生超過65.6℃的溫度使蠟熔化。不過，不能讓木料過熱產生燒灼的痕跡。

11 如果需要給木旋工件上蠟，可以使用棕櫚蠟製成的蠟棒——類似漢特（Hut）和利貝（Liberon）的產品——並在車床啟動的狀態下使用。當蠟棒接觸木料表面時，旋轉產生的熱量足以使蠟熔化並進入木料中。

注意！！！

作為常見的木旋表面處理產品，蟲膠蠟（Shellawax）和晶體鍍膜（Crystal Coat）產品充分利用了蟲膠與蠟的兼容性，從而兼具二者的優點。這兩者的混合物能夠產生緞面光澤，也比單獨的蟲膠產品更軟。

蠟表面處理塗層唯一的保護作用是減少磨蝕性的損傷，比如摩擦或刮削帶來的損傷。蠟會使木料表面變得光滑，外力遇到這樣的表面更傾向於滑開而不是切入。但是，只是可以防止摩擦或刮削損傷，這樣的特性是無法將蠟作為主要的表面處理產品使用的。如果將蠟用作唯一的表面處理產品，那麼木料表面會很快變髒。汙垢會滲入蠟中，而蠟塗層一旦變髒是無法修復的。只能將其剝離，很多時候木料必須經過打磨處理才能恢復乾淨的狀態。

只有一種情況可以將蠟作為單獨的表面處理產品使用，那就是在為了使木料的顏色盡可能地接近原色，同時給木料增加一些光澤的時候。蠟不會像其他表面處理產品那樣加深木料的顏色，也不會為木料染色，除非其中添加了染色劑。對於一些無須過多加工的裝飾性的、雕刻的或木旋的作品，用蠟做表面處理可能非常有效。對藝術家而言，他們可能會出於美學的考慮選擇蠟。上蠟肯定比不做表面處理要好，至少除塵會更方便（要使用雞毛撣子，而不是家具拋光劑或溼布）。

你可能會看到一些蠟表面處理產品的使用說明，建議你在蠟層之下先塗抹一兩層油、蟲膠或者其他表面處理產品。這種做法很好，形成的表面處理塗層要比單獨的蠟塗層更為耐用。但是，先用其他表面處理產品封閉木料，而後再用蠟，這個過程不能稱其為表面處理，只能視為用蠟為其他表面處理塗層做拋光。對任何其他的表面處理塗層來說，蠟都是卓越的拋光劑（請參閱第18章「表面處理塗層的保養」）。

與其他表面處理產品的兼容性

有些配方會建議你將蠟與其他表面處理產品，比如亞麻籽油、亞麻籽油與清漆的混合物，或者礦物油，混合起來使用。雖然可以將蠟與這些表面處理產品混合使用，但效果並不好，因為混合後的產品甚至比不含蠟的產品還要軟。很多時候，這些產品軟到每次用手觸摸都會導致塗層被弄髒。

可以在任何表面處理塗層上抹蠟，但並不是每種表面處理產品都可以塗在蠟上。只有直餾礦物油、油與清漆的混合物和蟲膠可以塗抹在蠟塗層上。油和油與清漆的混合物會溶解蠟，形成之前描述的混合物。蟲膠天然含有蠟，所以只要將木料表面的蠟去除乾淨，還是可以黏在木料上的。很多18世紀的家具是用蠟做表面處理，並在進入19世紀後用蟲膠重新處理的。在蠟塗層上塗抹水基表面處理產品會起褶。合成漆、清漆和聚氨酯固化速度較慢，並且質地較軟。在所有案例中，蠟都可能會削弱這些產品的塗層與木料之間的黏合能力。

7

填充木料孔隙

簡介

- 用表面處理產品填充孔隙
- 用膏狀木填料填充孔隙
- 表面處理產品與膏狀木填料的對比
- 油基填料與水基填料的對比
- 使用油基膏狀木填料的常見問題
- 使用油基膏狀木填料
- 使用水基膏狀木填料

所有木料的天然紋理都取決於木料的孔隙大小和分布情況。有些木料，比如楓木和櫻桃木，它們的紋理細緻均勻，因為它們的孔隙較小且分布均勻；另一些木料，比如胡桃木和桃花心木，紋理粗糙而均勻，因為這些木料的孔隙較大且分布均勻。還有一些木料，比如弦切的橡木和白蠟木，其紋理不太均勻，細緻和粗糙的紋理交替出現，因為它們的孔隙大小不一：春材的孔隙明顯比夏材的孔隙大得多。

木料的紋理很大程度上決定了木料在做完表面處理之後的外觀。比如，楓木和橡木的紋理是截然不同的，除非為木料上漆，然後在木料上貼上人造木皮，換句話說，就是在木料表面漆出圖案和紋理，否則它們不可能看起來相像。

雖然無法通過表面處理使一種木料看起來像另外一種，但只要使用薄膜型表面處理產品，表面處理的過程是會影響到木料的紋

傳言

我們必須把孔隙較大的木料（比如橡木、白蠟木、桃花心木和胡桃木）上的孔隙都填上。

事實

不管是什麼木料，填充其孔隙都不是必須的。這完全取決於審美需求。這種認識源於20世紀早期。那時的一些流行做法主張填充這些木料的孔隙。隨著這種做法不斷被重複，很多人就把填充孔隙當成了處理這些木料的必備規則。

理的。如果表面處理塗層很薄，那麼做過表面處理的木料，其紋理與表面處理之前的紋理幾乎是一樣的。在使用表面處理產品的時候，如果能填充或部分填充孔隙，就可以顯著地改變木料的外觀。在完全填充了孔隙之後，木料表面會呈現鏡面效果，但這並不能說明借助反光看不到凹痕。你通常會發現，高價的桌面看起來很優雅，但達到這樣的效果其實並不需要昂貴的材料或設備（**照片7-1**）。

有兩種方式能夠完全填充或部分填充木料中的孔隙——用表面處理產品或者用膏狀木填料。用表面處理產品填充孔隙面臨的問題較少，適合孔隙較小的木料，速度也較快；用膏狀木填料處理孔隙較大的木料速度較快，而且能夠減少表面處理產品的浪費，同時因為其不易在孔隙中收縮，所以更加穩定。當然，膏狀木填料的有益效果遠不止此（請參閱第122頁「表面處理產品與膏狀木填料的對比」）。

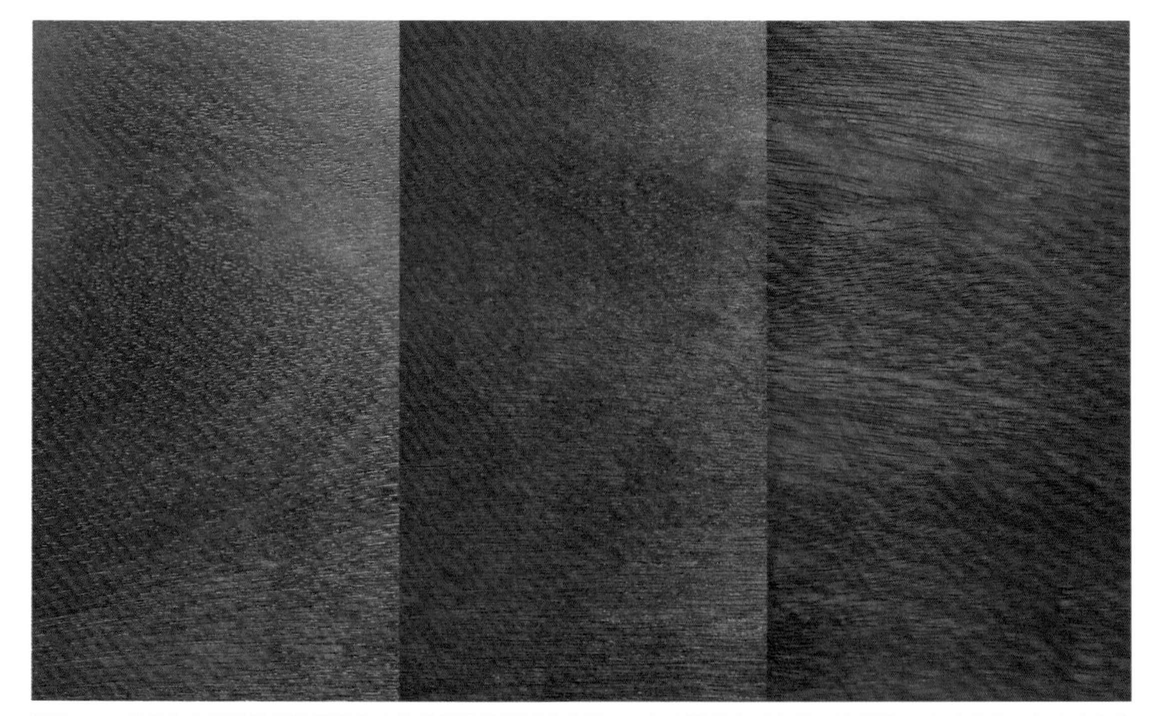

照片7-1　桃花心木孔隙狀態的不同會產生幾種截然不同的效果，正如上圖從左到右展示的那樣——未填充的、部分填充的和全部填充的。

用表面處理產品填充孔隙

用表面處理產品填充木料的孔隙，必須塗抹多層表面處理產品，然後打磨塗層，直至孔隙處與周邊的塗層保持齊平（**圖7-1**）。使用任何固化後能形成足夠硬的塗層的表面處理產品都可以獲得這樣的效果。蟲膠、合成漆、清漆、水基表面處理產品和雙組分表面處理產品都能用來填充孔隙。打磨封閉劑或催化型打磨封閉劑也能完成這項工作。

可以在木料表面塗抹多層表面處理產品後一次性打磨到位，也可以每完成一層塗層打磨一次，直至木料表面如鏡面般光滑。一次性打磨到位更為有效。不過，如果每完成一層塗層打磨一次的話，可以同時去除粉塵和其他瑕疵。無論哪種方式都要注意，不要磨穿表面處理塗層吃入木料中。這一點對需要染色的木料來說尤為重要。如果磨穿了表面處理塗層，你會發現，這樣的損壞很難修復，特別是在問題區域面積很大的時候。你可能需要剝離所有的塗層並重新處理。如果你從未磨平過表面處理塗層，我建議你在處理重要作品之前先找一塊廢木板練習一下。

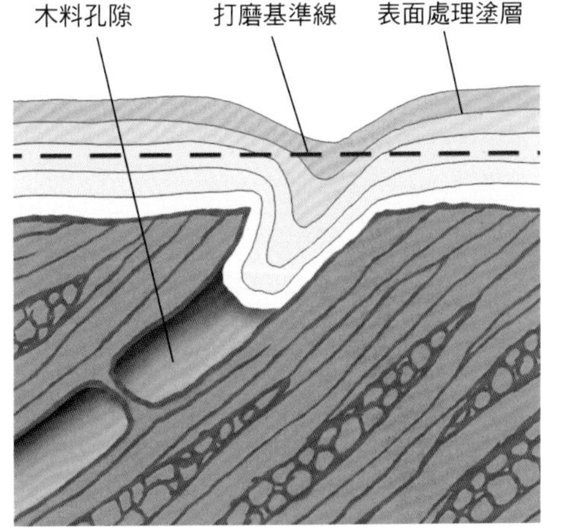

圖7-1 用表面處理產品填充孔隙，需要塗抹足夠多層的塗料才能將凹陷處的塗層填充至木料表面以上，也就是打磨的基準線之上。之後用砂紙打磨塗層，直至凹陷的痕跡完全消失。

小提示

如果你想使用合成漆或清漆做表面處理，並使用易於打磨的打磨封閉劑來填充孔隙，同時降低磨穿塗層的風險的話，則需要先在木料表面塗抹一層表面處理產品。之後，你要塗抹幾層打磨封閉劑並將其打磨平整，直至感受到來自表面處理塗層的阻力。這樣打磨封閉劑就會只留存在孔隙中，而不會滯留在木料表面，對表面處理產品形成的薄膜造成明顯的破壞（請參閱第144頁「封閉劑與封閉木料」）。

用砂紙磨平表面處理塗層

大多數的表面處理師會用砂紙磨平表面處理塗層，也可以用刮刀，但刮刀磨穿塗層、吃入木料的風險會更高。如果你打算每完成一層塗層打磨一次的話，可以使用硬脂酸鹽（乾潤滑）砂紙打磨最初的幾層塗層，這樣潤滑劑就不會進入到木料中了。在打磨了幾層之後，就可以提高效率，使用溼／乾型黑砂紙以及液態潤滑劑打磨了。

以下是一些關於打磨操作的建議。

- 首先用220～320目的砂紙（請參閱第18頁「砂紙」）打磨。
- 為了能在平整的表面上均勻地去除表面處理塗層，可以將砂紙的背面包裹在軟木塊、毛氈塊或橡膠塊上使用。
- 如果用油做潤滑劑，添加一些油漆溶劑油可以使打磨過程變得更容易。如果用水做潤滑劑，則可以加入一些溫和的肥皂類產品（比如洗潔精），這樣可以減少砂紙的阻塞。大多數情況下，我會使用油和油漆溶劑油。

■如果同時使用不規則軌道式砂光機與潤滑劑的話，氣動型要比電動型安全得多。

■用塑料刮板清除各個區域的淤渣，以此來檢查操作進度。如果使用的是光亮的表面處理產品（最好的做法），孔隙中閃亮的斑點表明打磨不夠充分，這一點很容易看出來（**照片7-2**）。

■當你對表面處理塗層的平整度感到滿意的時候，就可以使用更為精細的砂紙來去除粗糙砂紙留下的磨痕了。逐步使用更加精細的砂紙，或者換成鋼絲絨或研磨膏打磨，直至獲得你想要的光澤度（請參閱第16章「完成表面處理」）。

用膏狀木填料填充孔隙

膏狀木填料又被稱為木紋填料或孔隙填料，通常由填充材料、黏合劑和某種染色劑組成。其中填充材料是主要的填充介質，包含二氧化矽、碳酸鈣、黏土或微球（用二氧化矽製成的微小的空心玻璃球簇）。黏合劑一般是油或清漆（通常被稱為油基表面處理產品），或者水基表面處理產品，負責把填充材料與木料黏合起來。染色劑選用的是色素。染料並不是適合膏狀木填料的選擇，因為它會隨著時間的推移褪色，使孔隙處的顏色比周邊木料的顏色變淺。

膏狀木填料與木粉腻子不同，木粉腻子更為濃稠，通常被用於填充較大的釘眼或刀痕。但也有些品牌的水基木粉腻子加水稀釋後可以作為膏狀木填料使用。

可以從一些製造商那裡買到木色的膏狀木填料，也可以購買沒有染色劑的膏狀木填料（通常被稱為「中性」料），然後自己染色。油基的膏狀木填料固化之後難以著色，所以要在使用之前為其染色。而水基的膏狀木填料通常都能夠很好地著色，所以可以在完成填充之後再染色。應首先在廢木料上試驗一下，你所選用的染料是否足以為膏狀木填料染色。

照片7-2　為了快速檢查打磨表面處理塗層的進程，可以用一塊塑料刮板清除表面的淤渣。如果打磨不夠充分，孔隙處的填料就會顯露出來，這一點在使用光亮的表面處理產品時尤為明顯。

有兩種方式可以為膏狀木填料染色：添加兼容性染色劑（即油基填料使用油基染色劑，水基填料使用水基染色劑），或者添加濃縮型染色劑。最好添加濃縮型染色劑，因為兼容性染色劑的乾燥時間很難控制。染色劑中的稀釋劑用量必須加以控制，因為乾燥時間是由它決定的。可以將油基色素或日式色素與油基填料搭配使用，將通用著色劑或美術丙烯酸染色劑配合水基填料使用。

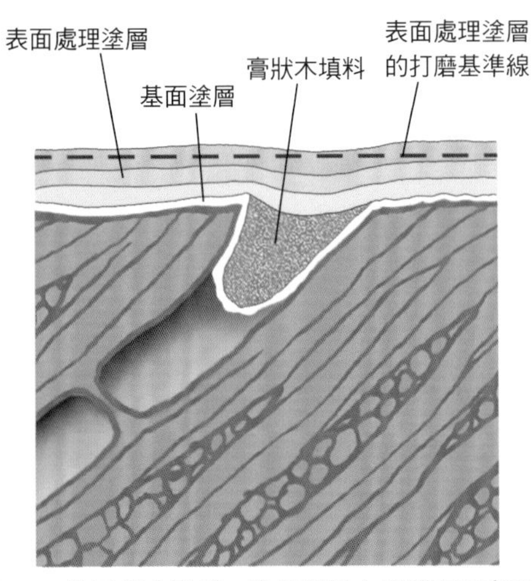

圖7-2 為了填充孔隙，要用膏狀木填料直接處理木料，或者經過封閉處理（最好如此）的木料，使其進入到孔隙中，然後在填料變硬之前擦除多餘的部分。之後刷塗表面處理塗層，並用砂紙將其打磨平滑，使木料表面像鏡面一樣平整光滑。

可以將膏狀木填料直接塗抹在木料表面，或者塗抹在經過封閉處理的木料表面（**圖7-2**）。

如果直接使用有色木填料處理木料，那麼填料不僅可以填充孔隙，還能為木料染色。如果將有色木填料作用於經過封閉處理的木料，那麼木填料就只能為孔隙處染色（**照片7-3**）。無論何時，填充兩次都能獲得更好的效果，不過，要等到第一次的填料乾燥後再塗抹第二層。

膏狀木填料的類型

填料中的黏合劑決定了填料的類型——油基填料或水基填料（參閱第122頁**照片7-4**）。油基填料的使用已經有一個世紀了，水基填料的使用只

照片7-3 在使用膏狀木填料之前是否需要塗抹基面塗層，主要取決於你想使孔隙保持與木料相同的顏色，還是希望其顏色不同於木料的天然色或染色後的木料顏色。圖左，直接使用膏狀木填料填充孔隙並給木料著色；圖右，對於刷塗了基面塗層的木料，只能用膏狀木填料填充孔隙並為其著色。

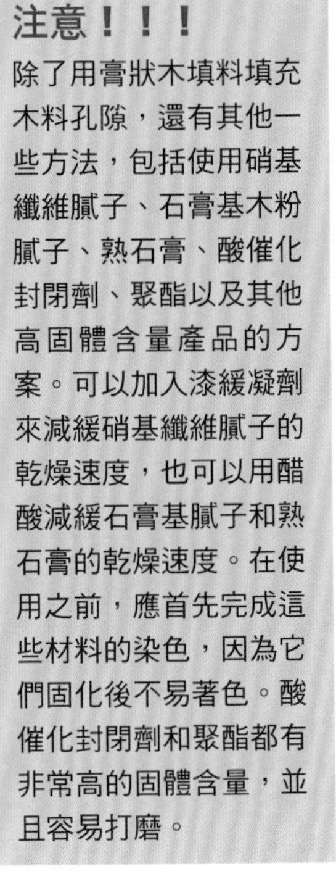

注意！！！

除了用膏狀木填料填充木料孔隙，還有其他一些方法，包括使用硝基纖維膩子、石膏基木粉膩子、熟石膏、酸催化封閉劑、聚酯以及其他高固體含量產品的方案。可以加入漆緩凝劑來減緩硝基纖維膩子的乾燥速度，也可以用醋酸減緩石膏基膩子和熟石膏的乾燥速度。在使用之前，應首先完成這些材料的染色，因為它們固化後不易著色。酸催化封閉劑和聚酯都有非常高的固體含量，並且容易打磨。

表面處理產品與膏狀木填料的對比

用表面處理產品填充孔隙的優勢	用膏狀木填料填充孔隙的優勢
使用時問題較少；用來填充楓木和櫻桃木這樣孔隙較小的木料更快一些；無論是否染色，填充之後都能使孔隙的顏色接近木料的整體顏色	孔隙中的填料不會明顯收縮，所以幾個月後也不太可能再次凹陷；用來填充橡木和桃花心木這樣孔隙較大的木料速度明顯更快；可用於裝飾孔隙（使用與木料本身或染色木料顏色完全不同的填料）；使木料的顏色層次更豐富（使用比木料本身或染色顏色稍深一些的填料）；表面處理時更節省材料（表面處理產品和砂紙）

有20年左右。油基填料使用起來相對簡單，因為它的操作時間更為寬裕，但在完成表面處理時，這種填料帶來的問題較多（參閱第124頁「使用油基膏狀木填料的常見問題」）。水基填料用起來較為困難，因為它的乾燥速度非常快，但經過水基填料處理的木料在做表面處理時很少出現問題。關於二者的具體差別，請閱讀第123頁「油基填料與水基填料的對比」。

目前，油基膏狀木填料是使用最為普遍的，因為在需要填充孔隙的高端木家具中，溶劑型表面處理產品要比水基表面處理產品常用得多（參閱第126頁「使用油基膏狀木填料」）。這些填料的乾燥時間不同，具體時長取決於其中亞麻籽油和清漆的比例。填料中亞麻籽油的比例愈高，擦除多餘填料所需的時間愈長。當然，這也意味著，在刷塗表面處理產品之前，你需要等待的時間愈長（關於油和清漆的差別，請參閱第5章「油基表面處理產品」）。

製造商基本不會提供填料產品的乾燥時間，而且天氣對填料的乾燥也有非常重要的影響。因此，我們無法預知膏狀木填料的工作特性，只能不斷嘗試各個品牌的填料產品來獲取相關訊息。如果填料的固化速度過快，可以在填料中加入少量的熟亞麻籽油來減慢其固化速度，開始時可以先在1qt（0.95L）的填料中加入1tsp（5ml）的量。如果填料的固化速度過慢，可以添加日式液體催乾劑提高固化速度。首先在1qt（0.95L）填料中添加幾滴，之後逐漸增加。不過，最好根據

照片7-4 有兩種類型的膏狀木填料：一類使用油／清漆類黏合劑（如圖左側所示），可以使用油漆溶劑油和石腦油來稀釋和清洗；另一類使用水基黏合劑（如圖右側所示），使用水進行稀釋和清洗。

油基填料與水基填料的對比

用油基膏狀木填料填充孔隙的優勢	用水基膏狀木填料填充孔隙的優勢
很容易擦除多餘的填料；很容易控制對孔隙的染色；大多數情況下可以滲入得很深	在進行表面處理前等待的時間很短；可以在乾燥之後染色；無論填料是否會被覆蓋都沒有問題，可以被打磨成粉末；可在其上塗抹任何表面處理產品，並且很少出現問題

自己的需要選用品牌填料，篡改製造商的配方很容易引發一些問題。

有些表面處理師省略了一步操作，把染色的膏狀木填料同時作為填料和染料使用。但是對油基填料來說，這並不是最好的選擇。通常最好的做法是，先刷塗薄薄的一層表面處理產品，做出基面塗層，之後再塗抹填料（請參閱第82頁「基面塗層」）。選擇塗抹一層基面塗層而不是全封閉塗層（Full Sealer Coat）的原因是，可以保持孔隙的邊緣較為尖銳，在隨後擦除多餘填料的過程中不會擦掉過多的填料（**圖7-3**）。

至少有六個充分的理由支持在填充之前製作基面塗層。

1. 可以更好地控制外觀。可以使用一種顏色和類型的染色劑（比如染料）給木料染色，使用另外類型和顏色的產品為孔隙染色（比如色素填料）。
2. 基面塗層可以起到緩衝作用。如果需要打磨去除乾燥後的填料，基面塗層的存在使你不太可能磨穿塗層。
3. 可以在較大的表面上一次性填充許多小區段而不會留下圈痕，因為除了孔隙中的填料，表面上的所有有色填料都可以去除。
4. 基面塗層創造了一個更光滑、更堅硬的表面，使擦除多餘的填料變得更加容易。
5. 如果某個環節出現了問題，比如，填料變得過硬很難被擦除，可以使用石腦油或油漆溶劑油來擦拭，基面塗層之下的染色層的顏色不會受到影響。
6. 與木料之間的結合力更強。因為基面塗層與木料之間的結合很有力，同時後續的表面處理塗層與基面塗層之間的結合力要比其與膏狀木填料留下的油性表面的結合力更強。

油漆溶劑油和石腦油是常見的兩種可以稀釋油基膏狀木填料的溶劑。也可以使用松節油，但與油漆溶劑油相比，松節油並無優勢，而且成本較高。油漆溶劑油比石腦油揮發得更慢，

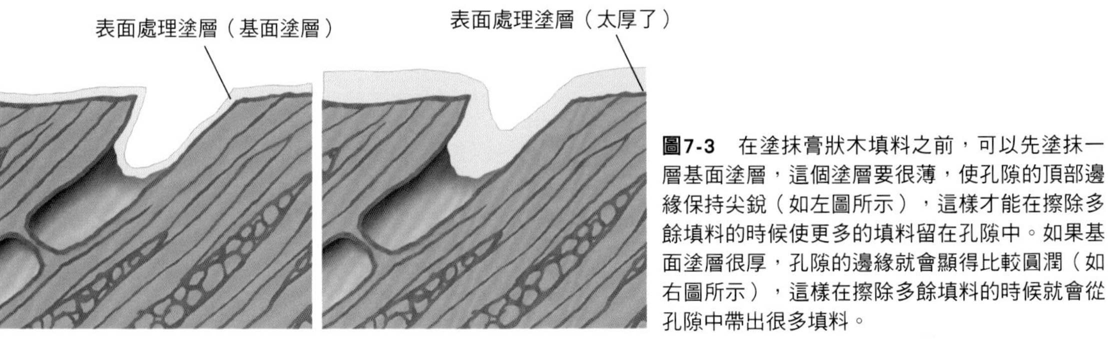

圖7-3 在塗抹膏狀木填料之前，可以先塗抹一層基面塗層，這個塗層要很薄，使孔隙的頂部邊緣保持尖銳（如左圖所示），這樣才能在擦除多餘填料的時候使更多的填料留在孔隙中。如果基面塗層很厚，孔隙的邊緣就會顯得比較圓潤（如右圖所示），這樣在擦除多餘填料的時候就會從孔隙中帶出很多填料。

使用油基膏狀木填料的常見問題

油基膏狀木填料很容易使用，但是在隨後做表面處理的時候容易出現問題。這裡總結了常見的主要問題。

問題	原因	解決方法
表面處理產品收縮，並且無法乾燥變硬	你在填料完全固化之前塗抹了表面處理產品，使填料中的油進入到了表面處理產品中	把表面處理層和填料全部剝掉，然後重新做處理
合成漆使填料膨脹並溢出孔隙	塗抹的合成漆層過於溼潤了。與脫漆劑一樣，合成漆中的漆稀釋劑也會影響到清漆和油的性能，導致塗料膨脹和起泡	打磨表面。這對移除孔隙中的一些填料有重要幫助。重新填充孔隙或塗抹另外一層表面處理產品並重新打磨
		剝離表面處理塗層，然後重新處理
做表面處理的時候，孔隙中的填料變成了灰色	這種情況通常發生在使用經漆稀釋劑稀釋的表面處理產品上。原因尚不清楚，可能是填料中的稀釋劑會導致合成漆從溶液中析出	也許可以通過上釉掩蓋這個問題，但更可行的做法是，剝離表面處理塗層，然後重新進行處理
當受到敲擊的時候，表面處理塗層會與木料表面分離	表面處理產品與木料之間的結合力太弱	剝離表面處理塗層，然後重新刷塗。在使用膏狀木填料之前，先在木料表面塗抹基面塗層。之後的表面處理塗層可以借助基面塗層的幫助與填料結合
		如果使用水基表面處理產品，需要在進行表面處理之前，讓填料的固化時間更長一些

所以在填充較大的表面時，應優先選用油漆溶劑油以獲得更多操作時間。填充較小的表面時使用石腦油更合適，這樣不會因為等待溶劑揮發耽擱太多時間。當然，也可以將兩者混合起來取得折衷效果。稀釋劑的選擇不會影響膏狀木填料的最終固化時間，只會影響填料可以擦除之前的固化時間。

可以根據需要在填料中添加稀釋劑。稀釋劑的用量決定了操作質量。如果沒有添加稀釋劑，或者只加了一點點，填料就會很濃稠，需要通過揉搓或按壓將其擠入木料的孔隙中。這樣的填料乾燥成形的速度非常快，所以每次只能處理一小塊區域。如果填料變得過硬，難以擦除，可以沾取一些稀釋劑來軟化它。

如果添加了大量稀釋劑，足以使填料變得像水一樣稀薄，可以用其刷塗或噴塗木料的表面。如果能保持塗層的厚度均勻，那麼溶劑也會均勻地揮發，從而為開始擦去多餘的填料提供理想的時間點。（讓填料中的稀釋劑盡可能地揮發掉是很重要的，這樣可以使填料不會太硬，也可以減少其在孔隙中的收縮。）這就是我偏愛使用油基膏狀木填料的原因，同時這也是家具行業和多數大型工房使用的方法。

水基膏狀木填料乾燥迅速，這會影響到後續的步驟和表面處理前的等待時間。實際上，等待時間較短是水基膏狀木填料的最大優勢，而且這種類型的填料在表面處理的過程中也不太容易出現問題。

通常可以將油基填料在寬大的平整表面上刷塗或噴塗，之後再用粗麻布或棉布將多餘的填料擦除。水基填料與之不同。最好先在處理表面抹上一團未經稀釋的水基填料，然後用塑料刮板或橡膠滾軸將其塗抹開並擠進孔隙之中，之後快速擦除多餘填料。也可以稍後用粗麻布擦除填料，但那時填料會變得過硬而難以處理（請參閱第128頁「使用水基膏狀木填料」）。

由於水基填料乾燥速度快，且易於打磨和染色，所以直接用填料處理木料也是可以的。之後再盡快擦除多餘填料，並在填料乾燥之後打磨掉多餘部分。一旦將塗層打磨光滑，就可以使用染色劑同時對木料以及孔隙中的填料進行染色了。由於來自不同製造商的水基填料對染料的接受程度不同，所以最好在完成填充的廢木料上試驗一下，以確保染色效果能夠達到預期。

與油基填料一樣，也可以在染色之後或者在基面塗層上塗抹水基填料，我發現，其實這種處理方式的效果更好。但是很多表面處理師都是直接用填料處理木料，之後再染色。你可以在廢木料上分別嘗試這兩種方式，然後確定適合自己的方法（**照片7-5**）。

與油基填料的處理方式一樣，如果水基填料變得過硬而難以擦除，同樣有方法將其軟化並擦除過量部分——用被水打溼的布擦除水基填料。如

照片7-5 以上4塊桃花心木板材展示了使用不同產品、不同方法產生的不同外觀效果。4塊桃花心木都是從同一塊桃花心木單板上裁切下來的，都使用了適合桃花心木的水溶性染料。樣板1（左）：染色後塗抹了一層合成漆作為基面塗層，然後使用胡桃木色的油基膏狀木填料完成填充，最後上一層合成漆作為面漆；樣板2：染色後塗抹了一層水基的基面塗層，之後使用胡桃木色的水基膏狀木填料完成填充，最上面一層是水基表面處理塗層；樣板3：首先用水基膏狀木填料完成填充，之後染色，最上層用水基表面處理產品做處理；樣板4：首先為木料染色，之後塗抹一層蟲膠基面塗層，然後用透明的水基膏狀木填料完成填充，最上面刷塗了水基表面處理產品。我發現，用油基膏狀木填料和合成漆處理的木板顏色最深，其色彩層次也最為豐富（樣板1）。在所有用水基填料處理的樣板中，無論塗抹的順序如何，透明填料（樣板4）要比「中性」填料（樣板2和樣板3）染出的顏色更深，色彩層次更豐富。

使用油基膏狀木填料

雖然油基膏狀木填料最為常用，但是仍有一些木匠和表面處理師因為它們本身存在的問題以及一些道聽途說的非議而放棄使用油基膏狀木填料。這種產品使用起來並不複雜，操作的容錯性也很高，因為即使過了很長時間，也很容易使用稀釋劑將其軟化或去除。下面介紹使用油基膏狀木填料的基本操作步驟。

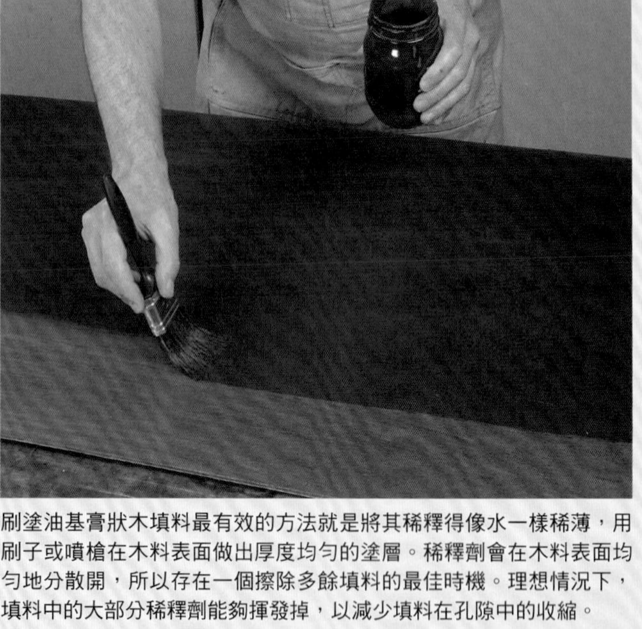

刷塗油基膏狀木填料最有效的方法就是將其稀釋得像水一樣稀薄，用刷子或噴槍在木料表面做出厚度均勻的塗層。稀釋劑會在木料表面均勻地分散開，所以存在一個擦除多餘填料的最佳時機。理想情況下，填料中的大部分稀釋劑能夠揮發掉，以減少填料在孔隙中的收縮。

1 如果你喜歡，可以先為木料染色，並塗抹一層基面塗層（請參閱第82頁「基面塗層」）。基面塗層可暫時不打磨。

2 如果需要，可在填料裡添加油基色素或日式色素以獲得需要的顏色。將填料攪拌均勻，並且在使用過程中也要經常攪拌，以保持染料分散均勻。

3 可以直接從罐子中取出填料使用，但是經過稀釋的填料使用起來更為方便。添加油漆溶劑油可以獲得更為富餘的操作時間，添加石腦油則會縮短操作時間。如果填料比較濃稠，則需要在塗抹過程中不斷地擦拭或擠壓，使填料進入到孔隙中。可以只用一塊布擦拭，也可以用塑料刮板或者橡膠滾軸完成操作。如果把填料稀釋到像水一樣稀薄，則填料會自動流入孔隙之中。這對處理較大的表面來說最為便利，同時可以減少浪費。

4 用一塊布、一把刷子或者噴槍把填料塗抹在木料上（可以選用便宜的或舊的刷子，或者一把專用噴槍）。如果填料過於濃稠，則需要在完成塗抹之後快速進行擦拭或按壓，使其進入孔隙之中。如果填料比較稀薄，刷塗或噴塗填料在木料表面形成一層厚度均勻的塗層即可（上圖）。

5 讓稀釋劑揮發，直到膏狀木填料失去光澤。環境溫度、空氣流通狀況以及稀釋劑的類型都會影響這個過程的長短，但一般不會太久。最終會留下柔軟、溼潤的填料。

6 用粗布，比如說粗麻布，橫向於紋理擦除多餘的填料（棉布也可以）。所用布料必須乾淨，並且沒有夾帶砂礫，以避免刮傷木料表面。橫向於紋理擦拭能夠減少從孔隙中帶走的填料的量（第127頁照片）。

7 在轉角處、雕刻處以及內側直角處可以用削尖的木削去除多餘填料。

8 將木料處理乾淨後，用棉布輕輕地順紋理

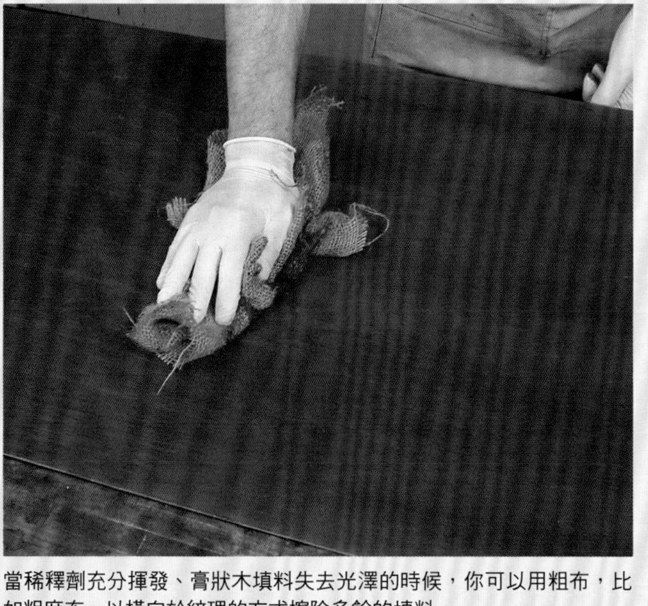
當稀釋劑充分揮發、膏狀木填料失去光澤的時候，你可以用粗布，比如粗麻布，以橫向於紋理的方式擦除多餘的填料。

警告！！！

不要在寬大的表面塗抹膏狀木填料，因為在把多餘填料全部擦除之前，填料可能已經硬化了。即使一切順利，此時的擦除工作也頗具挑戰性。你當然也不希望操作變得更困難。最好先在較小的區域操作，然後以交疊的方式向周圍擴展，只要做好了基面塗層，就不會留下重疊的痕跡。如果填料已經硬化了，你可以用布沾上油漆溶劑油或石腦油來軟化它。

擦拭木料，以消除橫向的擦痕。

9 在繼續下一步操作之前，至少留出一夜時間讓填料固化。如果天氣比較寒冷或潮溼，固化的時間還要相應延長。

10 對於桃花心木和橡木這樣孔隙較大的木料，如果能填充兩次，木料表面會更為平整。在第一層填料過夜乾燥之後再塗抹第二層填料。如果你喜歡，可以在兩層之間塗抹一層基面塗層。

11 用320目或更細的砂紙順紋理輕輕打磨，或者用褐紅色或灰色的合成材質的研磨墊順紋理輕輕打磨，確保不要留下橫向於紋理的痕跡。如果沒有製作基面塗層，並且已經用填料給木料染過色的話，你要加倍小心，因為這時很容易擦掉一些顏色。如果出現了掉色的情況，你必須在那塊區域塗抹更多染料，並快速擦除多餘部分，待其乾燥後再進行下一步。如果無法獲得均一的顏色，就只能將染料全部剝離重新做處理了。

12 如果要在填料塗層上塗抹一層經漆稀釋劑稀釋的表面處理產品，你要遵循以下兩個步驟之一來減少孔蝕，即減少漆稀釋劑使填料膨脹並溢出孔隙的情況。

- 在塗抹第一層合成漆之前，首先塗抹一層蟲膠的基面塗層，然後先塗抹幾層薄漆，再塗抹厚重的漆層。蟲膠可以減緩漆稀釋劑滲透進入填料的速度。
- 在塗抹完全的溼潤塗層之前，首先噴塗幾層薄膜漆層。幾層薄膜樣的漆層不足以浸潤膏狀木填料並使其膨脹。

13 當你在完成填充的木料表面塗抹表面處理產品時，你可能會注意到上面仍存在一些凹痕。這是由於填料收縮或者在擦除多餘填料時不小心從孔隙中帶出了部分填料。對此我們別無善法。為了得到如鏡面般平滑的完美效果，必須將表面處理塗層打磨平整以完成填充（請參閱第118頁「用表面處理產品填充孔隙」）。

使用水基膏狀木填料

由於水基膏狀木填料乾燥得特別快，所以必須迅速擦除多餘填料。可以用一塊塑料刮板把填料塗抹開來並壓入孔隙（上圖），然後將塑料刮板立起一點並按壓得用力一些，快速將多餘填料從表面移除（下圖）。

水基膏狀木填料的最大特點就是乾燥特別迅速。不論你是從罐中取出填料直接塗抹，還是用水稀釋後塗抹，留給你擦除多餘填料的時間都非常少。可以從某些製造商那裡購買丙二醇緩凝劑或者專用稀釋劑來略微延長操作時間。

可以像使用油基填料那樣使用水基填料，將其在染色塗層和基面塗層之上塗抹，也可以直接用其塗抹木料，並在填料乾燥後染色。這兩種方法都比較常用，但是我更喜歡第一種方法。兩種方法的實際效果是相同的。

1　想要獲得所需的顏色，可以在填料中添加通用型染色劑或丙烯酸類色素染色劑。將填料攪拌均勻，並在使用過程中保持攪拌。

2　可直接從容器中取用填料，也可以用水或丙二醇將其稀釋後再使用。

3　先將一團填料塗抹到木料表面，然後用塑料刮板或橡膠滾軸將其塗開（上圖）。在將填料塗開的同時，要把填料壓入孔隙中。接下來，在填料乾燥之前快速擦除多餘填料。可以沿任何方向擦除多餘填料，但應立刻順紋理方向回擦這些區域，以抹平任何可能留下的痕跡。用這種方式塗抹填料，可以快速處理一大塊表面。但是，每次處理一小塊區域並分多次完成仍然是最好的方式。如果刮板上的填料硬化了，需要去除硬化的填料後再用刮板操作，否則很容易刮傷塗層表面。

4 一旦塗開了填料，並已經盡量擦除了多餘部分，可以嘗試用粗麻布橫向於紋理繼續擦除多餘的填料。如果待擦除的填料仍然很多，無法及時擦除，可以使用被水打溼的布來軟化填料。如果因此擦除了孔隙中的填料，需要補充更多的填料。

5 讓填料硬化1～二個小時。如果添加了緩凝劑，或者天氣溼潤，硬化的時間可能還需要延長。

6 使用中等目數的砂紙（150～200目），手動或者借助無規則軌道式砂光機打磨在木料表面已經硬化的填料。此時的填料應該像石膏粉末一樣飄落。如果已經完成了染色或塗抹了基面塗層，用砂光機打磨的話會比較冒險，因為一不小心就可能將塗層磨穿。如果使用的是中性或有色填料，必須打磨掉所有多餘的填料，一直打磨到接觸到木料或基面塗層，否則木料表面會變得很髒亂。如果使用的是透明填料，就不必打磨掉所有多餘的填料了，只需將表面打磨得平整光滑。

7 先擦掉粉塵再塗抹第二層填料，這樣可以使得表面更加平整，或者可以繼續做表面處理。也可以用染料為完成填充的表面染色。

8 在完成填充的木料表面塗抹表面處理產品時，你可能會發現木料表面仍存在一些凹痕。這是由填料收縮，或者在擦除多餘填料時從孔隙中帶出了部分填料導致的。對此我們別無善法。為了得到如鏡面般平滑的完美效果，必須將表面處理塗層打磨平整以完成填充（請參閱第118頁「用表面處理產品填充孔隙」）。

果孔隙中的填料被擦除過多，需要塗抹更多的填料。

市售的大多數水基填料都是「中性的」，它們通常呈淺褐色或灰白色。某些水基填料中包含一些有色色素，但通常不足以把木料染成深色。必須在這些填料中添加更多的色素，或者在填料乾燥之後進行染色。但是，有少量的透明水基填料能夠產生與油基填料幾近相同的清晰度，並且因為其透明度，這類產品還具備一個明顯的優點，即無須打磨去除所有多餘的填料。只需將塗層打磨得光滑平整，之後再根據自己的選擇刷塗表面處理產品。

8

薄膜型表面處理產品

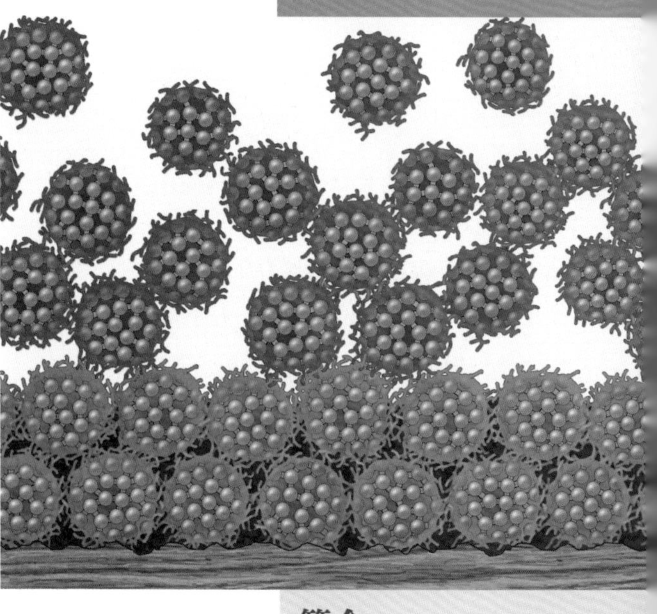

簡介

表面處理產品可分為兩種：滲透型和薄膜型。滲透型表面處理產品更準確的叫法應該是「非薄膜型」，因為所有的表面處理產品都具有滲透性，只是「滲透」這個名字沿用已久且更為常用。包含直油在內，滲透型表面處理產品不能形成堅硬的固化層，因此如果未能在每次塗抹後及時擦除多餘的表面處理產品，塗層就會變得黏手（請參閱第5章「油類表面處理產品」）。薄膜型表面處理產品能夠形成堅硬的固化層，可以建立任意厚度的塗層。常用於木工操作的薄膜型表面處理產品有五種（參閱第132頁「名字的含義」），我們也會分章討論這些產品的性能。

■蟲膠

■合成漆

■清漆（包含油基聚氨酯，一種清漆產品）

■雙組分表面處理產品（催化型的雙組分聚氨酯、環氧樹脂等）

■水基表面處理產品

因為薄膜型表面處理產品可以在木料表面形成較厚的塗層，所以保護能力明顯強於滲透型產品。塗層愈厚，保護木料免受劃傷及水漬影響，防止水蒸氣（溼氣）交換的能力就愈強。不過，薄膜的厚度在實踐中是受到限制的，如果塗層過厚，可能會因為內部應力的釋放或者木料的膨脹或收縮導致塗層產生裂紋（請參閱第134頁「固體含量和密耳厚度」，學習測量表面處理塗層厚度的方法）。

相比滲透型產品，薄膜型表面處理產品的裝飾效果更為多樣。製作薄膜塗層與製作三明治一樣，要分層完成。第一層塗層叫作封閉層，用來填充或封閉木料表面的孔隙（請參閱第144頁「封閉劑與封閉木料」）。隨後的塗層叫作面

名字的含義

對薄膜型表面處理產品的理解存在一些混亂，這是因為用來描述表面處理產品的名稱不正確。蟲膠、合成漆、清漆和水基表面處理產品都有多個不同的名稱。

- 蟲膠曾被稱為「酒精清漆」（這個名字與油基清漆相對），現在有時仍會聽到這個名字。當談及蟲膠的紫膠蟲起源時，或者當「合成漆」這個詞被用來指代任何揮發後可以固化的表面處理產品時，蟲膠也被稱為「合成漆」。例如，填補漆（請參閱第19章「表面處理塗層的修復」）實際上是一種含有油基溶劑的蟲膠，因此可以作為法式拋光漆使用。
- 當「清漆」這個術語被用來表示任何在乾燥後能夠形成堅硬、有光澤、透明塗層的表面處理產品時，合成漆也被叫作清漆。
- 當涉及中式漆或日式漆（它們實際上是從某些特定的樹木中提取的反應型固化樹脂）時，清漆會被叫作合成漆。當清漆經烘烤變硬並用作食品罐頭的塗層時也被叫作合成漆。現在，水基表面處理產品也被當作「合成漆」和「清漆」使用。
- 因為市場的原因，水基表面處理產品常被稱為「合成漆」或「清漆」。這可以讓全新的表面處理產品給人一種熟悉的感覺。同樣，當一些聚氨酯樹脂和丙烯酸樹脂被混合在一起使用的時候，水基表面處理產品也被叫作「聚氨酯」。

這些名字的交叉使用使薄膜型表面處理產品的識別變得更為混亂。當你聽說或看到有人使用清漆處理桌面時，很可能他們塗抹的是揮發型表面處理產品（蟲膠或合成漆）、反應型表面處理產品（清漆或改性清漆）或聯合型表面處理產品（水基表面處理產品）。

在本書中，我使用的名字都是與各種表面處理產品關聯最為緊密的，也是在塗料商店中最常使用的。對於水基表面處理產品，我避免稱其為合成漆、清漆或聚氨酯，儘管商家通常都這樣稱呼，但這會導致混亂，並且不利於區分兩種不同的水基表面處理產品。水基表面處理產品之間的相似性要比它們與任何其他被冠以這些名字的表面處理產品之間的相似性大得多。

漆層，可增加薄膜的厚度，為其加入裝飾性的顏色，並可以根據選擇提高或降低塗層的光澤度。

有多種方法可以為薄膜型表面處理產品加入裝飾性顏色（**圖8-1**）。

可以在表面處理產品中加入染色劑以添加顏色──塗層覆蓋了整個表面稱為調色，塗層覆蓋了部分表面叫作描影。可以在塗層之間添加顏色──稱為上釉（請參閱第15章「高級上色技術」）。

可以用研磨膏擦拭最後的塗層，或者使用包含消光劑的表面處理產品（請參閱第138頁「使用消光劑控制光澤」），來控制表面處理塗層的光澤度（請參閱第16章「完成表面處理」）。

產品特性

木匠面臨的最大的問題是，如何了解每種表面處理產品的特性並做出正確選擇。在選擇表面處理產品之前，必須首先了解它們的差別（請參閱第14章「選擇表面處理產品」）。

選擇的關鍵可能在於樹脂。所有的薄膜型表面處理產品都是用樹脂製成的，這也是塗層固化後使其保持堅硬的成分。常用於木料表面處理的樹脂包括醇酸樹脂、丙烯酸樹脂、三聚氰胺樹脂和聚氨酯。其中聚氨酯最為知名，且非常堅韌耐用。這在某些時候是正確的，但有時也需要考慮以下不同聚氨酯產品的特性。

- 油基聚氨酯
- 水基聚氨酯
- 聚氨酯漆
- 雙組分聚氨酯

注意事項！！！

從技術層面講，乾燥和固化描述了液體轉變為固體的不同方式。乾燥是指溶劑揮發的過程。揮發型表面處理產品是因為溶劑揮發而完全轉變為固體，從而「乾燥」的。固化是一個化學變化過程，反應型表面處理產品會在氧氣或催化劑作用下通過化學反應轉變為固體。聯合型表面處理產品（水基型）轉變為固體的過程同時包含這兩種方式（存在於液滴之間的乾燥過程以及液滴內部的固化或預固化過程）。如果可能，我會使用能夠正確描述這一過程的術語。但是很多時候，比如涉及多種表面處理產品或者水基表面處理產品時，準確描述幾乎是不可能的，此時我會統一用「固化」加以描述。

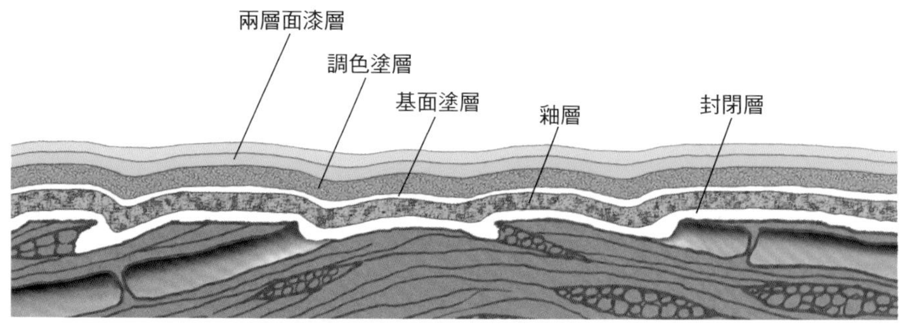

圖8-1 薄膜表面處理要分層完成。第一層為封閉層（可以在其下方染色），最上面則是面漆層。可以在封閉層和面漆層之間進行染色。如果染色層位於表面處理塗層之間則稱為上釉；如果染色層位於表面處理塗層上，並覆蓋了整個表面，則稱為調色；如果染色層位於表面處理塗層內，只覆蓋了部分表面，則稱為描影。染色層通常要用基面塗層──一種很薄的表面處理塗層─分隔開來。複雜的表面處理應包含上述所有塗層。

固體含量和密耳厚度

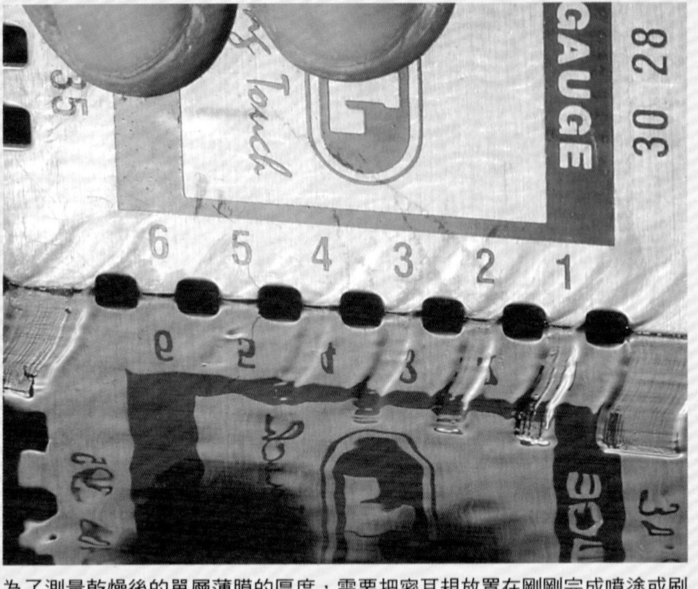

為了測量乾燥後的單層薄膜的厚度，需要把密耳規放置在剛剛完成噴塗或刷塗的表面上。留下劃痕的最高齒數就是塗層的溼密耳厚度。然後用該數值乘以表面處理產品的體積固體含量，得到乾燥塗層的密耳厚度。確保將添加的稀釋劑考慮在內。在這個例子中，表面處理塗層的溼測厚度是5mil。我將密耳規拖動了一點，這樣你就可以看得更清楚。但拖動並不是必要的。

大多數木匠和表面處理師會用「塗層數」來描述表面處理塗層的厚度。比如「塗抹了3層」。這個方法的問題在於，不同的人塗抹同種表面處理產品形成的塗層厚度以及塗抹不同表面處理產品形成的塗層厚度差別很大。

不同的表面處理產品的固體含量不同（固體物質的含量，主要是指樹脂相對於可揮發的稀釋劑的含量），不同的人在稀釋表面處理產品時對稀釋劑用量的把握會有差別，不同的人對「塗層」的理解也會不同。有些人每一層都刷塗得很薄，有些人則會刷塗得很厚。有些人噴塗一遍就稱其為一層，有些人則會在塗層完全溼潤的情況下噴塗兩次，並稱之為一層。

最準確的測量薄膜厚度的方法是，使用一種叫作「溼測型密耳厚度規」或「密耳規」的工具，在剛剛完成刷塗且塗層仍然溼潤的情況下測量出薄膜的厚度（1mil等於25.4μm），然後用該數值乘以表面處理產品的固體含量，以得到乾燥後的薄膜厚度。當然，必須把添加的稀釋劑的量考慮在內。

小提示

薄膜塗層的外觀可以幫助你估計其厚度。一層典型的乾燥薄膜塗層的厚度為2mil或更小。一層平整的溼塗層厚度約為4mil。塗層的褶皺處或波紋處的厚度通常為6mil或更厚一些。

溼測薄膜的密耳厚度，要如上圖所示的那樣將密耳規放置在剛剛噴塗或刷塗的表面上。你應該首先在一塊廢木料上做測試。薄膜塗層的厚度值與留在塗層上的最高密耳齒數一致。

一旦確定了大致的溼密耳厚度，就可以計算出所用的表面處理產品所形成的典型塗層的乾燥薄膜厚度。為此，應首先確定使用的表面處理產品的固體含量（請參閱第135頁列表）。廠家提供的通常是質量百分比，因為這樣方便計算混入大桶的每種成分的含量。體積固體含量的值通常會比質量百分比的值小20%左右，但是為了更加準確，應聯繫供應商提供相關數據，或者根據產品提供的物料安全數據表計算出相應的體積固體含

表面處理產品的類型	體積固體含量
蟲膠（1磅規格）	9
蟲膠（2磅規格）	16
蟲膠（3磅規格）	22
合成漆	20
清漆	30
水基表面處理產品	30
預催化漆	30
後催化漆	35
改性清漆	35
雙組分聚氨酯	50
聚酯纖維	90
環氧樹脂	100
紫外線固化劑	100

量。現在大多數的供應商都會把物料安全數據表放在他們的網站上。

在物料安全數據表中找到「揮發物百分比」，這是表面處理產品中所有揮發性物質的含量。用100減去這個數值就得到了準確的體積固體含量數值。所有不能揮發的固體顆粒都包含在內。

現在，用這個數值乘以溼塗層的密耳厚度。舉個例子，使用體積固體含量為35%的後催化漆，溼塗層厚度為4mil，用4×0.35mil得到1.4mil。這意味著，要想得到厚度約為4mil的完全乾燥的塗層，需要塗抹3層這樣的溼塗層。通常情況下，你會希望乾燥後的塗層的密耳厚度在2.5mil（看起來會很薄）至5mil之間。

接下來舉一個添加了稀釋劑的例子，你必須將這個因素考慮在內。例如，你使用體積固體含量為20%的硝基漆，並用漆稀釋劑將其稀釋10%，然後噴塗形成厚約4mil的溼塗層，則計算方法為4mil×（0.20−0.02），得到0.72mil。這樣需要塗抹5～6層溼塗層才能獲得厚4mil的乾燥薄膜層。

小提示

在噴塗或刷塗薄膜型表面處理產品之前，最好將其過濾一下。即使是新打開的包裝，也可能會受到塵土或者乾燥或凝結的塗料碎屑的汙染。塗料過濾器價格便宜，操作簡單，並且在任何表面處理產品商店和供應商處都能買到。或者，也可以使用密織的棉布完成過濾。

如果使用過以上產品中的任意兩種，你會發現它們非常不同。油基聚氨酯在形成具有保護作用的耐用薄膜塗層的過程中固化速度非常慢。水基聚氨酯的乾燥速度要快得多，但會導致木料表面起毛刺，並且對防止液體滲透，或者隔絕熱、溶劑以及化學物質均無能為力。聚氨酯漆乾燥速度非常快，必須噴塗，乾燥後形成的堅硬塗層要比水基聚氨酯塗層耐用，但稍弱於油基聚氨酯塗層。雙組分聚氨酯乾燥速度同樣非常快，形成的塗層異常耐用，很難被損壞，修復或剝離塗層也很困難。

表面處理產品中其他的樹脂成分對於產品特性而言不是很關鍵。而且很明顯，了解表面處理產品中使用的樹脂只能幫助你部分地了解表面處理產品的性能。根據固化方式的不同對薄膜型表面處理產品進行歸類是更有效的做法。

表面處理產品如何固化？

表面處理產品的固化不外乎三種方式：通過溶劑的揮發（揮發型表面處理產品）；通過化學反應，溶劑揮發後發生在表面處理產品內部（反應型表面處理產品）；溶劑揮發和化學反應相結合（聯合型表面處理產品）（請參閱第141頁

「表面處理產品的固化類型」和第142頁「揮發型、反應型和聯合型表面處理產品的對比」）。有一種非常簡單的方法，可以展示不同產品的固化方式。揮發型表面處理產品，包含蟲膠和合成漆，就像一盆水中的義大利麵；反應型表面處理產品，包含清漆和雙組分表面處理產品，就像模塊玩具；聯合型表面處理產品就好像塗抹了一層溶劑並被壓在一起的塑料足球（請參閱第143頁「表面處理產品的分類」）。接下來我們依次講解每一類產品。

揮發型表面處理產品

揮發型表面處理產品包括蟲膠和合成漆。它們由微觀上類似義大利麵的長纖維狀分子組成。這些分子漂浮在溶劑中的狀態就像水中的義大利麵，隨著溶劑的揮發，分子會糾纏在一起（就像水變少時義大利麵的狀態），當溶劑（類似於義大利麵中的水）完全揮發後，它們就會形成堅硬的固體塗層（**圖8-2**）。

溶解時

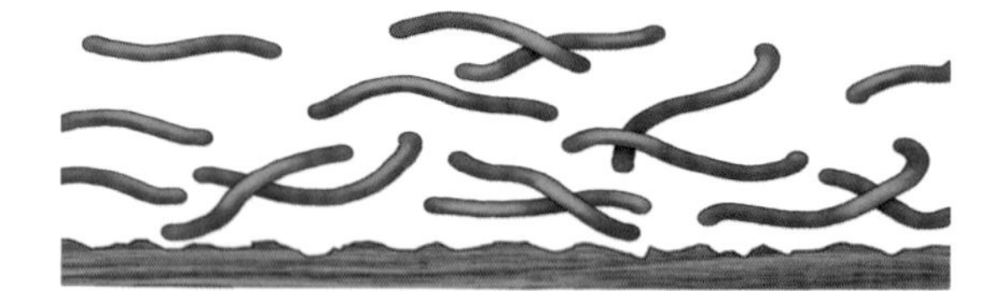

在固化的薄膜塗層中

再次溶解時

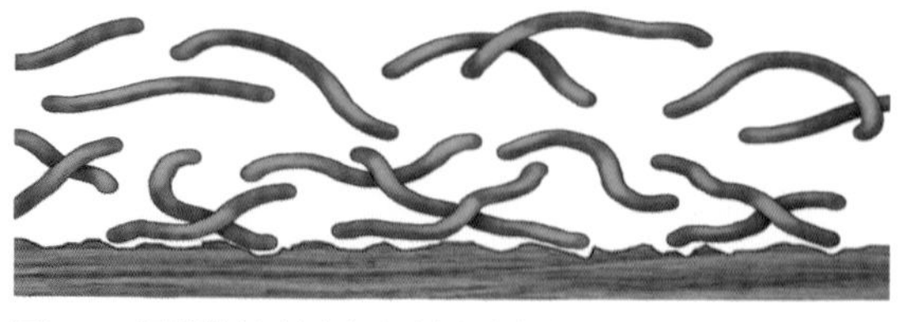

圖8-2　揮發性溶劑由類似義大利麵的長纖維狀分子組成。溶劑揮發後它們會糾纏在一起。當再次引入溶劑時，這些分子會重新分離，表面處理產品重回液體形態。

如果用沾水的手指接觸硬化的義大利麵，你會感覺到義麵變黏了；如果將硬化的義大利麵放入水中，麵條會從黏連狀態分離開，重新回到各自漂浮的狀態。這與用漆稀釋劑接觸硬化的合成漆或者用酒精接觸硬化的蟲膠，以及將乾結的合成漆泡在漆稀釋劑中或者將乾結的蟲膠泡在酒精中的情況類似。表面處理產品首先會軟化變黏，然後溶解並回復至液體狀態（蠟也是一種揮發型表面處理產品，但是它無法硬化，所以不能建立保護層）。從這類固化方法中，我們可以學習到以下內容。

- 蟲膠和合成漆的乾燥時間完全取決於溶劑的揮發速度。如果想加快或減緩乾燥速度，可以使用揮發速度更快或更慢的溶劑。
- 在原有的揮發型表面處理產品塗層上再塗抹新的塗層時，新塗層會溶入已經存在的塗層中，從而產生一層更厚的塗層（**圖8-3**）。你無法在不干擾下層塗層的情況下擦除新的塗層，甚至不能在其乾燥前觸摸它，否則會形成透過塗層直達木料表面的印記。
- 可以以噴塗的方式一層疊一層地噴塗揮發型表面處理產品，無須等待之前的塗層乾燥。這個方法唯一的不足之處在於，需要等待更長的時

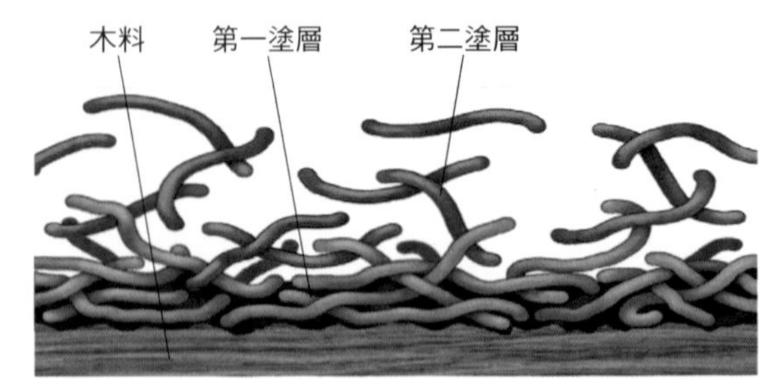

圖8-3　當你使用揮發型表面處理產品，在業已乾燥的塗層上塗抹新的塗層時，新塗層中的溶劑會部分地溶解下面的塗層，兩層中的塗料分子會彼此糾纏，從而形成一層新的、更厚的塗層。

注意！！！

蟲膠和合成漆這兩種揮發型表面處理產品可以搭配使用，以對方為基底繼續塗抹新的塗層，並且彼此結合得很牢固，但兩種產品之間的結合能力還是趕不上同種產品的結合。蟲膠中的酒精軟化了合成漆，足以實現部分分子之間的糾纏；在蟲膠表面塗抹合成漆也是一樣的。但在塗抹新的塗層之前，最好用鋼絲絨或砂紙打磨原有表面，以獲得更好的聯鎖或「機械」結合效果。

間讓整個表面處理塗層完全乾燥，因為底層的溶劑需要更長的時間才能穿過表面塗層揮發掉。

- 由於這些長分子彼此糾纏，所以非常容易受到摩擦、高溫、溶劑和化學物質的作用發生分離（被破壞）。積極的一面是，揮發型表面處理產品很容易經過擦拭（研磨）形成均勻的光澤，並且可以通過將更多的揮發型表面處理產品熔化或溶解進受損部位的方式，修復損傷於無形之中。
- 因為糾纏在一起的塗料分子之間會產生一些微觀上的空隙，少量的水分子會穿過空隙進入木料中，所以揮發型表面處理產品並不適合防水蒸氣。不過，有證據表明，蟲膠可能是個例外。

反應型表面處理產品

清漆和所有的雙組分表面處理產品都是反應型表面處理產品。它們由小分子（類似於模塊化玩具中的一系列模塊）組成。這些分子在稀釋劑中浮動。稀釋劑揮發之後，借助氧氣的作用（清漆產品）或者催化劑、反應劑、交聯劑或硬化劑的幫助（雙組分產品），這些分子彼此靠近並連接。這種連接通常被定義為交聯或聚合，其作用類似於模塊化玩具中的主桿（**圖8-4**）。

固化的清漆或雙組分表面處理產品在分子尺度上形成一個巨大的模塊化網路。使用表面處理產品的稀釋劑（或者任何相應的溶劑）接觸固化後的塗層不會出現任何反應。將固化的表面處理產品浸入溶劑中可能會起泡，但固體不會溶解。（亞麻籽油和桐油也是反應型表面處理產品，但它們無法硬化，所以無法建立起保護性塗層。）

從這種固化方式中，我們需要掌握以下訊息。

- 清漆和雙組分表面處理產品的固化時間取決於分子的交聯速度，而非溶劑的揮發速度。不過，在交聯反應發生之前，仍需要重點關注揮發過程。

溶液中

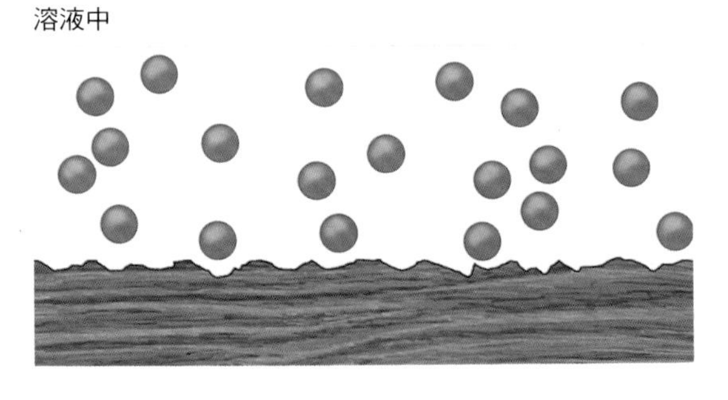

固化中

經稀釋劑處理後

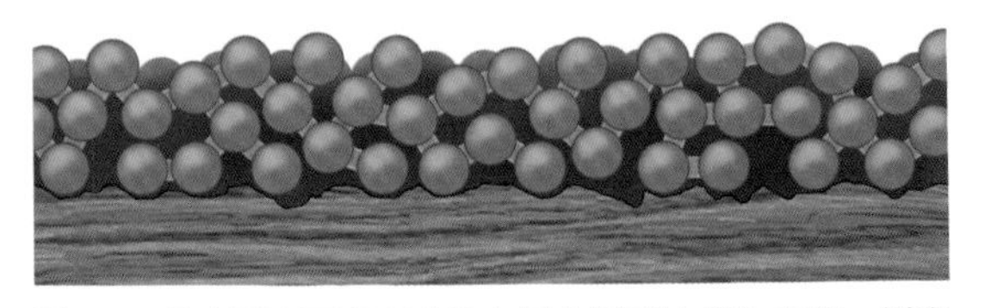

圖8-4 反應型表面處理產品在固化過程中發生交聯。樹脂分子通過化學反應鍵合在一起，組成一個類似模塊玩具的分子網路。重新介入的溶劑無法破壞這些化學鍵。

使用消光劑控制光澤

消光劑是固體顆粒，其成分為二氧化矽，通常會沉澱在染料罐或消光表面處理產品的底部。當將其攪動至表面處理產品內並塗抹在木料表面之後，消光劑會在塗層表面形成一層微觀尺度上的糙面，通過漫反射削弱原有的反射光，從而降低塗層光澤度，表面處理產品中加入的消光劑愈多，塗層的光澤度就愈低（下方照片）。

除了蟲膠，所有的薄膜型表面處理產品都包含添加了消光劑的品種。這些產品通常貼有標籤，以表明其消光程度，例如，半光亮、緞面光澤、蛋殼效果、擦拭效果、啞光、平光、無光，或者類似的描述，具體效果取決於製造商添加了多少消光劑。不幸的是，這些術語的定義極其混亂，某個品牌的產品不太可能產生與其他品牌的產品同樣的光澤。有一套數字系統可以提供較為準確的參照，該系統設定了1～100（100是完美光澤度）的數值區間描述光澤度。有些廠家在使用該系統。

可以從供應商處單獨購買消光劑（通常以「消光膏」的形式銷售），然後加入到表面處理產品中，獲得所需的表面光澤。也可以混合不同光澤的同種表面處理產品，或者，可以將消光劑業已沉澱在罐底的表面處理產品倒出一部分，這

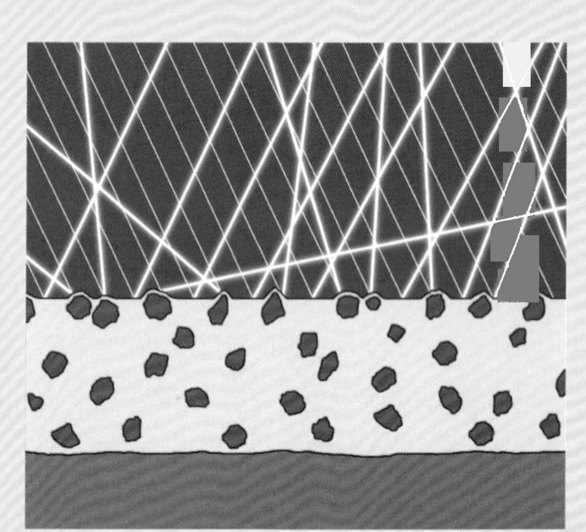

消光劑通過增加光線漫反射削減塗層的光澤。隨著溼薄膜的乾燥收縮，消光劑顆粒會被拉緊並推到塗層表面。這種微觀層面的隆起導致了光線的散射。添加的消光劑愈多，隆起就會愈密集，消光的效果就愈明顯。大多數的消光表面處理產品都是透明的。有些廠家使用的消光劑會使薄膜塗層看上去有些混濁。可以在兩層緞面光澤的塗層之上塗抹一層光亮塗層，將其與連續塗抹的2～3層光亮塗層做比較，以判斷消光產品的透明度。

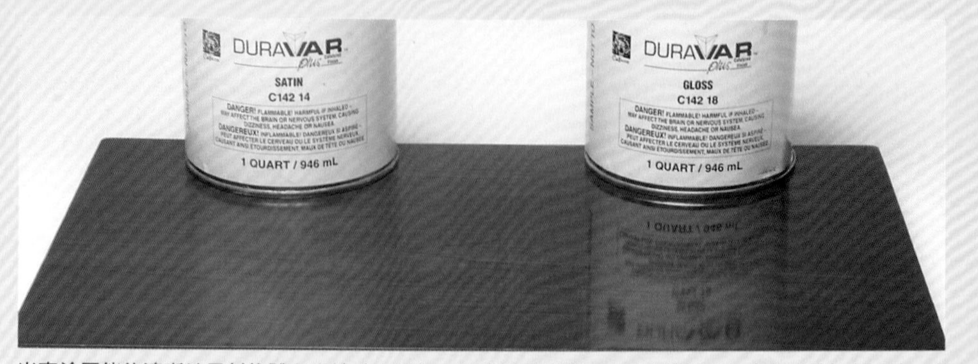

光亮塗層能夠清晰地反射物體和光線（右側）。消光塗層（緞面、平光等效果）會使光線散射開來，並由於消光劑產生的微觀糙面導致模糊的反射（左側）。

樣就獲得了部分非常光亮的表面處理產品和部分消光程度非常高的表面處理產品。然後，可以將這兩者混合以獲得所需的光澤度。

根據使用的消光劑種類的不同，薄膜型表面處理產品中的消光劑顆粒可以是完全透明的，也可以是接近透明的。塗層的光澤是由沉積在薄膜表面的消光劑顆粒決定的。隨著溼薄膜的乾燥收縮，這些顆粒會被拉緊並推到塗層表面，形成微觀尺度上的糙面，從而產生消光效果。潮溼光亮的塗層產生消光效果通常發生在很短的時間內，用心觀察的話還是很明顯的。

因為消光效果是由粗糙表面，而非薄膜內部業已乾燥的顆粒產生的，顯而易見，塗層的光澤是由最後一層塗層建立的。如果先塗抹了兩層緞面光澤的塗層，然後塗抹了一層光亮塗層，那麼塗層最終會呈現光亮的效果（照片最左側）。同樣，如果先塗抹了兩層光亮塗層，然後塗抹了一層緞面塗層，那麼塗層最終會呈現緞面光澤（照片最右側）。此外，通過使用精細研磨膏打磨，可以使消光表面變得光亮一些。事實上，打磨任何消光表面都會導致某個方向上光澤度的改變。舉個大家熟悉的例子，在辦公桌桌面的邊緣，很容易看到因為摩擦而變得光亮的消光處理表面。

消光塗層似乎比光亮塗層更容易刮傷，因為粗糙的物體表面在微觀尺度上被削平的趨勢更為明顯。據說，有些廠家會使用包裹了一層蠟的消光顆粒避免出現這種狀況，但我從未見過這樣的訊息。

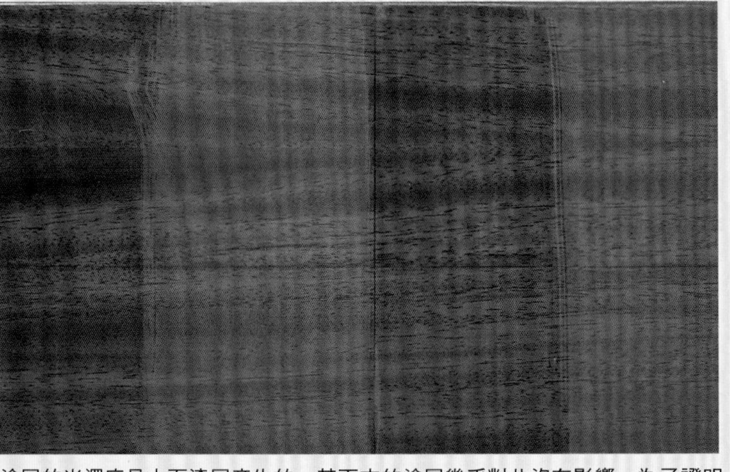

塗層的光澤度是由面漆層產生的，其下方的塗層幾乎對此沒有影響。為了證明這一點，我在這塊面板的左半邊塗抹了兩層緞面光澤的塗層，然後只在最左側的四分之一區域繼續塗抹了一層光亮塗層，在面板的右半邊塗抹了兩層光亮塗層，並只在最右側的四分之一區域塗抹了一層緞面光澤的塗層。結果一目了然：最初的兩個塗層對第三層塗層的光澤度沒有任何影響。

注意！！！

消光劑可能會聚集，導致表面處理塗層中出現白色斑點。當消光劑顆粒黏著在罐底或乾結在瓶口周圍時，聚集現象就會發生。一旦發生聚集，形成的團塊無法被有效地分離或過濾除去，只能更換全新的產品。

- 反應型表面處理產品形成的塗層不會彼此滲透溶解。因此，為了獲得更好的交聯效果，塗抹每一層清漆需要間隔幾天甚至幾週時間，雙組分表面處理產品需要的時間間隔則要短得多。也可以對業已完成的塗層進行打磨，借助產生的凹痕使新的塗層通過機械力與下層結合在一起（**圖8-5**）。如果想去除新塗層中的鬃毛或粉塵，無須擔心下面的塗層會受到破壞。如果動作快的話，甚至可以用溶劑清洗這個塗層。但是如果磨穿了上層塗層露出了下面的塗層，則會在兩層交界處出現一條可見的分界線（第267頁**照片16-6**）。
- 與揮發型表面處理產品相比，必須等待反應型表面處理產品的每一塗層充分固化後才能塗抹下一層。否則，之前的塗層可能會出現褶皺。
- 交聯的模塊網路產生的表面處理塗層對劃傷、熱量、溶劑和化學製品的耐受力都非常強。粗糙的物體需要撕裂分子間的交聯才能導致劃痕；極端的高溫才會導致塗層起泡；需要使用非常強效的溶劑（例如二氯甲烷）才能去除這些塗層。此外，反應型表面處理產品形成的塗層很難擦拭形成均勻的光澤，並且很難修復到難以察覺的程度。
- 由於交聯產生的網路非常緻密，因此反應型表面處理產品形成的塗層能夠很好地阻斷水蒸氣的滲透。

聯合型表面處理產品

水基表面處理產品是主要的聯合型表面處理產品。這種產品會在微觀上形成外被塑料殼、內為固體的足球狀液滴（膠乳）。液滴的內部是交聯在一起的反應型表面處理產品。液滴則懸浮在水和低揮發性的溶劑中。水最先揮發。然後溶劑會軟化液滴的外層，就像溶劑會軟化塑料足球的外皮那樣。隨著溶劑的揮發，液滴會變得黏稠並黏合在一起，薄膜塗層則會硬化（**圖8-6**）。白膠和黃膠的固化過程與此類似。

已經固化的水基表面處理塗層與水接觸不會出現任何不良反應，但是強溶劑會導致其軟化並變得黏稠。強溶劑會使液滴分離，使其回到黏稠狀態。有些人試圖將水基表面處理產品歸入揮發型表面處理產品或反應型表面處理產品中，但是這會導致混亂。事實上，水基表面處理產品兼具上述兩種產品的特點。

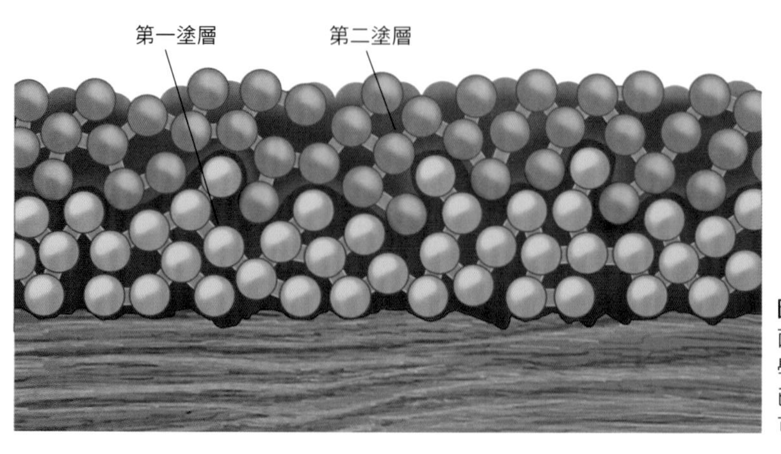

圖8-5　一旦下層完全固化，反應型表面處理產品的塗層之間是不會發生化學鍵合的。需要使用砂紙或鋼絲絨在已有的塗層上做出劃痕，這樣新塗層可以通過機械力與下層連結在一起。

表面處理產品的固化類型

當你了解了三種固化類型──揮發型、反應型和聯合型之時，就可以更好地掌控各種表面處理產品的使用了。除了染料和漂白劑，所有表面處理產品的固化都不外乎這三種方式。通常來說，通過包裝上列出的溶劑、稀釋劑和清理材料，可以輕鬆地判斷出產品的固化方式。

揮發型 （溶劑為酒精、丙酮和漆稀釋劑）	反應型 （稀釋劑為油漆溶劑油和石腦油，通常被稱為「石油餾出物」）	聯合型 （溶劑為乙二醇醚，稀釋劑為水）
■蟲膠 ■合成漆 ■使用合成漆黏合劑的快乾型染色劑 ■可以用漆稀釋劑或丙酮進行稀釋的木粉膩子 ■蠟（溶劑為油漆溶劑油或松節油）	■亞麻籽油和桐油 ■油與清漆的混合物 ■擦拭型清漆 ■凝膠清漆 ■清漆（含有聚氨酯） ■可以用油漆溶劑油稀釋的擦拭型染色劑 ■可以用油漆溶劑油稀釋的多合一染色劑、封閉劑和表面處理產品 ■可以用油漆溶劑油稀釋的膏狀木填料 ■可用油漆溶劑油稀釋的釉料 ■雙組分表面處理產品（稀釋劑各不相同）	■水基表面處理產品 ■可以用水清洗的擦拭型染色劑 ■可以用水清洗的多合一染色劑、封閉劑和表面處理產品 ■可以用水清洗的木粉膩子 ■可以用水清洗的膏狀木填料 ■可以用水清洗的釉料

溶液中

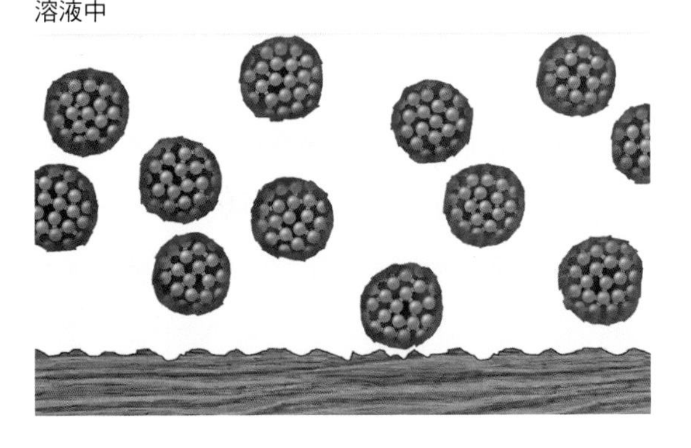

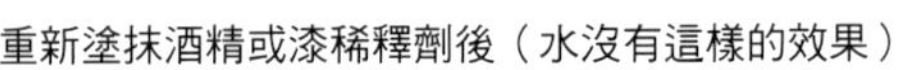

重新塗抹酒精或漆稀釋劑後（水沒有這樣的效果）

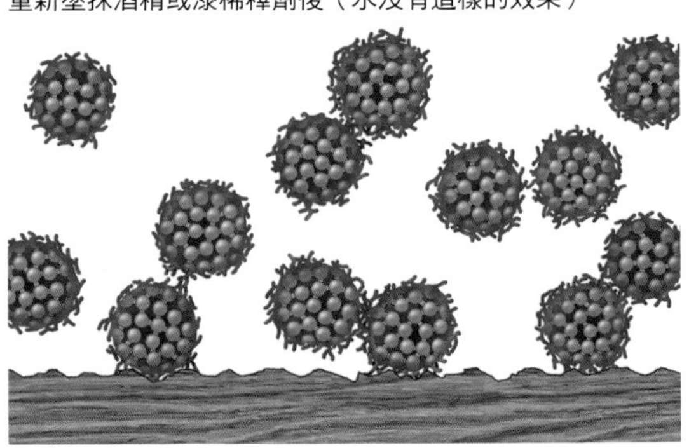

固化後

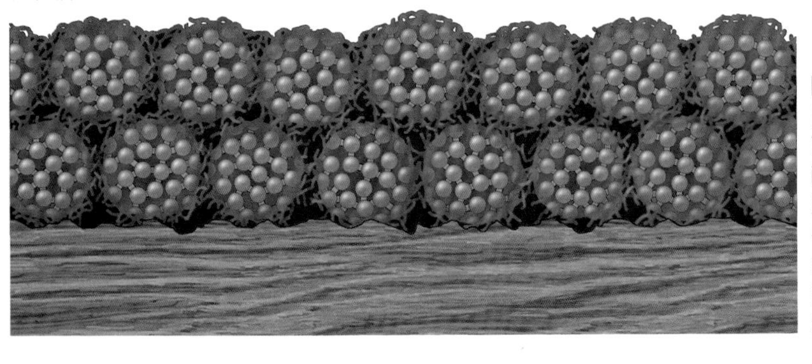

圖8-6 隨著水分的揮發，反應型固化的表面處理液滴互相壓緊，從而形成聯合型表面處理塗層。乙二醇醚溶劑接下來則會軟化液滴的外層，導致其變得黏稠。當溶劑揮發後，液滴會黏合在一起，薄膜塗層則會硬化。如果將酒精或漆稀釋劑這類溶劑重新塗抹在固化的表面，液滴會重新變得黏稠並液化。

揮發型、反應型和聯合型表面處理產品的對比

表面處理產品的固化方式會向你提供很多有關產品的訊息。以下是對三類產品的概括。

產品類型	揮發型（蟲膠和合成漆）	反應型（清漆和雙組分表面處理產品）	聯合型（水基表面處理產品）
固化時間完全取決於溶劑的揮發速度	是	否	是
塗層相互溶解滲透	是	否	部分
無須等待下層完全乾燥就可以塗抹新塗層	是	否	否
難以損傷	否	是	難以劃傷，但易受高溫和溶劑的破壞
防水和防水蒸氣滲入的能力非常強	否	是	否

以下是其主要特點。

■水基表面處理產品的乾燥過程類似於揮發型表面處理產品，其乾燥時間取決於溶劑的揮發速度，並可以通過加入慢揮發性溶劑來減緩乾燥速度。但是一旦塗層塗抹完成，乾燥速率就無法改變，除非加熱（所有的表面處理產品在加熱條件下都可以固化得更快）。

■上層塗層對下層塗層的滲透溶解效應已降至最低，因此，如果塗抹新塗層的時間間隔長達幾天或幾週，只能滿足產生必要的結合力的需要（**圖8-7**）。這樣的溶解程度是無法使其像揮發型表面處理產品那樣，形成更厚的塗層的。如果塗層間的乾燥時間充裕，原有的塗層需經打磨做出凹痕，才能通過機械力與新塗層結合在一起。塗層間的塗抹間隔愈長，一旦磨穿了上層塗層，露出了下面的塗層，在兩個塗層交界處出現可見的分界線的概率就會愈高。

■因為塗層之間不會出現明顯的溶解滲透，所以應在塗層充分固化後再塗抹新的塗層。不能在部分乾燥的塗層上塗抹新塗層，這樣會出問題。

■每個內部交聯的液滴形成的表面非常耐劃。但是揮發性溶劑的加入會使水基表面處理塗層對高溫、溶劑和化學製品的破壞更為敏感。由於水基表面處理產品兼具揮發型和反應型產品的固化特性，所以相比反應型表面處理產品更易修復，並可經擦拭獲得均勻的光澤，但是相比揮發型表面處理產品，實現這兩點則更為困難。

表面處理產品的分類

分類	表面處理產品	固化類型
薄膜型	蟲膠	揮發型
	合成漆	揮發型
	清漆（包含聚氨酯）	反應型
	雙組分表面處理產品（催化漆、改性清漆、雙組分聚氨酯、聚酯纖維、環氧樹脂、紫外線固化產品）	反應型
	水基表面處理產品	聯合型
滲透型	油和油與清漆的混合物	反應型

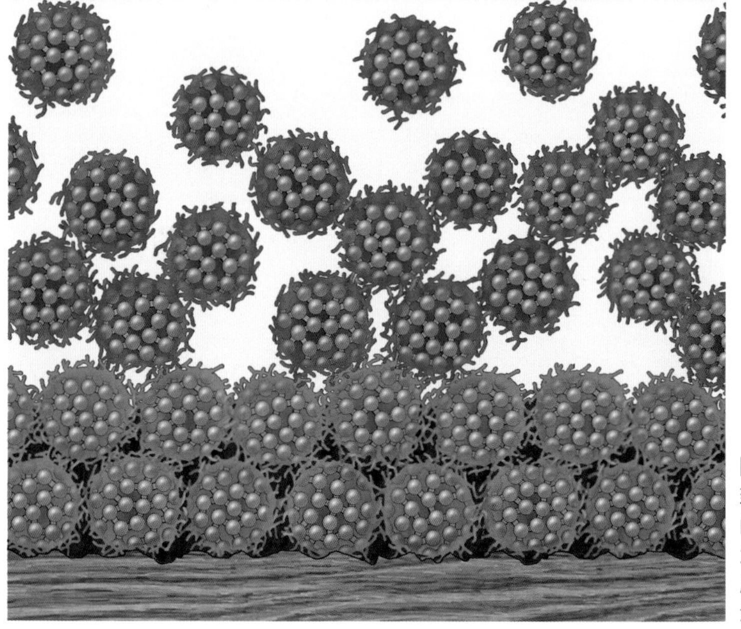

圖8-7　在剛剛固化的塗層上塗抹一層新的聯合型表面處理產品時，新塗層中的少量溶劑可以軟化下層塗層的表層液滴，從而使兩個塗層黏合在一起。新塗層中的溶劑含量不足以軟化下層塗層更深處的液滴。

■液滴內的交聯樹脂可以很好地阻斷水蒸氣的滲入，但液滴之間由揮發性溶劑形成的連接則類似於揮發型表面處理產品，水蒸氣可以從中穿過。乳膠漆是一種添加了色素染色劑的水基表面處理產品，因其具有「可呼吸」的特性（也就是水蒸氣可以穿過的特性）而被看重，可以作為一個例證。

封閉劑與封閉木料

很多人認為，需要使用特殊的封閉劑封閉木料，因為普通的表面處理產品無法做到這一點。這種理解是錯誤的。任何表面處理產品形成的第一塗層都可以封閉木料。塗料會滲透、固化並填充木料的孔隙（右圖）。液體，包括後續的表面處理產品，都不會滲透通過業已固化的第一塗層。因此，所有的表面處理產品都可以作為封閉劑使用。

專門的封閉劑是為了解決以下四種問題而存在的：

- 使第一塗層更易於打磨；
- 減少木料起毛刺；
- 封閉木料，防止其中的油、樹脂、蠟或氣味散發出來；
- 延長某些雙組分表面處理產品的必要操作時間。

使打磨更容易

打磨任何表面處理產品的第一個塗層是很必要的，因為它們總是有些粗糙。將其打磨光滑會使後續塗層的塗抹更為順利，並獲得更好的整體處理效果。不過，清漆和合成漆塗層是很難打磨的。打磨封閉劑是添加了礦物皂（硬脂酸鋅）的合成漆或清漆，可用於這兩種表面處理塗層。礦物皂在打磨清漆或合成漆塗層時會變成粉末（下方照片），因此可以減少砂紙的堵塞。需要注意的是，打磨封閉劑不是為聚氨酯、蟲膠或者預催化漆準備的，也很少用於水基表面處理產品，因為這些表面處理塗層打磨起來沒有那麼困難。

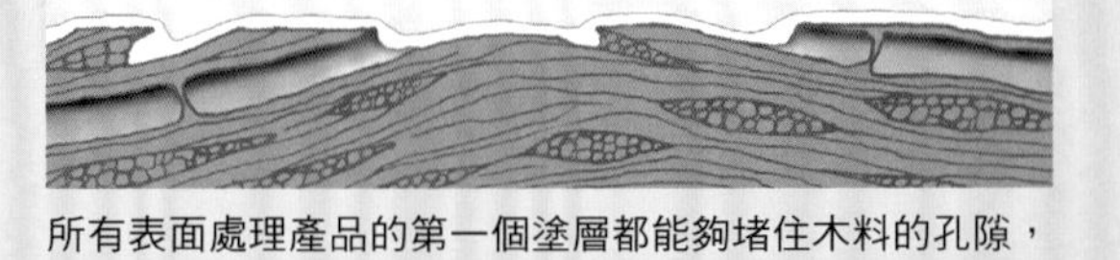

所有表面處理產品的第一個塗層都能夠堵住木料的孔隙，起到封閉作用，因此並不需要一種專門的封閉劑來完成這個任務。

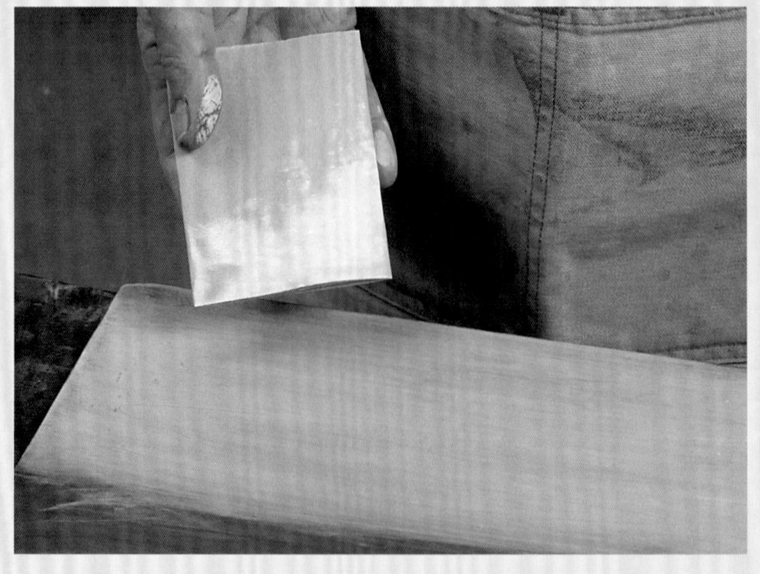

為清漆和合成漆製作的打磨封閉劑打磨時會變成粉末，這可以減少砂紙的堵塞。

錯誤的標籤和市場導向使打磨封閉劑的定位變得更為混亂。

- 有些打磨封閉劑被貼上了「封閉劑」的標籤，可能會誤導購買者將其用在表面處理塗層的下方。
- 有些表面處理產品被冠以「自動封閉」之名，會誤導購買者認為其他表面處理產品需要使用額外的封閉劑。其實，「自動封閉」只是該表面處理產品打磨起來足夠容易的意思。

打磨封閉劑的缺點在於穩定性降低了。礦物皂削弱了塗層的防水性，並在受到用力敲擊時易於碎裂和變白，尤其是在打磨封閉劑塗層很厚的時候（左下照片）。因此，打磨封閉劑最好只塗抹一層。事實上，除非工作量很大，否則最好不要使用打磨封閉劑。因為你是犧牲了塗層的部分穩定性來換取打磨過程的大幅簡化的。打磨封閉劑只是一種加速生產進度的產品。

傳言

打磨封閉劑為獲得更好的塗層間的黏合效果提供了基礎。

事實

事實正好相反。打磨封閉劑中的礦物皂削弱了表面處理產品與木料的結合能力。這個傳言可能是因為弄混了打磨封閉劑與底漆的作用。塗料中包含了太多的色素，導致沒有足夠比例的黏合劑保持色素顆粒的聚集，同時與多孔的木料表面實現良好的黏合。底漆中的色素很少，所以它含有更高比例的黏合劑，可以與木料很好地黏合。清理型表面處理產品都是黏合劑。它們自身能夠與木料完美地結合。

減少毛刺

有些水基表面處理產品是鹼性的（可以聞到氨氣的氣味），鹼性水比中性水更容易導致毛刺的產生。因此，廠家有時會提供偏酸性的水基封閉劑，用來減少毛刺的生成。可是，沒有鹼性環境的話，封閉劑的穩定性會減弱，所以使用這種封閉劑必定會犧牲部分穩定性。

不幸的是，廠家通常為這些產品貼上「打磨封閉劑」的標籤，但實際上它們並不能使打磨變得更容易。與傳統的打磨封閉劑一樣，這種產品只是能加快生產進度罷了。

打磨封閉劑很軟，如果塗抹得很厚，很容易在受到鈍器敲擊時破碎。這種現象甚至會出現在面漆層下方，並且這種損壞只能用有色表面處理產品填補才能修復（請參閱第19章「表面處理塗層的修復」）。適量使用打磨封閉劑可以使打磨過程更容易，並且不會磨穿塗層，因此在大多數情況下只需塗抹一層。

封閉劑與封閉木料（續）

將問題封閉在木料內

如果需要給家具或木工製品重做表面處理，你可能會碰到一些情況，比如，木料中的油（通常是來自家具拋光劑的矽油）或蠟會導致諸如魚眼、乾燥變慢或黏合變弱等問題。你可能也會遇到帶有強烈氣味（比如，煙味或動物尿液的氣味）的木料。此時，可以使用蟲膠封閉這些問題。「封閉」在這裡的含義略有不同。封閉有「內」「外」兩種形式，也就是將問題封閉在木料之內或將其阻隔在木料之外，或者將一個處理步驟（色階）與其他步驟（色階）分開。

在新木的表面處理中，可能需要處理松脂型松木節疤，它們會導致乾燥和黏合出現問題。蟲膠是封閉這類問題的完美選擇。

蟲膠被吹捧為一種偉大的封閉劑，以至於更多的是作為特定封閉劑，而不是普通表面處理產品被使用。這很不幸。除非木料中存在導致問題的東西，否則沒有必要在其他表面處理塗層下塗抹蟲膠，因為在一種塗層上塗抹其他塗料時存在起泡、起褶或黏合度下降的風險。如果在蟲膠之上塗抹了更具保護性和耐久性的塗層，很可能塗層整體的保護性和耐久性會被削弱。如果確實需要使用蟲膠，最好使用去蠟蟲膠，因為蟲膠含有的蠟被去除了，你可以獲得更好的黏合效果（請參閱第9章「蟲膠」）。

延長操作時間

在使用催化漆和改性清漆完成所有表面處理塗層的時候，經常會遇到時間非常有限的問題（請參閱第12章「雙組分表面處理產品」）。將上漆與填充、染色和上釉等步驟結合起來可以幫助你延長操作時間，突破原有的限制。在這種情況下，可以使用乙烯基封閉劑封閉木料，並在裝飾層之間塗抹乙烯基封閉劑用作基面塗層（請參閱第82頁「基面塗層」）。最後，在最上層塗抹雙組分表面處理產品。

乙烯基封閉劑是添加了乙烯基樹脂的硝基漆，可以提高表面處理塗層的防水和黏合性能。很多表面處理師在用乙烯基封閉劑封閉木料時甚至不會考慮時間因素，因為乙烯基封閉劑比普通表面處理產品便宜，並且不會犧牲防水性。

乙烯基封閉劑的缺點是非常難於打磨。為了解決這個問題，有些廠家在其中加入了礦物皂，結果與打磨封閉劑類似，整個薄膜的防水性減弱了。你需要做出選擇：是要更輕鬆地完成打磨，還是更好的塗層穩定性。

警告！！！

聚氨酯不能很好地與含有礦物皂的表面處理產品或含有蠟的蟲膠黏合在一起，因此不能在聚氨酯塗層下使用專門的打磨封閉劑或含蠟蟲膠。

溶劑和稀釋劑

在我最開始學習表面處理的時候，我曾問我的老師，他是如何知道表面處理產品應該搭配使用何種溶劑的。他沒有給出具體解釋，只是說知道。我認為他進入了狀態。沒有簡單的解釋。你必須了解你使用的表面處理產品可以使用哪種溶劑和稀釋劑（請參閱「各種表面處理產品對應的溶劑和稀釋劑」）。

無論如何，了解溶劑和稀釋劑的不同會有所幫助。溶劑可以溶解固化的表面處理產品，使固體變為液體（請參閱第148頁「表面處理產品的兼容性」）。稀釋劑則只用來稀釋液體。一種物質可以是一種表面處理產品的溶劑，同時是另一種表面處理產品的稀釋劑，或者同時作為一種表面處理產品的溶劑和稀釋劑使用。下面是它們的分類方式。

■油漆溶劑油、石腦油和松節油是蠟的溶劑，是蠟、油和清漆的稀釋劑。它們可以溶解固體蠟，但不會溶解固化的油或清漆。它們也不能溶解任何其他的表面處理產品，所以常被用作家具的拋光劑和清潔劑。

■酒精是蟲膠的溶劑和稀釋劑，同時也是合成漆和水基表面處理產品的弱溶劑和局部稀釋劑。酒精可以破壞合成漆和水基表面處理產品形成的塗層，但是不會真正將其溶解。酒精不會對

注意！！！

近些年，由使用溶劑導致的健康負面訊息不斷增加。但是，表面處理產品中的溶劑是這些產品能夠使用的基礎，添加溶劑是為了幫助你解決問題。即使是水基的表面處理產品，溶劑也是不可或缺的。以健康的方式使用溶劑的關鍵在於，保持環境通風良好，佩戴有機蒸氣防護面罩保護自己，這些措施在經常使用溶劑的情況下尤為重要。

各種表面處理產品對應的溶劑和稀釋劑

溶劑和稀釋劑這兩個術語經常被混用，但是它們的含義是不同的。溶劑可以溶解固化的表面處理產品（或其他固體材料）。稀釋劑並不是必要的，通常用來稀釋溶液。同一物質往往可以同時成為一種表面處理產品的溶劑和稀釋劑，這意味著，它可以溶解已經硬化的表面處理塗層，也可以稀釋相應的溶液。

溶劑	溶解對象	稀釋對象
油漆溶劑油、石腦油、松節油	蠟	蠟、油、清漆
甲苯、二甲苯	蠟（會破壞水基表面處理產品、黃膠和白膠）	蠟、油、清漆、改性清漆
酒精	蟲膠、合成漆（弱）	蟲膠、合成漆、水基表面處理產品
漆稀釋劑	蟲膠、合成漆、水基表面處理產品	合成漆、蟲膠（填補漆）、催化漆
乙二醇醚	蟲膠、合成漆、水基表面處理產品	水基表面處理產品
水		水基表面處理產品

表面處理產品的兼容性

只要注意以下兩個重要特性，所有的表面處理產品都可以塗抹在另一層固化的表面處理塗層上。

■塗抹的表面處理塗層的表面必須乾淨，並且不能很光亮（鈍化）。

■如果使用的表面處理產品是漆稀釋劑，應該首先噴塗一層很薄的塗層，或者應該做一層隔離層。

還有第三個因素。一層厚的表面處理塗層與另一種表面處理產品的厚塗層存在收縮率或膨脹率的差異，可能導致某些位置的塗層發生分離。不過，只要溫度的變化不是很極端，這種分離現象可能永遠不會出現。因此，一般不需要考慮這個因素。

乾淨和鈍化

沒有比這條更重要的表面處理規則了：任何完全固化的塗層，不管是透明的表面處理塗層還是渾水塗層，都必須保持乾淨和鈍化，以方便新塗層與其緊密地黏合在一起。塗層表面必須乾淨無油、無蠟以及任何其他的外來材料，否則新塗層的黏合就會減弱。表面鈍化，也就是塗層表面要形成一個微觀上的糙面，否則新塗層可能會因缺少附著力無法有效結合。（這種結合叫作機械結合，與化學鍵合不同，後者需要在很短的時間內塗抹兩層相同的表面處理塗層，兩層之間彼此通過化學鍵結合。）

因為有水溶性和溶劑性兩種類型的汙垢，因此也有兩種類型的清潔劑。水溶性汙垢可以用肥皂和水清洗。溶劑性汙垢則需要使用石油餾出物溶劑清洗（請參閱第198頁「松節油和石油餾出物

反應型表面處理產品的塗層造成破壞（請參閱第158頁「酒精」）。

■漆稀釋劑是合成漆的溶劑和稀釋劑，也是催化漆的稀釋劑，同時也是蟲膠和水基表面處理產品的溶劑。漆稀釋劑會軟化反應型表面處理產品的塗層，有時也會導致反應型表面處理產品的塗層起泡，但是不會將其溶解（請參閱第174頁「漆稀釋劑」）。

■乙二醇醚是水基表面處理產品的溶劑和稀釋劑，同時也是蟲膠的弱溶劑，以及合成漆的溶劑和稀釋劑。乙二醇醚能夠破壞反應型表面處理產品的塗層（請參閱第222頁「乙二醇醚」）。

■水是水基表面處理產品的稀釋劑。

同時需要記住的是，上述的每一種液體同時也是某種色素染色劑的溶劑。水和乙二醇醚溶解水溶性色素，酒精溶解醇溶性色素，油漆溶劑油、石腦油、松節油和漆稀釋劑用於溶解油溶性色素（請參閱第4章「木料染色」）。

溶劑」）。大多數情況下，可以只用一種解決方案清理兩種類型的汙垢：家用氨水和水，或者磷酸三鈉和水。

可以使用鋼絲絨、砂紙或合成材質的研磨墊（思高牌）來鈍化塗層表面。當然，研磨的過程也可以去除汙垢，因此可以一步到位達成兩個目標。家用氨和水以及磷酸三鈉溶液通常可以在清潔表面的同時將其鈍化。因此也可以使用這兩種產品一步到位達成目標。

稀釋劑的影響

表面處理產品使用何種稀釋劑是需要重點考慮的。很多稀釋劑與已經固化的表面處理塗層可以良性接觸，但是漆稀釋劑和其中的活性溶劑成分卻可以對大多數的表面處理塗層造成一定程度的侵蝕。如果塗層足夠溼潤，它們還常常導致塗層起泡或產生褶皺（請參閱第174頁「漆稀釋劑」）。在任何已經完全固化的塗層上（包括老漆）塗抹用漆稀釋劑稀釋的表面處理產品，都應遵循以下兩個要點之一，同時提醒這個過程是存在風險的。

- 首先噴塗一層薄薄的霧狀塗層，直至建立起一定的基礎。然後噴塗一層中等溼度的塗層以溶解霧狀塗層，形成一個光滑的表面。
- 在現有塗層與新塗層之間塗抹一層隔離層（通常是蟲膠產品）。不過，即使塗抹了隔離層，也不應使用經漆稀釋劑稀釋的表面處理產品塗抹一層完全溼潤的塗層，因為這極有可能會將下面的塗層溶穿。刷塗一層含有漆稀釋劑的表面處理產品風險非常高，因為你不得不保持塗層的溼潤狀態。

識別原有表面處理塗層的成分

可以利用不同溶劑與不同表面處理產品的反應來識別原有塗層的成分。

1. 將幾滴酒精滴在一個不顯眼的位置，如果塗層在幾秒內變軟變黏了，那麼其成分為蟲膠。如果沒有變化，則其成分不是蟲膠。
2. 塗抹幾滴漆稀釋劑。如果塗層在幾秒內變軟變黏，則塗層的成分可能是蟲膠、合成漆或水基表面處理產品。如果已經排除了蟲膠，表面處理產品就只可能是後兩者之一。水基表面處理產品在20世紀90年代以前用得非常少，所以年代也能提供判斷的線索。
3. 為了更確切地區分水基表面處理產品和合成漆，可以塗抹幾滴甲苯或二甲苯，如果塗層因此變得黏稠，則說明其成分是水基表面處理產品而非合成漆。
4. 如果這些溶劑都沒有影響塗層的狀態，說明塗層使用的是反應型表面處理產品。即使不知道確切的種類也沒關係，因為這類產品幾乎沒有區別。

薄膜型表面處理產品的未來

從20世紀80年代末以來，減少向大氣層排放溶劑成為表面處理的趨勢。為此，有兩種技術同時得到了發展。

- 減少表面處理產品中的溶劑含量。
- 可以使用低壓噴槍代替高壓噴槍霧化表面處理產品。

減少溶劑含量

因為美國加州和其他很多州通過了更為嚴格的空氣汙染法案，製造商減少了產品中的溶劑含量。此外，很多工廠和大型賣場將合成漆更換為高固含量的表面處理產品，因為這些產品含有更少的溶劑，或者更換為水基表面處理產品，因為其中含有的溶劑更少。有些廠家已經開始使用紫外線固化型表面處理產品或粉末塗料，這些產品不含有溶劑（請參閱第12章「雙組分表面處理產品」和第13章「水基表面處理產品」）。

本地法律和州法律規定了不同表面處理產品的最高溶劑含量，因此廠商不得不在包裝上注明，這些產品不得使用稀釋劑稀釋。很不幸，這導致很多表面處理師把塗層塗抹得過厚，結果導致處理效果非常差。所有的表面處理產品都是可以稀釋的，不論包裝上寫了些什麼。唯一的限制來自當地對使用揮發性有機物（Volatile Organic Compound，簡稱VOC）的法律。如果不能使用稀釋劑，除非使用大量的表面處理產品，否則完成表面處理幾乎是不可能的。

為了了解表面處理產品在未來的發展趨勢，

傳言

某些表面處理產品不應稀釋。

事實

所有的表面處理產品都可以稀釋。出現在產品包裝上的針對稀釋劑的警告是為了符合美國部分地區的有關揮發性有機物的法律。除非你使用的表面處理產品非常多，否則你不大可能受到這些法律的制約。

查看一下美國南海岸空氣質量管理區（South Coast Air Quality Management District，簡稱SCAQMD）——包含洛杉磯周邊地區——的法規會有所幫助。該地區通過了美國最嚴格的空氣質量法律，其他地區經常會以其作為參照。在文件中，該地區正在致力於減少空氣中揮發性有機物的含量，其中包含了清漆、合成漆和很多雙組分表面處理產品，並禁止生產這些產品。換言之，在洛杉磯地區銷售這些產品是非法的。水基表面處理產品和蟲膠目前仍是合法的。

正如在書中其他章節解釋的那樣，清漆、合成漆和雙組分表面處理產品提供了水基表面處理產品或蟲膠無法替代的效果。在我看來，必須消除對清漆、合成漆和大多數雙組分表面處理產品的誤導性政策，因為大量的汙染並不是表面處理產品造成的。事實上，估計只有不到1%的汙染是由各種表面處理產品導致的——這其中還包含了所有用於房屋裝修、橋梁、水塔和輪船建造，以及其他各種領域使用的塗料。淘汰清漆、合成漆和雙組分表面處理產品不太可能有效減少汙染，因為汙染主要是由工業生產和使用內燃機造成的，但這卻會顯著降低木工製品表面處理的效果和質量。

降低氣壓

同樣因為更加嚴格的空氣汙染法案，新的霧化技術取代了傳統的高壓噴槍。高流量低壓（HVLP）技術可能是你比較熟悉的。另一種叫作氣輔式無氣噴塗的技術在專業木工房和工廠中得到了更多的應用。兩種技術都可以減少回彈，同時產生的柔和的噴霧可以減少溶劑的損失（請參閱第3章「表面處理使用的工具」）。

Alcohol

9

蟲膠

簡介

- 優點和缺點
- 蟲膠是什麼？
- 蟲膠的分類
- 酒精
- 蟲膠的現代用法
- 刷塗和噴塗蟲膠
- 法式拋光
- 使用蟲膠的常見問題
- 填補漆

蟲膠是木工表面處理產品中最有趣的。它的歷史源遠流長。從19世紀20年代到20世紀20年代這100年的時間內，在歐洲和美國，蟲膠被大量用於家具和木工製品中。之後在美國，硝基漆的出現代替了家具工業中使用的蟲膠。直到20世紀中葉，歐洲的專業表面處理師和美國的業餘木匠還在廣泛地使用蟲膠。隨著後來噴槍的使用愈來愈廣泛，現場完成表面處理的工匠，以及歐洲的家具工業開始使用合成漆。

愛好者市場在逐步消失。

20世紀60年代早期，聚氨酯被廣泛使用，並占領了部分市場，因為大家需要耐久性更好的產品。

20世紀60年代後期，用油漆溶劑油稀釋的清漆打著桐油產品的旗號占據了更多的市場份額（請參閱第194頁「擦拭型清漆」）。

警告！！！

永遠不要將蟲膠儲存在金屬容器中。蟲膠是酸性的，會與金屬起反應，並因此變暗。蟲膠供應商會在容器的內表面設置塗層，以防止蟲膠與金屬接觸。

傳言

蟲膠會變深，並隨著時間的推移幾乎變成黑色。

事實

蟲膠不會隨著時間的推移變成黑色。人們經常把它與清漆弄混，清漆會隨著時間的推移逐漸變黑，尤其是某些類型的清漆產品。

優點和缺點

優點

- ■相比油、蠟和樹脂，蟲膠與木料的黏合效果更好，並可以封閉氣味
- ■是矽酮的最佳隔離材料
- ■與大多數溶劑相比，蟲膠使用的工業酒精溶劑對呼吸系統的危害較小，也不是很難聞
- ■脫蠟品種能夠提供絕佳的表面處理清晰度和深度
- ■琥珀品種為黑色和染黑的木料注入了暖色
- ■良好的摩擦特性

缺點

- ■對溫度、水、溶劑和化學品的抗性很弱
- ■只有中度的耐磨性
- ■保質期短

20世紀70年代，沃特科丹麥油占據了很大一部分新興的愛好者木工市場（請參閱第5章「油類表面處理產品」）。

到了20世紀80年代，很少有人再把蟲膠作為一種木工表面處理產品提及了。但是，蟲膠並未被完全拋棄，並很快在愛好者木工市場獲得了另一個機會。20世紀90年代早期，水基表面處理產品出現了，木工愛好者紛紛嘗試使用這種表面處理產品，取代難聞並且汙染性較強的清漆和合成漆。但是水基表面處理產品操作難度較大，並且塗抹在木料表面的外觀效果也不好。蟲膠乘機重新攫取了部分市場。

那時，幾乎全美的蟲膠都由一家公司提供，並且這家公司將蟲膠重新定位為封閉劑。儘管這家公司最終意識到了定位的錯誤，但是他們仍然沒能捍衛蟲膠作為可用的表面處理產品的地位。沒有一種緞面光澤的蟲膠產品被生產出來，而這種產品對蟲膠的市場地位而言是很重要的。良機錯失，導致現在蟲膠仍然只是一種邊緣產品。

蟲膠是什麼？

蟲膠是一種由紫膠蟲分泌的天然樹脂。紫膠蟲生長在南亞地區，主要是印度的某些特定樹種上。蟲膠英文單詞中的Lac的意思是10萬，代表可以在一個樹枝上找到的紫膠蟲的數量。製取1lb（0.45kg）蟲膠大約需要150萬隻紫膠蟲。首先將樹脂從細枝和分枝上刮下來，然後將其熔化，過濾除去細枝、昆蟲和其他外來物質，製成大的薄片，接下來將薄片敲碎並運往世界各地。

你可以購買片狀蟲膠，然後用工業酒精將其溶解，也可以購買已經稀釋好的商品蟲膠（**照片9-1**和**9-2**）。

蟲膠的分類

天然蟲膠呈暗橙色，並含有約5%的蠟質。你可以購買原色或漂白色的蟲膠、含蠟或不含蠟的蟲膠以及液體或固體片狀蟲膠。

照片9-1 片狀蟲膠有很多品種。要將片狀蟲膠變為可使用的蟲膠，需要將其溶解在工業酒精中。這裡展示的蟲膠，從左至右依次是：金黃色（去蠟）、橙色、暗紅色、石榴色、寶石紅（去蠟）。

照片9-2 在美國，有一家公司可以提供幾乎所有的預混合蟲膠產品。這家公司提供的三種產品為（從左至右）：封閉層產品、琥珀色產品和透明色產品。琥珀色和透明色產品含蠟，並且保質期有限。封閉層產品是去蠟的，並有較長的保質期。

小提示

蟲膠只能用來製作光亮表面。如果想獲得啞光表面，需要加入磨料摩擦蟲膠表面，例如使用0000號鋼絲絨，或者加入消光劑（請參閱第138頁「使用消光劑控制光澤」）。可以購買消光劑，比如蟲膠產品專用的消光膏。詳情請登錄www.woodfinishingsupplies.com。如果買不到，可以添加漆消光劑。

蟲膠的顏色

液體形式的蟲膠或為橙色（稱作琥珀色），或為漂白色（稱作透明色）。從「寶石紅色」到較淺的「金黃色」，片狀蟲膠有多種顏色可選。可以在深色或染成深色的木料上使用顏色較深的蟲膠增加暖色調。如果你不想添加過多的顏色，可以在淺色或漂白的木料上使用透明蟲膠。

橙色是殘留在樹脂中的紅色染料造成的，這讓蟲膠在古代很有價值。從樹脂中分離出的紅色染料可以給衣服染色。橙色蟲膠是天然的染色調色劑（請參閱第15章「高級上色技術」）。你也可以添加自製的醇溶性染料，將蟲膠製成想要的任何顏色。只要顏色不是很深，可以用刷子在木料上塗抹調色劑，一般不會出現條紋。當然，噴塗的效果更好。

蟲膠產品中的蠟

大多數蟲膠產品仍保留了天然的蠟成分。蠟會沉澱在容器底部（**照片9-3**）。當你攪拌琥珀色蟲膠時，顏色較淺的蠟會升至頂部，使表面處理產品變得混濁；蠟可以使透明蟲膠呈現白色，這也契合了其「白色」蟲膠的傳統稱謂。

蠟的存在稍稍降低了塗抹在木料表面的蟲膠的透明度，同時削弱了蟲膠的防水性，並使得在蟲膠塗層之上塗抹反應型或聯合型表面處理產品（即清漆、雙組分表面處理產品和水基表面處理產品）的效果變差，因為蠟妨礙了塗層之間的有效黏合。

照片9-3　蟲膠含有5%的蠟，除非廠家事先去除了蠟，否則蠟會沉澱在容器底部。

可以購買預混合的脫蠟透明蟲膠製作封閉塗層，購買不同色調的脫蠟片狀蟲膠用於表面處理。待蠟質沉澱在蟲膠底部後，可以將透明部分倒出或取出以去除蠟質（過濾不那麼有效）。蟲膠愈稀，蠟的沉澱速度愈快。在倒出蟲膠時動作一定要非常輕柔，因為蠟很容易被攪起來。使用玻璃罐有助於把握操作進程。

液體和片狀蟲膠

可以購買液體蟲膠，也可以購買片狀的固體蟲膠，然後自己配製溶液。

液體蟲膠分為2磅、3磅和4磅規格，規格在這裡用來指示在1gal（3.8L）酒精中溶解的蟲膠磅數。規格愈高，溶液的顏色愈深，固體含量愈高。例如，在等體積的蟲膠溶液中，4磅規格比2磅規格的產品蟲膠含量多出1倍（請參閱第134頁「固體含量和密耳厚度」）。

大多數市售的液體蟲膠為3磅規格，也就是在每加侖酒精中溶解了3lb（1.36kg）蟲膠。用於製作封閉塗層的蟲膠通常是2磅規格的。這些蟲膠開蓋即可使用，你也可以根據自己的需要將其任意稀釋。使用工業酒精（有時也叫作蟲膠稀釋劑）進行稀釋（請參閱第158頁「酒精」）。

購買液體蟲膠時遇到的主要問題是，它們很少是新鮮的。蟲膠是有保質期的，從其與酒精混合之時開始，樹脂就在開始喪失部分防水性和乾燥硬化的能力了。久存的產品的乾燥速度會變得很慢，甚至最終無法完全乾燥，只能在木料表面留下一層黏稠的塗層。

但是，蟲膠的失效進程非常緩慢，你無法每天測量，也沒有具體的時間節點表明蟲膠已經不能使用。高溫會加速蟲膠的性能退化。如果將蟲膠儲存在陰涼處，幾年後它仍然可能正常乾燥和硬化，但乾燥時間肯定會延長。表面處理師的經驗法則是，如果沒有事先檢查，決不要使用存放超過六個月的蟲膠。用於製作封閉塗層的蟲膠，也就是市售的封閉劑，保質期會稍長一些，也可以用來進行表面處理。

為了檢查蟲膠的新鮮程度，可以倒出一些置於無孔材料的表面，諸如玻璃或塑料板的表面。然後傾斜表面使其接近垂直，蟲膠會流下來形成厚度均勻的塗層（**照片9-4**）。15分鐘後，如果你不會在徑流中心的平坦區域留下指印，則表明蟲膠足夠新鮮。

經酒精溶解後，透明片狀蟲膠比橙色片狀蟲膠的保質期更短，因為漂白會破壞蟲膠的顏色，使其性能退化得更快。因此，需要更加頻繁地檢查透明蟲膠的乾燥硬化能力。與橙色蟲膠不同，片狀的透明蟲膠也會像蟲膠溶液一樣發生退化。如果蟲膠在儲存或運輸時的溫度很高，這個過程還會加快。老化的透明蟲膠片會很難溶解，形成的溶液可能無法乾燥變硬。如果在塗抹後發現蟲膠無法乾燥變硬，你需要用酒精或脫漆劑擦掉這層蟲膠，然後用新鮮的蟲膠重新塗抹。

為了最大限度地確保溶液的新鮮度，獲得最佳處理效果，應該使用最近幾個月購買的片狀蟲膠並自行配製溶液。下面是具體的操作。

傳言

可以塗抹一層新鮮的蟲膠或其他表面處理產品，以修復之前黏稠的蟲膠塗層。

事實

雖然這樣貌似解決了一個問題，但是之後會導致更嚴重的問題。頂部的新鮮塗層會因為下方柔軟塗層的存在很快出現裂紋。最古老的一條表面處理的經驗法則是：永遠不要試圖在軟塗層上塗抹一層硬塗層。

照片9-4 為了測試蟲膠的新鮮度，在無孔材料的表面，比如玻璃上滴上一些蟲膠，然後將玻璃豎直立起，使蟲膠流淌至底部。15分鐘後，如果你不會在徑流中心的平坦區域留下指印，表明蟲膠足夠新鮮。

酒精

常用的酒精有以下三種類型：

■甲醇（也叫作甲基醇或木醇）；

■乙醇（也叫作乙基醇或穀物酒精）；

■異丙醇（也叫作異丙基醇或擦拭型酒精）。

傳言

某些酒精產品可以比其他酒精產品更好地溶解蟲膠。

事實

所有的低碳醇（更易揮發），包括甲醇、乙醇、丙醇和丁醇，都可以完全溶解蟲膠。其他溶劑不會比它們做得更好。這四種產品的差別在於揮發速率。甲醇揮發最快，丁醇最慢。

任何接近純態的上述酒精都可以溶解蟲膠。但是甲醇毒性很大，乙醇則因為酒稅的緣故非常昂貴，異丙醇經常含有太多的水分，不能成為可靠的溶劑。

最適合配製蟲膠的酒精產品是含有毒性物質的乙醇，因為這樣可以規避酒稅。這種產品通常被稱為工業酒精或蟲膠稀釋劑。

工業酒精有很多優點。

■價格不貴。

■除非飲用或大量吸入，一般是無害的。

■它比甲醇揮發得慢一些，這樣可以為你提供更多的時間刷塗蟲膠。

可以在蟲膠溶液中加入少許（通常不超過10%）的丙基或丁基酒精或者漆緩凝劑，以延長蟲膠的乾燥時間。不過，漆緩凝劑會增加難聞的氣味。

1 使用一個非金屬材質的容器，以正確比例將片狀蟲膠與酒精混合，配出需要的規格（**照片9-5**）。我建議開始時配製2磅規格的蟲膠溶液，在1qt（0.95L）的罐子中按比例放入1pt（0.47L）的工業酒精和¼lb（0.11kg）的蟲膠片。這可以讓你熟悉操作過程，為你嘗試配製濃度更高的溶液做準備。

2 在接下來的幾小時內要時常攪拌混合液，防止蟲膠在容器底部凝結成塊（**照片9-6**）。

3 沒有攪拌的時候應保持瓶口密封，防止空氣中的水分被酒精吸收。

4 當蟲膠片完全溶解後，使用塗料過濾器或者編織鬆散的粗棉布將溶液過濾至另一個夸特罐中。這個過程還可以去除雜質（**照片9-7**）。

5 在容器上寫上當天的日期，以便隨時了解這瓶蟲膠的製作時間。

6 如果想去除蟲膠中的蠟，可以靜置蟲膠溶液以促進蠟質沉澱（如果蟲膠很濃，這個過程可能需要數週）。然後將無蠟的液層倒入或吸入另一個容器中。

蟲膠的現代用法

儘管蟲膠作為表面處理產品仍和原來一樣出色，但在很大程度上，這種產品已經淪落為一種小眾產品了。下面逐一介紹了蟲膠在現代社會的三種主要用途。

■古董家具的表面處理和一些現代復古作品的製作。

照片9-5 自己配製2磅規格的蟲膠，在1pt（0.47L）酒精中加入¼lb（0.11kg）的片狀蟲膠。

照片9-6 定期攪拌，直到蟲膠完全溶解。

照片9-7 待蟲膠完全溶解，將其過濾至另一個容器中，同時去除雜質和未溶解的殘渣。

刷塗和噴塗蟲膠

蟲膠是揮發型表面處理產品（請參閱第8章「薄膜型表面處理產品」）。當作為溶劑的酒精揮發後，蟲膠可以完全乾燥，接觸酒精後能夠重新溶解。這兩個特性為蟲膠的使用建立了指導原則。

1. 把工件放在合適的位置，使光源能夠在木料表面形成反射，這樣方便通過反光隨時了解發生的情況。
2. 塗抹第一層蟲膠時，我建議你使用1磅規格的產品。這樣便於刷塗和噴塗，並且不會因為塗層較厚而堵塞砂紙。可以將兩份工業酒精添加到1份3磅規格的商品蟲膠中進行稀釋，或者使用片狀蟲膠自己配製1磅規格的蟲膠。
3. 如果刷塗，應該選用質量上乘的天然鬃毛刷或合成毛刷（獾毛刷是我最喜歡的蟲膠刷）。在平整的表面，順著紋理快速地將蟲膠塗開，並且每一刷的行程都要足夠長。蟲膠的乾燥非常快速。不要像使用渾水或清漆那樣頻繁地來回刷塗，因為這樣會拖動部分乾燥的蟲膠，形成嚴重的褶痕。如果漏掉了某個位置並且周圍的蟲膠已經開始乾燥了，可以保留這種空隙，在塗抹下一層時處理。
4. 如果使用噴槍，每次不要將蟲膠留在鋁製噴壺中幾個小時。酸性的蟲膠會與金屬產生反應並變黑。
5. 至少二個小時後，才能使用280目或更精細的砂紙輕輕打磨第一層蟲膠。將其打磨得摸起來光滑即可。
6. 清除打磨產生的粉塵（請參閱第20頁「清除粉塵」）。
7. 如果你從來沒有使用過蟲膠，我建議你使用1½磅規格的蟲膠製作面漆層。你可以稀釋任何市售蟲膠，比如將3磅規格的蟲膠與工業酒精按照1：1的比例混合，或者使用片狀蟲膠自己配製。1½磅規格的蟲膠易於刷塗和噴塗，且相比直接買回來的蟲膠形成平滑塗層的流動性更好。（蟲膠溶液愈稀，愈易於刷塗和噴塗，同時形成良好的保護層所需的塗層數也愈多。）隨著經驗的增長，你可以逐漸嘗試刷塗或噴塗較厚的塗層。（如果噴塗3磅規格的蟲膠，你可能無法避免橘皮褶的產生，因為這個規格的蟲膠黏聚性較高，很難霧化。）塗抹一層蟲膠，使其至少乾燥二個小時。塗抹多層較薄的塗層比塗抹較少的厚塗層效果更好，因為前者的每個塗層在覆蓋新塗層之前乾燥得更加徹底。厚塗層需要更長的時間才能完全乾燥。

小提示

如果蟲膠乾燥得太快，導致其無法流布均勻或使氣泡破裂，可以通過添加工業酒精、丙醇、丁醇或漆緩凝劑延長乾燥時間。

■作為一種封閉劑將問題封閉在木料內部。
■法式拋光劑。

蟲膠作為表面處理產品

在19世紀的大部分時候和20世紀早期，蟲膠被用於家具和木工製品的表面處理。不過，與人們

8 你可以停在這一步，或者塗抹另外的塗層以獲得想要的厚度。相鄰塗層間至少保留二個小時的乾燥時間。不要在任何區域過度刷塗，否則會將下層蟲膠溶解並拉起。無須打磨每個塗層，除非你想除去粉塵顆粒，或者撫平塗層表面的缺陷或刷痕。每一層新的蟲膠塗層都會溶入之前的塗層。

9 如果每個塗層都要打磨，砂紙上可能會出現表面處理產品形成的結塊（第261頁**照片16-3**）。為了避免這種情況，打磨時的觸感要輕。如果使用硬脂酸鹽（乾潤滑）砂紙或者經油漆溶劑油潤滑的溼／乾砂紙可以減少堵塞（稱作結塊）。一旦結塊開始形成，你需要更換新的砂紙，否則會擦傷塗層表面。

10 當你對塗層厚度滿意時，可以保持現狀，也可以使用砂紙、鋼絲絨或研磨膏打磨表面，或者做法式拋光（請參閱下一頁「法式拋光」和第16章「完成表面處理」）。

小提示

可以利用蟲膠不耐鹼的特性，使用加入了少量水稀釋的家用氨水清洗蟲膠刷。然後用肥皂和水將刷子清洗乾淨，將其用紙包裹或放入購買時的包裝內。

的普遍認識相反，蟲膠在18世紀並不常用。蠟似乎是當時最常用的表面處理產品，尤其常用於較為高檔的家具。但是蠟作為表面處理產品並不成功。所以大多數留存下來的18世紀的家具在進入

小提示

為了加快蟲膠的溶解，可以在加入酒精前將片狀蟲膠打碎成粉末，或者將盛有蟲膠和酒精的罐子放入熱水中水浴加熱，或者同時使用這兩種方法。酒精是易燃的，不能將盛有蟲膠和酒精的容器直接放在熱源上。

傳言

塗抹幾層膏蠟可以保護蟲膠免受水的破壞。

事實

只有蠟層很厚時（例如木材廠板材的端部），或者將其塗抹在玻璃那樣完全光滑的表面時，蠟才能延緩水的滲透。儘管將蟲膠塗層打磨並拋光得平整光滑是可以實現的，但在實踐中，蠟無法提供任何保護。再者，你很少能獲得上述那樣光滑的表面。再者，即使蠟層表面只有一點磨損，也會產生很多細小的縫隙，導致水分滲入（請參閱第18章「表面處理塗層的保養」）。

19世紀後都用蟲膠重新做了表面處理。（儘管蟲膠與蠟是兼容的，也能穩固地黏合在蠟層之上，但是在塗抹蟲膠之前，應盡可能地去除蟲膠中的蠟質。）

結果，很多古董家具被認為最初的表面處理是用蟲膠做的。很多人使用蟲膠修復古董家具或製作仿古作品，因為他們傾向於使用木匠最初選擇的材料。

蟲膠使用方便。其乾燥速度足夠快，基本避免了粉塵沉積的問題，同時又沒有快到會妨礙刷塗和噴塗的地步（請參閱第160頁「刷塗和噴塗蟲膠」和第165頁「使用蟲膠的常見問題」）。此外，對大多數人來說，蟲膠並不難聞，而且吸入中等量的氣味並不會傷害身體。作為典型的揮發型表面處理產品，蟲膠易於修復、擦拭和剝離，但不是特別耐用。蟲膠塗層相對易於劃傷，也很容易受到熱、溶劑、酸和鹼的破壞。與合成漆一

樣，蟲膠在潮溼的環境下更顯得發紅（請參閱第158頁「酒精」）。

儘管蟲膠塗層相比其他薄膜型表面處理產品製作的塗層更易受損，但是對大多數家用木工製品來說已經足夠耐用了。那些最初使用蟲膠做表面處理的老家具上的損傷是表面處理產品本身老化的結果。所有的表面處理產品都會因為老化而性能退化，並變得更易受到損傷。

蟲膠作為封閉劑

如今，人們為蟲膠找到了最好的歸宿——在其他表面處理塗層下作為封閉劑使用（請參閱第144頁「封閉劑與封閉木料」）。將潛在的問題封閉在木料內部，蟲膠具有無與倫比的優勢。下面列出了蟲膠可以封閉的具體對象：

■油（通常來自家具拋光劑中的矽油）；

■樹脂（通常來自松木節疤）；

■蠟；

■氣味（通常來自煙燻或動物尿液）。

傳言

蟲膠是最好的封閉劑，可用於任何表面處理塗層之下。

事實

蟲膠將油、樹脂、蠟和氣味封閉在木料內部的效果非常好，但是除了松木和被剝離的木料，很少會遇到需要封閉油、樹脂和氣味的問題。最好一直使用同一種表面處理產品製作所有塗層，除非特殊情況，並且你有非常充分的理由不這樣做。使用不同產品製作表面處理塗層會弱化塗層之間的黏合，並且如果最初的塗層具有更強的保護性和耐久性的話，後續塗層反而會削弱其保護性和耐久性。除非上述的那些問題需要封閉，否則使用蟲膠作為封閉劑是不明智的（請參閱第144頁「封閉劑與封閉木料」）。

不過，需要注意，上述情況中只有松木節疤是在新木料中較為常見的，因此蟲膠是很少用在新木料上的。其他的幾種問題都與表面處理塗層的重新製作有關。對重做表面處理來說，矽酮非常令人頭疼，因此很多人會直接在各種表面上塗抹蟲膠製作封閉塗層（請參閱第183頁「魚眼與矽酮」）。不幸的是，蟲膠被炒作成了適合所有情況的封閉劑，但事實並非如此，在櫥櫃和家具行業中，沒有人把蟲膠作為封閉劑使用。

法式拋光

法式拋光是一種使用棉布墊來製作平整、無塵、高光的蟲膠塗層的技術。這種方法的使用始於19世紀早期，當時表面處理的方式只有兩種：擦拭油或蠟，或者刷塗醇溶性清漆或油性清漆。（醇溶性清漆是指醇溶性的樹脂，蟲膠是其中的一種。油性清漆類似於現在的清漆，只是使用的是天然樹脂而非人造樹脂。）

油和蠟幾乎提供不了任何保護，產生的光澤也較為晦暗，所以這些表面處理塗層在當時光線昏暗的建築內很難形成良好的反光。醇溶性清漆和油性清漆能夠形成保護性和光亮的表

注意！！！

法式拋光的神祕可能在於其名字本身。它被稱為最美麗的表面處理方式。可能是因為人們常常用一些異乎尋常的詞彙來描述其操作過程，諸如「填充橡膠」「風靡一時」「不翼而飛」等。無論是什麼原因，法式拋光已經被現代的擦拭型表面處理產品大規模取代了。現在法式拋光更多地被用在翻新舊的和受損的表面處理塗層，以及為高檔古董家具重新製作表面處理塗層的時候。

面，但是刷塗這些塗料會留下刷痕，而當時沒有可用於將塗層表面打磨平整的砂紙。運用法式拋光技術塗抹蟲膠非常完美地迎合了當時的時髦家具的製作要求。

現在，法式拋光技術更多的是用於修復晦暗和受到輕微損傷的塗層，而不是為新木料做表面處理，但這兩種操作使用的技巧完全一樣（請參閱第19章「表面處理塗層的修復」）。

法式拋光包含以下四個步驟：

1 製作法式拋光墊（製作方法參閱第30頁「製作擦拭墊」）；

2 填充孔隙；

3 使用擦拭墊塗抹蟲膠；

4 去油。

傳言

外層棉布可以控制內層棉布中蟲膠溶液的釋放。

事實

外層棉布的作用是將擦拭墊包緊並去除褶皺的，對控制蟲膠溶液的釋放毫無作用。當兩層棉布被緊緊包在一起的時候，相對於蟲膠溶液的滲透來說，它們可以被視為一層織物。

注意！！！

「注意邊緣，中間部分會自行處理好的」。這是你在完成法式拋光時需要不斷對自己默念的口頭禪，這種提示有利於你做出均勻的表面處理塗層。否則，幾乎可以肯定的是，你會在中間塗抹更多的表面處理產品。

填充孔隙

如果想在孔隙較大的木料（例如胡桃木和桃花心木）表面製作一個鏡面般平滑的塗層，需要填充木料的孔隙。對於孔隙較小的木料，例如櫻桃木和楓木，通常可以跳過這個步驟。在法式拋光的過程中，蟲膠本身可以填補這些孔隙。

相比過去，使用傳統的法式拋光方法填補現代硬木的孔隙非常浪費時間。現在使用的硬木，其孔隙要比19世紀最精細的家具所用硬木的孔隙更大。比如，我們現在使用的洪都拉斯桃花心木就沒有150年前的古巴桃花心木結構緻密。

有四種方法可以填充孔隙：

- 使用膏狀木填料（第7章「填充木料孔隙」）；
- 使用法式拋光法；
- 使用浮石和木屑；
- 使用蟲膠製作一些更厚的塗層並打磨。

膏狀木填料：使用膏狀木填料非常有效，但是這樣會突出孔隙部分，從而改變木料的外觀。為了獲得傳統的法式拋光的外觀，你需要使用其他方法。

法式拋光：使用沾有蟲膠的擦拭墊在孔隙較小的木料（例如楓木或櫻桃木）表面來回擦拭，可以有效地完成填充。但對孔隙較大的木料（例如胡桃木或桃花心木）來說，這種方式就沒有那麼有效了。需要使用其他方法處理這些木料。即使是孔隙較小的木料，也需要分幾次打磨塗層，以消除所有不平整的部分。

使用浮石和木屑：對孔隙較大的木料來說，通過磨碎浮石產生的木屑填補孔隙會更快一些。以下是相應的操作步驟。

1 製作一個法式拋光墊，用工業酒精將其沾溼，但不能將其潤溼到可以擠出酒精的程度。

2 在木料表面撒上少許浮石粉末——大約每平方英尺（$0.09m^2$）表面需要¼tsp（1.25ml）粉末。

3 用拋光墊擦拭浮石粉末，在木料表面畫圈。此時產生的木屑粉末會緩慢地填充進入孔隙中。每次的處理面積要小一些，控制在$1ft^2$（$0.09m^2$）

左右。一直擦拭，直至完成整個表面的填充。如果木料摸上去很光滑（木料表面已經沒有浮石粉末），而木料表面的孔隙還沒有填充完全，需要繼續加入浮石，並將拋光墊沾溼，開始新一輪的擦拭。如果拋光墊的外層磨損，可以重新調整墊子，使用未磨破的部分。通過逆光觀察木料表面來確認孔隙的填充是否全部完成。

節約使用浮石。如果使用過多，木屑和浮石會在木料表面留下褶皺。如果發生了這種情況，用拋光墊再沾取一些酒精，並用墊子的乾淨部分將其擦拭去除。如果這樣做沒起作用，只能用砂紙打磨或者用刮刀去除這些褶皺。

製作表面處理塗層：最有效的填補孔隙從而達到傳統的法式拋光效果的方法是刷塗或噴塗多層蟲膠，然後將其打磨至孔隙中的蟲膠與木料表面齊平的程度。純粹主義者會看不上這種方法，但是你（以及他們）其實很難發現處理效果上的不同。我見過的大多數法式拋光技師都使用這個方法。

使用蟲膠

以下是在完成孔隙填充後，在木料表面塗抹蟲膠的方法。

1 準備一塊乾淨的擦拭墊。可以使用之前曾經用過的法式拋光墊，但是不能使用擦拭過浮石的擦拭墊。處理較大的表面時，擦拭墊要做得大一些；處理較小的表面時，擦拭墊應做得小一些。

2 將足量的2磅規格的蟲膠倒在擦拭墊上，直至用手指按壓擦拭墊時有少許液體滲出（**照片9-8**）。如果外層布過於厚實和編織緊密，使蟲膠溶液流下來而不是滲出的話，要將外層的布拿掉，直接將蟲膠倒在內層的擦拭墊上。我喜歡使用舊手帕那樣的薄棉布。為了獲得最大的透明度，應該使用金黃色的去蠟蟲膠。任何帶有噴嘴的塑料容器（例如番茄醬瓶或芥末醬瓶）都是很好的分液瓶。

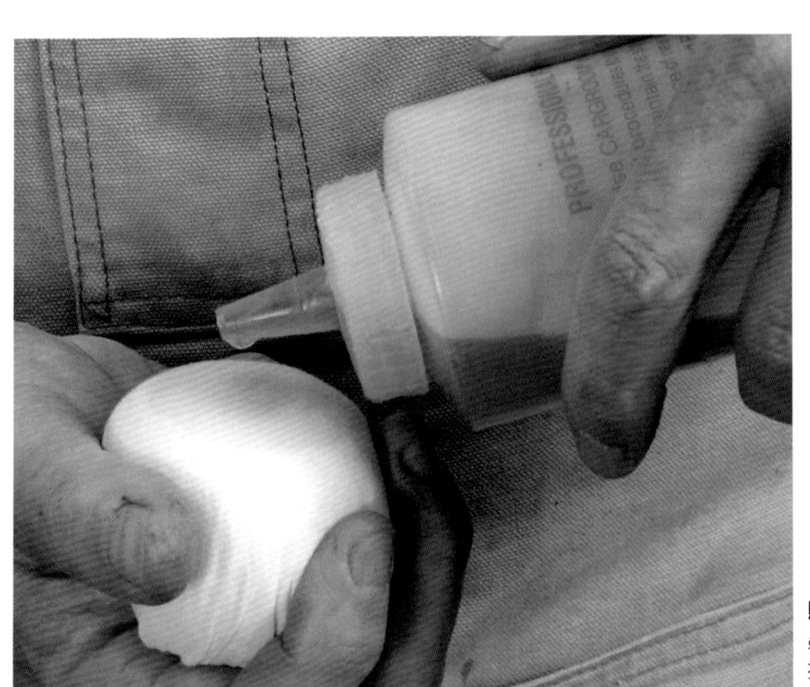

照片9-8 在擦拭墊上倒上足夠的蟲膠溶液和酒精，以用拇指按壓擦拭墊時可以擠出少許液體為宜。帶有噴嘴的塑料容器可以幫助你分散並控制液體的量。

使用蟲膠的常見問題

用工業酒精進一步稀釋蟲膠溶液，以及更快速地刷塗可以避免蟲膠使用過程中大多數的常見問題。關於刷塗和噴塗的具體問題，請參閱第36頁「常見的刷塗問題」和第42頁「常見的噴塗問題」。

問題	原因	解決方案
蟲膠在刷塗過程中變渾，部分或整個表面出現了灰白的顏色 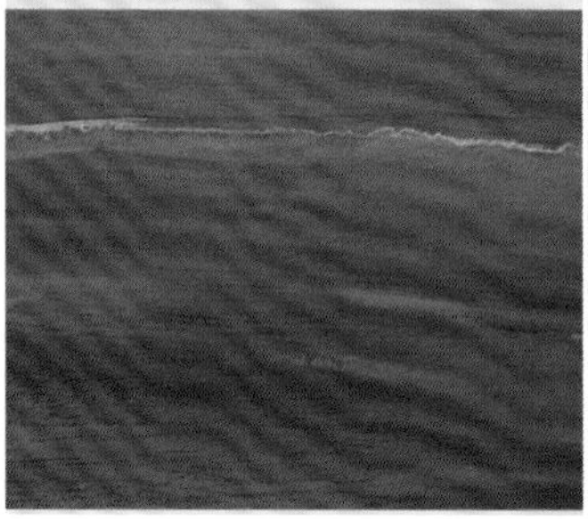	這是因為蟲膠中的水分太多了。可能是因為空氣過於潮溼，或者是蟲膠本身或用於稀釋蟲膠的工業酒精中含有過多的水分。如果你懷疑問題出在蟲膠或酒精上，就不要再使用它們了	嘗試讓工件乾燥幾個小時，通常混濁會自行消失
		在乾燥的日子噴塗、刷塗蟲膠，或者直接在蟲膠塗層表面擦拭酒精。酒精會軟化蟲膠，並使混濁消失
		使用砂紙或鋼絲絨擦拭表面，去除混濁的部分
在乾燥的蟲膠塗層表面出現了很多細孔	被困在較大孔隙中的空氣進入到塗層中形成氣泡，在將其打磨平整時就會形成細孔	如果選擇噴塗蟲膠，需要打磨塗層，並去除每層的粉塵。如果選擇刷塗蟲膠，要首先擦塗幾層薄塗層（類似法式拋光，但是不加油）封閉木料，然後再噴塗或刷塗溼潤的塗層
蟲膠的流布性不好：刷塗會產生脊狀褶，噴塗會出現橘皮褶 	在當前的天氣狀況下，蟲膠溶液過於濃稠了	打磨去除有問題的地方，並加入更多酒精稀釋蟲膠塗抹後續的塗層
	噴槍沒能充分霧化蟲膠	在蟲膠中加入更多酒精，或者增加噴槍的氣壓。或者同時使用兩種方法
粉塵乾結在塗層表面，留下細小的顆粒 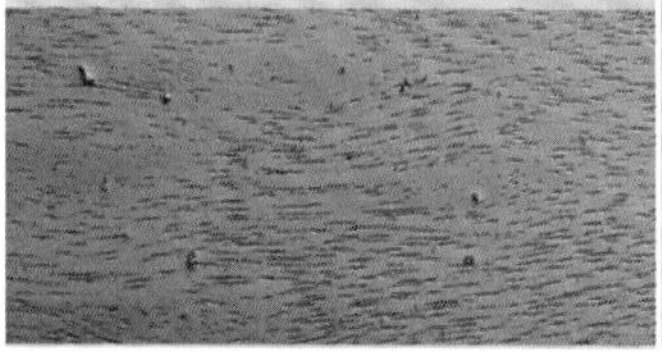	空氣、工件表面、表面處理產品中或刷子上存在粉塵	打磨去除粉塵顆粒，待空氣中的粉塵落定後再塗抹新的塗層；清潔工件表面後再刷塗；過濾表面處理產品
偶然出現的痕跡或褶皺	刷子、噴槍或手指碰到了尚未完全乾燥的蟲膠塗層，造成塗層表面受損	打磨去除受損的表面，並刷塗更多的塗層。或者塗抹更多的塗層，然後將其表面打磨平整

3　用另一隻手掌用力拍打擦拭墊以分散蟲膠。

4　在裸木表面或先前塗抹的塗層上移動擦拭墊，同時保持很輕的壓力（**照片9-9**）。可以以任意模式移動擦拭墊。如果你剛剛開始做法式拋光，我建議你順紋理直線移動擦拭墊，並在每次擦拭到達末端時提起擦拭墊。或者你可以以大的S型路線移動擦拭墊，使擦拭墊保持與木料表面的接觸，並避免與之前的擦痕交叉。你的目標是塗抹幾層薄薄的蟲膠，使其均勻覆蓋木料表面。蟲膠與蟲膠塗層之間的黏合力很強，與合成漆塗層之間的黏合也很有力，與清理乾淨並適度磨損的清漆塗層之間的黏合力也足夠。

5　每當擦拭墊變乾時，需要添加蟲膠，並使其均勻分散在擦拭墊中。在塗抹了多層蟲膠之後，你會感覺到擦拭墊出現了拖拉。這是因為擦拭墊咬入了下層的新鮮蟲膠之中。在每次添加蟲膠的時候滴上幾滴礦物油，然後在另一隻手掌上用力拍打擦拭墊，使礦物油分散均勻。我發現，將礦物油的瓶蓋取下並在其中倒入一些礦物油，然後用指尖沾取礦物油塗在擦拭墊上是個不錯的方法。油會掩蓋一些問題，並且會欺騙你，使你誤以為自己已經完成了表面處理（實際上沒有）。任何時候，如果你想知道自己所處的操作階段，用石腦油擦去表面的油即可。

6　現在開始緩慢地移動擦拭墊，通過畫大圓圈或8字形，保持其與木料表面的接觸（**圖9-1**）。將擦拭墊從表面提起意味著需要重新放置擦拭墊，這可能會留下痕跡。當你需要擦拭墊接觸或離開木料表面時，需要使用類似飛機起飛或降落的模式。為了擦拭內角和狹窄的部位，可以取出擦拭墊內層的棉布，將其塑形後塞入其中。

7　有兩個技巧可以獲得良好的法式拋光效果，並且無論對新木料還是舊的表面處理塗層都適用。

技巧1。只要開始時在擦拭墊上添加一些油，

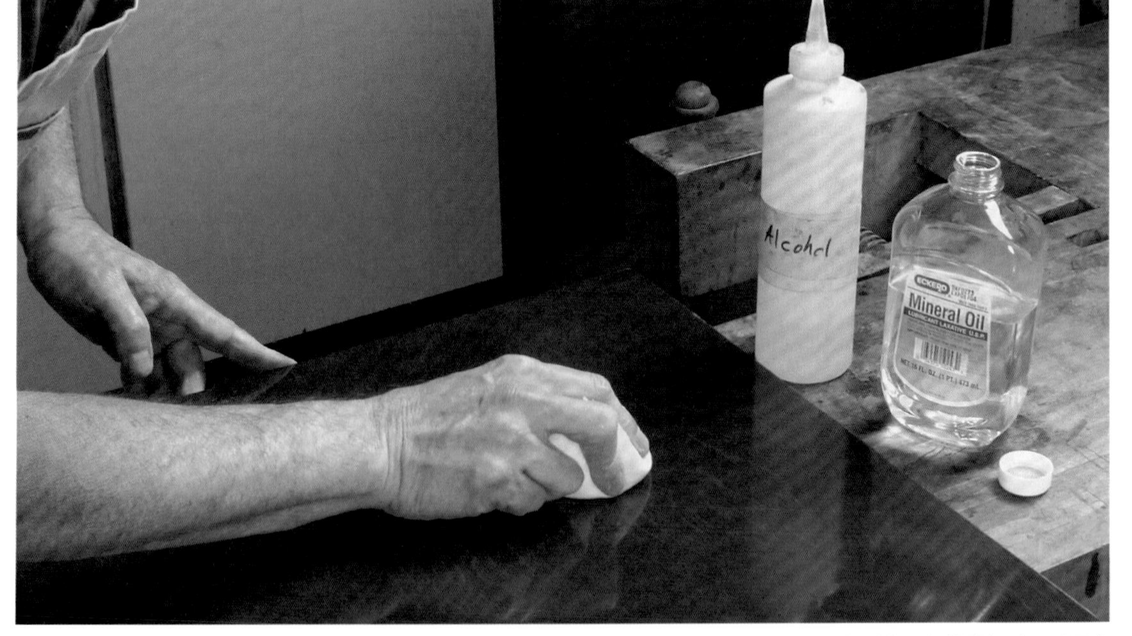

照片9-9　將擦拭墊握在手掌中，並用拇指和其他手指緊緊按在擦拭墊的側面。在擦拭墊與木料表面保持接觸時，不要突然改變方向或停止移動，否則會留下明顯的痕跡，必須打磨才能除去。

就可以跟隨擦拭墊發現汽化痕跡。汽化痕跡是酒精透過油層揮發時留下的，並表明了蟲膠溶液的配比是正確的。如果擦拭墊過溼或過乾，是看不到汽化痕跡的。如果你只看到了潮溼的痕跡，表明擦拭墊太溼，並會導致破壞性的效果；如果你只能看見條紋，表明只有油隨著擦拭墊移動，這說明擦拭墊太乾了。每次重新補充溶液後，起始的汽化痕跡可以長達1ft（30.5cm）。隨著擦拭墊變乾，痕跡會變短至1～2吋（2.5～5.1cm）。這時就需要重新補充蟲膠溶液了。

技巧2。降低蟲膠對酒精的比例，直到可以只在擦拭墊上添加酒精。這樣做的目的是消除所有的痕跡，也就是「擦拭的擦痕」。準備兩個容器，一個裝有2磅規格的蟲膠溶液，另一個裝有工業酒精。當你在木料表面塗抹了足夠的蟲膠，並做出了看不到任何打磨痕跡或其他缺陷的、均勻光亮的表面時，就可以開始在擦拭墊上混合兩種液體了。先倒上一點蟲膠，然後倒上一點酒精。在隨後的每次補充時逐漸減少蟲膠的添加量，同時增加酒精的添加量。每次補充液體後，將擦拭墊在另一隻手上用力拍打，使混合液分散均勻。然後用指尖為擦拭墊塗抹一些礦物油，並將其拍打均勻。如果你已經在某個區域擦拭了一會兒，不需要再添加更多的油，因為留在表面上的油已經足夠了。

8 如果在表面處理的任何時候出現了問題（擦拭痕跡太過明顯，擦拭墊停止移動時留下了痕跡，等等），要用能夠達到效果的最細的砂紙打磨去除痕跡，通常要用600目或1000目的砂紙。然後重新完成法式拋光。

9 記住，新手最常見的錯誤是，在一個已經軟化到對表面處理造成損害的表面繼續工作。如果擦拭痕跡變得愈來愈明顯，你要停下來等上一個小時左右，等待表面塗層硬化。

無交叉型或S型軌跡

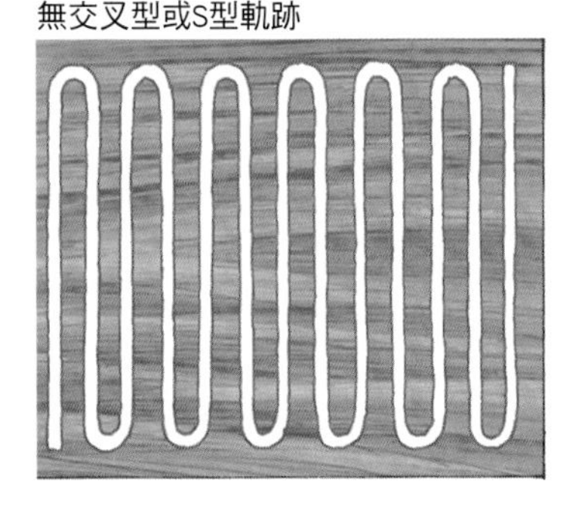

圓形軌跡

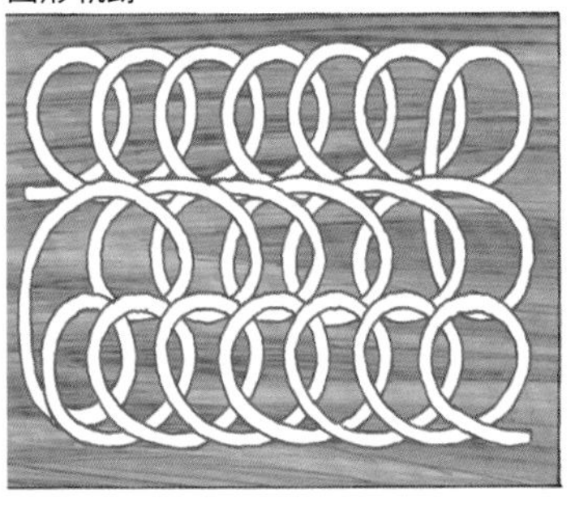

8字形軌跡

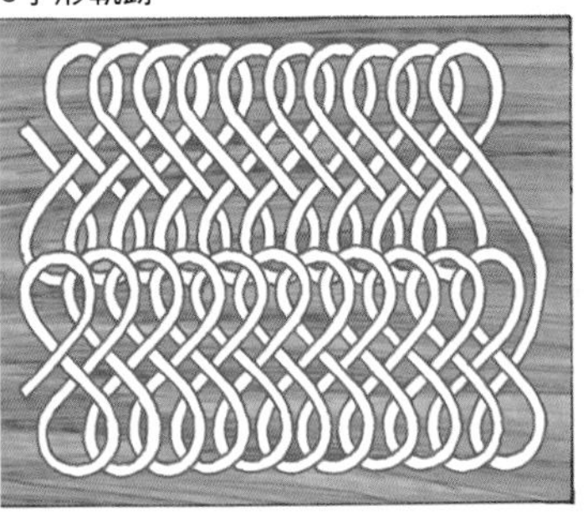

圖9-1 你可以使用任何喜歡的軌跡在木料表面塗抹蟲膠。在每次重新為擦拭墊補充溶液之後，都要用無交叉型軌跡開始擦拭，這是為了防止擦拭墊過於溼潤採取的措施。在無交叉塗抹之後，就可以按照圓形和8字形軌跡的順序均勻塗抹所有部位了。

10 把油擦掉後，塗層表面會呈現出均勻光亮的效果，這才能說明表面處理完成了。謹記，油會掩蓋一些問題，使你產生表面處理業已完成的錯覺。

去除油

在塗抹蟲膠的時候，油是不可或缺的，它可以防止擦拭墊黏住表面並損傷塗層，還有助於酒精產生汽化痕跡，告訴你擦拭墊的潤溼程度是否合適。但是油易形成汙漬，最後必須將其去除。

傳統上使用酒精去除油漬。在有關法式拋光的書籍和文章中，這個方法被反覆提及。在一塊全新的擦拭墊上滴上幾滴酒精，然後用其擦拭整個表面。酒精會將油溶解。這個方法的問題是，如果擦拭墊，甚至只是擦拭墊上的某個位置酒精過多，會損傷蟲膠塗層，並破壞你辛苦獲得的均勻光亮的表面。這也是大多數進行法式拋光的人面臨的難題，因為避免造成破壞是非常困難的。

現在不需要冒險了。可以使用石腦油去除所有的油，同時不會損傷蟲膠塗層。只要用石腦油潤溼擦拭墊，並擦拭整個表面就可以了，與擦去其他表面上的油漬沒有任何不同。在表面處理領域，可能沒有比這個更好的例子可以說明，人們之所以堅持使用過時的方法，是因為過於迷信傳統大師。傳統大師沒有石腦油可用，否則他們肯定會用的。油漆溶劑油也是可以的，但其揮發需要的時間更長。

使用石腦油去除表面油漬最為有效。不過，去除油漬也會使塗層表面看起來更加乾燥，不夠飽滿。可以使用表面處理通用的方法來恢復塗層的光澤度：塗抹膏蠟或家具拋光劑。

填補漆

可以使用填補漆代替蟲膠做法式拋光。填補漆是溶解在漆稀釋劑中的蟲膠產品。它產生的效果與蟲膠相同，但是塗抹的方式有所不同（第329頁**照片19-6**）。最好在開始時使用乾燥的全新擦拭墊。

為了擦拭一個寬大表面，在擦拭墊上倒上1tsp（5ml）或2tsp（10ml）填補漆將其潤溼，要比使用蟲膠時更溼潤。將擦拭墊用力拍打手掌，使液體分散均勻。如果需要修補的表面較小，應使用較小的擦拭墊和更少的填補漆。

每次的處理區域要小一些，通常為3～4ft^2（0.28～0.37m^2）。完成一個區域後再處理下一處，彼此之間保持部分重疊。擦拭過程中逐漸增加壓力。你可能會注意到擦拭墊擦出了條紋，然後打算為其補充填補漆。不要這麼做！這是塗抹填補漆與法式拋光之間最大的不同。使用填補漆時，你需要一直塗抹表面，直到擦拭墊完全乾燥、條紋消失，處理就完成了。廠家在填補漆中添加的油性溶劑會自行揮發。

小提示

使用填補漆的關鍵技巧是，在既定區域內不停地塗抹，直到擦拭墊完全乾燥、所有條紋消失。這也是每次擦拭一塊表面使用全新擦拭墊效果會更好的原因。之前用過的擦拭墊需要很長時間才能乾燥。如果處理一個寬大的表面，你甚至需要中途更換擦拭墊，因為原來的擦拭墊變得太溼了。

注意！！！

並非一定用油才能完成法式拋光，很多經驗豐富的法式拋光大師就不用油。但是油有利於你掌握法式拋光技術，因為它方便你看清楚每個步驟。

使用填補漆最大的問題是其強烈、難聞的溶劑氣味。它們可能會讓你感覺頭暈目眩，並暫時影響你的神經系統。所以，你需要在通風良好的環境中操作，或者佩戴有機蒸氣防護面罩。溶劑也會去除皮膚表面的油脂。如果你的手很敏感，要佩戴手套來保護它們。

10

合成漆

簡介

- 硝基漆的分類
- 優點和缺點
- 漆稀釋劑
- 合成漆的優勢
- 比較漆稀釋劑使用的溶劑
- 裂紋漆
- 合成漆的不足
- 使用合成漆的常見問題
- 魚眼與矽酮
- 噴塗合成漆

合成漆出現於20世紀20年代，被認為是終極的表面處理產品。作為揮發型表面處理產品，它不僅具有蟲膠易於操作和修復的特性，而且具有比蟲膠更強的防水、耐高溫、耐酸、耐鹼、耐酒精性能。此外，合成漆是合成產物，所以其特性可以適當調整，用來滿足不同的需求，並且其供應不受進口天然材料產量的限制。最重要的是，合成漆使用的稀釋劑是漆稀釋劑，其溶解能力和揮發速率更為多樣，使其相比酒精具有更強的通用性（請參閱第174頁「漆稀釋劑」）。現在，合成漆的優越性已得到公認，並且是使用最廣泛的家具表面處理產品。

大多數合成漆的基本成分是硝化纖維素，它們是用硝酸和硫酸處理棉花和木材中的纖維素纖維製成的。硝化纖維素是一種黏合劑（類似清漆中的油），賦予了表面處理產品快乾的特性。但是，硝化纖維素自身很難形成塗層，可塑性不足，黏合性能也不是很好，所以通常需要添加樹脂加以改善，並加入一些被稱為增塑劑的油類

警告！！！

合成漆這種表面處理產品會因為與塑料製品（比如桌墊、燈墊和雕塑墊等）的長時間接觸而受損。因為塑料和合成漆中的油性增塑劑會在兩種材料間移動，導致兩種材料軟化並相互黏連，所以應避免塑料製品與合成漆的每次接觸超過幾天時間。

化學品來提高可塑性。製造商會調整樹脂和增塑劑的用量和種類，以生產具有不同彈性、顏色和防水、耐溶劑、耐熱、耐酸鹼特性的合成漆（請參閱下方的「硝基漆的分類」）。通常，合成漆的彈性愈好，顏色愈接近無色，防護性愈好，價格也愈高。不幸的是，除了價格，廠家很少提供其他相關訊息，而價格通常無法提供正確的指導。

合成漆這個術語的含義非常廣泛，不僅指那些包含硝化纖維素的漆（請參閱第132頁「名字的含義」）。比如，丙烯酸漆中不含硝化纖維素，這種漆被廣泛用於多種表面的處理，但是由於價格高昂，很少用於木料的表面處理。將丙烯酸樹脂與乙酸丁酸纖維素（Cellulose Acetate Butyrate，簡稱CAB）——一種與硝化纖維素非常相似的樹脂——混合，便可以較少的投入獲得丙烯酸漆不變黃的特性。

硝基漆的分類

硝基漆中的硝化纖維素賦予合成漆快乾的特性，但是硝化纖維素本身可塑性差，黏合性也不好，因此需要通過添加樹脂提高產品的這些性能。以下是一些常用的樹脂及其特性。任何一種合成漆中都可以添加一種以上的樹脂。

樹脂	特性	銷售的產品
醇酸樹脂	淺橙色，有很好的可塑性並能提供良好的保護性和耐久性	硝基漆
順丁烯樹脂	具有顯眼的橙色，在罐中尤其明顯。很硬，因此易於擦除，但如果沒有添加增塑劑會導致漆面易碎。相比醇酸樹脂，其保護性和耐久性較弱	硝基漆
丙烯酸樹脂	最寶貴的特性是無色，並且長時間使用後不會變黃，雖然硝化纖維素本身帶有一點黃色。為了獲得完全無色的漆，需要使用乙酸丁酸纖維素—丙烯酸，其中不含硝化纖維素。相比醇酸樹脂，它的保護性和耐久性較弱	丙烯酸改性漆；水白漆
聚氨酯	保護性和耐久性大幅提升；很少變黃	聚氨酯漆
乙烯基樹脂	具有卓越的防水性和黏合性，但是因為太軟，不能作為表面處理產品使用	乙烯基封閉劑（請參閱第144頁「封閉劑與封閉木料」）
氨基（三聚氰胺甲醛和尿素甲醛）樹脂	保護性和耐久性大幅提升；很少變黃	預催化漆和後催化漆（請參閱第12章「雙組分表面處理產品」）

優點和缺點

優點

■乾燥速度非常快
■經慢揮發性或快揮發性稀釋劑稀釋後，可以在任何天氣條件下使用
■噴塗時較少出現滾動和流掛現象透明性與層次性極好
■擦拭性極好

缺點

■溶劑含量高（溶劑有毒、易燃且汙染空氣）
■耐熱、耐磨、耐溶劑、耐酸、耐鹼性只有中等水平
■防水和防蒸氣的能力只有中等水平

傳言

對木料來說，最好的表面處理產品是用於汽車的丙烯酸漆，因為丙烯酸漆比硝基漆更硬。

事實

用於汽車的丙烯酸漆的確更硬，但它們對木料來說缺乏可塑性。丙烯酸漆並不需要可塑性，因為它本身就是為較少移動的材料設計的。如果你使用的不是專為木料設計的丙烯酸漆，那麼塗層便很容易因為木料的形變開裂，這種現象在接合處尤為明顯。

乙酸丁酸纖維素—丙烯酸漆通常被稱為乙酸丁酸纖維素—丙烯酸，但有時候也被稱為乙酸丁酸纖維素，甚至直接稱為丙烯酸。這種產品也被稱為水白（水白也指丙烯酸改性的硝基漆，但這種產品不能完全不變黃）。乙酸丁酸纖維素—丙烯酸漆不變黃的特性是以犧牲了部分防水性為代價的。

另外兩種合成漆，即裂紋漆（請參閱第178頁「裂紋漆」）和手刷漆，也應加以了解。手刷漆可以是硝基漆分類中的任何一種，但它通常是指改性的醇酸樹脂漆。手刷漆的乾燥速度要比其他合成漆更慢，這個特性是由於廠家添加了慢揮發性溶劑（**照片10-1**）。

照片10-1　大多數的合成漆產品乾燥太快，無法刷塗，因此它們主要是用來噴塗的。但是用慢揮發性溶劑配製的合成漆既可以刷塗，也可以噴塗。

漆稀釋劑

漆稀釋劑是表面處理產品使用的溶劑中最獨特的，因為它是由多種溶劑按照不同的比例混合而成的。了解所有的溶劑組分的名稱並不重要，但是了解稀釋劑中包含的以下3類溶劑是有幫助的。

- 活性溶劑（酮類、酯類和乙二醇醚）可自行溶解合成漆。
- 助溶劑（酒精）與活性溶劑組合使用可以溶解合成漆，但自身的溶解能力並不好。
- 稀釋型溶劑（快揮發型石油餾出物，例如甲苯、二甲苯和某些石腦油）自身完全不能溶解合成漆，但可與具有溶解能力的溶劑混合使用。

前兩類溶劑在漆稀釋劑中的比重不到50%。第三類僅用於稀釋混合液，這類溶劑揮發很快，並能夠降低漆稀釋劑的總體成本。分離纖維狀的合成漆分子不需要很多溶劑，但是若要將其稀釋到可以噴塗的狀態則需要大量溶劑。價格低廉的「清潔型」漆稀釋劑中，稀釋型溶劑的比重極高，它們不能溶解合成漆。合成漆會在噴壺或量杯內凝結，並使噴塗表面顯現出棉花一樣的斑點，這個被稱為棉斑。所以，需要選擇可用於稀釋合成漆的漆稀釋劑。

如果設計合理，漆稀釋劑中的稀釋型溶劑會快速揮發，一部分會在從噴槍到木料表面的過程中揮發，剩下的則會在之後快速揮發。因為表面處理產品會快速變稠，所以不會出現流掛現象，除非大量的合成漆被集中噴塗在某個區域。一些溶解型溶劑（包括活性溶劑和助溶劑）會隨著合成漆的流平而揮發，少數的「尾巴」溶劑（即揮發速率最慢的溶劑）會殘留幾分鐘，這有利於合成漆更好地流布平整。溶劑的這種揮發流程賦予了合成漆最為人稱道的一種特性：可以極大地減少塗料在垂直表面的滾動和流掛。

活性溶劑控制著合成漆的乾燥速度。慢揮發性的活性溶劑用於製作刷塗漆和漆緩凝

當你使用活性溶劑含量很少的漆稀釋劑稀釋合成漆時，噴塗表面會出現棉花狀的白色斑點。這被稱為棉斑。所以，需要選擇可用於稀釋合成漆的漆稀釋劑，而不能使用清潔型的漆稀釋劑稀釋合成漆。

劑。漆緩凝劑可用來消除霧濁和乾噴，提高溶液的流動性和流平特性。此外，漆緩凝劑可延長合成漆用於乾燥硬化的時間。

快揮發性的活性溶劑用於製作快速或「熱」漆稀釋劑。這種稀釋劑可以在低溫環境中加快揮發。快速漆稀釋劑在汽車油漆店有售。據我所知，並沒有哪個木料表面處理產品的廠家提供這種產品。

只使用漆減速劑或快乾型漆稀釋劑稀釋合成漆的情況很少。大多數情況下，在標準的漆稀釋劑中添加少量減速劑或快乾型漆稀釋劑就可以解決問題。不幸的是，你要經歷多次嘗試和失敗才能掌握需要添加的含量。廠家亦對此無能為力，即使「標準」漆稀釋劑、漆「緩凝劑」和「快乾型」漆稀釋劑這些術語也只能給出大概的描述。不同廠家所提供的產品，其揮發速率存在巨大差別。

幸運的是，你不需要精確地配製溶液。組成變化很大的溶液照樣可以用。但是，需要注意的是，任何類型的漆稀釋劑在更換品牌之後，其揮發速率都會發生極大的改變。儘管你可能並不需要了解漆稀釋劑的細節，但我仍提供了常用於漆稀釋劑的活性溶劑及其相對揮發速率的表格（請參閱第176頁「比較漆稀釋劑使用的溶劑」）。你可以通過漆稀釋劑包裝上列出的或者物料安全數據表給出的溶劑成分，獲得漆稀釋劑相對揮發速率的近似值。

小提示

如果你只噴塗合成漆，則沒有必要每日清洗噴槍。事實上，即使將合成漆留在噴壺中很多天也沒有問題。合成漆可以重新溶解並自我清理。

合成漆的優勢

所有種類的合成漆與蟲膠之外的其他薄膜型表面處理產品最大的不同在於揮發和乾燥特性。溶劑的揮發對合成漆的硬化來說是必要的，而揮發速率取決於使用的溶劑（既可以是塗料本身含有的溶劑，也可以是添加的稀釋劑）。除此之外，合成漆在家具製造業、專業的表面處理人員和塗層修補人員，以及使用噴槍的業餘愛好者中受到歡迎的原因還包含以下幾點。

- 隱形修復的可能性。
- 在垂直表面減少滾動和流掛。
- 在任何天氣條件下都可輕易獲得無塵、無霧濁、無過度噴塗的表面處理塗層。
- 易於與染色劑、釉料、膏狀木填料和調色劑搭配使用，以獲得多樣的裝飾效果。
- 卓越的深度和美感。
- 卓越的擦拭特性。
- 易於剝離。

隱形修復性

在家具製造業以及製作和修復家具或櫥櫃的工房中，修復受損的表面處理塗層的能力非常重要。家具在從表面處理車間送至最終目的地的過程中出現損壞的可能性非常大。在所有薄膜型表面處理產品中，只有蟲膠可以像合成漆那樣易於修復且看不出痕跡。隱形修復能夠實現，是因為很多液態或固態的表面處理產品可以被溶解或熔化，然後進入到受損部位（請參閱第19章「表面處理塗層的修復」）。

減少滾動和流掛

因為漆稀釋劑的獨特特性，可以用由漆稀釋劑稀釋的表面處理產品噴塗垂直表面，並且相比其他表面處理產品，塗層出現滾動和流掛的風險更小。這使合成漆相比其他表面處理產品具有極大的優勢，只是這一點很少被人們提及或考慮（請參閱第174頁「漆稀釋劑」）。

使用時問題更少

漆稀釋劑的獨特特性同樣允許使用合成漆和一些催化型表面處理產品在多變的天氣條件下產生無塵、無霧濁和無過度噴塗的處理效果。在潮溼的天氣裡，漆緩凝劑可用於消除霧濁（**照片10-2**）；在高溫、乾燥的環境中，漆緩凝劑可消除表面過度噴塗導致的沉澱，並賦予塗層打磨的手感；漆緩凝劑在噴塗櫥櫃和抽屜的內部轉角和表面時也有同樣的效果（請參閱第42頁「常見的噴塗問題」）。快乾型漆稀釋劑可以在寒冷的環境中加快乾燥速度，使粉塵沒有機會落下來嵌入漆面中。其他溶劑無法提供這樣的可控性。

比較漆稀釋劑使用的溶劑

因為溫度會影響揮發速率，所以對漆稀釋劑所用溶劑的揮發性的比較使用的是相對數值，不是絕對數值。這裡以溶劑乙酸丁酯作為標準來比較其他溶劑。

這個表格列出了大多數漆稀釋劑中的常見溶劑，乙酸丁酯的揮發速率數值被設定為1.0。因此數值為5.7的丙酮，意為其揮發速率是乙酸丁酯的5.7倍。乙二醇丁醚的數值是0.08，意為乙二醇丁醚完全揮發所用的時間是乙酸丁酯的12.5倍。

通過將表格中的溶劑與物料安全數據表或漆稀釋劑的包裝上給出的溶劑成分對比，可以大概知曉各種漆稀釋劑的揮發速率。

需要注意丙酮，它很容易導致乾噴，經常被推薦與漆稀釋劑一起使用。乙二醇丁醚通常用作漆緩凝劑，可以有效減緩表面處理產品的乾燥速率。

相對揮發速率	活性溶劑* *英文中酮的後綴為-one，酯的後綴為-ate，醚的後綴為-ether
5.7	丙酮
4.1	乙酸乙酯
3.8	甲基乙基酮
3.0	乙酸異丙酯
2.3	甲基正丙基酮
2.3	乙酸丙酯
1.6	甲基異丁基酮
1.4	乙酸異丁酯
1.0	**乙酸丁酯**
0.7	丙二醇甲醚
0.5	甲基異戊基酮
0.5	乙酸甲基戊酯
0.4	丙二醇甲醚乙酸酯
0.4	乙酸戊酯
0.4	甲基戊基酮
0.4	異丁酸異丁酯
0.3	環己酮
0.2	二異丁基甲酮
0.2	乙二醇丙醚
0.12	3-乙氧基丙酸乙酯
0.08	丙二醇丁醚
0.08	乙二醇丁醚

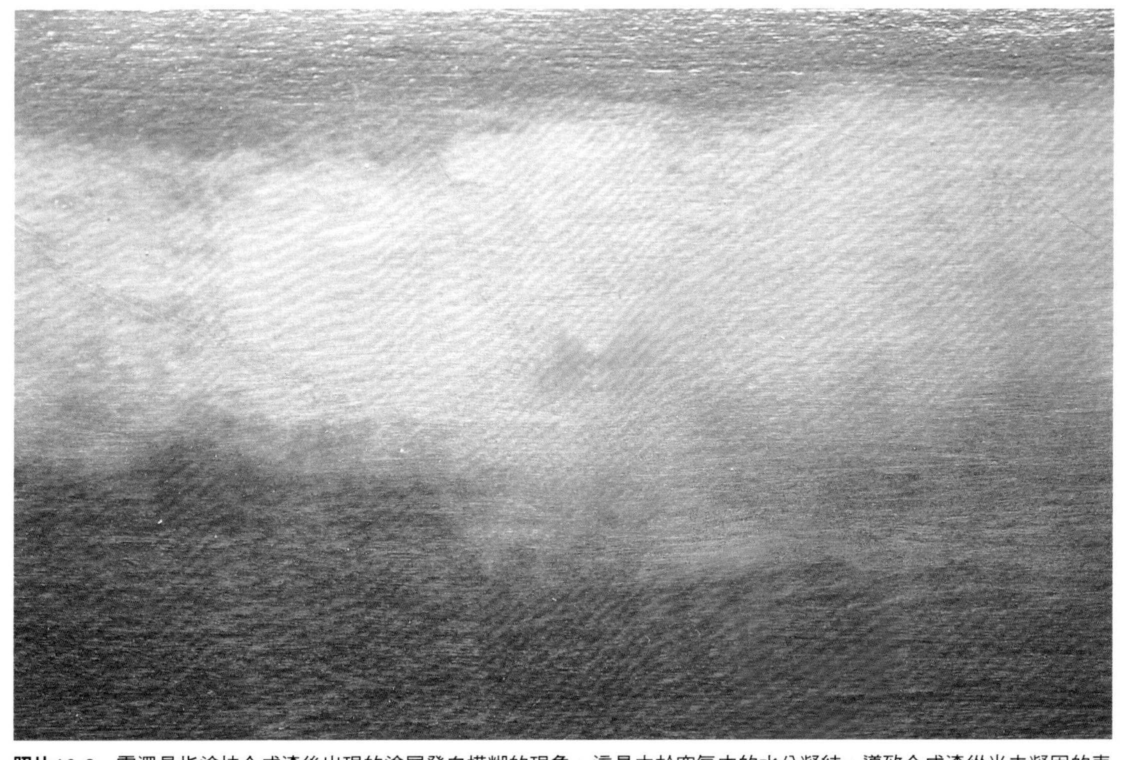

照片10-2 霧濁是指塗抹合成漆後出現的塗層發白模糊的現象。這是由於空氣中的水分凝結，導致合成漆從尚未凝固的表層溶劑中析出。請參閱第180頁「使用合成漆的常見問題」，找到應對這個問題的方法。

> **小提示**
> 加熱合成漆可以降低其黏性並使塗層更為平整。將漆罐或噴壺放置在熱水內加熱。黏性降低意味著需要添加的稀釋劑更少。

用於裝飾

合成漆是最易於製作多步複雜裝飾效果的表面處理產品，這些效果包括填充孔隙、上釉和調色等。用合成漆製作塗層沒有任何厚度和時間限制。塗層之間的黏合性很好，即使塗層之間包含了染色層也是如此。此外，合成漆還可以被無限稀釋，從而有助於減少染色層的厚度（請參閱第15章「高級上色技術」）。

深度和美感

與去蠟蟲膠和清漆搭配，合成漆可以在木料表面形成出色的深度、透明度和美感，這在桃花心木、胡桃木和櫻桃木這樣高質量的硬木上表現尤為明顯。若將樣品放在一起對比，你會發現，其他表面處理產品形成的塗層更易產生霧濁。

可擦拭性

合成漆是所有表面處理產品中最容易擦拭形成均勻光澤的。首先，合成漆塗層內部沒有交聯，所以可以用研磨劑輕鬆地、均勻地擦拭。再者，塗層彼此互溶可獲得一個更厚的塗層，因此不會出現磨穿一個塗層進入下面塗層的情況，也不必擔心漆面會出現「重影」（請參閱第16章「完成

裂紋漆

裂紋漆是合成漆類產品，用於模仿一種非常古老的表面處理效果，以獲得鱷魚皮樣的開裂效果。裂紋漆的原理非常簡單——在表面處理產品中加入了大量色素，這樣表面處理產品或黏合劑的含量就會相對不足，從而無法把所有的色素顆粒黏合在一起，所以隨著表面處理塗層的乾燥和收縮，漆面便會開裂。

最常用於裂紋漆的色素是消光劑（二氧化矽），與緞面和無光漆底部的沉澱物是同樣的物質，用於控制漆面乾燥後的光澤度（請參閱第138頁「使用消光劑控制光澤」）。也可以在合成漆產品中添加消光劑（市售產品叫作「消光膏」）自製裂紋漆。

使用裂紋漆

裂紋漆通常不能直接塗抹在木料表面，只能噴塗在事先做好的封閉塗層之上。用於封閉木料的塗層可以是透明的，也可以是有色的，這種情況中的封閉塗層通常被稱為「底漆」，因為裂紋漆塗層開裂後會導致其暴露在視線中。

基本的裂紋漆塗層包含最下層的底漆層、中間層裂紋漆（開裂層）和最上面的一層透明面漆層。底漆應該是光亮的，或者說應在底漆上塗抹透明的光亮塗層，這會減小開裂層收縮、裂開時的阻力。面漆層要溶入開裂層並增加它的強度，因為開裂層本身是易碎的。面漆層通常能為開裂層提供一定的保護。

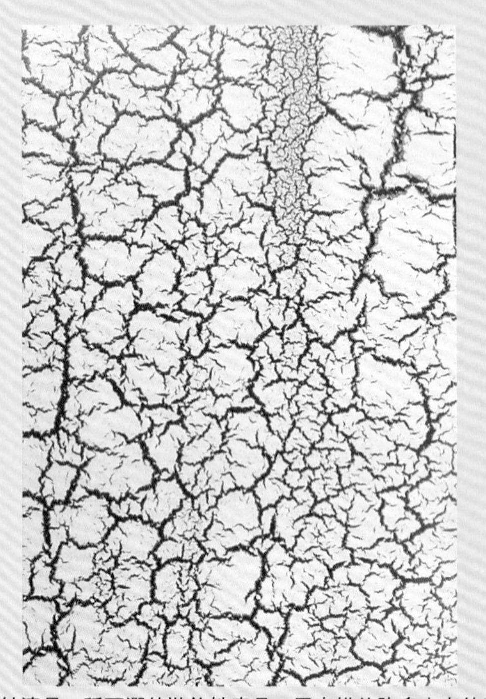

裂紋漆是一種可選的裝飾性產品，用來模仿許多古老的表面處理塗層呈現出的類似鱷魚皮的外觀效果。裂紋漆的塗層通常由底漆層、開裂層和透明的面漆層組成。

大多數情況下，底漆層是一種顏色，開裂層則是另一種顏色，但透明的底漆層和有顏色的開裂層，或者有顏色的底漆層和透明的開裂層的組合也是可以的。為了獲得類似鱷魚皮的透明的開裂效果，兩個塗層都可以是透明的。任何顏色的組合都是合理的。你甚至可以在開裂層上塗抹一層彩色釉以強化裂紋效果。最終的視覺效果只受限於你的想像力。面漆層通常使用丙烯酸改性漆或者乙酸丁酸纖維素—丙烯酸漆來減少黃化，緞面和啞光光澤通常被用來更好地仿製做舊的表面處理效果。

表面處理」）。家具行業最昂貴且質量最好的家具通常會使用擦拭型的硝基漆完成表面處理。消費者更願意花錢為外觀買單，而不是為了提高保護性和耐久性增加投入。

易於剝離

合成漆和蟲膠是為數不多的可以被「洗掉」的薄膜型表面處理產品。無須使用研磨劑、刮刀、強效溶劑或化學製品（例如鹼液或氨水）。在剝離其他的表面處理塗層，尤其是那些位於裝飾性的雕刻、木旋或線腳部件上的塗層時，很有可能會損壞木料。這也是揮發型表面處理產品對於修復精美的或貴重的古董家具非常重要的原因。

合成漆的不足

任何表面處理產品都不是完美的，合成漆也存在一些明顯的問題。

- 保護能力和耐久性較弱。
- 塗層建立緩慢。
- 在潮溼的天氣中容易出現霧濁。
- 受到矽酮汙染後容易出現魚眼或凹坑。
- 包含有毒、汙染性和易燃的溶劑。

控制裂紋

使用裂紋漆的關鍵在於，要控制好裂紋及裂紋之間的斑塊尺寸。可以通過改變開裂層的厚度和漆的乾燥時間來控制裂紋。

開裂層愈厚，產生的裂紋和斑塊的尺寸愈大；開裂層愈薄，產生的裂紋和斑塊的尺寸愈小。乾燥速度愈慢，產生的裂紋和斑塊的尺寸愈大；乾燥速度愈快，裂紋和斑塊的尺寸愈小。你可以在腦海中想像一下泥土。雨後的土路因為土層很厚，其在乾燥過程中，形成的裂縫和裂縫之間的距離都很大，而從路邊草地沖刷到路面上的土層因為很薄，其在乾燥過程中形成的裂紋很窄，裂紋之間的間隙很小。同時，屋檐下的泥土產生的裂紋要比路面上的泥土產生的裂紋更大，因為屋檐下的泥土的乾燥速度更慢。

為了控制裂紋漆的厚度，可以加快或減慢噴槍的移動速度，或者調整噴槍距離噴塗表面的遠近來實現。為了獲得更加真實的做舊效果，改變噴槍的移動速度和噴塗距離可促成裂紋效果的變化。為了控制裂紋漆的乾燥速度，可以添加漆緩凝劑減緩乾燥速度，或者添加快乾型漆稀釋劑或丙酮加快乾燥速度。當然，添加任何稀釋劑都會使塗層厚度減小，並影響到裂紋的尺寸。

注意！！！

儘管合成漆的保護能力和耐久性不如其他表面處理產品，但要強調的是，合成漆的保護能力和耐久性在大多數情況下已經足夠了。

保護能力和耐久性較弱

在很多人追求表面處理塗層可以承受任何衝擊的年代，合成漆相比其他的表面處理產品存在明顯的不足。

作為一種揮發型表面處理產品，合成漆相比所有的反應型表面處理產品和很多水基表面處理產品更易受到水、磨損、熱、溶劑、酸和鹼的損害。在薄膜型表面處理產品中，只有蟲膠比合成漆的保護能力和耐久性更弱。

塗層建立緩慢

因為合成漆分子非常長且具有黏性，需要大

使用合成漆的常見問題

合成漆是一種「友好」的表面處理產品。合成漆比其他表面處理產品更易於修復。但是，如果你沒有理解這些問題出現的原因，解決它們就沒有那麼容易了。最常見的問題是塗料滾動和流掛、出現橘皮和乾噴（參閱第42頁「常見的噴塗問題」）。

問題	原因	解決方案
霧濁：剛剛塗開的合成漆表面產生了一層白色薄霧 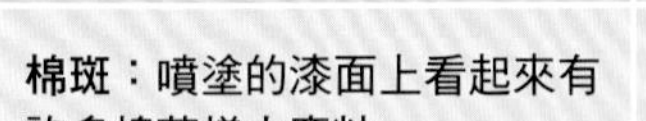	漆稀釋劑快速揮發，導致漆面冷卻過快，將空氣中的水分吸入塗層中。這使得漆從溶液中析出，形成白色霧濁。（水並不會像很多人宣稱的那樣，能夠被困在表面處理塗層之內。）霧濁通常出現在溫暖潮溼的天氣條件下	使用慢揮發型稀釋劑（漆緩凝劑）稀釋合成漆，在漆面乾燥前讓水分有更多的時間逃逸
		將漆罐或噴壺放在熱水中加熱。噴出的漆愈暖熱，冷卻需要的時間就愈長，從而減少霧濁的形成。加熱合成漆同樣有利於獲得更好的平整度
		如果漆層表面的白色薄霧已經乾燥，等待幾個小時或者過夜，讓合成漆繼續乾燥，霧濁可能會消失。或者，可以在漆層表面噴塗薄薄的一層漆緩凝劑，使合成漆重新溶解後乾透。或者，如果霧濁正好處在表面上，可以用鋼絲絨磨去霧濁
棉斑：噴塗的漆面上看起來有許多棉花樣小塵粒 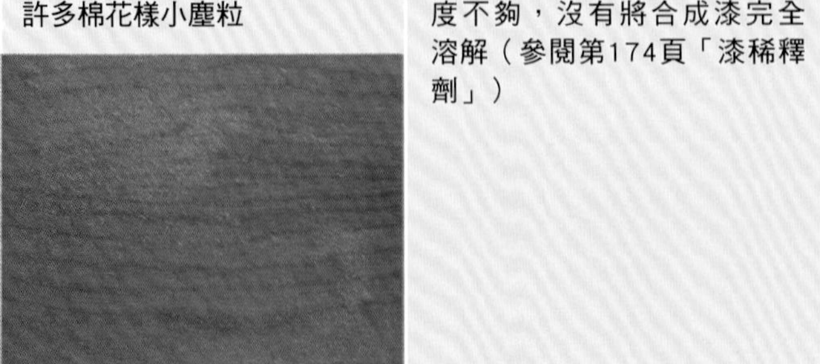	用於溶解合成漆的漆稀釋劑強度不夠，沒有將合成漆完全溶解（參閱第174頁「漆稀釋劑」）	打磨除去棉斑，或者使用漆稀釋劑將其清洗掉，然後選用合適的漆稀釋劑充分溶解合成漆，並噴塗更多的溶液

量溶劑才能將其分散到足以用於噴塗或刷塗的程度。想像一下，在傾倒義大利麵的時候，你需要加多少水才能保證每一根義大利麵彼此獨立而不黏連（參閱第8章「薄膜型表面處理產品」）。高溶劑含量意味著每個塗層的厚度會很薄，需要塗抹更多的塗層才能達到其他表面處理產品使用較少塗層就可以達到的薄膜厚度。

霧濁

霧濁可能是合成漆使用過程中最常見的問題了。這是一種在剛完成噴塗後出現在塗層表面的乳白色薄霧（**照片10-2**）。

霧濁出現在潮溼的天氣中，是由於水分在合成漆表面凝結，使合成漆從溶液中析出造成的。請

問題	原因	解決方案
魚眼：在溼潤的薄膜塗層中產生的凹坑	木料被家具拋光劑、潤滑劑或潤膚液中的矽酮汙染	參閱第183頁「魚眼與矽酮」部分
細孔：較大的孔隙上方形成的小氣泡經打磨後變成了小孔	困在大孔隙中的空氣穿透薄膜到達塗層表面（有時是因為木料比塗層的溫度更高）	細孔很難修復。可以將其打磨掉，噴上幾層乾粉，然後塗抹溼塗層。或者剝離合成漆重新處理，然後噴塗多層乾粉，再塗抹更溼的塗層
壓痕或印痕：出現在表面處理塗層仍然較軟的時候	由於溫度、溶劑含量或塗層厚度的原因，合成漆塗層沒有充分硬化	最常見的原因是環境溫度偏低，導致塗層需要更長時間才能硬化。加熱工作間，或者添加一些快乾型漆稀釋劑來加快乾燥速度
		你可能添加了漆緩凝劑來解決霧濁或過噴的問題，但是也導致表面處理塗層長時間處於柔軟狀態。減少緩凝劑用量，或者留出更長時間使塗層完全硬化
		塗層愈厚，完全硬化所需的時間就會愈長。塗抹幾層較薄的塗層，或者留出更長時間使塗層完全硬化

參閱「使用合成漆的常見問題」，了解解決霧濁的方法。

魚眼

「魚眼」是指出現在剛剛完成的合成漆塗層上的類似月球環形山的凹坑。凹坑是木料受到矽酮汙染所致（這在使用合成漆時很容易出現），罪魁禍首是家具拋光劑、潤滑劑和潤膚露。魚眼問題多出現在修補表面處理塗層時，但是矽酮的汙染同樣出現在新木料的表面處理過程中。如果是這樣，應該嘗試消除汙染源，以免受到矽酮的持續困擾。在修復工房中，矽酮無法消除，因為它是與正在被修復的家具相伴存在的。如果不了解魚眼的成因，這的確是個嚴重的問題，但如果你知道糾正的方法，魚眼問題是可以控制的（參閱第183頁「魚眼與矽酮」）。

包含有毒、汙染性和易燃溶劑

用於漆稀釋劑的溶劑對呼吸系統有害，對空氣有汙染，並且高度易燃。更糟糕的是，高比重的溶劑是配製用於噴塗或刷塗的足夠稀薄的合成漆溶液所必需的。

儘管合成漆有很多優勢，但是很多專業的表面處理師還是選擇改用水基表面處理產品以避開溶劑的毒性和難聞的氣味。即使是造價高昂的噴漆房和小型工房使用的高質量防毒面具也無法完全有效地保護表面處理師。因為在表面處理完成後的很長一段時間內，溶劑會持續地揮發。工廠會通過烘烤車間加速合成漆的乾燥。

出於健康考慮，很多地區限制使用合成漆，至少會限制合成漆中溶劑的用量，以減少空氣汙染。廠家正在嘗試通過兩種方式減少有害溶劑的用量。一是使用分子量更小的硝化纖維素（縮短版的義大利麵），因為溶解更小的分子需要的溶劑量更少。這種方法的問題是會削弱塗層的耐久性。另一種方法是用丙酮替代漆稀釋劑中的其他一些溶劑，因為丙酮不在政府列出的空氣汙染清單中，使用不受限制。這樣做的問題是，丙酮提高了溶劑成本，同時其揮發速度過快，更容易導致出現霧濁、橘皮和乾噴。

注意！！！

合成漆因為其容錯性、美觀度和可以創造不同效果的多功能性而深受表面處理師的喜愛。但是合成漆中的溶劑有毒性和刺激性，這使得很多表面處理師轉而選用容錯性和功能性一般的水基表面處理產品。

魚眼與矽酮

在製作和修復表面處理塗層的過程中，最讓人頭疼的問題之一就是「魚眼」。「魚眼」看起來像月亮上的環形山（第184頁照片），通常會在塗抹合成漆後立即出現。有時表現為隨意的褶皺，這種形式被稱為龜裂。

儘管「魚眼」可能會出現在任何薄膜塗層上，但是「魚眼」的出現通常與合成漆相關，因此我把它放在這裡闡述。「魚眼」不會出現在油類表面處理產品製作的塗層中，因為多餘的部分都被擦除了。

「魚眼」是矽酮在木料表面的汙染造成的。矽酮的表面張力很小，而表面處理產品的表面張力較大，因此表面處理產品無法在矽酮表面均勻流布。這與水在打蠟後的汽車表面的狀態類似。在汽車表面，水會分散成水滴，因為整個汽車表面都塗了蠟。在木料表面，表面處理產品會在有矽酮滲入的孔隙周圍形成褶皺或凹坑。

矽酮是一種用在潤滑劑、家具拋光劑和潤膚露中的油性成分，「魚眼」的形成通常是因為家具拋光劑中含有矽酮（請參閱第18章「表面處理塗層的保養」）。矽酮會穿過表面處理塗層的裂紋進入到木料中。

一旦進入到木料內部，矽酮是很難去除的，這一點與油是相同的。矽酮可能會在表面處理的第一層形成「魚眼」，或者可能融入第一塗層並且沒有帶來麻煩，直到你塗抹第二或第三塗層時才出現問題。矽酮的汙染情況差別很大，可能會很溫和，解決起來很容易，也可能情況糟糕，很難解決。矽酮也可能在木料表面形成斑點，並且這

傳言

家具拋光劑中的矽酮可以軟化或在一定程度上損壞固化的表面處理塗層。

事實

矽酮是惰性的。它不會與表面處理產品產生任何反應。矽酮的惡劣聲名源於表面處理修復師和保養員的態度，因為他們不喜歡這種在修復和重做表面處理時會導致問題的產品。

些斑點只在某些位置出現，不會出現在其他地方。

如果你懷疑出現了矽酮汙染，可以嘗試採取下面的措施防止魚眼出現：

從木料表面去除矽酮；將矽酮封閉在木料內部；降低表面處理產品的表面張力；使用合成漆噴塗4～5層薄膜塗層。

如果魚眼出現在表面處理塗層塗抹完成後，可以嘗試將起褶的地方打磨平滑，然後從上面的方法中選擇一種，防止新的塗層出現問題。通常，最好的方法是用漆稀釋劑快速洗掉新鮮未乾的塗層，然後再使用上述的一種或多種方法重新完成表面處理。

從木料表面去除矽酮

同的方法洗去矽酮：使用石油餾出物溶劑，氨水和水，或者磷酸三鈉溶液和水。用石油餾出物溶劑沖洗木料表面，然後分幾次擦乾溶劑，注意在每次擦拭前擰乾抹布

魚眼與矽酮（續）

（請參閱第198頁「松節油和石油餾出物溶劑」）。每次這樣做都可以稀釋並去除部分油。其他幾種清潔劑會分解油類，不過因為水會導致木料起毛刺，需要將木料打磨光滑。如果氨水或磷酸三鈉加深了木料的顏色，可以使用草酸清洗以保持原有的顏色（請參閱第354頁「使用草酸」）。

將矽酮密封在木料內部

可以考慮用蟲膠將矽酮封閉在木料內部（請參閱第9章「蟲膠」）。除了矽酮汙染最嚴重的情況，這種方法適合各種情況。噴塗蟲膠是最好的方式。注意，在打磨蟲膠塗層的時候不要將其磨穿，並且不要在蟲膠塗層上塗抹一層很厚的溼漆，因為合成漆有可能會溶穿蟲膠塗層。

小提示

如果木料表面受到了矽酮的汙染，在塗抹染色劑的時候我要提醒你：在擦除多餘染色劑之前，塗層很容易出現魚眼或龜裂。

「魚眼」是用合成漆為舊家具重新做表面處理時的常見問題。這種瑕疵看起來就像月球上的環形山。

降低表面處理產品的表面張力

在表面處理產品中加入矽酮可降低前者的表面張力，使其可以在木料表面存在矽酮的地方流布均勻。不過，只要在一個塗層中添加了矽酮，就需要在之後的每個塗層中都添加。至於操作方式，噴塗或刷塗都可以。

用於這個目的的矽酮產品有很多商品名稱，比如魚眼消除劑、魚眼流動劑、魚眼干擾劑和魚眼平滑劑等。每夸特表面處理產品中添加的劑量從幾滴到滿滿1滴管不等，這要根據你用的產品品牌和矽酮造成的汙染程度決定。汙染愈嚴重，需要添加的矽酮就愈多。你可以按照矽酮的產品說明添加矽酮，如果不起作用可以多加一些。我每次都會加入滿滿1滴管。不過，不要過量添加，否則可能會導致表面處理塗層出現混濁。

添加矽酮可以稍微提亮表面處理塗層，並使其變得更加光滑，不易劃傷。有些表面處理師會在所有的表面處理產品中加入矽酮，以獲得這些性能。

可以直接在合成漆中添加矽酮，然後將其攪拌均勻。對清漆來說，最好先用少許油漆溶劑油稀釋矽酮，然後再將其加入。水基表面處理產品需要使用特殊的乳化矽酮，這種產品可以在表面處理商店買到。

要時刻提醒自己，在表面處理產品中添加矽酮會汙染噴槍和刷子，需要去除所有的油才能將工具清洗乾淨。如果噴塗過程中使用的氣量不合適，過度噴塗也可能會汙染區域內已經處理和未經處理的木料。

噴塗4～5層薄漆面

如果噴塗合成漆，可以先噴塗多層薄漆面，直至形成一層均勻的表面，然後噴塗一層溼潤程度剛好可以溶解之前的霧狀漆面，同時不足以接觸到木料表面並導致魚眼形成的漆層。

如你所料，需要不斷練習才能將尺度拿捏到位，所以這並不是最好的解決方案。我知道這個方法可行，因為我已經實踐多年，直到有人告訴我，使用蟲膠和在表面處理產品中添加矽酮的方法。

消除魚眼不是每次只能使用一種方法，可以將幾種方法混合起來使用。每個人的操作習慣都是不同的。所有的表面處理修復師在剝離表面處理塗層時都會自覺地做一些清洗工作。此外，有些人每次都會刷塗一層蟲膠為表面處理收尾，另外一些人則會習慣性地在所有表面處理產品中添加矽酮，即使他們沒有遇到什麼問題。還有一些人會同時融合使用兩種做法。

噴塗合成漆

對於寬大平整的表面，應首先噴塗其邊緣（上圖）；對於結構複雜的木工製品，應首先噴塗不引人注意的部位（右圖），最後噴塗突出的表面。

小提示

等待每個塗層完全乾燥是不必要的。事實上，很多表面處理師喜歡先噴塗一層薄的黏性塗層軟化之前的漆面，之後再噴塗一層完整的塗層。

通常我會完成兩次完整的噴塗，一次噴塗完成後緊接著噴塗第二次。這不會對最終效果產生任何影響，只是個人喜好的問題。

由於合成漆乾燥速度非常快，所以通常選擇噴塗。以下是噴塗的流程。

1 首先把工件放在可以通過反光觀察操作的位置。

2 決定使用打磨封閉劑、乙烯基封閉劑、蟲膠還是合成漆本身來封閉木料（請參閱第144頁「封閉劑與封閉木料」）。

3 在木料上噴塗第一塗層（參閱第48頁「使用噴槍」）。

4 待第一塗層完全乾燥後，使用280目或更細的砂紙輕輕打磨，去除表面的粗糙部分。

5 用壓縮空氣、吸塵器、刷子或黏布去除打磨形成的粉塵。因為下一層合成漆會溶解任何未被去除的合成漆顆粒，所以試圖去除全部粉塵是沒有必要的。

6 噴塗下一層合成漆。

7 等待漆面乾燥，如果出現了塵點或者其他需要除去的瑕疵，可以使用硬脂酸鹽（乾潤滑）砂紙打磨去除。否則不需要打磨。

8 繼續噴塗，直到塗層的厚度和強度令你滿意。如果不需要填充孔隙，一般噴塗3～4層足夠了。不過，這通常也與合成漆的稀釋程度和每層噴塗的厚度有關（請參閱第134頁「固體含量和密耳厚度」）。

9 保持噴塗完成後的狀態，或者使用砂紙、鋼絲絨或研磨膏完成表面處理（請參閱第16章「完成表面處理」）。

memo

11

清漆

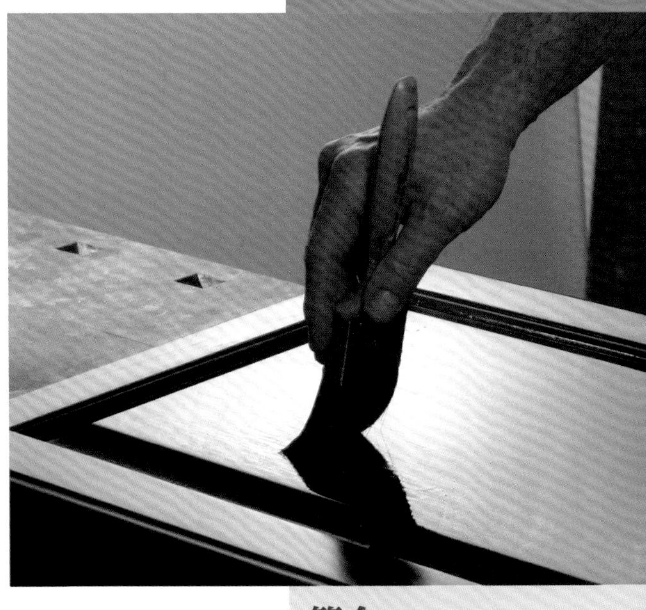

簡介

清漆（包含聚氨酯清漆）是常見的表面處理產品中保護性和耐久性最強的。它能形成良好的屏障以阻止水的滲透和水蒸氣的交換，並且對高溫、磨損、溶劑、酸和鹼有很好的抗性。此外，清漆價格低廉，建立塗層迅速。它幾乎具備你希望得到的表面處理產品的所有優點，但有一點：如果你想得到很好的處理效果，清漆是所有表面處理產品中使用難度最大的。

清漆是用固化或改性的半固化油與樹脂混合熬製而成的。添加催乾劑可加速固化。傳統上使用的油是亞麻籽油，因為它是當時可以獲得的最好的油。在19世紀末期，桐油開始從中國傳入西方，並開始在一些鋼琴和家具清漆，以及一些戶外使用的桅桿清漆中使用。在20世紀中期，化學家已經掌握了改性半固化油（例如大豆油和紅花油）的技術，使這些產品可以更好地固化。這些油更便宜，而且比桐油和亞麻籽油的黃色（實際上是橙色）更淺，所以成了現在清漆中使用的主要的油。不過，所有的清漆都會隨著時間的推移變黃。傳統樹脂是來自各種松樹的石化樹液。曾經最好的松樹樹脂需要進口（美國的松樹樹脂太軟，無法製作優質清漆）。這些樹脂來自東亞、新西蘭、非洲和北歐。曾經最好的樹脂是柯巴脂，例如貝殼杉樹脂、剛果柯巴脂和馬尼拉樹脂。琥珀也曾被使用。琥珀是一種曾經生長在北歐的、已經滅絕的松樹的石化樹液。你常能在禮品店見到琥珀製作的項鍊和首飾。現在，天然樹脂已經很少被用來製作清漆了（**照片11-1**）。

20世紀早期，化學家開始研發合成樹脂，這種產品的質量更為一致，可靠性也更高。首先被研發出來的產品是酚醛樹脂（苯酚和甲醛的合成物），它最早被用於塑料工業，比如，被廣泛地應用在早期收音機的製作上。為了將酚醛樹脂用於表面處理，化學家開發出了一種將其與油混合製成液體的方法。液態的樹脂——油混合物與空氣中的氧氣接觸後會固化，這個過程被稱為「氧化」。作為最早的合成類清漆樹脂，酚醛樹脂現在已經很少用在清漆中了，這很大程度上是因為其黃化速度過快。

隨後出現的是醇酸樹脂，這是一種在20世紀20年代被研發出來的聚合物。醇酸樹脂的名字得自製作樹脂的兩種主要材料——醇和酸。醇酸樹脂也要與油混合烹煮來製成清漆。它比酚醛樹脂便宜，很快就成了表面處理工業的主力軍。現在，它不僅是清漆生產中最常用的樹脂，還被廣泛用於合成漆、催化型表面處理產品、部分水基表面處理產品和油基塗料的生產。

最後一種主要的清漆樹脂是聚氨酯。它出現在20世紀30年代，常被作為塑料使用。聚氨酯非常強韌，並形成了多種類型的表面處理產品。純的聚氨酯產品可分成兩部分，它們通過加熱或吸收水分固化（請參閱第12章「雙組分表面處理產品」）。油漆店最常見到的聚氨酯產品，實際上是用聚氨酯樹脂改性的醇酸樹脂清漆。因為表面處理的基礎是醇酸樹脂清漆，即氨基甲酸酯改性醇酸樹脂。因為這種表面處理產品是以醇酸樹脂清漆為基礎的，所以其塗抹和固化方式也與之

傳言

你常聽到有人汙蔑聚氨酯為「塑料」表面處理產品。

事實

除了蟲膠，所有的薄膜型表面處理產品都是塑料！固體漆，被稱為賽璐珞，是第一種塑料。19世紀70年代早期，它被用於製造衣領、梳子、刀柄和眼鏡架，後來用來製作電影膠片。酚醛樹脂又叫作電木，第一個收音機盒就是用這種材料製作的。氨基樹脂（催化型表面處理產品）用於製作塑料層壓板。聚丙烯樹脂（水基表面處理產品）被用於製作有機玻璃。

照片11-1　用於製作清漆的一些天然樹脂。從左至右依次是柯巴脂、琥珀和松脂。

類似。這類清漆現在是三類清漆產品中最受歡迎的，因為其耐刮性最好。

只用油和樹脂製成的清漆固化速度不夠快，不能作為表面處理產品使用，因此需要添加金屬催乾劑加速其固化速度。催乾劑充當了催化劑，可加速氧化。最開始使用鉛鹽作為催乾劑，因為其易於獲得並且效果顯著。其他金屬催乾劑是隨後被研發出來的。到了20世紀70年代，鉛催乾劑由於會導致健康問題被禁止使用，其他催乾劑陸續成為替代品，其中包含鈷鹽、錳鹽和鋅鹽。這些催乾劑都得到了美國食品和藥品管理局的批准，可用於油、清漆和其他塗料中。目前尚未發現這些催乾劑存在健康隱患，並且只要按照配方使用，油、清漆或其他塗料都能夠完全固化。除了在極少數的專用產品中，鉛催乾劑已經很難見到了（請參閱第96頁「食品安全的傳言」）。

可以購買預先混合的催乾劑加入到油、清漆或油基塗料中加速其固化。混合催乾劑是液體的，通常被稱為日式催乾劑。自行在清漆中添加日式催乾劑是有風險的。首先，催乾劑的組成對你使用的表面處理產品來說可能不是最優化的。再者，在塗料中添加催乾劑不只是能加速固化，也會導致塗層易碎並開裂。每次添加幾滴一般足夠了，你要謹慎行事，直至對添加催乾劑的效果了如指掌。

油與樹脂的混合物

不管用哪種油和樹脂製作清漆，產品之間的最大不同在於油和樹脂的比例。油的比例愈高，固化後的清漆塗層就會愈軟且富有彈性；油的比例愈低，固化後的清漆塗層就會愈硬且易碎。

用高比例的油製成的清漆叫作長油清漆，通常作為桅桿清漆或艦船清漆銷售，並且一般用於戶外，因為該產品具備更好的彈性，能夠適應更大幅度的木料形變。使用低比例的油製成的清漆叫作短油清漆或中油清漆，適合室內使用，因為此時木料不會出現極端的形變，獲得更加堅硬的塗層是主要目的。

從分類上來說，桅桿清漆和艦船清漆非常不同。雖然兩者都是長油清漆，都是用更高比例的油製成的，但桅桿清漆只是指長油清漆，而艦船清漆是指含有紫外線吸收劑的桅桿清漆，紫外線吸收劑能夠防止清漆受到紫外線的破壞（請參閱第348頁「紫外線防護」）。

使用哪種油和樹脂製作清漆造成的產品差別要比油和樹脂比例的影響小一些，但仍然十分顯著。使用催乾劑也會造成產品的差別，但僅限於乾燥速度和固化的完全性這樣的差別，並不涉及固化後塗層的物理特性。下面介紹了油和樹脂對清漆特性的影響。

- 酚醛樹脂固化後堅韌而有彈性，但黃化現象明顯（看看那些老收音機）。酚醛樹脂常與桐油混合使用，以製作戶外用的桅桿清漆，也曾與桐油混合用來製作擦拭型清漆，用於擦塗桌面和鋼琴表面。

優點與缺點

優點

■對熱、磨損、溶劑、酸和鹼有極好的抗性
■對水和水蒸氣有極好的阻隔能力
■開放時間更長，刷塗方便

缺點

■固化速度非常慢，易導致粉塵和流掛問題
■時間久了會變黃

傳言

清漆在2年後會喪失固化能力，因為催乾劑會失效。

事實

雖然催乾劑性能的些許退化可以在實驗室中檢測出來，但在實際應用中是察覺不到的。實際上，只要不出現結皮和凝膠化，清漆的保質期是無限的。

■醇酸樹脂不如酚醛樹脂堅韌，但也足以應對大多數情況了，並且其價格更加便宜，也不像酚醛樹脂那樣容易變黃，因此是清漆中最為常用的樹脂。與之對應的，醇酸樹脂清漆通常使用改性的大豆油來製作，因為這種油同樣不易變黃。

■聚氨酯樹脂是三類清漆樹脂中最為堅韌的，通常與醇酸樹脂混合以製作單組分的聚氨酯塗層。這些表面處理產品大多是用改性大豆油製成的，這種油可以減少黃化。聚氨酯清漆有三個缺點：塗層較厚時會出現輕微的霧濁（這也是它被稱為塑料的原因之一）；它與大多數其他的表面處理產品塗層的黏合效果不好，其他表面處理產品塗層與它的黏合效果也不好；完全固化後，聚氨酯清漆自身塗層之間的黏合效果也不好。在重做新塗層之前，一定要用砂紙或鋼絲絨打磨掉舊有的塗層。此外，聚氨酯清漆在陽光下的穩定性不是很好，紫外線會破壞它與木料的黏合並導致塗層脫落，廠家必須在其中添加大量的紫外線吸收劑，以保持聚氨酯在陽光直射下的穩定性（關於各種清漆的使用指南，請參閱第193頁「區分清漆的類型」）。

清漆的特點

除了顏色的區別，清漆有六個主要特點，每個特點都與反應型固化有關（請參閱第137頁「反應型表面處理產品」）。

■對水和水蒸氣有極好的阻隔效果：分子交聯形成的網路使空隙減小了，從而使水和水蒸氣不能穿過。

■對熱、磨損、溶劑、酸和鹼有極好的抗性：樹脂分子的交聯使清漆塗層非常耐用。交聯的樹脂分子極難被分開，需要高溫、猛力、強溶劑或化學品才能對其造成破壞。

■固化時間長：緩慢的氧化速度讓你有足夠的時間刷塗清漆，無須擔心發黏和拖拽的問題，但也會導致粉塵問題。在清漆仍然溼潤或發黏時，任何落在處理表面的粉塵都會黏在上面，從而破壞表面處理的效果。

■很難修復和剝離：這是清漆具有良好的溶劑、熱和化學品抗性帶來的負面效應。

■很難擦拭形成均勻的光澤度：這是良好耐磨性需要付出的代價。

■在瓶中結皮：由於清漆通過吸收氧氣完成固化，所以任何殘留在罐中的空氣都會導致清漆固化。如果空氣的量足夠，清漆表面會出現結皮。如果結皮下面的清漆沒有凝膠化，清漆仍然是好的。去除結皮，然後將剩餘清漆過濾至一個更小的容器，比如一個玻璃瓶或一個可拆卸的塑料容器中。這樣的容器中很少或沒有空氣殘留，因此不會出現結皮。記得在新容器上貼上標籤。此外，還可以使用諸如排氧寶（Bloxygen）這樣的產品充入惰性氣體，置換容器中的空氣。

使用清漆

清漆的固化時間很長：需要1小時，甚至更長時間才能固化充分（這個時長不會導致粉塵吸附），至少要過夜充分固化後才能塗抹另一層。正是因為這些原因，清漆很少被工廠或專業的表面處理師使用，通常都是那些沒有噴塗設備的業餘愛好者使用（**照片11-2**以及第195頁「刷塗清漆」）。

刷塗清漆是個令人愉悅的過程，但噴塗卻是一場災難。刷塗清漆很簡單，因為你有足夠的時間將其在木料表面分散均勻。噴塗的困難在於，有些未固化的清漆顆粒會飄浮在空氣中，落在你的身上（或者其他任何地方），讓你的皮膚變得很黏。儘管如此，仍有一些人選擇噴塗清漆。

使用全效清漆的話，只需要塗抹很少的幾層就可以獲得可觀的塗層厚度，因為清漆的固體含量很高（請參閱第134頁「固體含量和密耳厚度」）。通常在封閉塗層後刷塗兩層清漆已經足夠了（請參閱第144頁「封閉劑與封閉木料」）。天氣狀況會影響清漆的固化速度。潮溼陰冷的天氣會明顯減慢清漆的固化速度。不要在低於15.6℃的環境中操作，因為這種條件下清漆可能需要幾天時間才能完全固化。炎熱的天氣可以加速清漆的固化。漆稀釋劑揮發得愈快，清漆與氧氣的反應速度愈快。在氣溫高於32.2℃時，你會發現，為寬大的表面刷塗清漆會很困難，因為塗料沒有足夠的時間流布平整，氣泡也沒有足

區分清漆的類型

除非清漆中含有聚氨酯，否則廠家很少會告訴你清漆的類型。以下是一些可以幫助你做判斷的線索。

線索	可能的清漆種類
包裝上沒有標記	醇酸樹脂
清漆的顏色很淺	醇酸樹脂／大豆油
清漆呈琥珀色	醇酸樹脂／亞麻籽油，或者酚醛樹脂／桐油

照片11-2 這些都是清漆產品，可以用油漆溶劑油稀釋，固化形成的塗層十分堅硬。沙拉碗（Salad Bowl Finish）、密封巢、木料調節器（Wood Conditioner）、沃特洛克斯和富姆比（Formby's）這些產品是以稀釋狀態銷售的。聚氨酯（Polyurethane）和瓦拉比（Varathane）是用聚氨酯樹脂而不是醇酸樹脂製作的。力士大帆船（Interlux Schooner）和斯帕（Spar Varnish）是用高比例的油製成的，所以更有彈性，而且力士大帆船含有足夠的紫外線吸收劑，可以保持清漆在陽光下的穩定性。

傳言

如果不搖晃或攪動清漆，只是非常緩慢、平滑地刷塗清漆，便可以防止產生氣泡。

事實

只要刷塗清漆就不可避免地會產生氣泡。關鍵是在清漆固化前使氣泡破裂。如果氣泡無法自行破裂，你可以加入5%～10%的油漆溶劑油稀釋清漆。油漆溶劑油可以延緩清漆的固化，為你留出足夠的時間等待氣泡破裂。如果仍有問題，你需要更換清漆的品牌。有些品牌的清漆要比同類產品產生的氣泡少得多。

夠的時間在清漆固化之前破裂（請參閱第200頁「使用清漆的常見問題」）。

在寒冷潮溼的天氣條件下，除非提高工作環境的溫度，沒有其他方法可以加速清漆的固化。在高溫的日子，可以在清漆中添加5%～10%的油漆溶劑油（漆稀釋劑），延緩清漆的固化速度，爭取更多的操作時間（請參閱第198頁「松節油和石油餾出物溶劑」）。

添加一點油漆溶劑油可以使清漆更易於分散並流布平整，也可以提供更長的操作時間使氣泡破裂。很多表面處理師在塗抹每層清漆時都會提前稀釋。當然，這樣做的缺點是，為了建立預期的塗層厚度，需要刷塗更多層清漆。

擦拭型清漆

擦拭型清漆這個名字是我在1990年的《木工》（Woodwork）雜誌上創造的名稱，用來描述一種非常好用、頗受歡迎的清漆產品，它是清漆經油漆溶劑油稀釋後濃度減半的產物，所以市面上並沒有「擦拭型清漆」這種產品（請參閱第100頁「擦拭型清漆被當作油銷售」）。因為稀釋後的清漆更易於在木料表面擦拭（而非刷塗），所以我用了這個名字，同時也是為了將稀釋的清漆與市場上誤導性的、訊息不全的產品區分開來。誤導性的名字現在仍然很流行，大多數的擦拭型清漆都被貼上了「桐油」「桐油表面處理產品」或「桐油清漆」的標籤。有些還被標記為「沙拉碗清漆」和其他一些專有名稱，例如沃特洛克斯、密封巢、波芬普羅芬和威士伯油。

它們都是清漆類產品（有一些是聚氨酯清漆），如果層數足夠，在木料表面形成了所需厚度的塗層，這些產品都具有極好的保護性和耐久性。問題在於標籤提供的訊息。這些訊息誤導並干擾了我們的選擇，導致了很多表面處理失敗的案例。如果有人在一件木工製品上使用桐油做表面處理，你很難判斷他究竟使用的是桐油還是稀釋的清漆。這兩種表面處理產品（第101頁**照片5-3**）是非常不同的。很可能，表面處理師使用的是油與清漆的混合物（參閱第5章「油類表面處理產品」）。

可以自己製作擦拭型清漆，以更好地控制產品黏度，建立理想的塗層。方法很簡單，在任何清漆產品中添加油漆溶劑油都是可以的。開始時先用油漆溶劑油將清漆稀釋25%，然後逐步增加油漆溶劑油的用量，直到獲得滿意的結果（沒有必要將清漆稀釋得跟廠家的一樣）。這種表面處理產品的使用方法跟油一樣：擦拭木料表面，然後擦除多餘的量。或者，可以像使用全效清漆那樣刷塗，然後等待其完全固化。因為溶液很稀，所以擦拭型清漆能夠很好地流布平整，並且不會留下刷痕。可以擦掉部分清漆，但不要擦除全部，留下一層很薄的清漆，或者待清漆稍稍凝固後，再擦拭塗層去除部分清漆，然後對剩餘塗層做拋光處理。

凝膠清漆

凝膠清漆與凝膠染色劑一樣，只是沒有添加色素。換言之，凝膠清漆是濃稠版的擦拭型清漆——不含有那麼多的稀釋劑，也沒有其他的氣味。它被設計出來就是用於擦拭木料表面，然後再被擦除的。大多數的凝膠清漆呈現緞面光澤，這與擦拭型清漆的光亮效果有所不同。

與擦拭型清漆不同，凝膠清漆的商品名稱都是正確的。與擦拭型清漆相仿，凝膠清漆非常易於使用，並且處理效果很好。這種表面處理產品讓那些沒有噴槍的人也能獲得幾乎沒有瑕疵的表面處理效果，同時還能提供相當出色的保護性和耐久性。

要用棉布塗抹凝膠清漆。因為其乾燥速度相當快，所以在完成塗抹後要快速擦除多餘部分。如果沒有在清漆開始固化之前擦除多餘部分，需要快速擦拭石腦油或油漆溶劑油將其擦掉，然後重新做處理。此時應塗抹得快一些，或者適當縮小擦拭區域。如果需要去除粉塵或其他瑕疵，每塗抹一層清漆都要進行打磨。可以塗抹3～4層，或者根據需要塗抹，直至獲得滿意的外觀。

小提示

手工刷塗全效清漆可以最大限度地減少粉塵吸附和刷痕，並獲得你想要的塗層厚度。然後用400目的砂紙將表面打磨平整。最後，用擦拭型清漆或凝膠清漆製作一層塗層，並擦除多餘的清漆。這層清漆非常薄，因此固化非常迅速，使粉塵沒有機會黏到表面。

刷塗清漆

清漆可以刷塗、噴塗，甚至擦拭，就像使用擦拭型清漆和凝膠清漆那樣，不過刷塗是最常見的形式。使用清漆獲得良好刷塗結果的關鍵是清潔度——這一點對清漆來說更為重要，因為清漆的固化時間很長。這裡提供一些建議供參考。

- 不要在刷塗清漆的房間同時做打磨、除塵的操作。
- 用拖把將房間的地板弄溼，這樣在你走動的時候不會揚起塵土。
- 在工件下方放置一張乾淨的紙。
- 如果清漆被弄髒了或出現了結皮，需要過濾後使用。
- 確保刷子是乾淨的，並用手敲打以去除鬆動的刷毛。
- 確保木料表面是乾淨的，在開始刷塗清漆之前用黏布或手掌擦拭其表面。
- 如果工件太大，你要做一個蓋子將其蓋住，或者將其滑動到一個可以防止粉塵落下的物體下方。

小提示

黏布是一種含有清漆狀物質的粗棉布。你可以購買（我認為這是最好的選擇），也可以自己製作。製作黏布要先用油漆溶劑油將粗棉布浸溼，然後將其擰乾，並滴上幾滴清漆。使清漆滲入到粗棉布中。這樣的粗棉布有足夠的黏性可以黏掉粉塵，又不會在擦拭木料表面時留下痕跡。將黏布儲存在氣密性良好的咖啡罐或自封袋中可防止其硬化。

刷塗清漆（續）

要時刻把清潔度放在首位，以下是刷塗清漆的步驟。

1 將工件放在可以通過反光觀察刷塗效果的位置。

2 確定是否需要使用針對清漆的打磨封閉劑或經油漆溶劑油（漆稀釋劑）稀釋後濃度減半的清漆製作第一塗層（請參閱第144頁「封閉劑與封閉木料」）。

3 將足量的打磨封閉劑或清漆倒入另一個容器中（一個廣口瓶或咖啡罐），並用其完成刷塗，這樣不會弄髒或汙染原裝容器中的產品。

4 刷塗第一塗層。除了轉角這樣的立體表面處，其餘部分都要順紋理刷塗，並且不要留下凹坑或刷痕（參閱第34頁「刷子的使用」）。

5 讓清漆固化過夜。

6 用280目或是更細的砂紙輕輕打磨塗層表面。硬脂酸鹽（乾潤滑）砂紙效果最好。在表面處理房間外面打磨，或者在完成打磨幾小時後再刷塗下一層，以允許房間內的粉塵有足夠的時間落定。

7 使用吸塵器或黏布去除粉塵，再用黏布或手掌擦拭塗層表面。

8 換一個新的容器，使用全效清漆刷塗下一層，或者加入5%～10%的油漆溶劑油將清漆稀釋後使用，以減少氣泡。

9 每次刷塗部分區域。當完成所有區域的刷塗時，用蜻蜓點水的方式去除多餘清漆。可以這樣操作：握住刷子使其幾乎垂直於處理表面，然後順著紋理用刷子的尖端非常輕地掠過塗層表面。如果刷子的尖端因為黏上了多餘的清漆而有些飽和，可以將刷子在乾淨的罐口或其他乾淨的表面刮蹭，去除多餘清漆。

10 在一個溫暖的房間中使清漆固化過夜。

11 使用320目或更精細的硬脂酸鹽砂紙打磨表面。也可以使用000號或0000號鋼絲絨或灰色的思高合成研磨墊，它們不會像砂紙那樣出現堵塞，但去除粉塵顆粒的效果也不及砂紙。

12 想要獲得接近完美的平整表面，要在刷塗最後的塗層前打磨去除刷痕。將砂紙黏在軟木塞、毛氈塊或橡膠塊上打磨平面。使用320目或400目的溼／乾砂紙，並輔以肥皂和水（或油漆溶劑油）潤滑。這樣最後的塗層會獲得更好的平整度。

13 確定需要的表面光澤度。可以在清漆固化後使用亮光漆擦拭塗層，或者使用啞光清漆做處理（參閱第138頁「使用消光劑控制光澤」）。為了呈現好的外觀效果，亮光清漆必

傳言

應該用油漆溶劑油將清漆稀釋到原濃度的一半，這樣第一層清漆可以與木料更好地黏合。

事實

不管清漆的濃度如何，它與木料的黏合效果都很好。用稀釋的清漆塗抹第一層的原因是，可以形成較薄的塗層並加快固化速度，從而可以更快地完成隨後的打磨。稀釋處理還可以加快塗料的滲透，不過，只要清漆保持液態的時間足夠長，滲透最終都會發生的。所以，稀釋的真正優點是獲得更快更硬的固化效果。

小提示

在水平表面分段刷塗可以減少塗料的滾動和流掛。如果可能，要重新放置工件，使待處理的表面轉到水平方向。最後，刷塗最為重要的部分，例如桌面和抽屜的正面面板，或者椅面和椅背。

傳言

用石腦油稀釋清漆可以加快固化速度。

事實

用石腦油代替油漆溶劑油只能縮短清漆變黏所需的時間。固化是清漆與氧氣發生氧化反應的過程，與使用的稀釋劑種類無關。

須經過擦拭處理，緞面清漆和啞光清漆則無須擦拭。

14 清除掉打磨的粉塵並刷塗最後的塗層。如果你已經打磨了上一個塗層，最後的塗層就會相當平整，這樣只需簡單的後期處理就可以獲得完美的表面。後期處理有兩種方式。一是加入25%～50%的油漆溶劑油稀釋清漆，製成擦拭型清漆（參閱第194頁「擦拭型清漆」）並刷塗。因為清漆很稀，所以更容易流布平整並加快乾燥，從而減少吸附粉塵顆粒的概率。另一個方法是在刷塗最後一層之前塗抹凝膠清漆，同樣可以減少刷痕和粉塵顆粒的吸附（參閱第195頁「凝膠清漆」）。

15 當你對表面處理塗層的厚度滿意時，可以任由塗層乾燥固化，也可以使用砂紙、鋼絲絨或研磨膏處理完成最終的表面（參閱第16章「完成表面處理」）。

清漆是所有表面處理產品中最易刷塗的，因為其固化速度很慢。但是緩慢的乾燥過程又增加了某些不確定性，因為乾燥期間避免粉塵和流掛是很難的。

松節油和石油餾出物溶劑

常見的蠟溶劑、油和清漆的稀釋劑有兩個來源：松樹樹液或石油原油。經過蒸餾處理的松樹樹液叫作松節油，在20世紀初石油溶劑出現之前被廣泛使用。質量最好的松節油是用取自活樹的樹汁蒸餾製成的，又叫作樹膠精油。質量稍差的松節油是用從死樹或者砍伐後的樹中獲得的樹液蒸餾製成的，叫作木松節油。兩種松節油都可以用，但是現在已經不受歡迎，因為它們比石油餾出物的成本更高，且氣味更加強烈。

但有些表面處理師偏愛松節油，因為他們喜歡刷塗松節油的那種感覺。

石油是表面處理產品所用溶劑和稀釋劑的主要來源。那些直接從石油中分離得到的產品叫作石油餾出物，因為它們是通過蒸餾得到的。其中包含油漆溶劑油、石腦油、煤油、苯、甲苯和二甲苯。這些溶劑也被稱為碳氫化合物，因為它們主要是由碳和氫組成的。

注意！！！

松節油和石腦油的溶解強度幾乎一致（松節油油性更大一些）。油漆溶劑油的溶解強度要弱得多，氣味愈淡的油漆溶劑油溶解強度愈低。溶解強度對稀釋油和清漆來說不那麼重要，但是使用更強的溶劑有助於從塗層表面去除部分固化的油或清漆，或者用油或清漆製成的表面處理產品，也可以去除蠟。

小提示

苯具有致癌性，經常被人們與輕質汽油（石腦油的另一名稱）搞混。

石油被加熱至汽化，氣體被排出後重新冷卻為液態形式。不同的組分冷凝的溫度不同。例如，在相對較低的溫度下，庚烷和辛烷被分離出來形成汽油。在溫度更高時，石腦油被分離，通常市售的清漆和塗料用石腦油（VM&P Naphtha）就源於此。隨後被蒸餾出來的是油漆溶劑油和煤油。隨著溫度的進一步提高，礦物油（也叫作石蠟油）被蒸餾得到，獲得固體石蠟（用於密封果凍罐口）則需要更高的溫度。每一種餾出物都叫作石油餾分。沸點較低的石油餾分相比沸點更高的石油餾分更易揮發，也更易燃。

了解這些石油餾分之間的關係非常重要，因為這有助於你理解這些溶劑的性質，從而知道何時使用某種溶劑（第199頁圖表）。

清漆和塗料用石腦油也叫作輕質汽油，是在比油漆溶劑油更低的分餾溫度下得到的。在任何指定溫度下，石腦油都要比油漆溶劑油揮發得更快。煤油幾乎不揮發，礦物油完全不揮發。

溶劑揮發得愈快，油性愈小。石腦油比油漆溶劑油的油性小，油漆溶劑油比煤油的油性小。礦物油本質就是油。最終，在更高溫度下生成的餾出物在室溫下已不能保持液態，那便是蠟。

如果你需要一種揮發相對快速或非油性的溶劑，應選擇石腦油。石腦油最適合脫脂。如果你需要一種揮發較慢的溶劑，並且不在意油性，應選擇油漆溶劑油。油漆溶劑油很適合稀釋油類表面處理產品和清漆。煤油不能用於表面處理，因為其揮發速度過慢，甚至完全不揮發，並且油性很大。所有的石油餾分都可以任意混合。

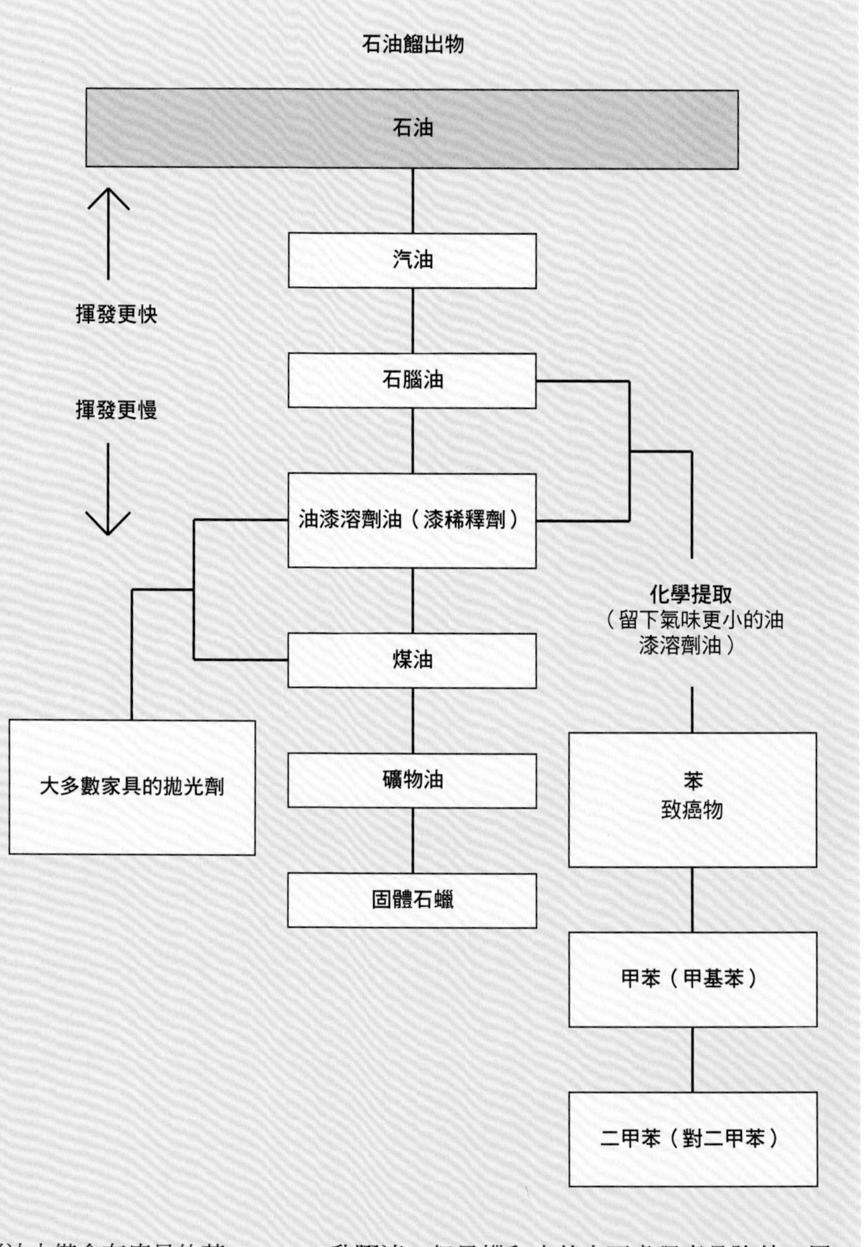

苯、甲苯和二甲苯是石腦油和油漆溶劑油中溶解能力和氣味最強的成分。精煉廠去除這些組分後，留下的就是無味的油漆溶劑油，其溶解能力雖然不及原始的油漆溶劑油，但足以作為大多數情況下的替代品使用了。

苯曾經被用作漆稀釋劑和漆剝離劑，現在在一些書籍和雜誌文章中還能不時地看到它因為上述能力被推薦使用。但苯是致癌物，並且在20世紀70年代早期就被禁止進入消費市場了。現在的油漆溶劑油和石腦油中僅含有痕量的苯。

甲苯（也叫作甲基苯）在漆稀釋劑中被當作稀釋溶劑使用（參閱第174頁「漆稀釋劑」）。二甲苯（也叫作對二甲苯）比甲苯的揮發速率還要慢。它被廣泛用於改性清漆，有時也被推薦用作短油清漆的漆稀釋劑。甲苯和二甲苯都可以在不破壞表面處理塗層的情況下去除家具表面殘留的乳膠漆，但是蠟和水基表面處理產品除外。用溶劑沾溼抹布擦拭乳膠殘留。甲苯和二甲苯也可以去除在木料表面乾燥的白膠和黃膠，但可能需要用力一點。

使用清漆的常見問題

刷塗清漆非常簡單，但是要獲得良好的外觀效果卻很難。很多環節都可能出錯。這裡列出了常見的問題，以及它們的成因和解決方法（可同時參閱第36頁「常見的刷塗問題」）。

問題	原因	解決方法
粉塵顆粒附著在清漆塗層中	粉塵落在了未固化的清漆表面並被黏住。因為清漆的固化速度是最慢的，所以相比其他的表面處理塗層，粉塵顆粒更易附著在清漆塗層中	將塗層表面打磨平整，並用鋼絲絨或研磨膏擦拭以獲得需要的光澤（參閱第16章「完成表面處理」）。關於清潔的建議，請參閱第195頁「刷塗清漆」
刷痕出現在固化的清漆中	你使用的是全效清漆，刷塗全效清漆產生的刷痕沒有方法消除	在清漆完全固化後，將表面打磨平整並擦拭得到需要的光澤度（參閱第16章「完成表面處理」） 使用稀釋的清漆可減少刷塗過程中的刷痕。清漆愈稀，刷痕愈不明顯
刷塗清漆的過程中出現了滾動和流掛現象	垂直表面的塗層過厚	在刷塗清漆的過程中，借助反光觀察塗層表面。如果發現了滾動和流掛現象，可立即用刷子刷掉多餘清漆。將多餘清漆塗抹在其他地方，或者在乾淨的罐口將其刮除
清漆表面出現了魚眼或褶皺	木料受到了家具拋光劑、潤滑劑和潤膚露中的矽酮的汙染	在清漆凝固之前，可以用一塊經過石腦油或油漆溶劑油浸潤的抹布將其擦掉。如果清漆已經固化，需要將其剝離，然後重新處理。為了防止魚眼或褶皺再次出現，請參閱第183頁「魚眼與矽酮」

問題	原因	解決方法
在刷塗清漆的過程中出現了氣泡，在清漆固化之前，甚至用刷子的尖端掠過之後仍無法使其破裂	氣泡是由刷子的刷毛掠過表面時出現抖動造成的	將表面打磨光滑，並在刷塗下一層時添加5%～10%的油漆溶劑油稀釋清漆。經油漆溶劑油稀釋後形成的塗層較薄，並且固化速度減慢，有足夠的時間等待氣泡破裂
		將表面打磨光滑，並在溫度更低的房間內操作。這樣氣泡會有更多的時間自行破裂
清漆不能固化，保持黏性狀態	氣溫太低	提高房間溫度，理想的溫度為 21.1 ～ 26.7℃
	木料表面存在未固化的油脂。很多人錯誤地認為，在刷塗清漆之前，先塗抹一層亞麻籽油會有幫助	加熱木料表面，並等待更長時間讓清漆充分固化。如果清漆仍未固化，只能剝離清漆、去除油脂後重新做處理。如果之前塗抹了亞麻籽油，在刷塗清漆之前，要先將製品在溫暖的房間裡放上幾天，使油層充分固化
	木料是油性的，例如柚木、紅木、黃檀或烏木。這些木料中的油脂會阻止清漆固化	加熱木料表面，並等待更長時間讓清漆硬化。如果清漆仍未硬化，將其從木料表面剝離，並用諸如石腦油、丙酮或漆稀釋劑這樣的非油性溶劑清洗木料表面，然後重新刷塗清漆
面漆層的清漆產生褶皺	這層清漆塗抹在了未完全固化的清漆塗層表面	剝離清漆並重新刷塗，延長每層清漆的固化時間。記住，在低溫環境中，清漆的固化速度要慢得多

清漆的未來

有些地方開始限制使用一些清漆溶劑（之前可以在清漆中正常使用）。為了遵守規定，很多廠家生產更稠的清漆，使用分子量更小的樹脂，或者使用非揮發性油來代替一些漆稀釋劑成分。

清漆愈稠，使用難度愈大，留下的刷痕也更明顯。為了遵守揮發性有機物的法律，廠家可能會警告消費者不能稀釋清漆。不過，你要明白，稀釋清漆不存在任何技術問題，只是不符合揮發性有機物的法律罷了。

分子量更小的樹脂可能會使清漆的固化速度變得更慢，並且難以提供足夠的保護性和耐久性。在某種程度上，廠家可以使用性能更好的催乾劑混合物來補償上述缺陷，但不是所有廠家都會這麼做。更糟糕的是，你可能並不知道自己購買的是哪一種清漆，除非你能注意到不同清漆之間的差別，或者廠家在標籤上注明了線索。有些廠家在生產清漆時遵守了最為嚴格的地方揮發性有機物的法律，這樣就可以將這種產品賣到全美各地。

在清漆中添加非揮發性油對其性能有明顯的影響，這樣的清漆固化時間更長，且無法形成堅硬的塗層（參閱第100頁「油與清漆的混合物」）。而且，廠家也不會在標籤上提供任何線索。因此，你不得不自行找出這些產品間的差別。

至少，在可預見的未來，你需要對不同品牌的清漆具有更加清晰的辨識能力。如果你使用的清漆產品不能正常乾燥或硬化，並且這不是溫度或木料內部的油脂造成的，你需要換另一個品牌的產品試試。同時，希望政府能夠恢復理性，並致力於治理那些真正需要為汙染問題負責的經濟部門。

12

雙組分表面處理產品

簡介

- KCMA測試標準
- 催化型表面處理產品
- 優點和缺點
- 雙組分聚氨酯
- 交聯型水基表面處理產品
- 環氧樹脂

在過去的幾十年間，木料表面處理領域出現了兩種明顯的趨勢。你肯定知道其中的一種──使用水基表面處理產品的趨勢（參閱第13章「水基表面處理產品」）。另一種趨勢是使用高固體含量、高性能的表面處理產品，它們通常被稱為「雙組分」「雙成分」或「2k」表面處理產品，因為它們都包含兩種組分，二者一旦混合，可通過反應形成極其堅硬和耐用的薄膜塗層。

水基表面處理產品和雙組分表面處理產品有一個共同點，即它們相比其他表面處理產品含有的有機溶劑更少，所以它們在滿足日益嚴格的揮發性有機物法律、減少排放至大氣中的溶劑含量方面邁進了一大步。但是，這兩種表面處理產品並未獲得用戶同等的接受度。水基表面處理產品在使用上遇到了很大的阻力，因為產品中的水分會導致一些問題。相比之下，雙組分表面處理產品則取得了重大進展，這在很大程度上是因為，它可以滿足大眾對獲得像塑料層壓板一樣耐用的表面處理塗層的期待。雙組分表面處理產品現在被廣泛地用於辦公家具和廚櫃行業中，也被很多小型的專業工房使用（參閱下方「KCMA測試標準」）。

最廣為人知、同時使用最廣泛的表面處理產品包括：

- ■催化型表面處理產品（改性清漆、後催化漆、預催化漆）
- ■雙組分聚氨酯
- ■交聯型水基表面處理產品
- ■環氧樹脂
- ■聚酯纖維
- ■紫外固化型表面處理產品
- ■粉末塗料（噴塑）

除了環氧樹脂，所有的這些表面處理產品基本都是供家具工廠、櫥櫃行業、木工工房和木工修理店的專業人員使用的。交聯型水基表面處理產品也被很多地板處理工人使用。環氧樹脂是非常濃稠的表面處理產品，有時可以在餐廳的桌面和吧臺上見到它。環氧樹脂使用簡單，在木工愛好者中尤其受歡迎，因為可以用它製作完全嵌入式

KCMA 測試標準

你可能聽過美國廚櫃製造商協會（Kitchen Cabinet Manufacturer's Association，簡稱KCMA）測試標準。這個標準經常被用到（特別是對建築師而言），以確保廚櫃和其他木工製品經過了恰當的表面處理，在使用過程中能夠提供足夠的保護性和耐久性。所有的雙組分表面處理產品都滿足KCMA標準，但是不能只考慮適用性，還應考慮如何使用的問題。最耐用的表面處理產品會因為塗抹得過薄或者未正確固化導致測試失敗。為了檢測你所用的表面處理產品和操作方法是否滿足標準，你可以按照慣常的方式製作一個樣品，然後用以下四種方法測試這個樣品（或四種不同的樣品）。

測試名稱	測試描述
高溫和溼度測試	將表面處理後的製品放置在48.9℃、70%溼度的熱箱內24小時。製品表面沒有任何損傷方能通過測試
冷熱交替測試（冷裂測試）[1]	將表面處理後的製品放置在48.9℃、70%溼度的熱箱內1小時，然後將其取出並適應室溫和室內的溼度，接下來將製品放入-20.6℃的冷箱內保持1小時。重複5次上述循環。只有製品表面沒有出現任何氣泡、冷裂（橫向於紋理的裂紋）或變色的跡象才能通過測試
家用化學品測試	在製品表面塗上芥末放置1小時，然後塗上檸檬汁、橙汁、葡萄柚汁、醋、番茄醬、咖啡、橄欖油和100酒度純度的酒精（相當於50%的酒精），放置24小時。製品表面必須沒有被染色、沒有出現褪色、沒有白化到拋光劑不能消除痕跡的程度，同時未出現氣泡、裂紋或其他薄膜損壞的情況方能通過測試
洗滌劑邊緣浸泡測試[2]	將處理好的木板或櫃門的邊緣浸入洗滌劑或水（工業中的標準配方）中24小時。製品表面必須沒有出現分層、膨脹，以及明顯的褪色、氣泡、裂紋、白化或其他薄膜損壞的情況方能通過測試

1.測試失敗通常是因為表面處理塗層過厚。
2.測試失敗通常是因為表面處理塗層過薄。

的照片蒙太奇（剪輯）或者其他相當平整的物件。

同樣的，除了環氧樹脂，雙組分表面處理產品也很少出現在面向普通大眾的商店中。必須去從事專業表面處理、修復和木工貿易的經銷商或供應商那裡才能找到這些表面處理產品。

接下來我會討論前四種表面處理產品。其他三種──聚酯纖維、紫外固化型表面處理產品和粉末塗料超出了本書的範疇。聚酯纖維使用難度很大且有一定的危險性，紫外固化型表面處理產品和粉末塗料則需要非常昂貴的操作和乾燥設備。但是，由於它們是100%的固體，不存在溶劑的揮發，所以在家具行業中變得日益流行。

催化型
表面處理產品

催化型表面處理產品在20世紀50年代出現，並在歐洲得到廣泛應用，後被引入到美國並大受歡迎。現在，這種表面處理產品被廣泛用於辦公室家具，以及整體廚房和浴室櫃子的製作。這種表面處理產品乾燥快速，並且相比油基的聚氨酯能夠提供更好的保護性和耐久性。在所有的雙組分表面處理產品中，催化型表面處理產品的使用最為廣泛。

所有的催化型表面處理產品都是用醇酸樹脂和氨基樹脂製作的。氨基樹脂包含三聚氰胺甲醛和尿素甲醛。你可能因為塑料層壓板而熟悉三聚氰胺，因為尿素或塑料樹脂膠而熟悉尿素。重要的是，這些樹脂可以抵禦各種損害。

當酸催化劑被加入到這些樹脂混合物中後，它們就可以固化形成堅硬的薄膜。典型的催化型表面處理產品包括以下三類。

- 改性清漆（也叫「催化型清漆」）有獨立的酸催化包，它是三類產品中保護性和耐久性最強的。它使用甲苯、二甲苯或者廠家提供的性質類似的混合配方溶劑稀釋。只要產品中的兩種組分沒有混合，它的保質期（產品變質之前的時間）可持續多年，混合後的存放時間通常是6～24小時，具體時長取決於特定的產品。
- 後催化漆是添加了硝基漆的改性清漆，包含獨立包裝的酸催化劑。硝酸纖維素可以加速初始的乾燥速度，並使塗層的修復和剝離更加容易，但是也會稍稍削弱薄膜的強度。因為包含了硝酸纖維素，後催化漆要使用漆稀釋劑稀釋。注意，漆稀釋劑中含有甲苯或二甲苯（參閱第174頁「漆稀釋劑」）。除此之外，後催化漆與改性清漆是一樣的。
- 預催化漆與後催化漆基本相同，但是廠家已經添加了酸催化劑（一種弱酸），所以這種表面處理產品可以裝在一個容器中。弱酸的加入使這種表面處理產品的保質期只有1年左右，具體時長因廠家而異。如果材料變得濃稠，會喪失部分耐久性，或者增加冷裂（暴露在低溫環境中出現的裂紋）的風險。預催化漆使用漆稀釋劑稀釋，並與硝基漆的使用特性非常接近（參閱第10章「合成漆」）。預催化漆比硝基漆的保護性和耐久性更強，但要比後催化漆稍差些。

有些廠家在發貨或交貨前添加酸催化劑，雖然保質期變短，但是可以獲得接近後催化漆的保護性和耐久性，同時也不需要再次混合。對於那些希望獲得更好的耐久性表面，同時不想自己混合塗料的表面處理人群，這種方式很

小提示

為了延長催化型表面處理產品的適用期，使其第二天仍然好用，你可以在剩餘的產品中添加等量的未催化表面處理產品「去催化」，然後將其攪拌均勻。這樣可以減少催化劑的比例，延長其適用期。然後在第二天使用時添加正確比例的催化劑即可。

受歡迎。這些名字中使用清漆和合成漆的字樣是合理的。改性清漆通過分子間的交聯完全固化，所以它和清漆一樣是純反應型表面處理產品。後催化漆和預催化漆含有硝基漆，所以它們是反應型與揮發型混合的表面處理產品（參閱第8章「薄膜型表面處理產品」）。

改性清漆通常只限於簡單的、裝飾性的用途，因為相比硝基漆，它很難擦拭均勻，也不能為木料帶來豐富的層次或深度，修復起來十分困難，並很難與染色步驟搭配。後催化漆在這類產品中用途較為多樣，預催化漆與硝基漆很像，經常作為其替代品使用。如果你從未使用過任何此類產品，我建議你從預催化漆著手，觀察其是否可以達到你的預期。然後逐漸過渡到使用難度更大的表面處理產品，以獲得你需要的耐久性。

使用催化型表面處理產品

催化型表面處理產品乾燥快速，所以基本上要使用噴槍噴塗。噴塗的方法與噴塗合成漆一樣（參閱第186頁「噴塗合成漆」）。但是這類表面處理產品有一些非常特別的地方，這種特別在噴塗改性清漆和後催化漆時尤其明顯。

■催化型表面處理產品的固體含量很高，因此與表面打磨過細的木料的黏合效果不是很好。所以，此時的打磨不應使用超過220目的砂紙，特別是對楓木、櫻桃木這樣紋理緻密的木料來說。

■表面處理產品中的酸可能導致某些染色劑變色，尤其是不起毛刺的染色劑。因此，在處理重要的製品之前，最好先在廢木料上測試染色劑和表面處理產品混合後的效果。為了防止預期的顏色變色，可以使用乙烯基封閉劑封閉木料和染色塗層（參閱第144頁「封閉劑和封閉木料」）。

■必須按照廠家指示以正確的比例（催化劑比例通常為3%～10%）加入酸性催化劑。如果添加的太少，塗層無法正常固化；如果添加的太多，薄膜會過早地開裂，並出現酸斑，油性殘基會從固化的塗層表面溢出，並且每次擦除後都會再次出現（**照片12-1**）。

■儘管廠家減少了甲醛的含量，但是催化型表面處理產品仍然包含少量的有毒物質。你應該在高效噴漆房中或者佩戴有機蒸氣防護面罩完成操作，保護自己。

■催化型表面處理產品的適用期非常短，所以需要經常清洗設備。如果這種表面處理產品在噴槍、噴嘴或壓力壺中留存幾天時間，很可能會

優點和缺點

優點

■對熱、磨損、溶劑、酸和鹼有極好的抗性
■對水和水蒸氣有極好的阻隔能力
■固化速度非常快
■與多數表面處理產品相比減少了溶劑揮發

缺點

■含有有害的化學品和揮發物
■通常很難與染色步驟同步
■很難完成隱形修復
■非常難於剝離

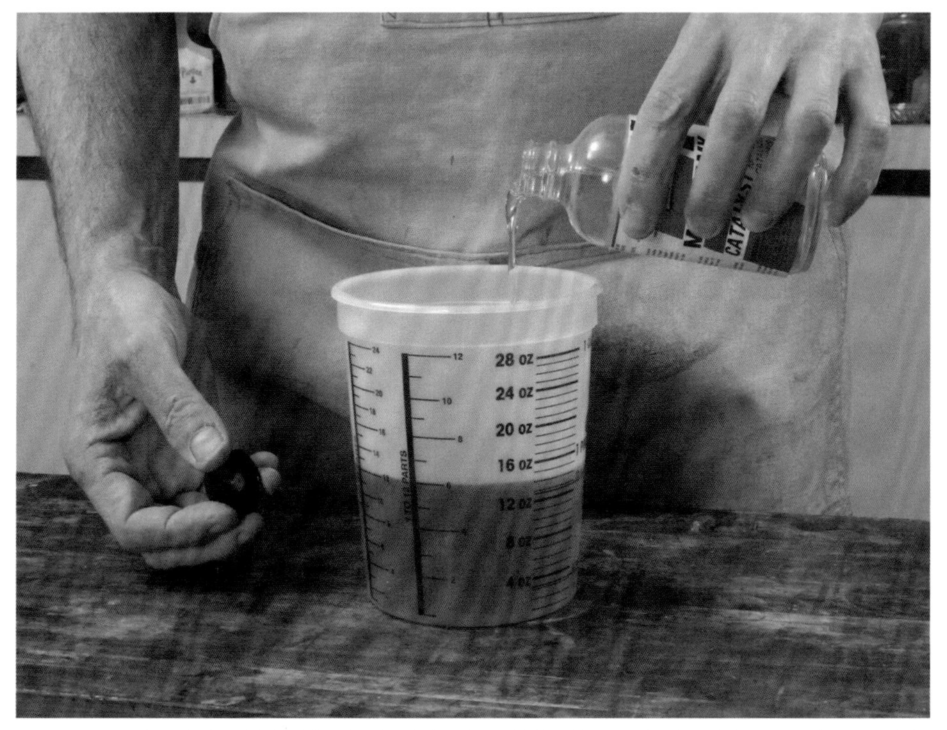

照片12-1 以精確的比例混合雙組分表面處理產品是至關重要的。否則，表面處理產品可能無法正常固化。因為催化劑在催化型表面處理產品中的比例通常只有10%或者更少，所以正確的混合比例就顯得更為重要。即使出現1%～2%的誤差，也會比表面處理產品從2:1的混合比例變成1:1時產生的差別更大。

對其造成破壞，因為這類產品固化後是無法清除的。

- 只能用乙烯基封閉劑、催化封閉劑或表面處理產品本身製作封閉塗層。在其他表面處理塗層或打磨封閉劑上塗抹催化型表面處理產品會導致塗層之間結合力很弱或出現褶皺。褶皺通常出現在用催化型表面處理產品製作第二層塗層，而不是第一層時。如果染色劑、填料或釉層太厚，也會出現這個問題。
- 製作塗層通常會受到時間的限制。這個時間因廠家而異，但是很少超過2天。如果需要更長的時間完成裝飾效果，則需要在相鄰塗層間使用乙烯基封閉劑製作基面塗層（參閱第82頁「基面塗層」）。
- 塗層厚度也有限制。如果改性清漆或後催化漆乾燥後的厚度超過5mil（大約3層），塗層可能會開裂，這種開裂可能會在幾個月後出現。預催化漆的容錯性更高，但仍然需要避免塗層過厚（參閱第134頁「固體含量和密耳厚度」）。
- 在製作塗層期間，以及之後的至少6小時內，溫度應保持在18.3℃以上。否則，表面處理產品可能無法正常固化。

雙組分聚氨酯

家居中心使用的「聚氨酯」是聚氨酯樹脂和醇酸樹脂的混合物。與之不同的是，雙組分聚氨酯中的樹脂是100%的聚氨酯，因此其保護性和耐久性要比前者強得多，同時使用難度也更大。

小提示

使用「兩杯」法混合環氧樹脂表面處理產品，以避免表面處理產品因混合較差無法正常固化。將兩種組分倒入一個桶中完全混合後，將混合物倒入另一個桶中，不要刮擦桶壁和桶底。然後將樹脂和硬化劑攪拌幾秒鐘，這樣就可以將兩種組分徹底混勻了。

雙組分聚氨酯在美國已經使用多年，一直用於鋼材的表面處理，最近幾年才開始用於製作高固體含量、高性能的木料表面處理產品。雙組分聚氨酯包含兩種類型。

- 芳香族類產品更便宜，但是黃化更為明顯，並且有效期較短。
- 脂肪類產品價格較高，但是完全不會變黃，而且可有效地防紫外線，有效期也較長。

實際上，這兩種產品經常混合在一起銷售，用於室內木料的表面處理，因為此時防紫外線的特性不那麼重要，並且還會增加成本。

雙組分聚氨酯比改性清漆具有更強的保護性和耐久性，但其價格較高。而且聚氨酯塗層不僅修復和剝離更為困難（打磨通常是將其去除的唯一方法），其有效期相比改性清漆也更短——通常只有4小時。雙組分聚氨酯使用起來有一定難度，除非你有一條持續運轉的表面處理生產線。

另一方面，雙組分聚氨酯的混合比改性清漆更為簡單，通常為2份尿烷與1份異氰酸酯混合，即使出現一些誤差也不會造成明顯的影響。同時，使用雙組分聚氨酯幾乎沒有任何塗層厚度的限制，塗層也不會開裂，並且在任何時間都可以製作下一塗層，無須擔心是否會造成之前的塗層起褶的問題。

與使用催化型表面處理產品一樣，使用雙組分聚氨酯也要小心，因為其中含有異氰酸酯，你需要在高效噴漆房中完成操作，或者佩戴合適的防護面罩提供保護。

交聯型 水基表面處理產品

對減少溶劑排放的日益重視，同時還需要塗層具有保護性和耐久性，這兩點促使水基表面處理產品獲得了更好的發展。在水基表面處理產品中添加交聯劑或硬化劑可使塗層獲得更好的保護性和耐久性。這些添加劑會促使液滴與液滴發生交聯，從而使表面處理產品具有完全的反應性，而不是反應性和揮發性的簡單組合（非交聯型的水基表面處理產品即是如此）。這樣產生的表面處理塗層雖然保護性和耐久性得到了增強，但仍然趕不上改性清漆和雙組分聚氨酯。

不幸的是，常用的交聯劑是氮丙啶，這是一種毒性很強的化學品。相比非交聯型的水基表面處理產品，使用這種化學品增加了安全風險。混合這兩種組分時，要注意保護你的手和眼睛，同時需要在通風良好的環境下操作。

有一些單組分的水基表面處理產品具有自交聯機制，這類似於預催化漆。但是我不知道，廠家是否有區分這些產品的標準方法。事實上，非交聯型（常見）和自交聯型水基表面處理產品在標籤上沒有任何不同。當然，雙組分表面處理產品鑒別起來很容易，因為它們含有兩種成分。

雙組分和自交聯的表面處理產品的使用方法與非交聯型水基表面處理產品完全相同（參閱第218頁「刷塗和噴塗水基表面處理產品」）。不幸的是，所有含水的表面處理產品都會導致相同的問題（參閱第216頁「水含量」）。

環氧樹脂

環氧樹脂非常黏稠，所以使用時需要直接傾倒而不是刷塗或噴塗。這是環氧樹脂與本書中提到的其他表面處理產品最大的不同之處。因為黏稠度和其自身的雙組分固化特性，環氧樹脂塗層可以塗抹得非常厚——每層的厚度可以達到1⁄16吋（1.6㎜），因此能夠形成阻隔水蒸氣的非常有效的屏障。可以用環氧樹脂將小木板和從樹上切下的木皮黏合到膠合板或中密度纖維板上，做出鑲木地板的設計效果，並能很好地防止由木料形變導致的木板開裂和分離。環氧樹脂還可用於製作酒店的餐桌和吧臺，以及嵌入式的照片剪輯、報紙或其他相對平整的物品。

使用環氧樹脂，首先要將兩種組分在塑料桶中或一次性的無蠟紙上混合（**照片12-2**）。按照從外周向中心的方式攪拌幾分鐘（**照片12-3**）將其攪拌均勻（或者遵照廠家的指示）。偶爾在塑料桶的邊緣刮一下攪拌棒的底部和側面，將黏附其上的塗料清理乾淨，這樣可以使塗料充分地混勻，並形成均一的黏稠度和透明度。要快速操作，因為在樹脂開始固化之前，你只有10～15分鐘的操作時間。

完成環氧樹脂的混合後，將其傾倒在水平表面上，使用塑料刮板分散開，以形成厚度均勻的塗層（**照片12-4和12-5**）。可以用嘴或吹風機吹氣以消除氣泡。用一次性刷子將流動至邊緣的環氧樹脂刷平，或者用遮蔽膠帶貼在邊緣處將其隔離。使用遮蔽膠帶的話，必須在環氧樹脂固化前用丙酮將膠帶上的樹脂清洗乾淨。使用環氧樹脂時還需要考慮到以下變化。

照片12-2　在塑料桶或無蠟紙容器中倒入等量的雙組分環氧樹脂（樹脂和硬化劑）。

照片12-3　快速製作，徹底混合兩種組分，從周邊向中心攪動。

照片12-4　將混合物大膽地倒在待處理表面的中央。可以讓其流淌至邊緣，然後用一次性刷子將其刷平，或者將遮蔽膠帶貼在邊緣以隔離樹脂。

照片12-5　用塑料刮板將樹脂分散開。你不需要手動製作出非常光滑的表面，因為環氧樹脂可以自行流布平整。

■如果你想封閉面板的底面，則要在使用環氧樹脂處理頂面之前完成封閉操作。

■如果你想嵌入其他工件，首先要刷塗一層很薄的環氧樹脂塗層，然後在其仍然黏稠時將工件放在塗層表面上。（第一塗層很薄同樣有助於減少氣泡生成，尤其是在處理孔隙較大的木料時。）

■如果表面將來需要承受很多刮蹭，則要塗抹多層，每個塗層完成後等待2～3小時（或者遵照廠家說明），再塗抹下一層。

■如果想要減少表面的劃傷，應先用細砂紙輕輕打磨表面，然後塗抹一層聚氨酯清漆──因為它比環氧樹脂更耐刮蹭。

memo

13

水基表面處理產品

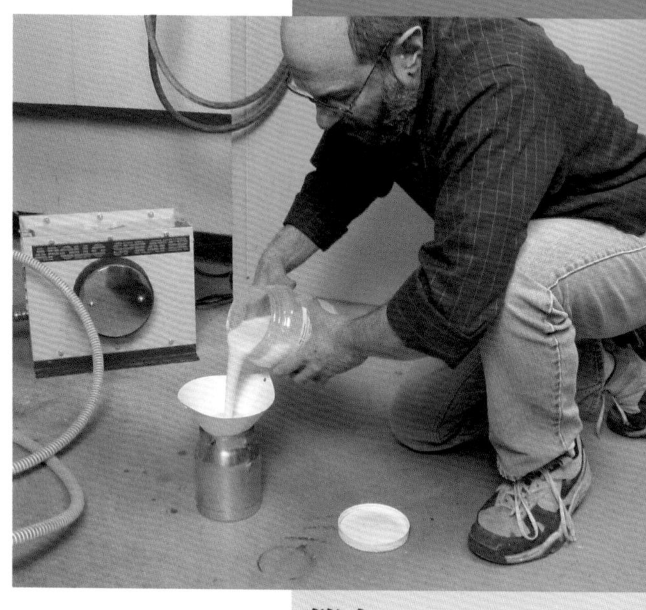

簡介

- 什麼是水基表面處理產品？
- 優點和缺點
- 水基表面處理產品的特點
- 使用水基表面處理產品的常見問題
- 刷塗和噴塗水基表面處理產品
- 乙二醇醚
- 水基表面處理產品適合你嗎？

製作水基表面處理產品的技術已經存在了超過半個世紀，與製作乳膠漆和黃膠、白膠的技術相同。由於相比其他的表面處理產品製作費用更高且使用困難，水基表面處理產品的需求一直較小，直到最近，這種情況才得到改觀。公眾對空氣汙染的日益關注，促成了水基表面處理產品的需求增長。由於各地政府對表面處理產品的溶劑含量（揮發性有機物）或使用者可以排放至空氣中的溶劑的量日益嚴格的法律限制，表面處理產品市場正在悄然發生變化。

如果這一趨勢繼續發展，你也許會在某天發現，硝基漆這樣的高溶劑含量的表面處理產品將不再被使用，或變得不可用。但是這種局面還沒有發生（可能永遠也不會發生），即使你會聽到關於溶劑類表面處理產品將要消失的傳言，這種情況也不會很快出現。水基表面處理產品仍然只是我們在完成表面處理時的一種選擇，而不是唯一的選擇。

警告！！！

在液態時混合不同廠家的水基表面處理產品是有風險的：混合物可能無法正常固化。為了獲得最佳效果，廠家在不斷地調整配方。水基表面處理產品目前還不是清漆和合成漆這樣的、發展成熟的表面處理產品。

什麼是水基表面處理產品？

我們常說的水基表面處理產品或水性表面處理產品實際上是由溶解在水中的丙烯酸和聚氨酯樹脂製成的溶劑型表面處理產品。之所以稱之為水基表面處理產品，是為了將其與其他不含水的溶劑型表面處理產品，諸如蟲膠、合成漆和清漆等產品區分開來。真正的水基表面處理產品不適合家庭作業，因為它們遇水會溶解。

製作水基表面處理產品，需要先將丙烯酸和聚氨酯樹脂製成微小的液滴（即乳膠），然後將其溶解在水中。通常還要在產品中添加一種比水揮發更慢的溶劑乙二醇醚（請參閱第222頁「乙二醇醚」）。水揮發後，產品中的微小液滴會相互聚結（聯合），溶劑會使產品變得黏稠。隨著溶劑的揮發，這些液滴會黏合在一起並硬化，形成連續的薄膜塗層（請參閱第140頁「聯合型表面處理產品」）。一旦塗層固化，水就不會對其造成任何損傷，但大多數溶劑還是可以的。它們會破壞液滴間的黏合，使塗層重新變得黏稠——類似於乙二醇醚揮發之前的初始固化狀態。

有些水基表面處理產品包含單獨的「交聯劑」或「硬化劑」，將其加入產品中可以增加塗層的保護性和耐久性。這種「雙組分」表面處理產品通常只能在地板表面處理產品經銷商和專業木工零售商處購買，或者郵購獲得。有些水基表面處理產品則是本身包含交聯成分。不幸的是，沒有任何工業標準對這些產品加以區分，它們通常會被貼上與單組分表面處理產品相同的標籤（請參閱第12章「雙組分表面處理產品」）。

更糟糕的是，水基表面處理產品有時會被標記為「合成漆」、「清漆」或「聚氨酯」，而這些名字體現不出任何與傳統溶劑基的合成漆、清漆或聚氨酯產品的區別。廠家這麼做是為了讓大眾熟悉水基表面處理產品，增強購買欲。但這些錯誤的標籤會使那些毫無戒心購買產品的人產生巨大的挫敗感。所有的水基表面處理產品，不論它們被貼上了何種標籤，包含何種樹脂，與傳統的合成漆、清漆或聚氨酯相比，它們彼此之間更為相似（請參閱第132頁「名字的含義」）。要仔細查看包裝上的稀釋劑或清洗劑名稱。如果該項目是水，表明這是水基表面處理產品（請參閱第218頁「刷塗和噴塗水基表面處理產品」）。

優點和缺點

優點

- 揮發型溶劑含量最少
- 無火災風險
- 易於用刷子清理
- 不會變黃
- 非常耐磨

缺點

- 在深色或染成深色的木料表面呈現平淡無光的外觀效果
- 在使用過程中對天氣非常敏感
- 易導致木料表面出現毛刺對高溫、溶劑、酸、鹼的耐性，以及對水和水蒸氣的隔離效果只有中等水平（與硝基漆大致相當）
- 與溶劑基的表面處理產品相比，所有的裝飾步驟操作難度更大

傳言

水基表面處理產品幾乎沒有汙染。

事實

實際上只是產品中的溶劑含量減少了。事實上，水基表面處理產品最高可以含有20%的溶劑，所以仍然會汙染空氣。而且它們比溶劑型表面處理產品更易汙染水和土地。使用水基表面處理產品時，通常會在水槽裡清洗刷子，這樣洗掉的水基表面處理產品會直接進入排水系統，同時水基表面處理產品經常會用不具有生物降解特性的塑料容器包裝。不管是思高還是其他品牌的人造磨墊都不可用於處理水基表面處理產品。因此，水基表面處理產品距離無汙染還很遠。

水基表面處理產品的特點

剛才提到，水基表面處理產品的保護性和耐久性會由於是否添加或本身含有交聯劑或硬化劑而有所不同。大多數在塗料商店或家居中心購買的水基表面處理產品都不含有添加成分。因此，這些表面處理產品要比油基的清漆在防水、防水蒸氣、防刮擦、耐溶劑、耐高溫、耐酸和耐鹼性能上弱一些，但通常與硝基漆的防護效果相當或比其略高（請參閱第233頁「各種表面處理產品的對比」）。

所有的水基表面處理產品，無論是否含有交聯劑，都具有以下三個共同特點：

- 比其他大多數的表面處理產品含有的溶劑量更少；
- 固化的塗層基本無色；
- 含有水，並可用水清洗。

傳言

水基表面處理產品是「安全」的。

事實

水基表面處理產品比其他大多數的表面處理產品更為安全，但並不是絕對意義上的安全。如果你在封閉的環境下使用過乳膠漆（實際上是含有色素的水基表面處理產品），則一定體驗過塗料揮發的氣味導致的頭暈。因此，與使用其他表面處理產品時一樣，你需要在通風良好的環境中操作，並佩戴防護面罩保護自己。

注意！！！

大多數水基表面處理產品在罐中呈白色。這通常是溶劑基的溶質在水中乳化的結果。一些化妝品和家具拋光劑也存在這種現象。只要塗層不是太厚，白色會隨著表面處理產品的固化而消失。

溶劑含量

雖然溶劑含量最高可達20%，但水基表面處理產品的溶劑含量還是要比溶劑基的表面處理產品少得多。這意味著，揮發進入空氣中的溶劑更少，因此可以減少汙染，降低火災和呼吸道疾病的發生風險。儘管減少空氣汙染是使用水基表面處理產品的出發點，也是行業以及大型櫥櫃和家具製造商使用此類產品的動機所在，但如果你是一名業餘愛好者或者小型工房的所有者，降低火災和健康風險是最直接的利益。水基表面處理產品的溶劑含量不足以讓它在液體狀態下燃燒，因此產生的氣味更淡，並且相比油漆溶劑油（漆稀釋劑）對呼吸系統的毒性更小。

專業表面處理師棄用合成漆、改用水基表面處理產品主要是基於氣味和刺激性減弱的考慮。地板表面處理師的工作環境無法經常通風，因此他們很看重水基表面處理產品的這個特性。很多水基表面處理產品被作為地板表面處理產品進行推廣就是這個道理。

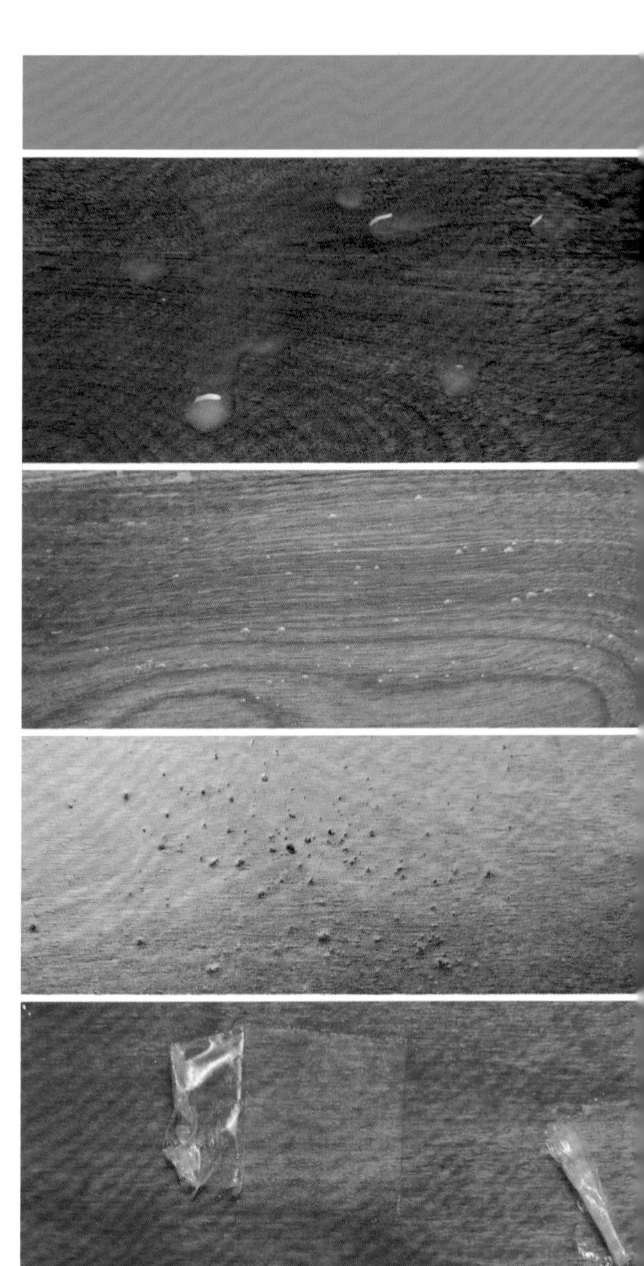

水基表面處理產品的顏色

在你看到水基表面處理產品對木料顏色的影響（**照片13-1**）之前，可能不會注意到其他表面處理產品對木料顏色的影響。水基表面處理產品是無色或接近無色的。對有些表面，比如淡色的或經酸洗染白的木料表面來說，無色的表面處理產品非常有吸引力，可以說是夢寐以求的（請參閱第252頁「酸洗」）。但對於胡桃木、櫻桃木和桃花心木這些顏色較深的木料，顏色的不足會使木料看上去像是褪色了一般，毫無生氣。有三種方法解決這個問題。

- 在做表面處理之前為木料染色。
- 在使用水基表面處理產品之前，先用其他表面處理產品封閉木料。
- 在水基表面處理產品中添加橙黃色的染料，模擬其他表面處理產品的顏色。有些廠家已經這樣做了，這意味著在選擇水基表面處理產品時你要特別小心。你應該不希望酸洗的木料被染色。

水含量

水基表面處理產品中含水是其與其他表面處理產品最大的不同。含水的產品非常吸引人，因為很好清洗，但是使用過程中的幾乎所有問題也都是水造成的（參閱下一頁「使用水基表面處理產品的常見問題」）。常見問題如下：

使用水基表面處理產品的常見問題

避免塗層過厚，避免在過冷、過熱或潮溼的天氣下使用水基表面處理產品，可以解決大多數的問題（有關刷塗和噴塗的具體問題，參閱第36頁「常見的刷塗問題」和第42頁「常見的噴塗問題」）。

問題	原因	解決方法
塗層出現了滾動和流掛，並呈現不透明的灰白色	水基表面處理產品經常會因為塗層過厚失去透明度	待滾動和流掛徹底固化後，將其刮去或打磨光滑，然後再塗抹一層
表面處理塗層中存在氣泡或泡沫，並且氣泡固化在塗層內部	可以用刷尖消除氣泡	更輕柔地刷塗；使用盡可能稀的產品。如果氣泡仍然出現，可以用蒸餾水或廠家指定的稀釋劑（通常是丙二醇）將表面處理產品稀釋10%～20%
	產品不適合刷塗	更換品牌，選擇適合刷塗的產品
塗層固化時間過長造成粉塵的吸附	天氣太潮溼了	選擇較乾燥的日子，或者在空氣流通良好的環境中操作。但這也容易導致粉塵的吸附
固化塗層從木料表面脫落	木料表面的其他物質（很可能是油基染色劑、膏狀木填料或釉料）沒有完全固化，妨礙了表面處理塗層與木料的黏合	剝離塗層、打磨木料，並避免使用含油的染色劑或產品，除非有充足的時間使其完全固化。或者，可以使用溶劑基的塗料（例如去蠟蟲膠）製作基面塗層將其封閉
剛剛完成塗抹，塗層就出現了褶皺	表面處理產品太稠了	留出充足的時間讓其固化。塗料通常會自行流布平整。如果塗層不平，將其打磨平整後使用更稀的塗料重新塗抹一層
	木料中存在矽酮或其他油	如果你足夠快（塗層仍然溼潤），可以用溼抹布洗去塗料，否則要使用漆稀釋劑或漆剝離劑清除。用漆稀釋劑徹底清洗木料並將其完全晾乾，使用去蠟蟲膠製作基面塗層。然後再次塗抹水基表面處理產品。更多相關內容參閱第183頁「魚眼與矽酮」

刷塗和噴塗水基表面處理產品

水基表面處理產品的刷塗比清漆更難，噴塗也要比蟲膠或合成漆更難。以下是使用水基表面處理產品的步驟。

1 將工件放在可借助反光觀察操作的位置。

2 決定是否在使用水基表面處理產品之前去除毛刺（參閱第20頁「去除毛刺」）。去除毛刺可以消除大多數凸起的木纖維，所以第一層塗料不會再次導致大量毛刺出現。

如果你決定不去除毛刺，可以在第一層塗料完全固化後對其進行打磨，將毛刺「埋」在塗料中。這也是最常用的方法。

3 如果水基表面處理產品出現了結皮的跡象，要用塗料過濾器或尼龍襪進行過濾。即使表面處理產品沒有出現結皮跡象，這樣做也是有益無害的。因為固化後的塗層中經常會出現一些小硬塊。如果產品中含有消光劑，要確保在過濾前將其充分拌勻。

4 如果選擇刷塗，要將待用的表面處理產品倒入廣口的塑料或玻璃容器中，這樣即使刷子上有汙垢也不會汙染全部的產品。

傳言

用非常精細的砂紙（320目或更細）打磨木料可以避免出現毛刺。

事實

毛刺是木纖維吸水膨脹導致的，不管打磨的多細都會出現。更重要的是，連續打磨至320目的工作量非常大，還不如直接去除毛刺，或者將其埋入塗層中再打磨平整。

5 雖然可以用水將水基表面處理產品稀釋10%～20%，使刷塗和噴塗更容易進行，但是最好不要這樣做。

6 在木料表面刷塗（用泡沫刷、塗墊或人造毛毛刷）或噴塗薄薄一層水基表面處理產品（參閱第34頁「刷子的使用」和第48頁「使用噴槍」）。保持每個塗層很薄非常重要，尤其是在噴塗時。最初，塗層表面可能存在嚴重的橘皮褶。但是如果塗層很薄，它會在乾燥的過程中自行變平整。薄塗層還可以減少垂直表面出現塗料滾動和流掛的可能。

■產生毛刺；

■乾燥時間問題（比合成漆慢，比清漆快）；產生泡沫；

■流平性差；

■增加使用裝飾效果的難度（染色、上釉、填充和調色）；

■對天氣敏感；

■滾動和流掛增多；

以下是每種問題的解決方法。

產生毛刺。毛刺是最難處理的。如果染色劑或表面處理產品含水，就會導致木料產生毛刺。有些水基表面處理產品比其他產品產生的毛刺少一些，但是無法完全規避，所以必須予以處理。下面介紹四種處理方法。

■在使用水基染色劑或表面處理產品之前去除毛刺（參閱第20頁「去除毛刺」）。這個方法的

7 等待表面處理塗層固化。根據環境溫度和溼度的不同，通常1～2小時足夠了。然後用220目或更精細的砂紙將塗層打磨光滑。即使之前已經為木料做了去毛刺處理，此時仍然會有一些毛刺出現。與其他表面處理產品一樣，你會發現，如果第一塗層非常薄，毛刺非常容易去除，當然，要保證塗層已經完全固化，並使用硬脂酸鹽（乾潤滑）砂紙進行打磨。

8 用刷子、吸塵器、壓縮空氣或沾水的抹布去除粉塵。不要使用黏布，因為油性殘基會干擾下一層的塗抹。

9 塗抹第二層薄塗層。如果選擇刷塗，要快速操作。因為水基表面處理產品會迅速變黏，尤其是在溫暖乾燥的環境中。要避免反覆塗抹，因為這會產生泡沫。如果出現了泡沫，要用乾淨的抹布擦乾刷子，然後用刷子的尖頭消除泡沫，將塗層表面抹平。

10 根據需要塗抹剩餘塗層，只有在你想要去除吸附的粉塵或瑕疵時，才需要打磨塗層。水基表面處理產品有很高的固體含量，所以塗層固化的速度非常快。通常2～3層塗層已經足夠了，除非你想要用表面處理產品填充孔隙（參閱第119頁「用表面處理產品填充孔隙」）。

11 當你對塗層厚度滿意時，將工件靜置在一邊，或者使用砂紙、合成研磨墊或研磨膏打磨塗層（參閱第16章「完成表面處理」）。

傳言

使用硬脂酸鹽（乾潤滑）砂紙打磨水基表面處理塗層時會導致魚眼（參閱第183頁「魚眼與矽酮」）。

事實

當然不會。硬脂酸鹽砂紙使用的潤滑劑不會影響下一塗層的塗抹。但無論如何，都應該在每層的打磨工作完成後去除粉塵。

問題在於，會顯著增加木料表面預處理的工作量。

- 減少染色劑或表面處理產品的滲透深度。將染色劑或用於第一塗層的表面處理產品以霧狀方式噴塗在木料表面，這樣塗層乾燥的速度非常快。或者使用較稠的染色劑或表面處理產品（參閱第70頁「濃度」）。這種方法的風險在於，會導致塗層色彩不夠鮮明以及與木料之間的黏合力減弱。
- 用第一層塗料埋住毛刺，然後將其打磨光滑。舉個例子，如果染色劑導致出現了毛刺，先不要處理，而是塗抹一層封閉塗層，然後將封閉塗層打磨光滑。很多專業的表面處理師使用這種方法。
- 使用混合體系。塗抹油類或合成漆類的染色劑和溶劑型的封閉劑，然後在其上塗抹水基表面處理產品。注意，溶劑基的染色劑和封閉劑可能會帶來一些黃色。這個方法被廣泛用於工業生產。

乾燥時間。水基表面處理產品的乾燥速度比合成漆要慢，比清漆要快。與合成漆相比，水基表面處理產品會吸附更多的粉塵，並且更容易在垂直表面出現滾動和流掛現象。相比清漆，水基表面處理產品在刷塗寬大表面時難度更大。唯一可以加快乾燥速度的方法是加熱或加快空氣流動。工廠將完成處理的製品放在烘箱內加速塗料的固化。你可以使用風扇簡單地加快空氣流動，但這樣做也有問題，因為很難控制揚塵。另外，可以通過添加緩凝劑減緩乾燥速度。一些廠家提供的緩凝劑或流動添加劑是丙二醇，這種產品不大可

傳言

水基表面處理產品相比溶劑基表面處理產品的優點是方便清洗。

事實

這對刷子來說可能是正確的，但是對噴槍來說卻並非如此。溶劑基的表面處理產品，比如合成漆，可以通過噴灑溶劑來清洗噴槍。水基表面處理產品會在噴槍內變得黏稠，需要將其拆開才能清洗。

注意！！！

一些水基表面處理產品可以很好地黏合在某些尚未固化的油基染色劑塗層表面，但是，這種匹配必須在嘗試之後才能知道。關鍵在於表面處理產品使用了何種樹脂和溶劑，以及染色劑中的油性成分的含量。為了測試黏合效果，需要首先在廢木料上塗抹染色劑和表面處理產品。待乾燥幾天後，用刮刀製作出交叉劃痕，劃痕約為1/16吋（1.6mm）寬，1吋（2.54cm）長。在其上貼上遮蔽膠帶並快速拉起。如果表面處理塗層黏合得很好，劃痕仍會保持得非常整齊，只有一點兒甚至沒有表面處理產品黏在膠帶上。

照片13-1　在所有的表面處理產品中，水基表面處理產品的色彩豐富度很差。通過上面的樣品對比很容易發現這一點。左側是胡桃木上水基表面處理產品和硝基漆的處理效果，右側是楓木上水基表面處理產品和清漆的處理效果。

能在家居中心或塗料商店買到。（作為防凍劑的乙二醇也能發揮一定的作用，但是通常包含染料成分，而且染料的顏色往往不適合木料，比如藍色或綠色。）

泡沫問題。現在產品的泡沫問題並不嚴重。也許你聽人說過，現在的水基表面處理產品比其剛出現時好了很多，其中一個進步就是泡沫減少了。但如果用刷子過度刷塗（反覆刷塗），仍可能會出現泡沫。如果始終不能避免泡沫出現，你需要嘗試換用其他品牌的產品。

流平性差。廠家對水基表面處理產品的另一項改進是流平性的提高。但是需要注意，流平性不會立刻體現出來。噴塗後的表面處理塗層可能會出現橘皮褶，刷塗後的塗層可能存在明顯的刷痕，但是這些都會在塗料的固化過程中逐漸消失（**照片13-2**）。

裝飾性操作有難度。相比其他溶劑基的表面處理產品，使用水基表面處理產品時，所有裝飾性操作的難度更大。這些操作包括染色、上釉、填充和調色。水基的染色劑、釉料和膏狀木填料乾燥速度過快，很難用在寬大的表面上。可以添加

警告！！！

水基表面處理產品易於凍結並因此受損，視覺上的指示是，表面處理產品在環境溫度下處於凝結狀態。確保將表面處理產品保存在室內，並且溫度不會太低使其受凍。此外，在冬天運輸時也要小心。

緩凝劑（丙二醇）減緩乾燥速度，但是這會造成產品的稀釋，而且加入的溶劑成分也是你在選擇水基表面處理產品時想要避開的（參閱第128頁「使用水基膏狀木填料」）。你也可以使用混合體系，即在使用水基表面處理產品之前，以及使用水基表面處理產品的每一步之間，用溶劑基的產品和封閉劑製作基面塗層。當然，這其中涉及溶劑的使用。

調色是個問題，因為你無法用大量的水稀釋水基表面處理產品，而大量的水會導致塗層表面出現液滴，類似於水在蠟質表面的狀態。因此調色劑可能會很稠，並且會增加塗層的厚度，而這不是你希望看到的（參閱第250頁「調色」）。你可以改為噴塗染色劑，但是當你自製調色劑時，

照片13-2 水基表面處理產品在剛完成噴塗時會出現嚴重的橘皮褶（左圖）。你可能會認為塗層的厚度不夠，因此嘗試噴塗更多的表面處理產品。不要這麼做，水基表面處理產品會在固化過程中自動流平（右圖）。

乙二醇醚

相比油漆溶劑油、酒精和漆稀釋劑，你肯定對乙二醇醚不是很熟悉。乙二醇醚溶劑在塗料店很難見到，並且很少出現在有關表面處理的書籍和雜誌中。

乙二醇醚是很多溶劑的「姓」，這與「石油餾出物」類似。乙二醇醚是由乙醇與環氧乙烷或環氧丙烷反應獲得的。典型的二醇醚是乙二醇單丁醚（丁基溶纖劑）和丙二醇單甲醚。各種溶劑的差別主要體現在溶解強度和揮發速率上。

乙二醇醚溶劑非常特別，因為它與水和很多溶劑是互溶的。它揮發很慢，能夠軟化大多數樹脂，並且可以溶解合成漆。這些特點使得它對水基表面處理產品來說很有用，因為它的揮發速率比水還要慢，同時可以使樹脂變得黏稠，也可用作合成漆的緩凝劑。乙二醇醚也可以溶解不起毛刺染料，這樣的染料可以使用很多液體稀釋，比如酒精、水、丙酮和漆稀釋劑。

乙二醇醚分為兩大類──乙烯基類和丙烯基類。半個世紀以來，乙烯基類產品一直居於統治地位。但是它比丙烯基類產品毒性更強，所以現在丙烯乙二醇醚得到了更廣泛的使用。如果能夠從表面處理產品廠家或化學品商店買到乙二醇醚，你應當選擇丙烯基類產品，尤其是在你的工房沒有良好的換氣系統時。

很難控制顏色或顏色的強度。

對天氣敏感。水基表面處理產品對天氣非常敏感，並且能夠應對天氣變化的溶劑也是少之又少。即便如此，使用水基表面處理產品的好處還是很明顯的，因為其溶劑含量較少。

工廠和大型工房通過控制室內的溫度和溼度規避這個問題。如果你是一個小型工房的專業人員或者只是一名愛好者，是不大可能做到這一點的。面向小型工房和愛好者的水基表面處理產品的廠商嘗試在良好的表面處理效果與適應不同天氣條件中尋找結合點。如果你生活在非常乾燥或潮溼的地區，或者需要在低溫或高溫條件下使用水基表面處理產品，則可能會遇到流動或泡沫問題。為了更好地控制工房內的溫度和溼度，在一個較好的天氣操作，或者更換產品品牌，看看其是否較為適合你所在的地區。

增加滾動和流掛。為了避免水基表面處理產品出現滾動和流掛，可以製作很薄的塗層，或者使表面處理產品變稠（比如，黏稠的乳膠漆很難出現滾動）。使用黏稠的表面處理產品的問題在於，塗層的流平性不好。因此，在操作過程中借助反光觀察表面處理的完成情況，及時刷平任何可能的滾動和流掛非常重要。

可以非常靈活地處理出現的滾動和流掛，是水基表面處理產品與合成漆相比最為突出的優點之一。具體解釋參閱第174頁「漆稀釋劑」。

鏽跡。在使用水基表面處理產品時，應盡量避免其與金屬接觸，否則出現的鏽跡會導致表面處理塗層出現深色的印記。你無法將其去除，只能剝離塗層後重新處理。為此，你需要注意以下幾點。

- 避免在水基表面處理產品的操作過程中使用鋼絲絨，直至完成所有塗層。
- 避免使用有黑色金屬部件的噴槍（鋁製噴壺則沒有問題）。
- 在使用水基表面處理產品之前，要對任何在使用溶劑基的表面處理產品時用到的金屬部件做封閉處理。
- 對任何罐口出現鏽跡的水基表面處理產品進行過濾。罐口的鏽跡是由於蓋子反覆開合導致的塗層脫落造成的。

水基表面處理產品適合你嗎？

與其他表面處理產品相比，水基表面處理產品遠遠不夠成熟。它正在經歷改變。很多研發工作致力於提升其性能，特別是克服含水導致的問題。除了少數例外，做出的改進都來自原材料的生產廠家，而不是表面處理產品的生產廠家。理論上，表面處理產品的生產廠家可以獲得所有的改進，但他們要基於產品成本和市場的發展情況決定，是否需要引進這些改進的技術。這就導致不同品牌的產品存在很大差異。這不是祕密，因為生產廠家經常這樣聲稱。你會發現，相比其他產品，某個品牌的水基表面處理產品更適合你。這種情況要比使用其他類型的表面處理產品時更為明顯。

警告！！！

如果你準備使用水基表面處理產品、水基染色劑或者其他含水的產品時，一定不要使用鋼絲絨。任何殘留在表面的碎屑都會導致鏽斑並留下黑色的斑點。如果不想使用砂紙，你可以使用合成研磨劑，例如思高研磨劑。

在寫作這本書的時候，只有很少的工廠、工房和愛好者使用水基表面處理產品，你也可以從木工雜誌上了解到這一點。

對於櫥櫃和家具行業，使用水基表面處理產品主要是為了遵守當地的空氣汙染防治法規。小型工房的專業人員使用水基表面處理產品主要是為了避免有毒的漆稀釋劑的蒸氣。個人使用水基表面處理產品是因為其氣味不大並且容易清洗刷子。一些使用噴槍的業餘愛好者使用水基表面處理產品的原因與小型工房一樣。沒有噴槍的木匠似乎仍然喜歡使用油與清漆的混合物、擦拭型清漆和凝膠清漆製作色彩豐富的塗層，而且擦拭型清漆、凝膠清漆和聚氨酯清漆不僅顏色豐富，還能提供更好的耐久性。這類人群似乎很少使用水基表面處理產品。

HVLP

14

選擇表面處理產品

簡介

在談到表面處理時你最常聽到的問題就是「你用的是什麼表面處理產品啊？」這個問題讓人覺得存在一種「最好的」表面處理產品——一種適合所有情況的產品。但不幸的是，並沒有這樣的產品。只有在特定條件下，相對更為適合的產品，而具體選擇還要取決於你對品質的要求（參閱第233頁「各種表面處理產品的對比」）。為特定的製品選擇表面處理產品，應該把下面的要素考慮在內。

■外觀

■保護性

■耐久性

■易操作性

■安全性

■可逆性

■可擦拭性

外觀

有三種因素會影響到最終表面處理的外觀：潛在的成膜性、清晰度和顏色。第四種因素是光澤度，但它不是由選擇的表面處理產品決定的，主要取決於是否添加了消光劑成分（可以降低光澤度的固體顆粒）。具體討論參閱第138頁「使用消光劑控制光澤」。

成膜性

成膜性，或者說建立在木料表面的塗層厚度，會極大地影響木製品的外觀。蠟和包含純油的表面處理產品（亞麻籽油、桐油和油與清漆的混合物）都很難固化，所以只能在木料表面薄薄地塗上一層。這層很薄的塗層使木料保留了「自然」效果或者非常接近木料原色的外觀，此時木料表面的孔隙看起來像是打開的，並且邊界非常清晰（儘管已經做了封閉處理）。薄膜型表面處理產品（包含蟲膠、合成漆、清漆、雙組分表面處理產品和水基表面處理產品）都可以在木料表面建立較厚、較硬的塗層，但這些產品也可以塗抹得很薄，產生類似油和蠟的表面處理效果。比如，斯堪的納維亞柚木家具的表面處理是塗抹了若干層非常薄的改性清漆（不是油）做出來的，但人們普遍認為這種家具是用油做的表面處理。

因此，你可以選擇任何一種表面處理產品製作薄薄的塗層，呈現出接近木料原色的外觀。但如果需要建立具有保護性的塗層，必須使用薄膜型表面處理產品（**照片14-1**、**14-2**和**14-3**）。如果在橡木和桃花心木這樣孔隙較大的木料表面直接塗抹薄膜型表面處理產品，由於塗層只能覆蓋孔隙周邊（孔隙看上去是凹陷的），會使木製品看上去很廉價。如果首先將孔隙填平，並在塗抹表面處理產品後對塗層進行擦拭和拋光處理，使其呈現出均勻的光澤，可以使表面處理效果看上去非常高雅，並且層次豐富。

清晰度

表面處理產品的清晰度也是要考慮的重要因素，但你很難直接看出區別，只能通過將兩塊完成表面處理的木板放在一起對比得出結果。脫蠟蟲膠、合成漆以及醇酸樹脂清漆是最為透明的表面處理產品，可以使木料看起來非常有層次感。含蠟蟲膠、油基聚氨酯、水基表面處理產品以及大多數雙組分表面處理產品則是透明度最差的表面處理產品。在一些極端條件下，這些表面處理產品形成的塗層甚至看起來有些模糊。

顏色

除了蠟和水基表面處理產品，其他表面處理產品都會為木料增添一點暖色調。蠟只能增加光澤，不能加深顏色。水基表面處理產品則偏冷色調。合成漆和大多數的雙組分表面處理產品會增加一定程度的黃色。任何含油的表面處理產品，包括清漆，都會給木料增添一點黃色（實際上是橙色），並且這些顏色會隨著時間的推移愈來愈明顯。金色蟲膠和透明蟲膠也像合成漆一樣，可以為木料添加一定程度的黃色，橙色蟲膠則可以為木料添加一些橙色（第228頁**照片14-4**）。對深色的或者被染成深色的木料來說，變黃不是問題。而且，它使木料的色調看上去更溫暖，起到了加分的效果。但是對顏色很淺或者經過酸洗漂白的木料來說，發黃的顏色令人反感。

照片14-1、14-2、14-3 表面處理的完成方式也可以使木料的外觀看上去非常不同。桃花心木與胡桃木桌面（上圖）塗抹了多層擦拭型清漆，並打磨平整；由於只對孔隙進行了部分填充，所以木料仍然呈現出了天然的外觀效果。這個桃花心木貼皮的抽屜（中圖），木料的孔隙都被填平，木料表面經過法式拋光顯得非常光亮，這使抽屜的外觀看上去非常精緻，並使木料看起來非常有層次感。這個橡木桌面（下圖）被塗上了厚厚的塗料，但塗料只覆蓋了孔隙的周邊，使這個桌面看起來非常廉價，不上檔次。

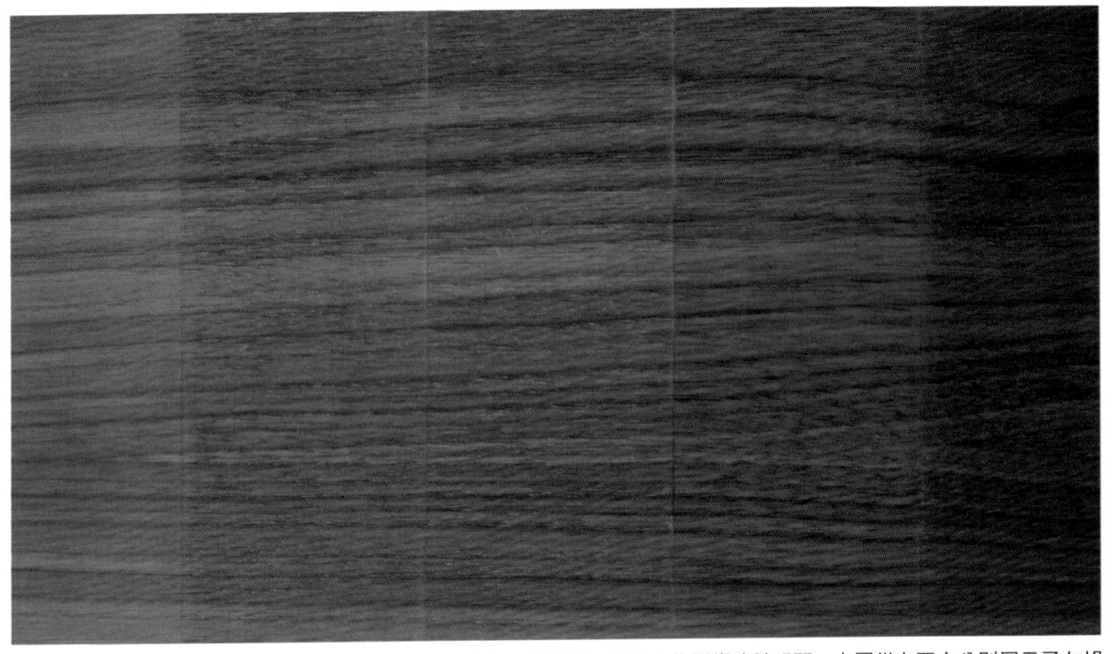

照片14-4　大多數表面處理產品都會對木料的顏色產生一定影響，其中有些影響比較明顯。上圖從左至右分別展示了在胡桃木表面，蠟、水基表面處理產品、硝基漆、聚氨酯清漆和橙色蟲膠呈現的顏色。

保護性

表面處理產品可以減緩水或水蒸氣的滲透，保護木料和膠合部位。對桌面來說，防止水的滲透是選擇表面處理產品的重要考慮因素。防止水蒸氣滲入也是為所有木製品進行表面處理最重要的原因之一。如果木料與空氣之間存在過多的水蒸氣交換，不僅會導致接合失敗，甚至可能造成單板的分離（參閱第1章「為什麼木料必須做表面處理？」）。

對水和水蒸氣的防禦功能不僅與表面處理產品的類型有關，還取決於表面處理塗層的厚度。有兩種主要的清漆──醇酸樹脂清漆和聚氨酯清漆，如果塗抹得足夠厚，水和水蒸氣基本是無法滲透過去的，但如果像擦拭型清漆那樣，只是薄薄地塗抹一層的話，其防水能力會大大降低。蠟的話，如果將其作為擦拭型表面處理產品使用，基本無法防止水和水蒸氣的滲透，但是在剛裁切好的木板的端面塗上厚厚的一層蠟是可以非常好地隔絕水和水蒸氣的。同理，所有含有純油的表面處理產品對水和水蒸氣的防禦能力都很弱，因為它們形成的塗層都非常薄。

在所有薄膜型表面處理產品中，反應型表面處理產品對水和水蒸氣的防禦效果是最好的。蟲膠也能有效地防禦水蒸氣，但是它的防水效果很差。合成漆和水基表面處理產品的防水蒸氣效果是最差的。

耐久性

表面處理塗層的耐久性基本可以精確地按照交聯型和非交聯型表面處理產品進行畫分（參閱第8章「薄膜型表面處理產品」）。交聯型表面處理產品（清漆和雙組分表面處理產品）做出的塗層要比非交聯型表面處理產品（蟲膠和合成漆）的塗層耐用得多。油和油與清漆的混合物雖然是交聯型的，但它們的塗層固化後非常軟。水基表面處理產品在液滴內存在交聯，但是液滴之間的結合力很弱。考察表面處理產品的耐久性有兩個重要方面：

■耐磨耐刮；

■對溶劑、酸、鹼和高溫的耐受性。

耐磨耐刮

這個特性是最受歡迎的，它已經成了一款表面處理產品最重要的特性之一。塗層最為耐磨的表面處理產品包括雙組分表面處理產品、油基聚氨酯產品以及水基聚氨酯產品。（雖然水基聚氨酯不能通過交聯固化，但其每一個液滴全都是由交聯的樹脂組成的。）塗層最不耐磨的產品就是蠟以及含油的表面處理產品。醇酸樹脂清漆與水基丙烯酸表面處理產品形成的塗層要比蟲膠和合成漆塗層更為耐磨。對地板和桌面來說，塗層的耐磨性是非常重要的考慮因素。

對溶劑、酸、鹼和高溫的耐受性

這四種特性通常是一體的。如果表面處理塗層很容易被溶劑破壞，同樣也會很容易受到酸、鹼以及高溫的破壞。蠟、蟲膠、合成漆和水基表面處理產品都易受到溶劑、酸、鹼以及高溫的破壞，而清漆和雙組分表面處理產品對溶劑、酸、鹼以及高溫都有非常強的耐受性。含油的表面處理產品對溶劑、酸、鹼和高溫的耐受性介於兩類產品之間。油類表面處理產品雖然在固化時會發生交聯，但形成的塗層還是要比清漆和雙組分表面處理產品塗層更易受到損壞。在為工作臺面和桌面選擇表面處理產品時，對溶劑、酸、鹼和高溫的耐受性是重要的考慮因素。

易操作性

表面處理產品是否易於使用的主要兩個因素：

■是否可用於噴塗設備；

■表面處理產品的固化速度。

噴塗設備

有噴塗工具的幫助，所有的表面處理都更容易完成（即使是蠟，有些公司也提供了稠度合適、可持續噴塗的產品）。如果沒有噴塗設備，油、油與清漆的混合物、擦拭型清漆和凝膠清漆使用起來最為簡單。

由於快乾的蟲膠、合成漆、水基表面處理產品和雙組分表面處理產品可用於噴塗設備，使處理過程變得簡單，所以大多數專業的表面處理師一般不會選擇其他的表面處理產品。這四種表面處理產品幾乎能夠滿足表面處理師對各種個性化處理效果的要求。

固化速度

除非擦除了所有多餘的塗料，否則塗層會固化得很慢。無論塗層是用何種方式建立的，固化速度慢都會帶來問題。因為粉塵有時間落在塗層表面並嵌入其中。另一方面，如果塗層固化得很快，那用刷子刷塗就會很困難，因為刷完一道之後，當你刷下一道與之重疊的塗料時，之前刷完的那道塗料可能已經發黏了，這會導致塗層出現拖尾的痕跡。

即使在沒有刷塗工具的情況下，使用油、油與清漆的混合物、擦拭型清漆以及凝膠清漆也是比較簡單的，所以一般人不太樂意去嘗試其他的表面處理產品。

安全性

安全性包含三個方面的內容：

■表面處理師在操作過程中的安全；
■使用過程對周圍環境的安全性；
■如果需要食物或嘴部接觸木製品的表面，要保證最終用戶的使用安全。

表面處理師的安全

除了水基表面處理產品之外，其他所有的表面處理產品都是可燃或易燃的，所以千萬不要讓它們接近明火或者任何可能出現火花的地方。

除了純油，包含水基表面處理產品在內的所有表面處理產品都含有溶劑。這些溶劑會損害健康。很多表面處理產品的氣味也會讓人感覺不舒服。無論使用何種表面處理產品，都應該保證工作環境的空氣流通，使你能夠呼吸到相對乾淨的空氣。如果你在一個相對封閉的環境中操作，使用有機蒸氣防護面罩會有幫助，但是如果時間過長，面罩會逐漸失去效用，只能帶給你虛假的安全感。如果你能透過面罩聞到溶劑的氣味，說明存在洩漏情況，或者濾芯已經失效，需要更換。真正可靠的面罩是那些能夠提供來自外部新鮮空氣的產品（累贅的顆粒型面具對溶劑煙霧沒有任何防護作用）。

對健康傷害最小的表面處理產品是熟亞麻籽油、桐油、水基表面處理產品和蟲膠。亞麻籽油和桐油不含溶劑；水基表面處理產品只含有很少的溶劑；經酒精溶解的蟲膠，只要不飲用或吸入過量的蒸氣，也是比較安全的。

對環境的安全性

所有的溶劑都會揮發到空氣中。其中一些已被證明是導致空氣汙染的因素。很多國家和地區都頒布了相關法律，旨在限制表面處理產品中溶劑的含量或稀釋劑的用量。這些法律主要針對一些大型用戶，很少會針對業餘愛好者或者小規模的專業用戶。這些法律的初衷是為了推動那些大型工廠或者工房把溶劑基的表面處理產品替換為水基表面處理產品。HVLP噴塗技術也能減少溶劑的排放。

石油餾出物和漆稀釋劑是表面處理產品中常用的溶劑——分別用於清漆和合成漆中，它們的問題最為嚴重。酒精（蟲膠溶劑）和乙二醇醚（常用於水基表面處理產品）也會造成汙染。不過蟲膠似乎不太起眼，水基表面處理產品中含有的溶劑量則不超過20%（參閱第231頁「處理廢棄溶劑」）。

對用戶的安全性

有些木工雜誌一直宣稱，表面處理產品與食物和嘴部的接觸不是什麼大問題，還有一些生產商會把它們的擦拭型清漆標記為「沙拉碗表面處理產品」。事實上，只要表面處理產品是清潔的且完全固化，那麼它與食物或嘴部的接觸不會存在安全問題。經驗法則是固化30天，但是如果在溫暖的環境中，固化時間會相應縮短（參閱第96頁「食品安全的傳言」）。

處理廢棄溶劑

對業餘愛好者和小型工房的專業人士來說，處理廢棄溶劑是個大問題。

將廢棄溶劑封閉在舊的塗料罐子裡扔進垃圾桶並不是個好主意，並且這在大多數地方是違法的。它們會與其他來源的髒溶劑一起滲入地下，汙染城鎮的地下水。把溶劑倒入下水道或者倒在草坪裡也存在同樣的問題，通常也是違法的。

廢棄溶劑的來源分為兩類：主要來源與次要來源。主要來源包含需要完成大量表面處理工作的大型工房和工廠，以及家具塗層剝離工房，而次要來源主要包括業餘愛好者和一些小型專業工房。

作為廢棄溶劑主要來源的工房和工廠有兩種選擇處理掉廢棄溶劑：循環使用廢棄溶劑，或者雇用廢棄溶劑處理公司進行處理。

為了循環利用溶劑，可以使用循環器——一種類似蒸餾器的裝置。廢棄溶劑被放入一個封閉容器中煮沸，蒸氣經過冷凝重新形成純溶劑。固體殘留物則可以扔進垃圾桶。可用的循環器的尺寸可以小至2gal（7.6l），但即使是這樣的小型循環器，其價格也十分昂貴。不過，如果需要做大量的噴塗或剝離工作，你在溶劑上節約的成本可以很快收回在循環器上的投資，並且不會造成浪費。

如果沒有循環器，你需要雇傭一些擁有特別許可證的專業人員把收集起來的廢棄溶劑送至有毒廢物處理站。這種方法花費很高，並且可能需要你為這些廢棄溶劑所造成的危害永久負責！

業餘愛好者和小型工房的選擇同樣不多。這裡給出了一些建議。

- 循環利用溶劑。把油漆溶劑油、漆稀釋劑或者任何溶劑分開盛放在不同的容器中。如果存在固狀物，則要使之沉入罐底。然後倒出溶劑，再次將其用於清潔操作。
- 嘗試聯絡當地需要溶劑的用戶，比如大型家具廠或者汽車車身補漆店，讓他們回收你的廢棄溶劑，與他們的自有溶劑混合使用。當然，他們需要付些錢。如果你有一些這樣的聯絡人，可以和他們達成交易。
- 收集廢棄的溶劑並儲存起來，直到你的鎮子或村子定期收集危險廢物的日子到來。
- 如果上述方法都不能奏效，還有兩種選擇。可以把裝有廢棄溶劑的容器打開，任由其在工房揮發（防止寵物和孩童接觸），或者把廢棄溶劑倒在陽光下的水泥地上或將其噴到空氣中（除非當地明確規定這是違法的）。如果這樣的操作方法讓你覺得很困擾，你可以安慰自己：這樣做與完成表面處理後任由溶劑揮發到空氣中造成的汙染並無不同。

可逆性

可逆性是指易於修復和剝離表面處理塗層。可逆性與耐溶解性和耐熱性是相反的。蟲膠和合成漆是最容易修復或剝離的表面處理產品，同時它們的耐溶解性和耐熱性是最弱的（參閱第19章「表面處理塗層的修復」）。因此，在選擇易於修復和剝離的表面處理產品的同時，必須權衡對表面處理產品的耐溶解性和耐熱性的需要。

油類表面處理產品也很容易修復和剝離，但是這並不是因為它們的可逆性。它們易於修復是因為它們形成的塗層很薄。在未經處理的區域和劃痕表面擦拭更多的油，同時因為其達不到薄膜塗層的厚度，所以損傷很快就看不到了。當然，薄薄的油類表面處理塗層也很容易剝離。

擦拭質量

表面處理產品具備兩種特質，使其能夠輕易地經擦拭形成均勻的光澤：固化後很硬，且多個塗層之間相互滲透溶解形成單一塗層的能力。這兩種特質都是表面處理產品固化過程的體現。

硬度

有些表面處理產品凝固後很硬，有些則很堅韌。你必須搞清楚這兩者的區別。為了準確理解硬度的概念，你可以想像一下板岩：易碎並且容易劃傷。

蟲膠和合成漆屬於乾燥後非常硬的類型。想要了解堅韌，可以想像一下汽車輪胎，很難被刮傷。清漆、雙組分表面處理產品和水基表面處理產品則屬於固化之後非常堅韌的類型。擦拭型表面處理產品需要用研磨料刮蹭表面以獲得理想的光澤度，固化後很硬的塗層容易獲得較好的擦拭效果，但固化後很堅韌的塗層很難通過擦拭獲得想要的光澤度。

當然，所有的表面處理塗層都可以用鋼絲絨或研磨膏擦拭。有些表面處理產品比其他表面處理產品更容易通過擦拭得到均勻的光澤。

多層塗層融合在一起

在擦拭塗層的時候，你會擦掉一些表面處理產品。如果擦掉了足夠多的產品，最上面的塗層會在很多位置被磨穿，並在磨穿區域周圍留下可見的痕跡。有些揮發型表面處理產品，比如蟲膠和合成漆，形成的某個塗層是無法磨穿的，因為不同的塗層已經彼此溶解在一起了。清漆和雙組分表面處理產品這樣的反應型表面處理產品形成的塗層則可以磨穿多層，水基表面處理產品形成的塗層同樣可以磨穿多層，具體狀況取決於表面處理產品的配方，以及表面處理塗層之間的塗抹間隔時間。

各種表面處理產品的對比

	蠟	含油表面處理產品	蟲膠	合成漆	清漆	雙組分表面處理產品	水基表面處理產品
外觀							
成膜性	0～1	0～1	1～5	1～5	1～5	1～5	1～5
清晰度	4	4	3～5	5	4～5	4	3～4
不黃變	5	1～2	1～4	3～4	1～2	4	5
保護性							
防水	0～1	0～2	2	3	4～5	5	3
防水蒸氣	0～1	0～1	5	3	4～5	5	3
耐久性							
耐磨耐刮	0	0	3	3	4～5	5	4
耐溶劑與化學品	0	3	1	2	4～5	5	2
耐高溫	3	3	1	2	4～5	5	2
易操作性							
刷子或布	3	5	3	1～3	5	1	3
噴槍	3	5	4	5	4	4	4
粉塵問題	5	5	4	4	0	4	3
安全性							
健康	3	3～4	4	2	3	0	4
環境	4～5	1～5	4	0	1	0	4
食物接觸安全性	*	*	*	*	*	*	*
可逆性							
修復性	5	5	4	4	1～2	0	3
剝離性	4	3	5	5	2～3	0	4
可擦拭性	不適用	不適用	4	5	3	3	3

說明：0=很差，5=最好

注：*表示所有的表面處理產品在其完全固化之後與食物接觸都是安全的。

選擇表面處理產品

雖然表面處理產品可以噴塗、刷塗或者擦拭，但是快乾型的表面處理產品噴塗效果最好，慢乾型的表面處理產品更適合刷塗或擦拭。首先確定是否要使用噴槍，這可以使你選擇表面處理產品的過程簡單些，並能大幅減少選擇範圍。

使用的工具	可選擇的表面處理產品	固化類型	特定表面處理產品的選擇	對表面處理產品的描述
噴槍	蟲膠	揮發型	透明的	添加了輕微的黃色
			琥珀色（橙色）	添加了明顯的橙色
			含有天然蠟	在容器中有些混濁，但是在木料上不會
			脫蠟的	在其上塗抹另一種表面處理產品效果更好
			預溶解的	更加方便
			自行溶解片狀蟲膠	溶液更新鮮，效果也更好
	合成漆	揮發型	硝化纖維素	合成漆的標籤就是「合成漆」。會給木料添加輕微的橙色
			丙烯酸改性漆	給木料添加了輕微的黃色
			CAB－丙烯酸	水白色，不會給木料造成任何顏色影響
	雙組分表面處理產品	反應型	預催化漆	已事先添加了催化劑
			後催化漆	需要自己添加催化劑。要比預催化漆的保護性和耐久性更強
			改性清漆	需要自己添加催化劑。要比後催化漆的保護性和耐久性更強
			雙組分聚氨酯	比改性清漆的操作更簡單，塗層更耐用
			聚酯纖維	很難使用，但塗層非常耐用
			噴塑	需要昂貴的專業配備
			紫外線固化	需要昂貴的專業配備
			（環氧樹脂）	一種傾倒型的表面處理產品。塗層可以很厚
	水基表面處理產品	聯合型	丙烯酸	幾乎所有的水基表面處理產品都未標注「聚氨酯」不會給木料添加顏色，但會使其稍微變暗
			丙烯酸／聚氨酯	比丙烯酸塗層更耐用。會給木料添加輕微的黃色

使用的工具	可選擇的表面處理產品	固化類型	特定表面處理產品的選擇	對表面處理產品的描述
刷子或抹布	油	滲透型，固化後塗層不會變硬	熟亞麻籽油	明顯加重了木料的黃色。擦除多餘部分後需過夜固化
			桐油	固化速度較慢，帶給木料的黃化程度較小。比亞麻籽油的防水性強一些
			油與清漆的混合物	比熟亞麻籽油和桐油的保護性和耐久性更強
	蟲膠	揮發型	透明色	添加了輕微的黃色
			琥珀色（橙色）	增加了明顯的橙色
			含有天然蠟	在容器中有些混濁，但是在木料上不會
			脫蠟的	在其上塗抹另一種表面處理產品效果更好；經法式拋光後效果更好
			預先溶解的	更加方便
			自行溶解片狀蟲膠	溶液更新鮮，效果也更好
	可刷塗合成漆	揮發型	只有一種選擇	乾燥速度很慢，有充足的時間刷塗。有強烈的氣味
	清漆	反應型	醇酸樹脂	幾乎所有的包裝上只標有「清漆」字樣
			聚氨酯	比其他清漆產品的保護性和耐久性更強
			桅桿清漆	使用靈活，適用於室外製品
			艦船清漆	添加了防紫外線材料的桅桿清漆
			擦拭型	任何清漆經充分稀釋後都可用於擦拭
			凝膠狀	變稠的清漆，易於擦拭
	水基表面處理產品	聯合型	丙烯酸漆	幾乎所有的水基表面處理產品都未標注「聚氨酯」不會給木料添加顏色，但會使其稍微變暗
			丙烯酸－聚氨酯漆	比丙烯酸漆製作的塗層更耐用。會給木料添加輕微的黃色

如何選擇產品？

如何利用這些訊息選擇表面處理產品呢？我必須重申，世界上沒有所謂「最好的」表面處理產品。所有的表面處理產品都存在優勢和缺點。選擇表面處理產品主要取決於需要獲得的效果。

選擇表面處理產品時，首先要問自己一個問題：「使用這款表面處理產品我開心嗎？」每種表面處理產品都需要時間來適應，如果你使用的某種產品能夠滿足需要，就沒有必要更換它。但是你可能想知道，是不是還有更好的選擇。

下面的四步法可以幫助你選擇合適的表面處理產品。

1　首先排除蠟。蠟很少被用作表面處理產品，主要用於不需要太多處理的裝飾性物品。因此，只剩下了六種可選的表面處理產品：油、蟲膠、合成漆、清漆、雙組分表面處理產品以及水基表面處理產品。

2　確定是否要使用噴槍。借助噴槍的幫助可以使用快乾型的表面處理產品處理寬大的表面。如果需要使用噴槍，又可以排除兩類表面處理產品：油和清漆。雖然它們都可以噴塗，但存在明顯的不足，並且其效果是可替代的。使用任何其他的表面處理產品噴塗1～2層很薄的塗層，都可以獲得與油相當的處理效果；噴塗雙組分表面處理產品形成的塗層可以獲得與清漆（包括聚氨酯）相當的耐久性。既然如此，完全沒必要選擇保護性差的油、可能會導致粉塵問題的清漆。如果你不打算使用噴槍，則可以排除雙組分表面處理產品。因為它們乾燥得過快，無法用刷子刷塗，而且使用聚氨酯可以獲得與之相當的耐久性。還可以排除常規的合成漆，它同樣因為乾燥得過快而很難刷塗。但可刷塗清漆（使用了慢揮發性溶劑）是可以用刷子刷塗的。

3　現在只有4～五種表面處理產品可以選擇了。參閱第233頁「各種表面處理產品的對比」，選擇對你而言最符合要求的表面處理產品。你可能對產品的某一方面的性能最為看重：耐久性、不會黃化、溶劑氣味小、易修復，等等。這會讓你的選擇更容易。

4　現在，你選擇了需要使用的產品類型，請翻到那一章仔細閱讀相關的內容。無論哪類產品，都需要進一步地選擇。如果你選擇了油類，還要在熟亞麻籽油、桐油和油與清漆的混合物中做出選擇；如果你決定使用清漆，還需要在醇酸樹脂清漆、聚氨酯清漆和艦船清漆中做出選擇；如果你決定使用合成漆，需要在硝基漆、丙烯酸改性硝基漆和乙酸丁酸纖維素——丙烯酸漆中進一步選擇。雖然每種產品之間的性能差別要遠小於每類產品之間的差別，但這種差別可能仍很明顯，對你做出選擇非常重要（參閱第234頁「選擇表面處理產品」）。

◆ 第四部分 ◆

高級技術

15

高級上色技術

簡介

- 工廠表面處理
- 上釉
- 木料做舊
- 調色
- 酸洗
- 分步色階板
- 常見的上釉和調色問題

本章將要講述的木料裝飾技術超出了簡單的木料染色和孔隙填充的範疇，涉及把顏色加入到表面處理塗層中的高級操作。以這種方式添加顏色並不十分困難，只是它們進入木匠和表面處理師的視野晚了一點。

幾乎所有批量製作的櫥櫃以及其他家具都在表面處理塗層中添加了一些顏色。中高檔的家具商店售賣的高端家具，其表面處理都是經過了15步，甚至更多的步驟才最終完成的，其中很多步驟屬於上色處理。這意味著，你看到的家具的顏色很多來自於表面處理塗層，而不是木料本身的顏色。如果曾經剝離過這類家具，你會驚訝地發現，底層木板的顏色與家具的外觀完全不匹配，甚至完全不同，並且通常是白色的。

在20世紀20年代，當合成漆與噴槍取代了蟲膠和刷子，成為表面處理和應用工具的新選擇時，在表面處理產品中加入顏色的方式開始在家具製造行業流行開來。特別是合成漆，可以非常容易地加入

工廠表面處理

高端家具製造廠的表面處理過程有時需要15道工序，甚至更多步驟。其中的大部分步驟我們會在本章討論，還有一些會在本書的其他地方討論。通常使用的表面處理產品為合成漆。在相鄰的步驟之間，工廠還會把家具放進烤漆房，以加快乾燥速度。接下來我們簡單描述這個過程。

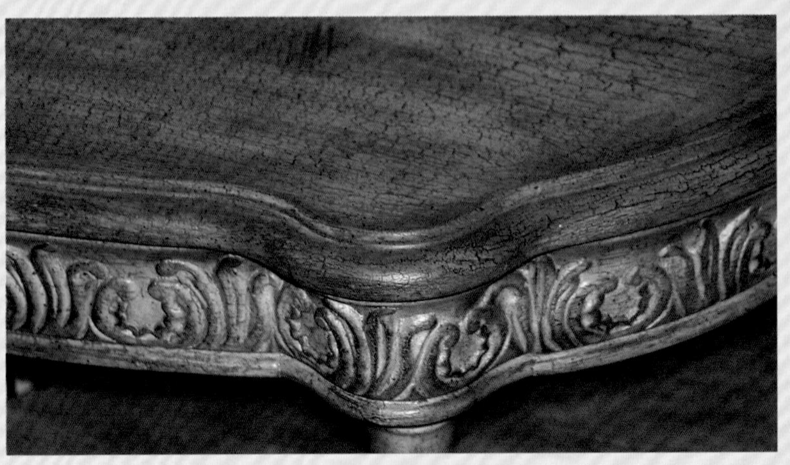

工廠使用的家具表面處理工藝可以包含15個甚至更多的步驟，其中很多步驟都是用來添加色彩的。有時候，上色只是會改變木料的外觀。但有些時候，添加的顏色會完全掩蓋木料原本的顏色。上圖的例子中同時包含了桌面上的裂紋效果以及裙邊上呈現出的石膏模（雕刻木料的替代形式）的外觀。

一致

批量生產很少會有時間允許生產者按照顏色的匹配程度選擇木料。所有的木料通常會被隨機地堆放在一起，顏色上的差異最後由表面處理師負責消除。有很多方法可以使木料的顏色趨於一致，包括通過漂白除去木料中所有的天然色素（這樣在進一步處理之前，木料便具有了一致的底色）、上膠、補色、樹脂染色以及預染色（參閱第4章「木料染色」）等。

- 漂白通常是先用雙組分漂白劑漂白，再用酸洗劑中和。
- 上膠的過程則與製作基面塗層一樣：在木料表面噴塗、擦拭或刷塗高度稀釋的表面處理產品或者PVA膠水。
- 補色和樹脂染色指的是同一過程，就是把不起毛刺染色劑噴塗在淺色的區域，比如木料的邊材部分，從而使整體的顏色變得均一。
- 預染色需要對整個木料表面進行染色，這在某種程度上能產生把不同顏色混合在一起的效果，特別是在補色步驟後進行染色的時候。在這樣做的時候，最常用的染色產品是含有色素，或者同時含有色素和染料成分的油基染色劑。有些時候，「預染色」這個術語就是指補色或樹脂染色。

製作基面塗層和封閉層

針對桃花心木、胡桃木和山核桃木這樣孔隙比較粗大的木料，如果需要填充孔隙的話，要首先製作基面塗層。

諸如楓木和櫻桃木這樣紋理較為緻密的木料，或者孔隙比較粗大、尚未經過填充的木料，一般需要進行封閉處理，通常可以使用打磨封閉劑進行簡單的打磨處理。之後，可以通過打磨去除這一層塗層上的粉塵顆粒、毛刺以及其他細小的瑕疵。

填充

膏狀木填料通常被用來製作光滑、無孔的表面，並能突出木料原有的紋理。它們通常會被稀釋到像水一樣的狀態，之後進行噴塗。待稀釋劑揮發之後，填料會變暗，需要進行擦拭處理。無論是橫向於木料紋理還是以畫圈的方式擦拭，操作者都需要稍加用力，使填料深入到孔隙當中，最後要去除多餘部分的填料。孔隙較大的木料通常需要再次填充。

填充步驟之後，緊接著要用打磨封閉劑進行處理，並將其打磨平滑。

額外的上色步驟

在經過打磨封閉劑處理後，額外的上色工作包含：上釉、調色、描影、提亮、凸顯、乾刷、填補染色以及破壞效果等，可以產生各種效果。如果你額外增加了不止一種步驟，記得要在不同的步驟之間製作基面塗層加以分隔。

■上釉需要塗抹增稠的染色劑，之後再以某種方式完成操作（參閱下一頁「上釉」）。

■調色和描影通過使用較薄的表面處理塗層來調整顏色（參閱第250頁「調色」）。

■提亮以及凸顯是在選定區域除釉的操作，以突出諸如大山紋、節疤、線腳以及磨損處的特徵。這一步驟在釉料仍然溼潤或者已經乾燥的情況下均可操作，通常使用的工具包括刷子、碎布、鋼絲絨、砂紙以及合成材質的研磨墊。

■乾刷通常要使用刷子的尖端搭配非常濃稠的染色劑進行刷塗操作（第246頁**照片15-6**）。

■填補染色是一種加深顏色或混合顏色的操作，需要用水稀釋醇溶性的或不起毛刺的染色劑，從而控制染色劑不會過深地吃入木料中。這樣更易於控制。這個步驟與調色和描影產生的效果類似，只不過沒有使用噴槍，而是手工完成操作的。

■破壞效果通常包含噴濺、乾刷或牛尾（參閱第248頁「木料做舊」）。

表層與擦拭

當所有的上色過程完成之後，還要塗抹1～2層透明的面漆層。

之後要擦拭表面處理塗層，這通常會從砂紙開始，然後使用不同等級的研磨墊進行拋光，最終擦拭研磨膏獲得理想的光澤度。由壓縮空氣驅動的雙研磨墊拋光機既能用於整平操作，也能用於拋光處理（參閱第16章「完成表面處理」）。

顏色，因為它的乾燥速度特別快，又能用任意量的稀釋劑稀釋，還能溶入之前塗抹的塗層之中，甚至能夠穿過多層有顏色的塗層。噴槍對這種表面處理產品來說是必不可少的，因為它們不會像刷子那樣在塗層表面留下痕跡。在以前用刷子上色的時候，不出現拖拽和拖尾的痕跡是很困難的。

當然，你不必真的選擇一種如此複雜的表面處理方式來完成優秀的木製品的加工或者表面處理。自己製作物品相比工廠化生產最大的優勢在於，我們可以根據顏色的兼容性和一致性自主選擇木料，依靠木料本身提供所需的顏色或裝飾效果。而工廠生產使用的木料來自對鋸切板材的隨機選擇，只有到了表面處理階段才能實現顏色的匹配。所以，在這一部分，「高級」並不意味著必須掌握這裡介紹的技能才能成為一名優秀的表面處理師，它只是告訴你，如果你樂於精進技藝，這裡還有很多其他技術可供學習（參閱第240頁「工廠表面處理」）。

如果需要進行多步驟的表面處理，你需要了解兩種主要的技術：上釉和調色。大多數你能看到的表面處理塗層的顏色是至少使用了其中的一種方法才完成的。做舊和酸洗就是例子（參閱第248頁「木料做舊」、第252頁「酸洗」以及第255頁「常見的上釉和調色問題」）。

上釉

上釉是在經過封閉處理的表面塗抹染色劑的技術。所用染色劑一般是常見的擦拭型染色劑、油基染色劑、日式染色劑以及其他通用染色劑，或者是特製的釉料產品。釉料是一種非常濃稠的染色產品，它可以一直保持在塗抹的位置，即使在垂直表面也不會掉落。比如，凝膠染料就可以形成很好的釉面（**照片15-1**）。

照片15-1 釉料是一種非常濃稠的染料，它能一直保持在塗抹的位置，甚至是垂直表面。比如，凝膠染料就可以形成很好的釉面。

請注意染色操作在眾多表面處理步驟中的順序：在其下方至少應塗抹一層表面處理塗層，在其上方還要塗抹一層面漆層以保護染色層免受損傷。這就限定了上釉的範圍（**圖15-1**）。不一定非要使用釉料完成上釉。從另一個角度來說，直接在裸露的木料表面塗抹釉料，這是染色，而非上釉。

雖然上釉的操作很簡單，但仍然是表面處理過程中最複雜的裝飾技術，可以用來製作各種裝飾效果。上釉對差錯的容許度很高。你可以在正在進行表面處理的木料表面練習，如果操作失誤或者你不喜歡最終的效果，可以將其除去並重新處理，並且這樣不會對原有的表面處理塗層造成損害。

上釉技術的關鍵在於，你要知道自己真正想要獲得的外觀效果（需要有一定的藝術眼光），並在處理多件物品的過程中能夠保持釉色一致，比如，一組櫥櫃的所有的門經過上釉後都應呈現相同的色調。

警告！！！

由於油和蠟不能建立起真正的表面處理塗層，所以你無法在這些「塗層」之間成功地上釉。必須使用可以建立薄膜塗層的表面處理產品。在擦拭型清漆的塗層之間可以上釉，前提是必須等待過量的表面處理產品完全乾燥，而不能將其擦掉。

釉料的類型

釉料有兩種類型：油基釉料和水基釉料。油基釉料的顏色更深，產生的層次也更加豐富，並且由於開放時間較長，操作過程比較容易控制。即使過了一個小時或者更長時間，你仍可以用油漆溶劑油或石腦油將其擦拭除去，並且不會對塗料和表面處理塗層產生任何損壞。

水基釉料操作起來比較困難，因為乾燥得非常快。但是它的溶劑氣味較小，因此對周邊環境的影響較小。如果使用了水基釉料，你要特別小心，因為在乾燥之前，只有幾分鐘的時間可以用水將其擦掉。

如果使用的表面處理產品是合成漆、清漆或者蟲膠，並且是在通風良好的工房完成上釉，對櫥櫃和其他家具來說，油基釉料是最好的選擇。水基釉料則更適合用於處理人工製作的大表面，比如空氣流通較少的建築內的面板和牆壁，以及用水基表面處理產品製作面漆層的家具或其他木工製品。如果想要成功地在油基釉料塗層上使用水基表面處理產品，必須等待釉層完全固化，這可能需要很多天的時間，具體用時取決於操作時的環境溫度和溼度。或者，需要使用其他表面處理產品製作一個隔離層（通常會使用蟲膠，但它會帶來一些你不想要的黃色色調）。

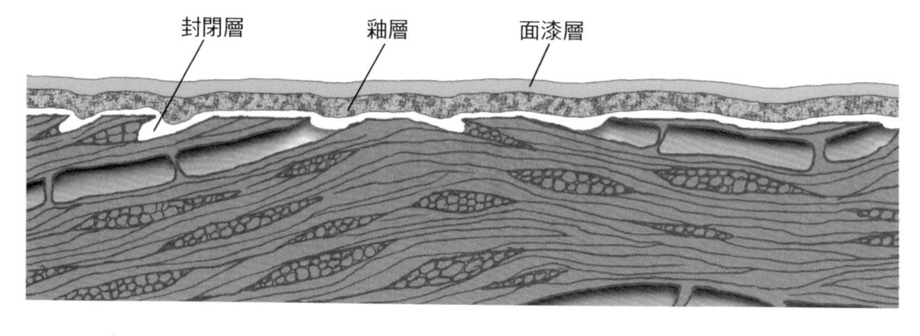

圖15-1 上釉本質上是在不同表面處理塗層之間塗抹染色劑的過程，也就是釉層之下至少要有一層封閉塗層以封閉木料表面，其上則可以塗抹一層或更多塗層。

小提示

如果使用噴槍和合成漆做表面處理，可以在使用油基釉料後快速地塗抹一層表面處理塗層，同時無須等待其過夜固化。這裡的祕訣是在釉料中的稀釋劑揮發之後（釉色會變暗）、油或清漆黏合劑變黏之前，將一些稀釋的合成漆噴塗到釉層表面。除非釉層非常厚，這個方法可能不會奏效，否則合成漆會與釉層結合，並黏合到下面的塗層上。待這層噴霧塗層乾燥之後再繼續下一步操作。

不同品牌釉料的黏稠度和乾燥時間不同。可以添加熟亞麻籽油來延長油基釉料的乾燥時間。首先按照1qt（0.95L）釉料添加1tsp（5ml）熟亞麻籽油的比例加入熟亞麻籽油，然後測試一下，決定是否需要添加更多。添加幾滴日式催乾劑可以加快乾燥速度。添加5%～10%的丙二醇到水基釉料中可以減緩其乾燥速度。加熱室內空氣則可以加快這兩種釉料的乾燥速度。如果想要稀釋釉料使其顏色變淺，最好使用透明的釉底（即中性釉料），這樣不會使釉料失去防滾動的特性。

有些製造商會提供各種顏色的釉料，有些製造商則只提供透明的釉底（中性釉料），之後由操作者自行添加色素。在油基釉料中使用油基和日式染色劑，在水基釉料中使用通用染色劑。深棕色和白色（用於酸洗）是家具和櫥櫃上最常使用的顏色。

上釉

上釉通常在經過封閉處理的表面上進行。可以使用任何表面處理產品、封閉劑或基面塗料，只要它們形成的塗層足夠厚，使釉料無法進入到木料中就可以（參閱第144頁「封閉劑與封閉木料」以及第82頁「基面塗層」）。可以在釉層之下為木料染色並填充孔隙，不過，最好能讓釉層盡可能地貼近木料表面，這樣便可在其上面塗抹足夠的表面處理產品，獲得理想的塗層厚度，保護染色塗層不被劃傷和磨損。

如果封閉塗層非常光滑，經砂紙或鋼絲絨打磨後會產生輕微的劃痕，這樣在擦拭之後會有一些釉料的顏色保存下來。但這並不是必需的步驟，具體操作還是取決於你想要如何上釉。比如，在存在凹陷的表面，上述操作就不是必要的，因為這樣的表面通常比較粗糙。

在經過封閉的表面擦拭、刷塗或噴塗釉料，並形成一定的厚度，就可以獲得想要的結果了。待釉料中的稀釋劑充分揮發，釉層就會變暗，但這時釉層仍然是溼潤的。如果釉層變得過硬，使操作很難進行，可以用油漆溶劑油、石腦油或水（針對水基釉料）進行清洗，或者，也可用鋼絲絨或研磨墊來擦拭。

下面列舉了七種調節上釉細節可以獲得的效果。可以關注一下大批量生產的家具，你會發現更多的效果。

- 可以在不會明顯模糊木料紋理的情況下調整顏色，即使木料之前已經經過了染色和填充處理（**照片15-2**）。
- 像木旋那樣增加立體表面的顏色層次或把木料做舊（**照片15-3**）。
- 突出成型木製品的結構細節，比如說框架──面板結構的門及其內飾（**照片15-4**）。
- 某些大批量生產的家具存在數以百計的棕色或黑色的小點，它們隨機散落在表面處理塗層上。工廠會使用特殊的噴槍來製作這種「星點」效果。你可以用牙刷翻動釉層來模仿這種效果（第246頁**照片15-5**）。
- 你可以拖拽「乾刷子」經過塗層表面，以代替上釉後再擦除部分釉料的做法。最終把顏色留下（**照片15-6**）。

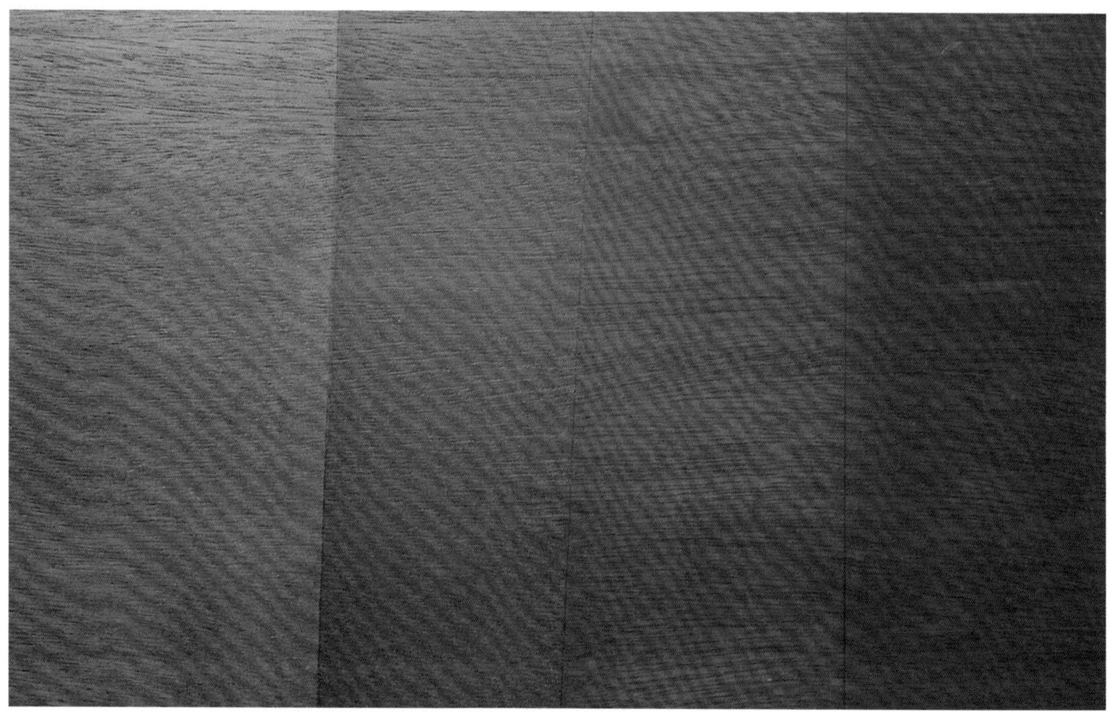

照片15-2 上釉可以在木料表面不出現明顯模糊的情況下調整顏色。在這個例子中，未完成表面處理的桃花心木（左一）首先用染料染色（左二），然後在製作基面塗層後用膏狀木填料填充，之後再次製作基面塗層以分隔填料與釉料（左三），最終完成上釉（右一），並在其乾燥之前用刷子刷薄釉層以調整顏色。

照片15-3 上釉可以像木旋那樣在立體層面增加木料的顏色層次感或者做舊的感覺（類似古董家具的效果）。只需簡單地擦除突出部分的釉料，並使其留在凹處即可。

照片15-4 上釉可以有效強化凸嵌板的立體效果。首先為門做染色並封閉染色塗層，然後用釉料塗滿整個表面，接下來擦除突出部分的釉料，並用刷子將釉料均勻地刷塗到凹處。

■在塗過色的表面上釉是一種常見的做舊技術（**照片15-7**），也可以用來產生一些有創意的新式效果。與所有的上釉技術一樣，你可以任意添加或去除釉料，直至獲得想要的外觀效果。

■可以使用常見的木紋工具，在紋理平淡的木料表面創造出像橡木那樣紋理粗獷的外觀效果（**照片15-8**）。

照片15-5　某些經批量生產的家具上存在數以百計的棕色或黑色的小點，它們隨機散落在表面處理塗層上。工廠會使用特殊的噴槍來製作這種「星點」效果。你也可以用牙刷翻動釉層來模仿這種效果。我比較喜歡用印度油墨製作釉面，因為它平整度好，並且乾燥得很快。

照片15-6　可以採用「乾刷」技術代替上釉後擦除部分釉料的做法。可以先將釉料或日式染色劑在硬紙板上稍稍塗開，然後用刷子沾取染色劑，並將其在紙板或廢木料上略微刷塗以去除多餘部分。之後，用刷頭輕輕刷過需要突出的部分。

照片15-7　在已經上色的表面塗抹薄薄一層釉料可以產生明顯的做舊效果。持續刷塗並擦除多餘釉料，直至獲得你想要的效果。

照片15-8　使用簡單的木紋工具（看上去就像一個曲面的橡膠圖章），將其在仍然溼潤的釉面上拖動，同時左右晃動，你就可以創造出像橡木一樣粗獷的紋理外觀。

木料做舊

即使舊家具保養得很好，與新家具的外觀也會非常的不同。這種差別主要是由於隨著歲月的侵襲，木料會產生顏色上的變化（由於光照和氧化）、磨損並積累一些汙垢。在新家具上做出仿古效果的外觀，或者為舊家具新製一些部件後為了整體外觀的匹配而製作仿古效果，這種技術叫作「做舊」。對於一些需要做舊的木料，不僅要使其在顏色上接近舊家具，還要人工製作出一些磨損的痕跡以及被弄髒的效果。通常，需要一個緞面光澤或啞光的面漆層。

做舊既可以從木料上著手，也可以從表面處理塗層上著手。這裡沒有按部就班的步驟可以教你如何做舊，一切取決於你想要模仿的外觀效果。如果你身邊有一個真正的古董家具可以做參照的話，製作出逼真的仿古效果會相對容易一些。

顏色變化

若要接近原有的顏色，最好的方式是染色、漂白和調色。染料染色劑通常比色素染色劑效果更好，因為染料染色更加均勻，效果更為自然。調色劑也能為木料均勻染色，如果你完全不想突出孔隙的話，那麼調色劑會比任何染色劑的效果更好。比如，在考慮為舊的櫻桃木、楓木、桃花心木均勻上色時，工廠通常會用調色劑獲得需要的效果。

有些木料的顏色會隨著時間的推移變淺，比如胡桃木。還有一些木料的顏色會因為紫外線的漂白作用而變淺。對一些新木料來說，可以使用雙組分漂白劑人為地使木料顏色變淺（參閱第66頁「漂白木料」），之後再通過染色或調色製作出想要的顏色。

損傷

家具表面的損傷通常是鏈條或者其他金屬物體敲打造成的。因此敲打家具就成了一種仿造損傷效果的方法。但是製作損傷效果有多種方式，最重要的是要讓做出的損傷看起來較為自然。

鏈條產生的痕跡基本是一致的。但是，歷經百年自然產生的凹痕和劃痕看起來則不會完全一致。它們有多種形狀。此外，自然損傷也不會侷限於凹痕，還有一些被磨掉的部分，比如椅子的橫擋和桌面邊緣。這種類型的損傷可以用銼刀、砂紙以及鋼絲刷仿造出來。在新家具上仿造某類損傷的最好方法就是觀察舊家具，看其是如何出現磨損和損傷的。之後選擇相應的工具或物品來做出相同的效果。最重要的是，不要讓每處製作痕跡看起來相同。

損傷與歲月積累的痕跡同樣可以用表面處理的方式表現出來。這類技術中較為常見的一種叫作「牛尾」，需要使用頗具藝術性的刷子或特製的蠟筆在木料表面塗抹或標記出彎曲的小曲線（下一頁上方照片）。牛尾技術也可以與噴濺或星點技術聯合使用（第246頁**照片15-5**以及下一頁下方照片），以產生經年使用以及歲月侵蝕的痕跡。

用來仿造劃痕的標記通常出現在表面處理塗層之間，這項技術被稱為「牛尾」。你可以使用具有藝術性的刷子、蠟筆或者由莫霍克（Mohawk）生產的布蘭德（Blendal）畫棒，像我在照片上展示的那樣來製作標記。

在表面處理塗層中製作做舊效果有時候是相當複雜的。在這個由工廠完成的表面處理塗層中，牛尾、星點甚至是仿造的紋理都用在了虎皮楓木中，而且虎皮紋理並未完全模糊。

汙垢

舊家具看起來常會給人一種在轉角和線腳的凹槽處有汙垢積累的感覺。在某些情況下，經常接觸的部位會出現表面處理塗層被大面積磨掉的情況。日常使用或者用拋光布反覆擦拭都會出現這種情況，但是最終呈現的效果都是一樣的。凹槽處的顏色一般比較深，可以用上釉技術來仿造這種外觀效果（參閱第245頁**照片15-3**以及第9頁**照片1-5**）。

乾刷是另一種可用於仿造汙垢累積效果的技術。這類似於在凸起的表面邊緣乾刷的效果（第246頁**照片15-6**），具體說來，要刷進內角或者靠近接合處的位置，以及靠近臺面或櫃門邊緣的位置。

調色

調色是一種將染色劑添加到稀釋的表面處理產品中加以應用的技術。塗抹的染色劑隨後會保持原樣，其操作過程與上釉並不相同。染色劑可以是色素或者染料，也可以是二者的混合物。

有兩個術語可以用來貼切地描述調色。當你在整個表面塗抹著色的表面處理產品時，這種方式稱為調色，而這種著色的表面處理產品則被稱為調色劑（**照片15-9**）。當你只在表面的一部分塗抹著色的表面處理產品時，比如說僅塗抹在邊材部分，這種方式通常稱為描影，用來著色的表面處理產品被稱為描影染色劑（**照片15-10**）。然而，這些術語的使用並沒有統一的規範。調色和描影通常都被稱作「調色」，在前文部分我也是這樣做的。有些氣溶膠調色劑的製造商會把他們的色素調色劑標注為「描影染色劑」，把染料調色劑標注為「調色劑」，這些術語的使用給用戶造成了困擾。

使用調色劑首選噴槍，因為噴槍更有效，刷子則很難控制，並且易於留下刷痕。

調色不像上釉那麼萬能，但是它在配色上非常有效，並能消除不同顏色的木板以及邊材和心材顏色的差異。調色的效果不像上釉那樣容易清除，因為調色一般是用合成漆、蟲膠、水基表面處理產品或雙組分表面處理產品製作的（清漆固化速度過慢，容易吸附大量粉塵），所以如果操作錯誤的話，無法輕易將其擦除。比如，如果調色的顏色過深（最常見的錯誤），除了剝離所有塗層並重新處理外別無他法。

如何稀釋調色劑並沒有固定的規則，可能有多

照片15-9　這個櫃門的下半部分就是使用色素調色劑調色的。為了對比調色與染色的差別，櫃門的上半部分保留了染色的效果，並擦除了多餘染色劑。最後選擇一種處理方式完成整扇門的表面處理。

少人噴塗調色劑，就有多少種變化。你可以從這裡開始。如果使用合成漆，可將1份合成漆與1份不起毛刺染料或1份合成漆染色劑混合，然後加入6份的稀釋劑進行稀釋。將配製好的調色劑進行噴塗測試，並根據噴塗效果調整配比。正如之前所提到的，最大的風險在於建立顏色的過程過快導致顏色過深。最好循序推進，以獲得所需要的顏色效果。

如果之後要使用水基表面處理產品，最好使用水基染色劑製作調色劑或描影染色劑，因為它們已經被稀釋過了。你不能用6份水稀釋水基表面處理產品，然後仍指望它能夠流布平整。它會像蠟層上的水珠一樣滾來滾去。最好能夠測試不同的染色劑。最好用的染色劑就是那些主要由染料組成的產品（參閱第57頁**照片4-2**、第58頁**照片4-3**以及第59頁**照片4-4**）。家居中心銷售的經典的色素水基染色劑比較難以控制。

無須自己製作調色劑，你可以使用氣溶膠調色劑。可以通過郵購的方式從供應商處購買，也可以在塗料商店購買。雖然使用氣溶膠會增加控制的難度，但在很多情況下使用它比較方便，包括在修復表面處理塗層的損傷時（參閱第19章「表面處理塗層的修復」）。只要不是噴塗完全溼潤的塗層（可能導致起泡），可以在任何塗層上使用合成漆基的氣溶膠，也可以在水基表面處理產品的塗層之間使用霧化器或噴槍噴塗合成漆調色劑。

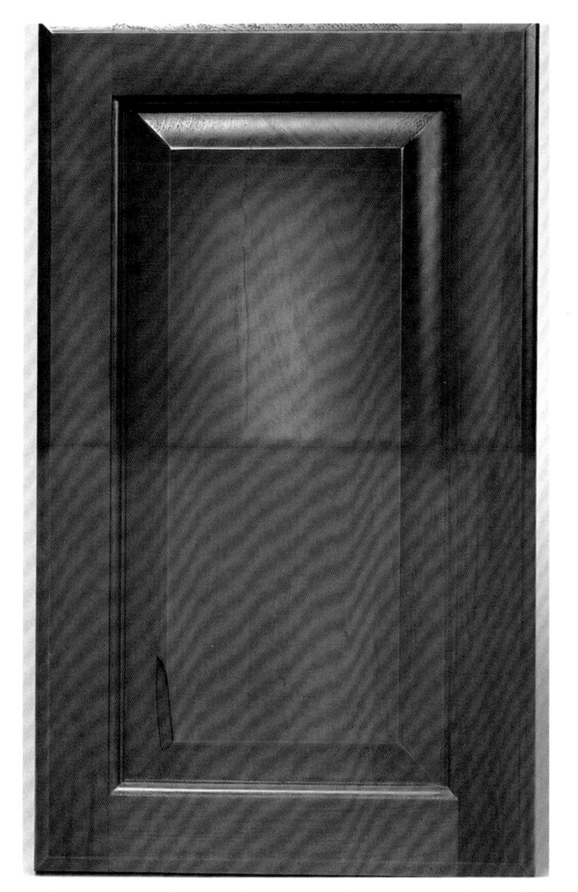

照片15-10 描影（頂部）只需在部分表面上噴塗薄薄的一層表面處理產品。就像這個例子所展示的，這通常能起到突出其他部分的效果。

小提示

製作一款色素調色劑，如果你不喜歡可以將其擦除。取一些日式染色劑，用石腦油加以稀釋，然後將其塗抹到封閉的表面上。如果調色劑在溼潤的狀態下已經呈現出了正確的顏色，那麼要等待溶劑完全揮發，再噴塗下一層表面處理產品。如果顏色出入較大，則需要用石腦油或油漆溶劑油將其清洗乾淨，之後重新完成處理。

警告！！！

你無法用油或者油與清漆的混合物來成功地上釉、調色或描影，因為這些表面處理產品無法建立強而有力的薄膜塗層。同樣，上釉、調色或描影操作也很難搭配擦拭型的清漆產品來完成。相比之下，如果你使用合成漆、蟲膠、水基表面處理產品或者清漆，上釉操作很容易完成。如果時間有限，同時需要塗滿所有塗層的話，上釉很難與一些雙組分表面處理產品搭配使用。對描影和調色來說，最易於操作的表面處理產品是合成漆，接下來是預催化漆、蟲膠與水基表面處理產品。

酸洗

酸洗的目的是使木料顯得老舊。早期嘗試用強酸來「灰化」木料的做法已不再使用。現在的酸洗方法可能源於一些人想把舊面板上的油漆去除的嘗試。因為去除木料孔隙中的所有塗料幾乎是不可能的，只會留下一些薄而不均的顏色，並使木料紋理看上去清晰可辨。雖然我很確定，這樣的結果在當時不盡如人意，但是現在看來這種外觀卻很時髦，並且現在想要獲得這樣的效果也不需要首先刷好塗料，然後再將其剝離了。

最簡單的酸洗形式是在木料上擦拭或刷塗深色的色素染色劑或稀釋的塗料，之後盡可能地擦除多餘部分，直至獲得想要的外觀效果。通常所用染色劑或塗料的顏色是白色或灰白色的，但也可以是任何其他顏色，包括彩色。必須去除足夠的顏色才能看到塗層之下的木料，否則就是在上塗料而不是在酸洗。

酸洗也可以是在一塊經過封閉的木料表面製作白色或灰白色的釉。讓釉層失去它本身的光澤，然後盡可能地擦除多餘部分，讓你足以看到塗層之下的木料（下圖）。

酸洗木料有兩種迥然不同的方法：染色和上釉。如果使用染色的方式，可以直接在木料上塗抹白色或灰白色的染色劑，之後再盡可能地擦掉多餘部分。如果選擇上釉的方式，需要首先封閉木料表面，然後塗抹白色或灰白色的釉料，並盡可能地擦除多餘部分。也可以為這兩種方式選擇同樣的產品，就像我在這裡所做的那樣。我將白色的凝膠染色劑直接塗抹在了木料表面（上圖）以及經過封閉處理的表面（下圖）上。也可以使用白色的釉料來做同樣的事。

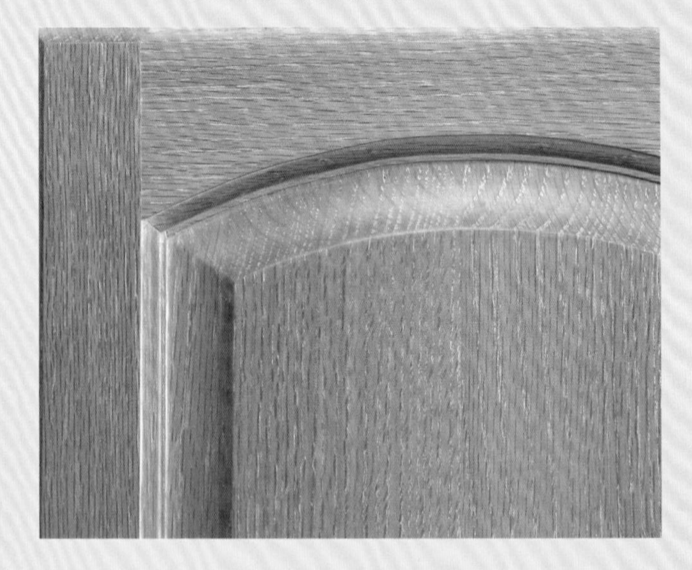

如果使用染色劑，則需要深色的色素染色劑，這樣才能在木料表面留下明顯的顏色；如果使用塗料，必須加入25%的稀釋劑進行稀釋（油基塗料用油漆溶劑油稀釋，乳膠漆用水稀釋），這樣便於塗抹。

每種塗料都有其優點。油基塗料的固化速度非常慢，所以你有足夠的時間將其塗抹均勻，並擦除多餘的部分。油基塗料也不會使木料表面起毛刺。水基塗料不會變黃，同時也不包含油基塗料所含有的溶劑成分，因此如果使用水基塗料，周圍的空氣質量會好得多，特別是在你酸洗嵌板這樣表面寬大的木製品的時候。

代替染色或刷塗料的方法，也可以簡單地在清漆或水基表面處理產品中添加一些白色或灰白色的色素，然後將其刷塗或噴塗在木料表面。無須擦拭。只要你還能看到木料的紋理，就表明你是在酸洗而不是刷塗料。

酸洗通常是在松木、橡木、白蠟木或者榆木上操作的。對松木進行酸洗很有效，因為松木木料的紋理非常明顯，能夠透過厚重的顏色層顯現出來。對橡木、白蠟木或榆木進行酸洗也很有效，因為更多的顏色保留在了深層的紋理中，突出了底層木料的視覺效果。無論哪種情況，頂部木料都保留了足夠的顏色，從而能夠弱化早材與晚材之間的顏色差別。

當你對外觀效果感到滿意時，可以塗抹1～2層表面處理塗層，對顏色塗層加以保護。否則，顏色很容易被擦掉。如果酸洗使用的是白色或灰白色的染色劑，最好搭配使用水基表面處理產品，因為這種產品不像其他表面處理產品那樣帶有琥珀色，也不會隨著時間的推移變黃。通常情況下，為了更好地模仿歲月帶來的滄桑感，傾向於使用緞面光澤或者啞光的表面處理產品，而不是富有光澤的表面處理產品。

分步色階板

如果要為很多家具進行表面處理，並已經完成了簡單的染色工序，進入到了上釉和調色的環節，此時想要保持顏色和外觀的一致性是非常困難的。這種情況下，一塊分步色階板就能派上用場了。使用一塊木板或貼面膠合板，你可以把所有的上色步驟備份或製作在上面，這樣就能輕鬆地查看每個步驟應有的樣子了。分步色階板為你提供了一個可視化的歷史記錄，以便可以匹配每個步驟，從而獲得理想的外觀。

如果要製作分步色階板，需要選擇與所要製作的製品材質相同的木板或貼面膠合板（最好是來自製作製品的廢木料），之後按照完成該製品的步驟把每個上色步驟記錄在上面。在每次乾燥之後、開始下一個步驟之前，如果選擇噴塗，則需要分段處理，如果選擇刷塗或擦拭，則要做好標記畫分區域。實際上，如果你選擇刷塗或者擦拭，可以在開始下個步驟之前製作色階，因為不用擔心會有重疊的情況發生。

理想的情況當然是把記錄每段色彩的色板做得盡可能寬大一些，產生最佳的視覺衝擊效果。但我也見過有人在製作櫥櫃門的邊緣時使用的、畫分的區域寬度不超過¾吋（19.1㎜）的分步色階板（**照片15-11**）。

有時候，分步色階板會被製作成方塊色板的樣子，其中一塊面板展示最淺的顏色，另一塊面板展示最深的顏色。若要獲得更精確的效果，可以在木板背面記錄相應的溫度和溼度。兩者都會影響表面處理的最終效果。溫度的變化會改變表面處理塗層的厚度，溼度則會影響木料表面起毛刺的情況，而毛刺則會在擦除多餘部分的染色劑時或多或少地造成其殘留。分步色階板對獲得一致

照片15-11　分布色階板展現了完成表面處理所需的每一個步驟，為大家提供了一種匹配顏色的可視化指導。這塊色階板上的步驟是這樣的：未經表面處理的天然木料，使用了較淺的橡木染色劑染色並擦除了多餘部分來作為背景色；製作基面塗層；使用科爾多瓦桃花心木染色劑染色，並擦除了多餘部分；噴塗了胡桃木色的調色劑；噴塗了2層合成漆。多個步驟組合在一起產生了色彩層次豐富的深色（選擇性地使用調色劑），並能夠平衡這把孩童椅子上細微的顏色變化。

的色彩效果來說非常有價值，即使這項工作需要幾天甚至幾個星期才能完成，即使中途更換了操作人員。分步色階板還可以用來向客戶展示色彩的對比效果，幫助客戶選定需要的顏色，也可以讓客戶明白其中的複雜性，進而理解你的工作價值。

常見的上釉和調色問題

上釉通常使用刷子或其他的專業手持工具完成，調色通常使用噴槍完成。這兩種處理方式都不複雜，但是想要取得成功，你必須對追求的效果有充分的理解。這裡列舉出了上釉或調色過程中的常見問題，以及它們的成因和解決方法。

問題	原因	解決方法
在釉面之上做表面處理的時候，表面處理塗層變成灰白色	釉料過於潮溼。這樣的問題通常發生在塗抹合成漆塗層時，並且最常見於木料的孔隙處，因為這裡的釉層是最厚的。這是在釉料中的稀釋劑揮發完全之前塗抹合成漆造成的，結果導致合成漆析出	可以嘗試在木料表面噴一些漆稀釋劑。如果不能解決問題，就只能剝離塗層重新處理了。留出足夠的時間讓釉料充分乾燥，尤其在潮溼或陰涼的天氣狀況下
上釉的時候出現深色的劃痕	最後一層封閉塗層或表面處理塗層在打磨之前沒有充分固化，或者是使用的砂紙目數偏低，過於粗糙	在釉料固化之前，先用油漆溶劑油（針對油基或清漆基釉料）或水（針對水基釉料）把釉料擦除。待底面塗層完全固化，用細砂紙打磨後重新上釉
釉料滲入木料之中產生汙點	木料表面封閉不完全，或者是在打磨過程中磨穿了基面塗層或封閉塗層	剝離表面處理塗層並重新處理。釉層不要過厚，或者可以在其中添加一些清漆或水基表面處理產品。可以先在廢木料上嘗試
釉層之上的表面處理塗層剝落並分離	釉層過厚了，並且沒有包含足夠的黏合劑使其產生足夠的黏合力	剝離表面處理塗層重新處理。釉層不要過厚，或者可以在其中添加一些清漆或水基表面處理產品。可以先在廢木料上嘗試
使用調色劑或描影染色劑時顏色顯得過深	使用的調色劑或描影產品中添加了過多的染色劑，或者是每層塗抹的量過多	剝離表面處理塗層重新處理。使用稀釋的調色劑或描影染色劑緩慢上色。不要添加過多的染色劑
在噴塗調色劑後出現了重疊痕跡	調色劑中染色劑的濃度過高，導致噴塗後出現重疊痕跡	剝離表面處理塗層重新處理。繼續稀釋調色劑。使用較稀的調色劑多次噴塗的效果是最好的（每層非常薄）
把物品放回房間之後發現，經過調色匹配的顏色不再匹配了	因為工房的光照條件與房間的不一樣	你必須保證兩個地方的光照條件是一樣的。調整其中之一重新完成匹配（參閱第74頁「配色」）

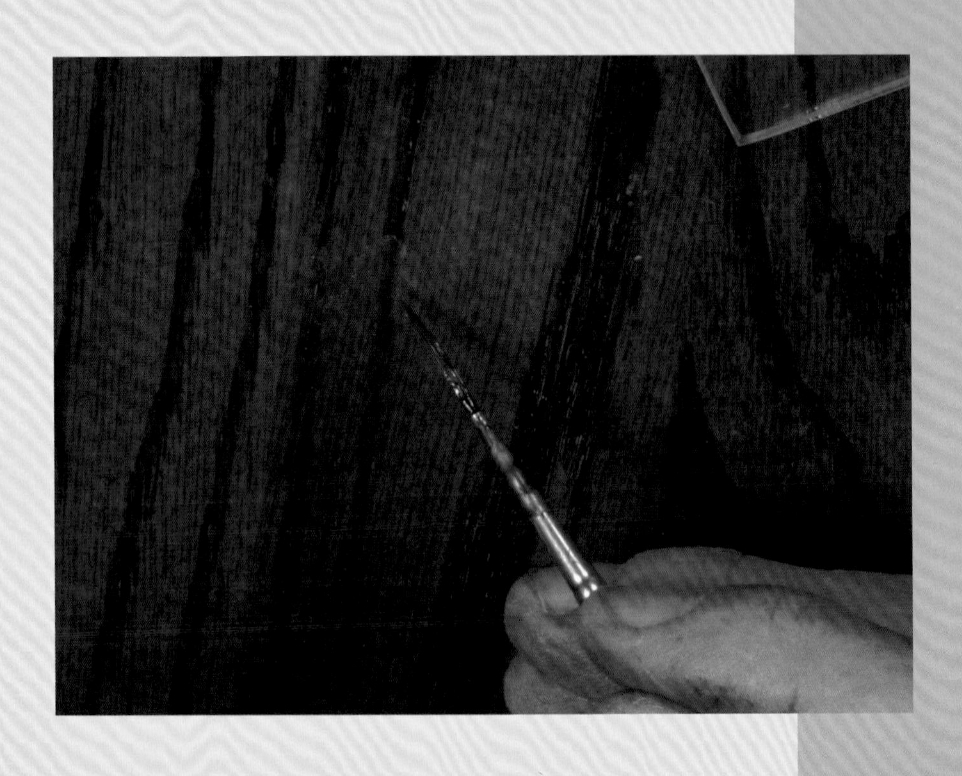

16

完成表面處理

簡介

高質量的表面處理與有缺陷的表面處理之間的差別其實與你的表面處理方式相關性不大，主要是與後續的處理密切相關——即你如何完成表面處理。為了完成表面處理，你需要使用砂紙、鋼絲絨或研磨膏等磨料，或者混合使用幾種產品對塗層表面進行擦拭。有時也會用到蠟、油漆溶劑油、油或肥皂水等潤滑劑。這個過程與打磨木料的過程相同，需要逐漸提高磨料的目數，把塗層表面打磨得平整光滑，直至你對塗層的外觀和手感感到滿意。

擦拭表面處理塗層有兩個目的。一是讓表面處理塗層摸起來更加光滑，二是使其看起來色澤更為柔和。這兩種效果都很難用語言形容，並且很難用照片加以捕捉。

無論何時在木料表面塗抹幾層薄膜塗層（在木料表面建立的具備一定厚度的處理層），都會因為粉塵的吸附使其變得粗糙，也會在表面留下一些刷痕或橘皮褶，具體情況與你做表面處理時使用的工具有關，當然也可能留下其他的瑕疵。無論你在操作時多麼小心，

> **小提示**
> **如果潮溼的表面處理塗層存在粉塵吸附並嵌入到塗層中的問題，可以首先用砂紙將其打磨掉。這樣在隨後的處理過程中就無須擔心粉塵的困擾了。**

都無法得到完美的表面處理效果。

擦拭表面處理塗層可以消除粉塵顆粒（至少能夠讓其變得圓滑），同時去除刷痕以及橘皮褶（至少讓其看起來是消失了）。這樣的擦拭過程是通過用更為細緻的劃痕替代原有較粗的痕跡來實現的，當新的劃痕達到你想要的手感和視覺要求時，原來的問題就解決了。當劃痕摸起來手感非常細膩的時候，整個表面會讓人感覺很光滑。同時，根據劃痕的細膩程度，你可以控制最終的表面光澤度。劃痕愈細緻，塗層的光澤度就愈高。劃痕愈粗糙，塗層的光澤度就愈差。光澤度是指塗層的光亮程度。高光澤度意味著非常亮，低光澤度通常呈現緞面光澤或啞光效果（**圖16-1**和**照片16-1**）。

經過擦拭處理的表面要比未經擦拭的表面更容易修復。使用相同目數的磨料擦拭需要修復的區域，可以使其光澤度與周邊區域完美匹配（參閱第19章「表面處理塗層的修復」）。

很多木匠會刻意避開擦拭表面處理塗層，因為他們並不了解這個過程，或者武斷地認為這個過程過於複雜。這種認識是錯誤的。它的複雜性只體現在操作方法眾多這個層面上。如果你之前從未擦拭過表面處理塗層，我建議你首先從較為簡單的鋼絲絨擦拭開始（參閱第264頁「用鋼絲絨擦拭」）。你可以把表面處理塗層打磨平滑，並掩蓋原有的瑕疵，形成緞面光澤的表面。有了初步

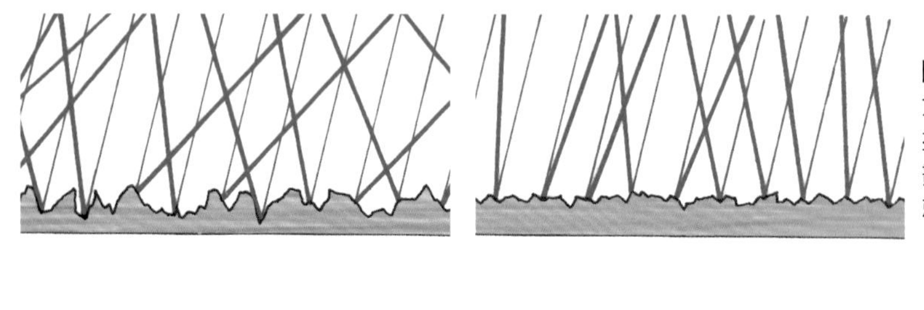

圖16-1　表面處理塗層上的劃痕愈大，散射出去的光線就會更多，塗層的光澤度就會愈低（左圖）。劃痕愈細膩，光線反射形成的圖像就愈清晰，塗層的光澤度就會愈高（右圖）。

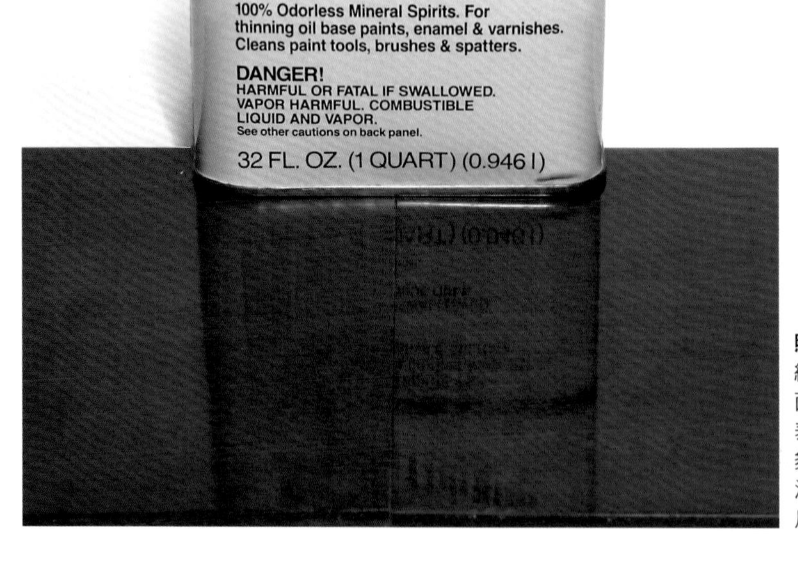

照片16-1　通過觀察物體表面的光線反射，可以輕鬆判斷經擦拭的表面處理塗層的光澤度。光澤度高的表面處理塗層（右側）通過反射能夠形成清晰的罐子影像，而緞面光澤的表面處理塗層（左側）形成的反射影像則較為模糊。

經驗之後，就可以嘗試在使用鋼絲絨之前，首先將表面處理塗層打磨平滑，消除瑕疵並使其呈現緞面光澤。以此為基礎，可根據需要使用較細或較粗的磨料繼續處理，來提高或降低塗層的光澤度（參閱第268頁「整平與擦拭」）。可以使用不同的磨料擦拭多次——直至最終磨穿木料表面的塗層。

磨穿

當然，你肯定也會擔心不小心把塗層磨穿。無論你多麼富有經驗，這個風險總是存在的。我多麼希望我可以告訴你，塗抹多少層塗料可以避免磨穿的情況出現，但是變數實在太多了。其中包括使用的木料種類、是否使用膏狀木填料填充木料表面的孔隙，以及是否在擦拭之前或擦拭過程中將塗層表面處理平整。此外，每個人的整平處理以及擦拭操作存在差別，使用表面處理產品的方式也不同，而且表面處理產品本身形成的塗層也有所不同（參閱第134頁「固體含量和密耳厚度」）。正如打磨貼面膠合板或者之前打磨產生的粗劃痕那樣，打磨比其他操作更依賴感覺。

在沒有整平表面處理塗層時不宜過多擦拭表面，否則非常容易出現的磨穿塗層邊緣的糟糕狀況。你可以在做表面處理之前用砂紙軟化或「破壞」邊緣部分，或者在邊緣處額外塗抹一兩層塗料，以減少磨穿邊緣的概率。

完成整平處理會磨掉很多塗料。如果你之前從未有過整平或者擦拭的經驗，建議你用貼面膠合板製作一塊練習板，使用和往常同樣的方式、同樣的表面處理產品在上面練習塗抹。要多塗抹幾層塗料——總共需要4～5層。之後再應用本章中介紹的一種或多種方法來整平和擦拭塗層。觀察一下，擦拭多久會磨穿塗層。這樣你很快就能找到感覺。

雖然沒有必要一定要擦拭表面處理塗層，但這樣做能夠提高最終獲得的表面處理塗層的品質（**照片16-2**）。

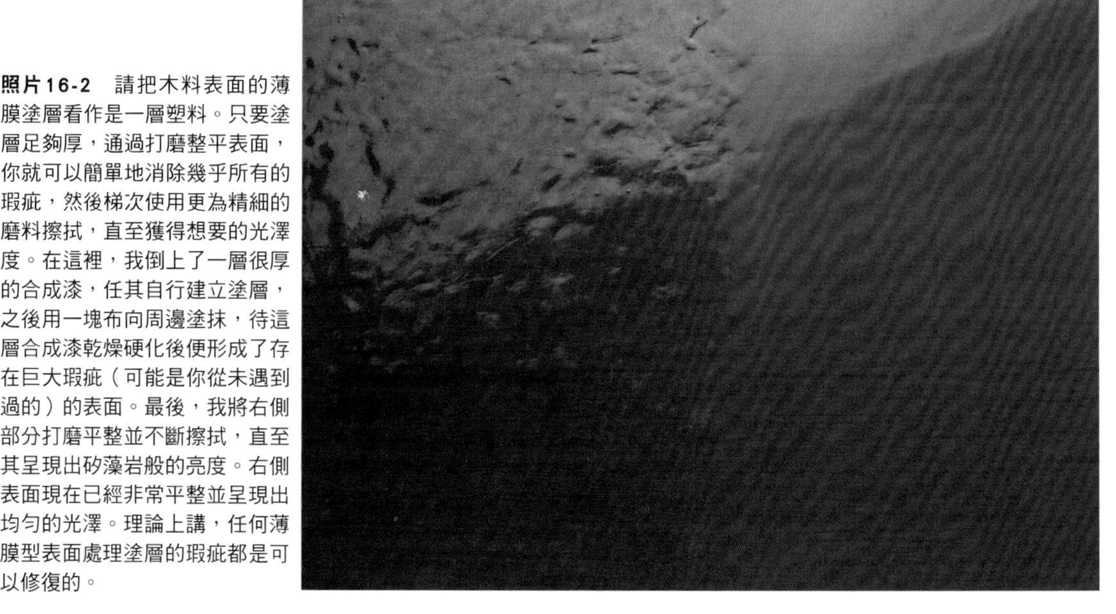

照片16-2 請把木料表面的薄膜塗層看作是一層塑料。只要塗層足夠厚，通過打磨整平表面，你就可以簡單地消除幾乎所有的瑕疵，然後梯次使用更為精細的磨料擦拭，直至獲得想要的光澤度。在這裡，我倒上了一層很厚的合成漆，任其自行建立塗層，之後用一塊布向周邊塗抹，待這層合成漆乾燥硬化後便形成了存在巨大瑕疵（可能是你從未遇到過的）的表面。最後，我將右側部分打磨平整並不斷擦拭，直至其呈現出矽藻岩般的亮度。右側表面現在已經非常平整並呈現出均勻的光澤。理論上講，任何薄膜型表面處理塗層的瑕疵都是可以修復的。

小提示

如果你想擦拭桌面，使之呈現緞面光澤，提升其外觀效果，卻又不想在桌腿或椅子上費太多功夫，那麼可以在桌面上塗抹亮光表面的處理產品（這是最好的選擇，因為在擦拭的過程中很容易觀察到凹陷），並在其他地方塗磨啞光表面處理產品。擦拭桌面，其他部位無須處理，最終，渾然一體的效果會呈現出來。

影響塗層擦拭效果的其他因素

除了磨穿塗層，還有很多因素會影響到擦拭表面處理塗層的效果。其中包括：

- 待擦拭的表面處理產品類型；
- 表面處理塗層固化的程度；
- 用於擦拭的磨料類型；
- 用於擦拭的潤滑劑類型；
- 擦拭流程；
- 清理效果；
- 最終的上蠟或拋光。

表面處理產品的類型

相對於固化後堅韌的表面處理產品來說，堅硬易碎的表面處理產品更易擦拭形成光亮均勻的色澤，因為其在擦拭過程中可以產生乾淨的、邊緣整齊的劃痕，而堅韌的表面處理塗層很難被劃傷，即使能夠劃傷，劃痕也很難保持整齊，只能呈現粗糙的撕裂狀。易揮發的表面處理產品，諸如蟲膠和合成漆，是擦拭效果最好的表面處理產品。（比如，需要擦拭處理的最為昂貴的餐桌通常都會使用合成漆進行表面處理。）反應型表面處理產品，主要是清漆（包括聚氨酯）和雙組分表面處理產品，很難擦拭得到均勻的緞面光澤效果。水基表面處理產品形成的塗層也很難經擦拭獲得滿意的光澤。當然，你可以擦拭這些表面處理產品形成的塗層，但結果往往不如人意。

請謹記，不同表面處理產品之間的主要區別還是取決於它們的製造特性。比如，如果有可能，可以製造擦拭特性更好的清漆，或者製造擦拭性能一般的合成漆（參閱第8章「薄膜型表面處理產品」以及其他介紹表面處理產品的章節）。

固化程度

表面處理產品開始時都是液態的，經過固化後變為固態。在這兩種極端狀態之間，表面處理產品經歷了不同的硬度階段。如果在表面處理產品充分固化之前進行打磨，產生的劃痕是不均勻的，並會隨著表面處理產品的進一步固化消失。這很容易形成斑點，進而造成塗層表面光澤度不均勻。此外，表面處理塗層會在固化的過程中收縮，導致之前經過填充和整平的孔隙部位重新開放，形成帶有新凹痕的表面（參閱第7章「填充木料孔隙」）。

在擦拭之前需要留給表面處理塗層多長的固化時間並沒有統一的標準，但通常時間愈長愈好。對於所有溶劑型的表面處理產品，可以用鼻子來鑒別。把鼻子貼近乾燥的表面處理塗層聞一聞，如果還能聞到溶劑的氣味，那就延長表面處理塗層的固化時間。因為它還處在收縮過程中。

磨料的選擇

用來擦拭表面處理塗層的磨料共有三種：

- 砂紙；
- 鋼絲絨（包括合成鋼絲絨）；
- 研磨膏。

砂紙通常用於修整表面處理塗層，消除橘皮褶、刷痕以及粉塵顆粒這樣的不規則痕跡。你可以用手或者平整的橡膠墊、軟木塞或毛氈塊來支撐砂紙擦拭塗層。借助支撐塊有助於將塗層打磨得更加平整。我比較喜歡用軟木塞和毛氈塊，因為它們質地更加柔軟（參閱第17頁打磨塊的圖示）。

硬脂酸鹽（乾潤滑）砂紙和使用液態潤滑劑的溼／乾砂紙打磨塗層的效果最好，因為它們不容易堵塞（參閱第18頁「砂紙」）。硬脂酸鹽砂紙一般可以達到600目的粒度，溼／乾砂紙則可達到2500目。在處理塗層時，這兩種砂紙仍然可能產生堵塞，尤其是在表面處理塗層尚未完全固化的時候。表面處理產品會捲曲形成細小的球狀顆粒黏在砂紙上，我們稱之為結塊（**照片16-3**）。你需要經常檢查砂紙，並用較鈍的刮刀去除這些結塊，或者直接更換新的砂紙。如果不這麼做，結塊會在塗層表面留下可見的劃痕，並增加後續的打磨工作量。

> **注意！！！**
> 很難比較三種磨料的粗糙程度。即使是同一類型的磨料，比較其粗糙度也是很困難的。生產商之間的砂紙生產標準是較為統一的，鋼絲絨的生產標準也不錯。但是研磨膏的生產標準就幾乎不存在了。據我觀察，在所有類型的磨料中，0000號鋼絲絨、浮石、600目和1000目的砂紙大概能夠產生相同的光澤度。

如果你打算用砂紙打磨表面處理塗層，要小心地選擇相應目數的砂紙。現在很多供應商都提供「P」標準的砂紙，這與傳統的高目數砂紙有很大區別（參閱第18頁「砂紙」）。

鋼絲絨通常用於在塗層表面形成均勻的緞面紋理，並且沒有過多堵塞和結塊的風險。你可以購買天然型或合成型鋼絲絨（無紡纖維），並有多種粗糙度供選擇（參閱「合成鋼絲絨」部分）。最常見的精細鋼絲絨是0000號的。在擦拭表面處理塗層時，應該選用這種型號或000號的鋼絲絨，二者都可以做出緞面光澤的表面。

照片16-3 堵塞或「結塊」的砂紙會損壞表面處理塗層。如果結塊開始堆積，那麼就要更換砂紙了。

研磨膏是非常精細的研磨粉，通常會被做成膏狀或懸浮液的形式使用。這些粉末要比最精細的鋼絲絨還要精細，所以可以產生比0000號鋼絲絨還要光亮的處理效果。通常很難比較各個品牌之間產品的粗糙度，所以如果你正在逐級提高塗層的光澤度，最好堅持使用同一品牌的產品（**照片16-4**）。

浮石（質地非常堅硬的細磨熔岩）以及矽藻岩（質地非常軟的細磨石灰岩）都是比較便宜的研磨粉，可以用它們自製研磨膏，只需將浮石或矽藻岩與水或礦物油混合起來。用水配製的研磨膏打磨起來非常快速，但產生的光澤稍顯暗淡。用油潤滑的研磨膏效果更好一些，能夠產生更高的光澤度，但打磨速度較慢。如果你發現油料太厚以至於很難操作，可以用油漆溶劑油對其進行稀釋，或者單獨使用油漆溶劑油來配製。

你也可以在塗層表面配製研磨膏，只需在表面撒上一些粉末，然後倒上一點水或油。研磨膏的均一性（即粉末與潤滑劑的比例）並不是很重要。你還可以在可擠壓的塑料瓶中將矽藻岩或浮石與一種潤滑劑混合並分散均勻（**照片16-5**）。

出於習慣，人們經常把浮石和矽藻岩放在一起談論，比如，「我用浮石和矽藻岩擦拭了表面處理塗層。」實際上，二者共同使用的效果並不好。浮石就像0000號鋼絲絨或者600目的砂紙，它能產生緞面光澤的表面。矽藻岩則更為精細，可以產生更為光亮的表面。兩種材料的磨蝕性差別很大，很難從一種磨料成功地跳躍到另一種磨料進行操作。浮石產生的相對較深的劃痕需要花很大功夫才能消除。因此，如果你需要使用矽藻岩完成塗層的打磨，最好先用1500目或2000目的砂紙打磨塗層，然後直接使用矽藻岩做進一步的處理。總而言之，千萬不要使用浮石。

你通常可以在汽車車身供應商那裡找到很多用於表面擦拭的耗材，也可以在一些木工產品的目錄中和木工房找到這些產品，但是在家居中心或塗料店就很少能買到這些產品了。

選擇潤滑劑

潤滑劑通常與砂紙和鋼絲絨配合使用，以減少結塊、消除砂粒及其他磨料的堵塞，保證研磨效果。潤滑劑也能吸附粉塵以及鋼絲絨的碎粒，使你不會吸入這些細小的顆粒。有些潤滑劑還能減小劃痕的尺寸。可用於擦拭表面處理塗層的潤滑劑共有四種：

照片16-4 研磨膏共有三種形式：浮石和矽藻岩研磨粉，可以將其與油或水混合配製研磨膏（圖左側）；合成研磨粉已加入到研磨膏中，用於木料表面處理（圖中間）；將合成研磨粉懸浮在液體中製成高速拋光液，用於汽車或木料的表面處理（圖右側）。第三類產品有時被稱為釉料，但它們與用於木料上色的釉料毫無關係。

合成鋼絲絨

合成鋼絲絨是一種纖維狀的、包裹了研磨粉的「無紡」尼龍，其最為常用的品牌包括明尼蘇達礦務及製造業公司的思高和諾頓公司的拜爾——特克斯（Bear-Tex）。

合成鋼絲絨的研磨效果源於黏在纖維上的研磨粉，而不是纖維本身。隨著粉末消耗殆盡，這些研磨墊也就沒有用處了。從這點上來說，合成鋼絲絨更像是砂紙，而非傳統的鋼絲絨。纖維的顏色顯示出了黏附其上的研磨粉的不同等級。在市場上，灰色纖維墊大致相當於000號鋼絲絨，綠色纖維墊大致相當於00號鋼絲絨，褐色纖維墊大致相當於0號鋼絲絨。

在塗抹表面處理產品或擦拭表面處理塗層時，可以用合成鋼絲絨代替傳統鋼絲絨。在使用水基表面處理產品，並且可能再塗抹一層表面處理塗層時，可以執行這樣的替代方案。因為任何來自傳統鋼絲絨的碎屑如果遺留在木料孔隙或裂痕中，都會在塗抹下一塗層的時候產生鏽斑和黑點。

另外需要注意，合成鋼絲絨同時具有傳統鋼絲絨的主要侷限性（只能磨圓粉塵顆粒，不能把它們徹底打磨掉）以及它的主要優點（減少阻塞）。

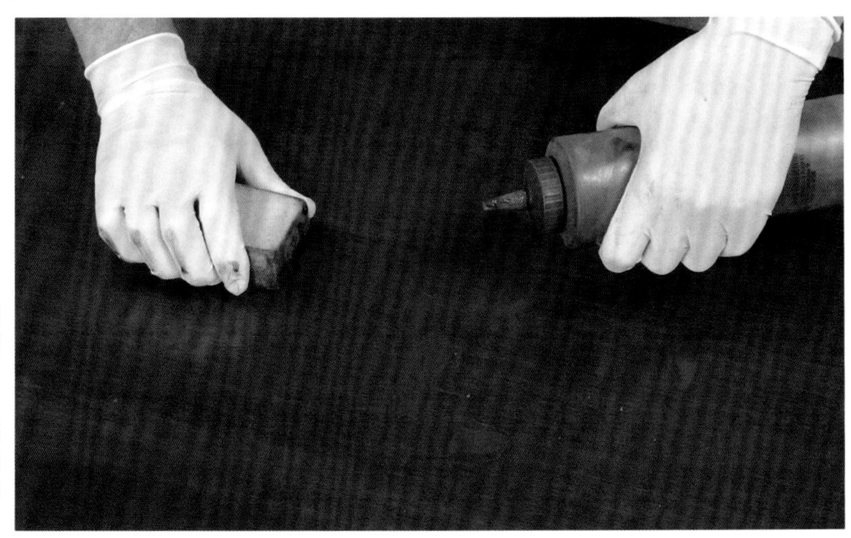

照片16-5 我發現，可擠壓的塑料瓶在自己配製浮石或矽藻岩研磨膏時非常有用。通常我會在塑料瓶中加入1吋（2.54cm）厚的粉末，然後再加滿以1:2的比例配製的礦物油和油漆溶劑油的混合液，並將其搖勻。

- 油漆溶劑油或石腦油；
- 液體蠟或膏蠟；
- 油；
- 水或肥皂水。

用鋼絲絨擦拭

可以用鋼絲絨擦拭任何塗層，將其處理光滑並獲得均勻的光澤。你應該使用000號或0000號鋼絲絨（或者使用思高合成鋼絲絨作為替代）。大多數情況下，鋼絲絨會降低表面處理塗層的光澤度（減少亮度），但它可以提高含有大量消光劑的某些薄膜型表面處理產品塗層的光澤度（參閱第138頁「使用消光劑控制光澤」）。下面是具體的操作方法。

為了防止磨穿平整表面靠近邊緣部分的塗層，可先在距離木板邊緣4～6吋（10.16～15.24cm）的範圍使用短行程擦拭到邊緣位置，然後在其餘部分以較長的行程、彼此重疊的方式進行擦拭，並在較短行程擦拭痕跡的邊緣停下。

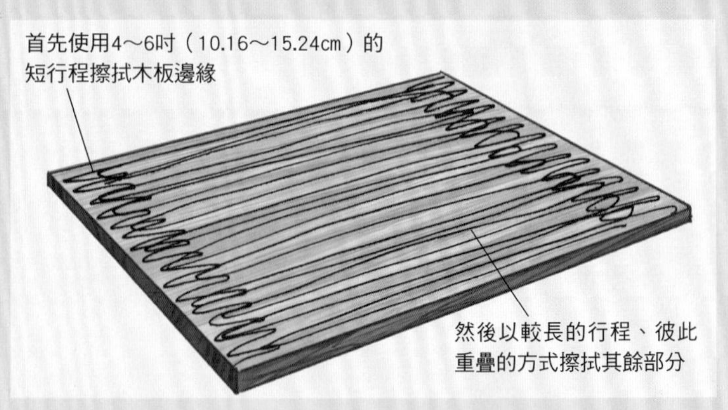

在擦拭紋理彼此垂直的對接木板時，為了使劃痕與木料的紋理走向一致，需要先擦拭兩端對接的木板，之後再擦拭與之垂直的橫向木板。記得去除橫向木板上橫向於紋理的劃痕。

1 為表面處理產品提供足夠的固化時間——至少要幾天，幾個星期更好。

2 把處理件放在可通過光線反射看到處理情況的位置。

3 在平整的表面上，單手或雙手施加中等程度以上的壓力，順著木料的紋理方向以較長的行程直線擦拭，應避免沿弧線擦拭。對整個表面均勻施加壓力，並保證相鄰行程有80%～90%的部分重疊。你要非常小心，不要擦到邊緣部分，否則很容易磨穿表面處理塗層使木料裸露出來。為了避免磨穿邊緣部分的塗層，你可以先以較短的行程擦拭到靠近邊緣的位置，然後以較長的行程擦拭剩餘部分，並在較短行程擦拭痕跡的邊緣停下，如上圖所示。

對於紋理相互垂直的對接木板，你可以先擦拭兩塊兩端對接的木板，再擦拭與之垂直的另外兩塊木板，並注意去除擦拭第一塊木板時留在上面的橫向於紋理的劃痕（如下圖所示）。

對於斜接木板，需要在接近拼接處的位置停止操作，或者在拼接處貼上膠帶，這樣可以在擦拭一塊木板的時候有效保護另一塊木板（如右頁圖所示）。

對於木旋部件，可圍繞圓柱體擦拭，就像在車床上打磨那樣。

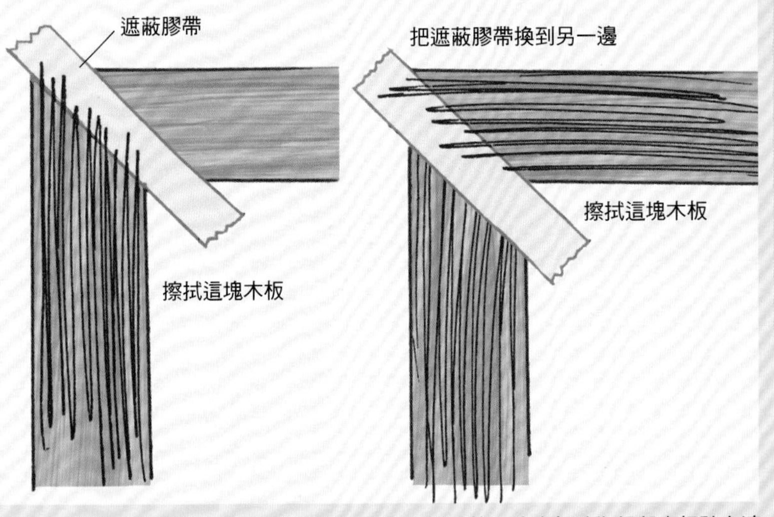

為了防止斜接處出現橫向於紋理的劃痕，可以在擦拭第一塊木板時為相鄰木板貼上遮蔽膠帶，之後把遮蔽膠帶換到另一邊，完成第二塊木板的擦拭。

小提示

你可以用鞋刷在那些難以觸及的雕刻、木旋以及線腳部件的凹槽處刷塗浮石粉，用來降低光澤度。浮石會將表面處理塗層刮擦到緞面光澤。

4 小心清除粉塵。最好使用真空設備除塵或者用壓縮空氣吹掉粉塵，然後用手沿木料紋理方向輕輕擦拭表面，確保沒有粉塵殘留。或者，可以用黏布或沾了油漆溶劑油的棉布輕輕地順紋理擦拭。如果橫向於木料紋理擦拭，很容易在塗層表面留下一些非常明顯的橫向劃痕。

5 如果你對木板的外觀不滿意，應首先確定問題所在（比如，擦拭得不完全、擦拭時壓力不均導致劃痕不規則，或者由於沿弧線擦拭產生了弧形劃痕），之後重新擦拭以糾正問題。

6 如果磨穿了表面處理塗層，需要使用更多的表面處理產品來修復磨損處，或者在整個表面重新塗抹表面處理產品。然後等待表面處理塗層完全固化並重新擦拭。如果磨穿了染色層，需要在這塊區域塗抹更多的同種染色劑，會溶解表面處理產品的染色劑除外。如果損壞區域的直徑超過了1吋（2.54 cm），就很難成功修復了。可以根據下面的建議調整處理方案。

- 輕輕打磨塗層表面，在開始用鋼絲絨擦拭之前，首先去除突出的粉塵顆粒。
- 在鋼絲絨上加入潤滑劑（參閱第262頁「選擇潤滑劑」）。不過，潤滑劑能夠掩蓋磨穿的痕跡，也會使損傷變得更為糟糕。所以，你需要在不使用潤滑劑的情況下先練習幾次，以把握操作尺度。
- 可以用研磨膏或浮石替代鋼絲絨，並使用擦拭墊進行擦拭（參閱第30頁「製作擦拭墊」）。
- 在未經擦拭處理的部分使用緞面光澤的表面處理產品，以模仿擦拭效果。
- 塗抹膏蠟或者矽酮拋光劑來提高塗層的光澤度，並保護塗層不被劃傷（參閱第114頁「使用膏蠟」和第313頁「使用液態家具拋光劑」）。

警告！！！

油漆溶劑油和石腦油可能會軟化水基表面處理產品的塗層，使你無法得到均勻的光澤度，所以在擦拭水基表面處理塗層時，你應當使用油或肥皂水。雖然我從未遇到過這樣的問題，但在表面處理塗層沒有完全固化的情況下，油漆溶劑油和石腦油確實會輕微地軟化合成漆和清漆塗層，導致擦拭痕跡不均勻。

此外，還有一些使用石油餾出物製作的擦拭潤滑劑商品，它們的揮發速度比油漆溶劑油要慢。

每一種潤滑劑都有效用以及各自的優勢。為了使用潤滑劑，需要先將表面打溼，並在擦拭過程中保持其溼潤程度。油漆溶劑油比石腦油的揮發速度慢得多，是更好的選擇。油漆溶劑油可以在出現少量結塊，甚至不出現結塊的情況下快速完成打磨。液體蠟、膏蠟以及非固化的油產品，比如礦物油或者植物油，基本上都能消除結塊，但使用這些產品會大大減緩打磨速度。你可以將油漆溶劑油與蠟或油配合使用，這樣可以同時發揮兩種產品的優點。

肥皂水與鋼絲絨配合使用的效果非常好，但是卻不太適合防止砂紙出現結塊。在使用水的情況下，無論是否添加了肥皂，都會帶來一些問題。如果磨穿了表面處理塗層，水會導致木料表面起毛刺，並且這種缺陷很難修復。除非需要在最上面添加一層水基表面處理塗層，否則無須擔心鏽蝕的問題，如果需要這樣的處理，要確保首先將塗層表面清理乾淨。有些生產商會在售賣膏狀肥皂的時候貼上羊毛蠟（Wooling Wax）、羊羔蠟（Wol Wax）、羊毛油（Wool Lube）以及羊毛油皂（Murphy's Oil Soap）的標籤，但其實這些產品與蠟和油沒有任何關係，提到羊毛只是為了說明它可以潤滑鋼絲絨（參閱下一頁「擦拭型潤滑劑的對比」）。

任何潤滑劑都可以減輕鋼絲絨造成的劃傷程度，並避免鋼絲絨的碎屑擴散在空氣中被吸入。但是潤滑劑經常會掩蓋磨穿的痕跡，使你在溶劑揮發之前無法看到它們。待你發現時，通常已經造成了相當的破壞。潤滑劑的使用也會增加對處理過程中光澤度的判斷難度，使你很難看到及時的效果。

我建議將潤滑劑與砂紙搭配使用，以減少結塊，至於鋼絲絨，要在不添加潤滑劑的情況下，使用其完成幾次擦拭，然後才能添加潤滑劑進行操作。這時，你會對何種擦拭程度不會磨穿塗層有更好的感覺和把握，取得更好的擦拭效果。

擦拭流程

擦拭表面處理塗層時有兩種流程可以使用。

- 在用鋼絲絨和研磨膏擦拭之前，首先用砂紙將塗層表面整理平整。
- 跳過整平步驟，直接使用鋼絲絨或研磨膏進行處理。

如果跳過了整平步驟，你會發現表面處理塗層存在一些瑕疵，比如橘皮褶、刷痕以及粉塵顆粒，這一切在燈光的反射下都可以看到。用砂紙整平便可以消除這些瑕疵。但是整平是一項額外的、很費時的步驟，它並不是必需的。如果你無意追求完美，便可跳過整平步驟，使用鋼絲絨簡單擦拭即可。產生的緞面光澤能夠掩蓋除較為嚴重的缺陷外所有的瑕疵。當然，通常可以在處理椅子或桌腿的曲面、旋切面、線腳以及雕刻面時跳過整平步驟。

如果你沒有足夠的經驗來判斷表面處理塗層是否需要整平，可以試著先用鋼絲絨進行擦拭。如果你感覺表面很不平整，就需要把整平步驟加入操作中了。

如果需要大量的打磨工作才能將表面處理塗層整平，最上面的塗層被磨穿、下面的塗層暴露出來的風險就會大大提高（**照片16-6**）。你可能會看到兩層塗層之間清晰的分界線。這種現象被稱為分層或鬼影（你看到的是位於該塗層下面的「幽靈」）。揮發型表面處理產品很少出現這種現象，因為其形成的塗層會彼此融合在一起。這種情況常見於清漆和聚氨酯的不同塗層之間，也經常出現在水基表面處理產品的不同塗層之間。

通常可以使用與0000號鋼絲絨粗糙程度相當的磨料進行擦拭來掩蓋分層。如果這種方法不奏效，或者你想獲得更高的光澤度，需要再塗抹一層表面處理塗層。為了防止分層現象再次發生，可以先將塗層打磨平整，這樣就不用過多打磨新塗層，進而導致塗層磨穿了。

如果想獲得一個不太脆弱（即不會輕易顯示出劃痕的表面）並盡可能平整的表面，需要首先將倒數第二層塗層打磨平整，然後盡可能地將最上面的塗層塗抹得均勻平滑，這樣可以獲得很好的啞光效果。

擦拭型潤滑劑的對比

潤滑劑愈偏油性或蠟質屬性，潤滑效果愈好，其弱化劃痕、減少砂紙阻塞的效果也愈好。潤滑劑的油性或蠟質屬性愈弱，磨料的打磨速度就會愈快，痕跡也會愈明顯。

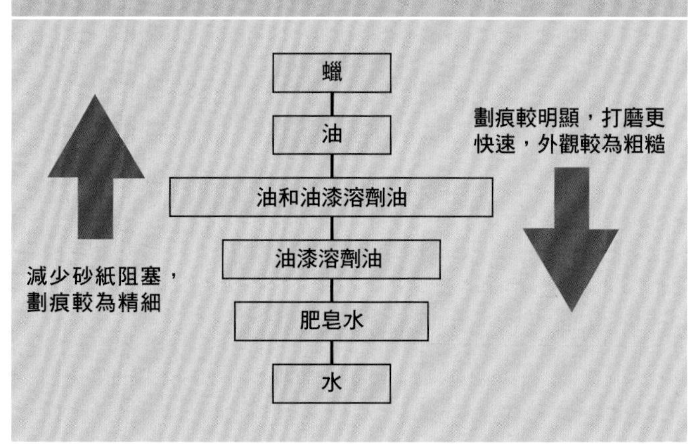

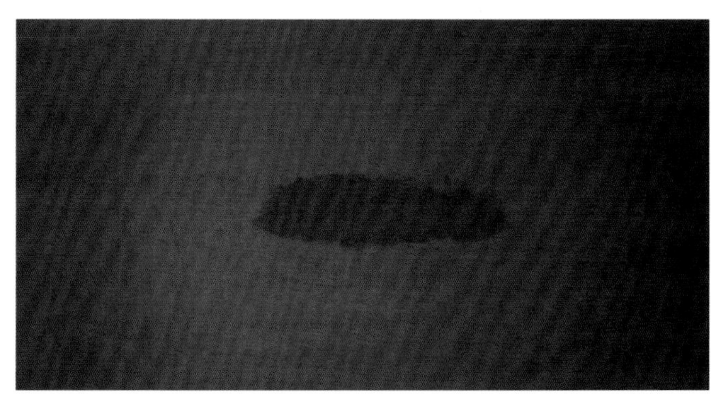

照片16-6 如果磨穿了一些塗層，比如清漆（包括聚氨酯）和水基表面處理產品形成的塗層，你會在磨穿的地方看到位於其下方的「幽靈」塗層。這種現象被稱為分層或鬼影。在這裡，我磨穿了多層塗層，直達中心部分的木料表面。用0000號鋼絲絨擦拭可以掩蓋分層，也可以塗抹一層新的塗層，並確保不會將其磨穿。

清理乾淨

如果你在擦拭過程中使用了不同目數的磨料，必須在每次更換磨料之前把表面清理乾淨。這與打磨木料的道理是一樣的：相比後來更換的較細的磨料，較粗的磨料顆粒對木料表面的損害更大。

當擦拭工作完成時，塗層表面會殘存粉塵或其他汙物。需要使用真空設備或者壓縮空氣將其吹掉，也可以用黏布或者經油漆溶劑油沾溼的棉布將其輕輕擦掉。順紋理擦拭可避免散落的砂礫形成橫向於紋理的劃痕。如果在使用潤滑劑時形成了一些汙物，你要在完成擦拭後快速將其清洗掉（可以用石腦油或油漆溶劑油清洗由油漆溶劑

整平與擦拭

用磨料擦拭表面處理塗層只能將瑕疵處（比如粉塵顆粒、刷痕以及橘皮褶）磨平、磨圓（參閱第264頁「用鋼絲絨擦拭」）。為了消除這些瑕疵，必須用砂紙將其打磨除去，並將塗層打磨平整。如果操作表面很平整，可以把砂紙套在打磨塊上完成操作。

打磨薄膜塗層與打磨木料一樣，除了需要使用較為精細的砂紙（320目以及更高的目數），你還需要搭配使用潤滑劑，防止砂紙堵塞並損壞塗層表面。如果你之前從未做過整平和擦拭塗層的操作，需要先找一塊做好表面處理的樣板進行練習（參閱第259頁「磨穿」）。通過這樣的練習，你會對操作效果愈來愈滿意，並增強控制表面處理塗層的信心。以下是相應的操作步驟。

1　等待表面處理塗層完全固化——這個過程至少需要幾天，持續幾個星期會更好。

2　把處理件放在可以通過反光觀察表面情況的位置，便於你隨時觀察塗層表面的處理情況。

3　選擇適當目數的砂紙有效消除表面瑕疵，同時避免在消除砂紙劃痕時花費不必要的時間。大多數情況下，需要使用400目或600目的砂紙。

4　如果待處理的表面是平整的，可以在砂紙背面墊上軟木塊、毛氈塊或橡膠墊，保持砂紙在打磨時處於展平的狀態（上圖）。如果需要處理的表面不平，可以用手支撐在砂紙背面。無論哪種情況，都需要使用油漆溶劑油、液體蠟或膏蠟、油或肥皂水充分打溼塗層表面，為打磨過程提供潤滑（參閱第262頁「選擇潤滑劑」）。對於寬大的表面，分段處理比較方便。

小提示

由於表面處理塗層不像木料那樣具有紋理，所以在做最後的擦拭之前，沿哪個方向打磨或擦拭都沒有區別。磨料造成的劃痕都會在隨後使用更為精細的磨料處理時被消除。所以，在每次更換更為精細的磨料時，改變打磨或擦拭的方向是有好處的。這種方法可以使你清楚地看到，打磨或擦拭操作何時達到充分狀態。你也可以以劃圓的方式打磨或擦拭，這不比直線的處理方式更困難。

處理平整的表面在打磨時可以使用打磨塊和潤滑劑。要大量使用潤滑劑。為了快速檢查由孔隙造成的汙點的消除情況，可以用塑料刮板把部分表面上的汙物擦除。只要你使用的是光亮型的表面處理產品，那些遺留的汙點會在光澤稍暗的表面背景襯托下顯得非常明顯。

5 要經常檢查砂紙，防止出現堵塞或結塊。一旦發現，要迅速將其移除，或者更換新砂紙。

6 要不時地擦掉汙物，並乾燥塗層表面，以觀察塗層表面的光澤度是否均勻。為了能夠快速觀察，可以使用塑料刮板或橡膠滾軸刮去小範圍內的汙物（如圖所示）。如果你使用的是光亮型的表面處理產品（這是最好的選擇），任何殘留的小汙點經過打磨後都會非常閃亮。繼續打磨，直至清除所有汙物。如果你覺得較粗的砂紙更有效，可以換用較粗的砂紙打磨。如果你打算留下一些小點，用鋼絲絨或浮石擦拭最為有效，它們可以使汙點變暗一些，從而與塗層表面的色澤更為接近。

7 當塗層表面沒有遺留任何亮點時，表面汙物的清理就完成了。

8 此時表面已經平整了，接下來只要將其擦拭到你想要的光澤度即可。最好的操作方法是用砂紙梯次打磨，逐漸添加砂紙目數，直至接近你要使用的研磨膏的目數（即使與砂紙的目數相當，研磨膏產生的色澤效果也要強於砂紙的打磨效果）。如果用砂紙打磨到了600目，並且你原打算用0000號鋼絲絨或浮石完成後續的擦拭，可以直接跳過鋼絲絨或浮石（參閱261～262頁「磨料的選擇」部分「鋼絲絨」和「研磨膏」）。如果你想要獲得更高的光澤度，最好使用更為精細的砂紙打磨到與研磨膏等級接近的目數。

9 若要填補或掩蓋細小的擦拭痕跡，並保護表面處理塗層免於意外劃傷，塗抹膏蠟和矽酮家具拋光劑是非常明智的選擇（參閱第18章「表面處理塗層的保養」）。

警告！！！

為了擦拭獲得更高的光澤度，清潔是至關重要的。任何隱藏在擦拭墊下面的大的粉塵或汙垢顆粒都有可能損傷塗層表面。這種情況一旦發生，為了消除劃痕，必須使用回退一～二個等級的磨料重新處理。

油、油或蠟形成的汙物，用水清洗由水形成的汙物）。汙物會殘留在劃痕、孔隙以及凹槽處，並會在乾燥之後削弱表面處理塗層的透明度，使其看上去像是籠罩了一層薄霧，或者導致汙物的顏色保留在凹陷處。這時可以用牙刷把汙物從狹窄的縫隙中刷出來。

如果汙物凝固在了木料的縫隙處並留下了顏色（通常是白色），就需要在擦拭之前配製研磨膏時，在其中添加一些深色色素。

上蠟與拋光

若要減輕表面的磨損，使用膏蠟和矽酮家具拋光劑會是一個不錯的選擇。經過擦拭的表面處理塗層要比沒有擦拭之前更容易顯現出劃痕。這是因為擦拭過程中產生的脊線很容易被抹平。

膏蠟的保護作用要比家具拋光劑更持久，因為膏蠟不會揮發。深色膏蠟在深色的木料上更具優勢，因為它可以為擦拭遺留的殘渣上色，使表面色澤看上去不會變得朦朧。而家具拋光劑只有在其揮發之後才有效。深色膏蠟同樣可用於掩蓋凹槽處留下的任何白色痕跡（參閱第18章「表面處理塗層的保養」）。

機器擦拭

就像木工製作與表面處理的所有操作一樣，機器可以提高擦拭效率。

以下三種類型的機器可用於擦拭操作：

■不規則軌道砂光機；

■串聯磨墊砂光機；

■砂光機／拋光機。

小提示

如果粉塵顆粒不是很大，可以用棕色紙袋將其輕輕擦除。砂紙上的磨料足以把顆粒打磨光滑，但是如果不用力擦拭的話是不足以改變塗層光澤度的。你會感覺經過打磨的塗層表面摸起來更加光滑。棕色紙袋小技巧並不能夠完全消除細小的瑕疵，在反射光下還是可以觀察到一些的。

不規則軌道砂光機

你可以使用不規則軌道砂光機和精磨砂棉（Abralon）研磨墊來擦拭表面處理塗層。這種研磨墊是將碳化矽砂粒黏合到柔軟的泡沫墊上製成的，其目數範圍為180～4000目。在開始使用砂光機和研磨墊之前，要先用砂紙將塗層表面整平（**照片16-7**）。

使用不規則軌道砂光機擦拭表面處理塗層與打磨木料的流程基本是一樣的，區別在於擦拭表面處理塗層需要使用潤滑劑。你可以使用先前討論的任何潤滑劑（參閱第267頁「擦拭型潤滑劑的對比」），但在使用電動砂光機時要特別小心水和油漆溶劑油。砂光機的電機必須是雙重絕緣的，並要防止任何液體飛濺到砂光機的外殼上。

在表面處理塗層被打磨平整之後，可以使用1000～2000目的精磨砂棉研磨墊繼續處理。不要過於用力按壓砂光機。如果這些目數的研磨墊不能打磨出足夠的光澤度，可以將研磨墊的目數提高到4000目。無論使用哪種目數的研磨墊，砂光機都會在塗層表面留下細微的波紋痕跡，類似於用較粗糙的砂紙打磨木料表面時遺留下的痕跡。消除這些痕跡的方法是，把研磨墊從砂光機上取下，並用其順著木料紋理輕輕擦拭。此外，也可以使用研磨膏來消除痕跡。

照片16-7 你可以使用不規則軌道砂光機配合精磨砂棉研磨墊擦拭表面處理塗層。如果你使用的是電動砂光機而不是氣動砂光機，要非常小心，避免潤滑劑飛濺到砂光機的外殼上。

串聯磨墊砂光機

串聯磨墊砂光機是迄今最好用的機器（**照片16-8**）。這類砂光機包含單墊型、小型雙墊型以及重達30lb（13.6kg）的大型雙墊型等多種型號。大型雙磨墊砂光機通常用於家具工廠的生產，用來打磨餐桌或會議桌的桌面。這類機器的缺點是比較昂貴，並且需要大型壓縮機驅動才能使用。

不過，串聯磨墊砂光機操作簡單。研磨墊的尺寸約為標準砂紙的⅓。通過逐漸增加研磨墊的目數，使用這種機器整平桌面是很簡單的。此外，包括明尼蘇達礦務及製造業公司和諾頓在內的一些公司，可以提供專門為木料表面處理設計的精細的人造研磨墊以及不同等級的研磨膏。

砂光機／抛光機

為了獲得較高的光澤度，可以使用配有羊毛抛光墊和高速（汽車）研磨膏的砂光機／抛光機（**照片16-9**）。你需要讓機器保持持續移動的狀態，這樣可以避免機器過熱導致表面塗層融化和形成旋渦樣紋理。你需要在非常平整的表面上完成操作，這樣不會使研磨膏殘留在難於清理的裂紋、凹槽或孔隙處。

砂磨機／抛光機會產生非常輕微的旋渦狀劃痕，當然，這些機器只適合用於製作高光澤度的表面處理塗層，這與擦拭汽車車身的表面塗層類似。事實上，出現的旋渦紋彼此類似，且分布均勻，在反射光下也並不是很明顯，並不會吸引過多的注意力。

照片16-8　若要整平並擦拭表面處理塗層，串聯磨墊砂光機最為有效。其中最有用的是雙磨墊砂光機。我在這裡使用的是一個小型款。較大的型號重約30lb（13.6kg），廣泛應用於家具製造行業。

照片16-9　若要把表面處理塗層擦拭得非常光亮，配有羊毛拋光墊和高速（汽車）研磨膏的砂光機／拋光機非常有用。用羊毛拋光墊將研磨膏塗抹在塗層表面。握持機器，使研磨墊平貼於處理表面均勻地擦拭，並保持研磨墊處於持續移動狀態，以防止在某個位置停留過久導致過熱。就這樣不斷拋光，直至研磨膏分解，不再產生粉末。

17

為不同木料做表面處理

簡介

- 松木
- 橡木
- 胡桃木
- 桃花心木
- 硬楓木
- 櫻桃木
- 白蠟木、榆木和栗木
- 紅香杉木
- 軟楓木、橡膠木和楊木
- 樺木
- 油性木料

僅僅理解表面處理產品的特性及其使用方法是遠遠不夠的。不同木料的顏色、密度和紋理各不相同。在決定如何完成表面處理時，你需要考慮特定木料的特性（**照片17-1**）。大多數情況下，現在使用的木料與幾百年前的木料是相同的。你也不是第一個掙扎於如何給某種特定木料做出最佳表面處理的人，前人的經驗會告訴你如何解決這些問題。通常，一種木料應該具有的外觀來自於其在某種特定風格中的呈現。你可能想要複製某個時期的外觀風格，模仿一種熟悉的處理效果或使木料呈現一種不同以往的外觀。

下面的內容會介紹為不同木料做表面處理時需要考慮的因素和可能遇到的問題，以及一些表面處理產品的選擇建議。逐步推進的表面處理方案只是我的建議，是為了展示木料表面處理的各種方法。我用照片展示了每個進度階段表面處理的最終效果。如果某種品牌的表面處理產品相比其他產品使用體驗明顯更好或應用範圍更廣

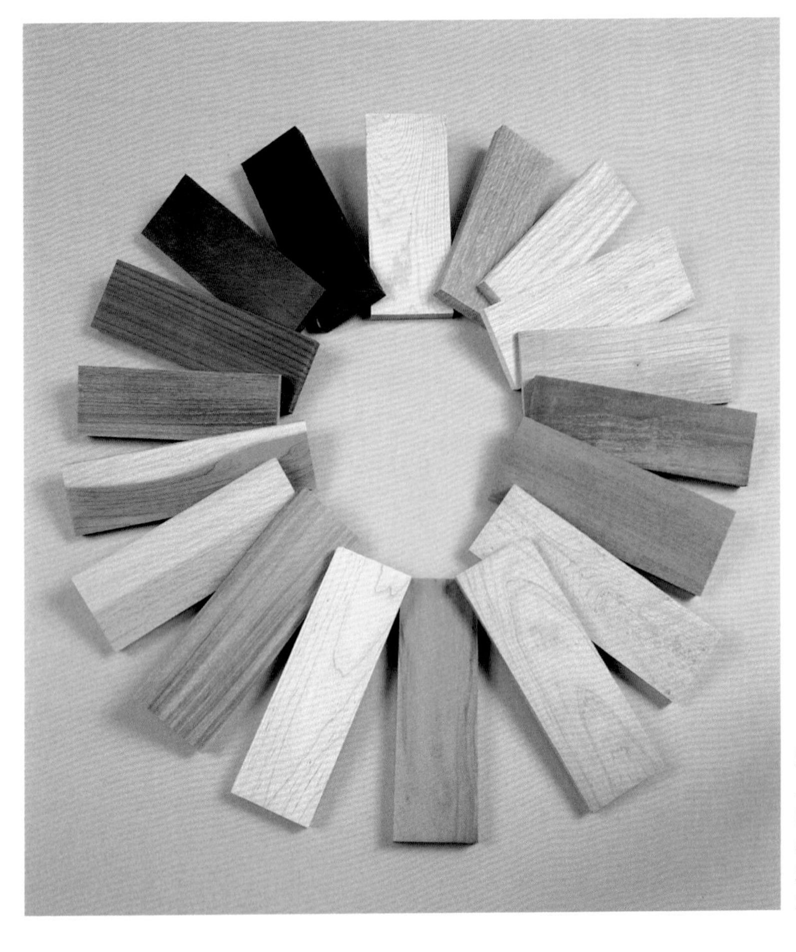

照片17-1 未經處理的木料，從最上方開始順時針排列：松木、橡木、白蠟木、榆木、栗木、胡桃木、桃花心木、硬楓木、樺木、櫻桃木、軟楓木、橡膠木、白楊木、紅香杉木、柚木、花梨木、黃檀木、黑檀木。

泛，我會指出其名稱。不過通常情況下，不同品牌的某種產品不存在明顯差別，比如擦拭型染色劑、膏狀木填料、硝基漆，你只要關注自己常用的品牌即可。同時需要記住的是，每一種染色劑、膏狀木填料、釉料和其他表面處理產品都可以應用於所有木料。你也可以根據美觀度做選擇，這種取捨沒有絕對標準。不同的人對於最好和偏愛有不同的理解。

松木

松木通常是木工初學者使用的第一種木料。它容易獲取，價格相對便宜，也是最容易使用機械和手工工具切割和塑形的木料之一。

但松木也是所有木料中最難做表面處理的。白松或黃松的早材（春材）質地軟、多孔並呈灰白色。晚材（夏材）非常堅硬、緻密並呈橘色。因此，早材和晚材對打磨、染色和表面處理的反應是不同的，很容易出現不均勻的外觀效果，這是一件使初學者和經驗豐富的木匠都倍感挫敗的事情。

當你只用手指支撐砂紙手動打磨松木時，早材部分被磨掉的速度要比晚材部分快得多，結果會留下凹凸不平的表面，這在完成表面處理後會變得更加明顯。

當你使用液體染色劑染色並擦除多餘部分之後，染色劑會滲入到多孔早材的深處，但可能很少，甚至完全無法滲入到緻密的晚材中。這種染色劑的不均勻滲透會導致木料顏色沿著紋理出現反轉。早材的顏色會明顯變深，而晚材的橙色基本保持不變（**照片17-2**）。

當你使用不能建立穩定塗層的表面處理產品（諸如油、油與清漆的混合物）或者高度稀釋的表面處理產品（比如擦拭型清漆）為松木做表面處理時，表面處理產品會浸入多孔早材的深處，但可能根本無法滲入緻密的晚材中，結果導致木料表面的光澤不均勻。早材會稍顯暗淡，即使在完成了多個塗層的處理後依然如此，而晚材則會很快變得光亮。

除了早材和晚材的性能差別，松木的密度也會在整體範圍內出現隨機的變化。無論染色前松木的打磨多麼完美，染色後往往會出現斑點。這些斑點通常是染料在密度較低的區域滲透更深造成的，而這樣的區域是松樹在生長過程中隨機出現的（第75頁**照片4-13**）。

歷史上，人們都是直接完成松木的表面處理，通常不會染色。只是在過去的半個世紀，隨著家庭手工作品的增長，人們對松木的染色產生了濃厚興趣。通常，染色可以讓松木看起來與某些木料更為相似，比如胡桃木或桃花心木。但是模仿其他木料幾乎是不可能的，因為松木自身的紋理過於突出，很難掩蓋。

為松木製作表面處理的最佳方式不是進行染色，而是使用清漆、合成漆或水基表面處理產品製作薄膜塗層。通過製作多個塗層，可以在多孔早材和緻密晚材的表面同時形成均勻的光澤度。未經染色的松木是非常吸引人的。隨著時間的推移，松木會呈現溫暖的琥珀色。除了水基表面處理產品，其他表面處理產品都可以暖化並加深木料的顏色，並隨著時間的推移使其變得更深、層次更豐富。這種松木外觀曾經在北歐大受歡迎，並一度在美國流行（回顧一下，在20世紀50年代受到歡迎的帶有節疤的松木家具）。

如果你決定為松木染色，有兩種方法可以減少沿紋理出現的顏色反轉或斑點問題：

- 在染色之前製作基面塗層；
- 使用凝膠染色劑。

最常用的方法是製作基面塗層，這樣可以部分封閉木料表面（參閱第80頁「染色前的基面塗層」）。通常，貼有「木料調節劑」標籤的產品被廣泛地應用於製作基面塗層（參閱第80頁「木料調節劑」）。不過，基面塗層的效果不可預測，因為固體含量會隨著加入的稀釋劑的多少和

照片17-2 為松木染色時，多孔的早材吸附的染色劑比緻密的晚材要多得多，這會導致木料顏色沿紋理的變化出現反轉：請對比未經染色的松木（左側）與染色的松木（右側）顏色的變化。

在松木上刷塗合成漆

松木的早材和晚材在密度上差別很大，但薄膜型表面處理產品能夠迅速在兩種表面建立光澤度均勻的塗層。下面是刷塗合成漆的方法。

1　將木料表面打磨至180目，並去除打磨產生的塵粒。

2　刷塗一層合成漆。（我最喜愛的是戴夫特半高光木料表面處理產品，因為我喜歡它的柔和的光澤度。）稀釋表面處理產品，如果你喜歡，可以添加10%或更多的漆稀釋劑以方便後期的打磨處理。至少為塗層留出二個小時的乾燥時間，最好可以過夜乾燥。

3　使用280目或更精細的硬脂酸鹽砂紙打磨去除粉塵顆粒，或是毛刺導致的粗糙表面。打磨完成後去除粉塵。

4　使用全效合成漆製作塗層，並等待至少二個小時使其完全固化。

5　使用320目或更精細的硬脂酸鹽砂紙打磨去除粉塵顆粒。打磨完成後去除粉塵。

6　重複步驟4和步驟5。

7　在盡可能無塵的環境中，使用全效合成漆製作最終的塗層。如果只塗抹了3層就獲得了光澤度均勻的表面，就無須塗抹第4層了。2～3層清漆或水基表面處理產品製作的塗層通常足夠了。為了使最終的塗層更為平整，可以加入10%或更多的漆稀釋劑進行稀釋。

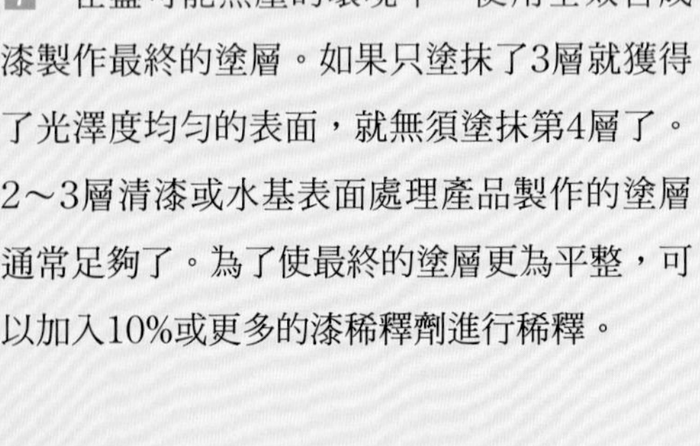

通過噴塗合成漆為松木調色

可以直接在稀釋的外層表面處理產品中添加染色劑（這個例子中使用的是「淺胡桃木色」的染色劑）為木料調色。因為這時木料表面已經被封閉層封閉，不會出現汙點。

1 將木料表面打磨至180目，並去除打磨產生的塵粒。

2 噴塗合成漆打磨封閉劑或經漆稀釋劑稀釋後濃度減半的合成漆。如果松木表面存在樹脂性的節疤，需要首先噴塗一層蟲膠。

3 使用280目或更精細的硬脂酸鹽砂紙打磨去除粉塵顆粒。注意完成打磨後去除粉塵。

4 添加合成漆染色劑，或者將一些染料或色素（或者二者的混合物）加入合成漆中，然後再加入4～6份漆稀釋劑進行稀釋製成調色劑。經過稀釋的塗料可以使顏色附著更加緩慢，從而易於控制。根據需要噴塗足夠的層數，直至獲得預期的木料顏色。只要塗層表面的溼潤程度不足以導致調色劑流動，可以一層接著一層連續噴塗。

5 噴塗一層經漆稀釋劑稀釋後濃度減半的合成漆塗層，待其乾燥後使用320目或更精細的砂紙將其打磨光滑。

6 根據需要噴塗足夠多的面漆層，以獲得預期的外觀效果。

用凝膠染色劑和緞面聚氨酯清漆處理松木

凝膠染色劑可以有效避免松木表面出現斑點，因為這種染色劑基本不會滲透。聚氨酯則能夠提供極好的耐磨性。

1　將木料表面打磨至180目，並去除打磨產生的塵粒。

2　塗抹凝膠染色劑（這個例子中使用的是可以模仿橡木效果的產品）並擦除多餘部分。必須快速擦拭，因為凝膠染色劑乾燥得相當快。最後的擦拭軌跡應該沿著紋理方向，這樣就可以掩蓋之前的擦拭痕跡。過夜，使染色劑充分固化。

3　刷塗一層緞面光澤的聚氨酯。為了方便後期打磨，可以用油漆溶劑油將其濃度稀釋減半。等待4～六個小時讓其充分固化，過夜最佳。

4　使用280目或更精細的硬脂酸鹽砂紙將塗層表面打磨光滑。小心操作，不要將塗層邊緣磨穿。打磨完成後去除粉塵。

5　刷塗第二層緞面光澤的聚氨酯，可以使用全效聚氨酯，或者加入10%的油漆溶劑油將其稀釋，以增強塗料的流動性並減少氣泡。處理完成後固化過夜。

6　使用320目或更精細的砂紙打磨去除粉塵顆粒，如果沒有粉塵顆粒，可以使用000或0000號鋼絲絨，或者紅褐色或灰色的合成研磨墊完成處理。去除打磨產生的粉塵，重複步驟5。

7　可以在這一步結束操作，或者根據需要製作更多的塗層。盡可能在無塵環境中製作最終的面漆層。稀釋表面處理產品可使其流布得更加平整。

操作者技術水平的不同而變化。你通常需要做一些練習才能確定合適的固體含量。因此，我的建議是，如果每次只為1～2件作品染色，凝膠染色劑是最好的選擇。掌握基面塗層的製作需要一些時間，因此這種方法只適合每次有多件作品需要染色，或者正常基底染色的情況。凝膠染色劑的使用方法與液體染色劑是相同的，但是不會形成斑點，因為它們基本不會滲透（參閱第70頁「濃度」）。

此外，對於以上兩種選擇，可以使用任何表面處理產品將木料表面完全封閉，然後在其上製作染色塗層。

有兩種方法可以為其加入顏色：

- 上釉；
- 調色。

為了上釉，需要首先製作一層完整的塗層並等待其完全固化，然後經過輕輕打磨後，在塗層之上刷塗或擦拭釉料，最後擦去多餘釉料，獲得所需的效果。也可以把凝膠染色劑當作一種釉料使用（參閱第242頁「上釉」）。

為了調色，需要在表面處理產品中添加與其兼容的染料或色素，然後在經過封閉處理的木料表面塗抹。對於這種加入染色劑的表面處理產品，噴塗效果最好，這種產品也被稱為調色劑（參閱第250頁「調色」）。也可以塗抹清漆染色劑，比如明威波利漆，它們不會使木料表面看起來很模糊，因為其中含有的色素極少。但是刷塗會留下刷痕，並且因為色素成分的存在，刷痕會變得特別明顯。最好在調色塗層之上塗抹1～2層透明的表面處理產品，以保護調色塗層，防止其被從木料上刮掉。

就個人而言，在只製作薄膜表面處理塗層而不染色的情況下，我最喜歡松木。

橡木

對橡木進行表面處理的難度幾乎與松木相同。橡木早材和晚材的密度差別同樣很大。不管是紅橡木還是白橡木，早材的孔隙都非常大，甚至裸眼就能看到。這些孔隙使最常用的弦切橡木外觀看起來較為粗糙。

當你只用手指支撐砂紙手動打磨弦切橡木的時候，相比緻密的晚材部分，多孔的早材部分被打磨掉的更多。這在打磨時很難注意到，但經過表面處理後你就會發現，所有的早材區域存在明顯的凹陷（第227頁**照片14-3**）。

如果使用平整的砂磨塊或電動砂光機打磨，較厚的表面處理塗層可以在一定程度上彌補凹陷問題，產生類似塑料的外觀。在塑料老化之前，這樣的外觀可能非常吸引人，但我不認為這是我們需要的。可以通過填充孔隙獲得更為平整的表面，但獲得真正平整的表面需要很大的工作量。即便如此，早材區域仍然可能有些下凹。我發現，較薄的表面處理塗層可以使孔隙邊緣變得更加明顯，此時的橡木最吸引人。

用常見的擦拭型染色劑擦拭橡木表面，然後擦除多餘部分。染色劑會附著在含有大量孔隙的早材區域，而在緻密的晚材表面，染色劑幾乎全被擦掉了。因此，木料愈粗糙、孔隙愈大，染色效果就愈突出，這在弦切橡木上體現得尤為明顯（第58頁**照片4-3**）。但我認為這樣的效果並不吸引人。

另一方面，橡木上較深的孔隙有利於獲得一些其他木料無法獲得的裝飾效果。彩色的膏狀木填料或釉料能夠賦予孔隙不同的顏色，使其與保持原色或染成其他顏色的周邊高密度區域明顯不同

（參閱第120頁「用膏狀木填料填充孔隙」和第242頁「上釉」）。為了製作出各種效果，可以使用任意顏色組合（**照片17-3**）。

有三種非常受歡迎的橡木家具風格：舊英格蘭和米申風格（顏色非常深）、金色風格（質地均勻的棕色）和現代風格（自然色，未經染色）。這些風格的家具具有一個重要的共同特徵：不強調木料中早材與晚材的對比效果。

舊英格蘭風格的家具是使用英國棕橡木製作的，相比美國紅橡木或白橡木，這種橡木的顏色更深。幾個世紀以來，因為開放式木柴壁爐或燃

照片 17-3　這塊樣板橡木門經過了染色、封閉處理，並使用不同顏色的釉料上釉以突出木料的孔隙。

煤爐產生的煙氣對蠟表面處理塗層的滲透，這種橡木的顏色變得更深了。

20世紀早期的米申和金色風格的橡木家具通常用徑切橡木板製作。這種徑切木板的年輪與木板的端面保持垂直（**圖17-1**），其孔隙分布相比弦切板更為均勻，並帶有被稱為射線斑的獨特紋理（**照片17-4**）。木射線是硬木細胞在樹幹中徑向延伸形成的，並在橡木徑切板中呈現為細長、緻密、淺色的斑紋。木射線看起來很像虎皮紋，所以徑切橡木也被叫作「虎皮橡木」。有時，可以通過一種叫作熏蒸的方法為橡木著色。將家具放置在充滿氨氣的房間中，使氨氣與木料中的鞣酸反應，通過化學方法加深木料顏色。無論是在早材區域還是晚材區域，熏蒸都可以使其呈現均勻的棕色，染料不易附著的木射線區域也不例外。

可以使用染料仿製舊英格蘭和米申風格的橡木家具的均勻著色效果。染料可以滲透進入橡木的任何角落（木射線區域除外），從而使緻密的晚材區域獲得與多孔的早材區域基本一致的染色效果。除了水基染料，其他種類的染料染色劑都可以用。為了給孔隙處著色，可以使用顏色相似的擦拭型染色劑在染料染色劑（乾燥後的）之上塗抹，然後擦除多餘部分。染色劑會附著在孔隙內，從而使整個表面的顏色變得均勻。為了保持染料染色劑產生的均勻上色效果，在使用擦拭型染色劑之前，需要首先封閉木料表面，或在表面製作基面塗層。

當然，也可以使用酒精、油或不起毛刺染料避免這個問題。另一種方法是使用胡桃木色的沃特科和戴夫特丹麥油表面處理產品。這類油與清漆混合物產品中的染色劑成分是瀝青（焦油），它具有與染料非常類似的滲透特性。可以用其獲得非常均勻的深胡桃木色。

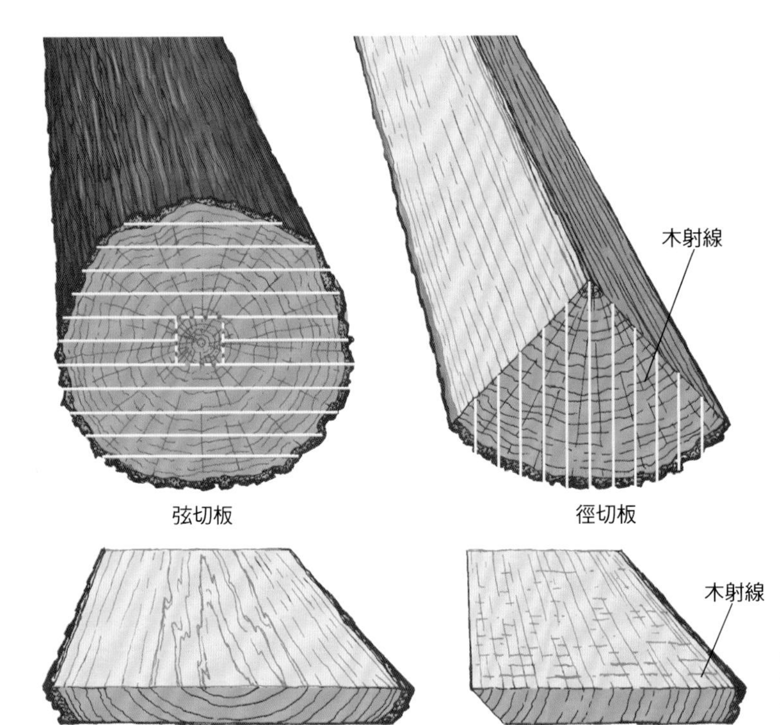

圖17-1 原木可以弦切或徑切。對橡木而言，徑切會在木板的表面形成「虎皮」樣式的木射線。

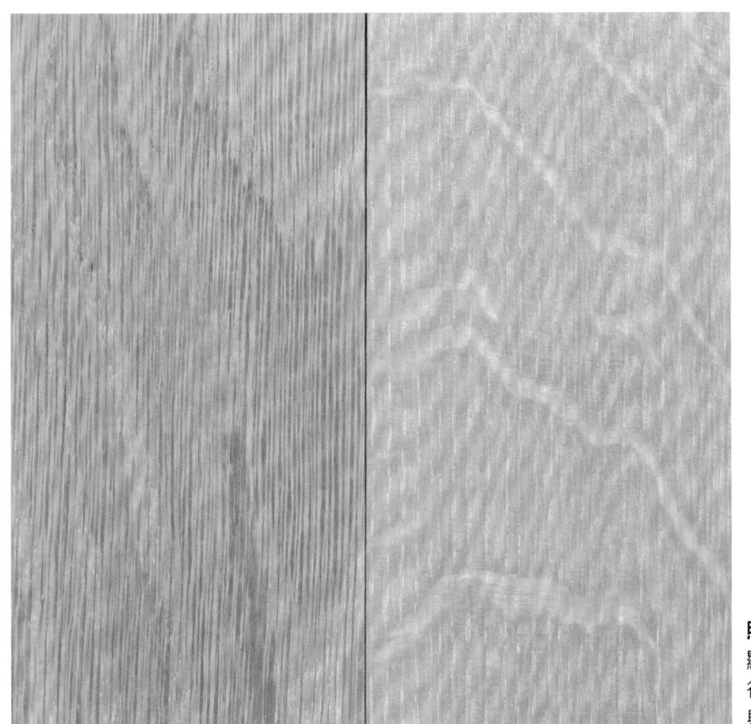

照片17-4 由於橡木的的紋理非常明顯，所以弦切板（左）和徑切板（右）很容易區分。注意，在徑切板的表面，射線斑是橫向於紋理分布的。

使用緞面合成漆處理橡木

在橡木表面塗抹一層很薄的薄膜塗層，無須將孔隙邊緣處理得圓潤，這樣的橡木外觀效果最好。塗抹較少的塗層或者在使用前稀釋塗料，任何表面處理產品都可以在木料表面形成很薄的塗層。

1　將木料打磨至150目或180目，並去除打磨產生的塵粒。

2　噴塗一層合成漆打磨封閉劑或者經漆稀釋劑稀釋後濃度減半的合成漆。乾燥幾個小時，最好乾燥過夜。

3　使用280目或更精細的硬脂酸鹽砂紙去除粉塵顆粒以及任何起毛刺導致的粗糙，並去除打磨產生的塵粒。

4　噴塗一層緞面合成漆，等待幾個小時讓其充分乾燥。

5　如果需要去除粉塵顆粒，可以使用320目或更精細的硬脂酸鹽砂紙打磨，否則的話無須打磨。

6　噴塗第二層緞面合成漆。如果需要，可以相應增加塗層。

使用胡桃木色油與清漆的混合物處理橡木

可以使用瀝青基的染色劑——表面處理劑組合產品處理橡木獲得非常均勻的顏色，儘管橡木自身的紋理並不均勻。

1 將木料打磨至180目，並去除打磨產生的塵粒。

2 使用胡桃木色的油與清漆的混合物擦拭或刷塗一層溼潤的塗層（我喜歡使用沃特科和戴夫特黑胡桃丹麥油表面處理產品），並通過在浸潤了表面處理產品的位置塗抹更多表面處理產品的方式，保持表面處於溼潤狀態至少5分鐘。

3 在塗層變得黏稠之前擦去多餘的表面處理產品（待抹布晾乾變硬後再將其扔入垃圾箱）。將處理好的部件放在溫暖的房間內過夜乾燥。

4 塗抹第二層黑胡桃木色的油與清漆的混合物，並在其表面仍然溼潤的情況下使用600目的溼／乾砂紙輕輕打磨。

5 重複步驟3。

6 如果塗層表面沒有呈現令人滿意的、均勻的光澤度，重複步驟4塗抹第三層塗層，然後擦去多餘的表面處理產品。

注意！！！

由於橡木的紋理深而明顯，所以其徑切板材與弦切板材有很大不同，並且不易出現汙點。在所有木料中，橡木的可裝飾潛力最大：可以填充或不填充孔隙；可以使紋理更為突出，可以使紋理變得模糊，甚至可以將其做成完全不同的顏色；可以使用任何類型的染色劑；使用任何類型、任何顏色的表面處理產品都能獲得出色的外觀效果。

使用水基表面處理產品酸洗橡木

可以直接在木料表面塗抹白色染色劑或加水稀釋的乳膠漆，然後擦除多餘部分，如果刷塗或噴塗得比較均勻，也可以不擦拭，經過這樣的處理可以獲得酸洗的效果。而且，水基表面處理產品不像其他表面處理產品那樣會產生黃色。

1　將木料打磨至150目或180目，並去除打磨產生的塵粒。

2　在木料表面擦拭、刷塗或噴塗水基的白色酸洗染色劑。或者，也可以加入25%的水稀釋白色乳膠漆，然後將其塗抹在木料表面。擦去多餘部分，如果外觀效果已經達到了你的要求，也可以不擦拭。固化過夜。

3　刷塗或噴塗一層緞面效果的水基表面處理產品。至少固化二個小時，最好過夜。

4　使用220目或更精細的硬脂酸鹽砂紙輕輕打磨掉毛刺。打磨光滑即可，不要過度打磨。去除打磨產生的塵粒。

5　塗抹另一層緞面效果的水基表面處理產品。

6　如果你希望塗層厚一些，可以根據需要塗抹額外的塗層。任何塗層如果需要去除粉塵顆粒，可適度打磨。

使用緞面合成漆染色和酸洗橡木

如果完成染色後你選擇封閉木料表面或製作基面塗層，接下來你只能酸洗橡木的紋理部分。使用緞面效果的合成漆製作的面漆層會使這種效果更加柔和。

1 將木料打磨至150目或180目，並去除打磨產生的塵粒。

2 在背景色上（這個例子中使用的是「法國鄉村風格」）擦拭、刷塗或噴塗油基或合成漆基的染色劑，然後擦去多餘部分。

3 使用合成漆或透明蟲膠封閉木料表面或製作基面塗層，至少乾燥2小時，最好過夜乾燥。

4 使用白色酸洗染色劑或經過稀釋的塗料，比如乳膠漆或油性塗料。在其乾燥之前去除多餘部分，然後過夜充分固化。

5 使用280目或更精細的硬脂酸鹽砂紙輕輕打磨塗層表面，直至其摸上去十分光滑。只在紋理部分保留酸洗的顏色，並去除粉塵。

6 噴塗一層緞面效果的合成漆，等待幾個小時，最好過夜充分乾燥。

7 如果需要去除粉塵顆粒，可以使用320目或更精細的硬脂酸鹽砂紙輕輕打磨，否則的話無須打磨。

8 如果需要，可以增加額外的塗層。

同樣可以塗抹琥珀色的染料染色劑仿製氨熏橡木的效果。然後封閉木料表面，或在表面製作基面塗層，並使用棕色的擦拭型染色劑處理，最後擦除多餘染色劑。這樣可以給木料的紋理添加正確的顏色，並且不會改變其他部分的顏色。

不過，你要記住，對於20世紀早期的橡木家具，其氨熏效果都是用徑切橡木製作形成的。使用弦切橡木永遠不會得到與徑切橡木同樣的外觀效果。

就個人而言，我最喜歡紋理的粗糙度差別不明顯，同時孔隙輪廓清晰的橡木，所以我通常不會給橡木染色，或者只用染料或瀝青染色。我通常會使用油與清漆的混合物或者擦拭型清漆完成橡木的表面處理，或者在其表面塗抹多層很薄的薄膜型表面處理產品。我也很喜歡經過酸洗處理、孔隙呈現白色的橡木外觀效果。

胡桃木

胡桃木是美國至高無上的本土家具硬木。它堅硬耐用，並具有美麗的圖案以及層次豐富的深色。胡桃木質地光滑，具有細膩的手感和中等水平的孔隙，所有染色劑都可以為其均勻染色，任何表面處理產品都可以獲得漂亮的處理效果。自然風乾的胡桃木心材呈現溫暖的紅棕色。窯乾的胡桃木心材因為經過了蒸發處理，與邊材的色差減小，呈現較冷的灰棕色。隨著蒸乾的胡桃木逐漸老化，木料的色調會變得溫暖並略顯紅色。老化的胡桃木所呈現出的紅色與老家具中的桃花心木非常接近，難以分辨。

使用胡桃木做表面處理時存在兩個問題：深色的心材與近於白色的邊材之間顏色差異過於明顯，同時窯乾的胡桃木偏冷色調。

有五種方法可以消除心材與邊材的色差。

- 切去所有邊材，只使用心材。
- 合理排列木板，利用木板之間的顏色差異做出裝飾效果。
- 將木料漂白成均勻的灰白色，然後通過染色處理獲得任何想要的顏色（參閱第66頁「漂白木料」）。
- 使用調色劑處理邊材，使其顏色與心材接近（參閱第250頁「調色」）。
- 在完成其他染色和表面處理步驟前，使用一種幾近黑色的染料（樹液顏料）為邊材染色。

很多木匠會從前兩種方法中選擇一種製作一些獨一無二的家具：切去邊材或者利用色差做裝飾。20世紀50年代，在金色家具流行的時候，漂白胡桃木的做法在家具工廠非常流行。現在的家具工廠則會使用染色劑和調色劑將邊材和心材的顏色調整均一。

可以通過染色或調色獲得溫暖的胡桃木色調。大多數表面處理產品都帶有天然的琥珀色，可以為木料增加一點暖色調。橙色蟲膠的暖色最為明顯，因此常用於胡桃木的表面處理，但它不是很耐用，並不適合處理桌面。水基表面處理產品完全沒有顏色，所以若要用水基表面處理產品處理胡桃木，需要首先完成染色（參閱第220頁**照片13-1**）。

就個人而言，我喜歡任何胡桃木的表面處理效果。我曾經使用過的產品包括油與清漆的混合物、擦拭型清漆和薄膜型表面處理產品。我通常使用熟褐色的染料染色劑或擦拭型染色劑為胡桃木染色，以提高木料的暖色調。這些染色劑產品通常貼有「美國胡桃木」的標籤。

使用油與清漆的混合物處理胡桃木

油與清漆的混合物使用簡單，並且無須在木料表面形成明顯的薄膜塗層就可為其提供保護。

1 將木料打磨至180目，並去除打磨產生的塵粒。

2 擦拭一層溼潤的油與清漆的混合物。如果有任何地方在幾分鐘內失去了溼潤狀態，需要塗抹更多的表面處理產品。

3 5分鐘後擦除多餘的表面處理產品。

4 將處理部件放在溫暖的房間中，使塗層過夜固化。

5 使用400目或更精細的砂紙輕輕打磨，或者用鋼絲絨擦拭以去除毛刺，然後去除處理過程中產生的粉塵。

6 擦拭第二層油與清漆的混合物，並擦除多餘的表面處理產品。

7 如果產生的光澤均勻而令人滿意，處理就完成了；如果沒有達到預期，需要繼續塗抹1～2層，並在每層塗抹完成後留出1天的固化時間。

使用橙色蟲膠和蠟處理胡桃木

橙色蟲膠中的琥珀色可以為偏冷色的胡桃木帶來暖色調，並使其色彩層次更為豐富。這種表面處理產品適合在不經常使用的家具和配件表面使用；用這種方式處理的桌面需要使用桌布或杯墊提供保護。

1 將木料打磨至150目或180目，並去除打磨產生的塵粒。

2 刷塗或噴塗一層1磅規格的橙色蟲膠（含蠟或去蠟蟲膠都可以）。至少乾燥2小時使其充分固化。最好乾燥過夜。

3 使用280目或更精細的硬脂酸鹽砂紙輕輕打磨，然後去除打磨產生的粉塵。

4 刷塗或噴塗一層2磅規格的橙色蟲膠。至少乾燥2小時使其充分固化。最好乾燥過夜。

5 使用00號或000號鋼絲絨沿紋理方向擦拭（如果粉塵顆粒很多，則需要首先使用320目或更精細的砂紙進行打磨處理）。然後去除操作產生的粉塵。

6 重複步驟4。

7 使用000號鋼絲絨擦拭塗層，然後再去除操作產生的粉塵。

8 塗抹一層膏蠟，並在膏蠟層的光澤褪去後擦除多餘部分。放置過夜，然後再次上蠟。

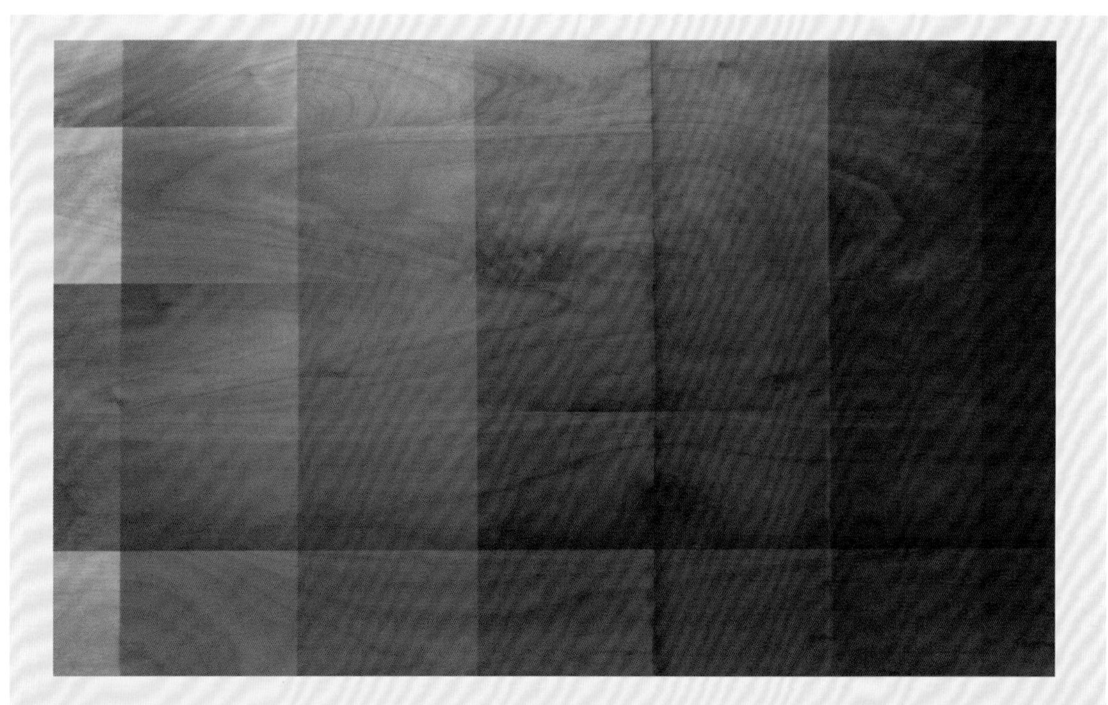

使用樹液染色劑和合成漆處理胡桃木

可以首先使用胡桃木樹液染色劑將邊材染成與心材類似的顏色，然後使用擦拭型的背景色染色劑進一步處理木料，以獲得更為均一的顏色。最後，製作表面處理塗層。接下來我會依次介紹每個步驟，就像在分步色階板上完成的那樣（參閱第253頁「分步色階板」）。

1 將木料打磨至150目或180目，並去除打磨產生的塵粒。

2 將胡桃木樹液染色劑刷塗或噴塗（最好噴塗）在邊材表面，使其「羽化」至相鄰的心材部分。可以使用市售的不起毛刺胡桃木樹液染色劑，也可以自行製作。在胡桃木色的染料中添加10%～20%的黑色染料，並以此為基礎進行調整。染料比例應根據所用染料的強度調整。應首先在廢木料上練習。

3 噴塗不起毛刺染料染色劑獲得預期的背景色。

4 製作基面塗層，將染料與下一層塗料分隔開。

5 擦拭「美國胡桃木」擦拭型染色劑（熟赭色或者微帶紅色的胡桃木色），並擦除多餘部分。

6 噴塗一層合成漆打磨封閉劑或者經漆稀釋劑稀釋後濃度減半的合成漆。晾置2小時使其充分乾燥，最好過夜處理。

7 使用280目或更精細的硬脂酸鹽砂紙輕輕打磨塗層，然後去除粉塵顆粒。

8 噴塗一層緞面合成漆，晾置2小時使其充分乾燥，最好過夜處理。

9 如果需要更多塗層，可以重複步驟7和步驟8。

桃花心木

在18世紀和19世紀早期，桃花心木被認為是最重要的家具硬木。這種硬木非常緻密堅硬，並具有色彩層次豐富的紅棕色。人們經常稱其為古巴桃花心木或多明尼加桃花心木，因為它們主要產自這些地區。

古巴桃花心木和多明尼加桃花心木的天然木色層次非常豐富，通常不需要染色，並且木料結構緻密（其孔隙比胡桃木小），外觀美麗，也不需要填充處理。因為桃花心木可用的板面很寬大，所以被用來製作新款的桌面，其中最吸引人的就是大型餅形桌。不幸的是，這種桃花心木已經沒有了。現在最常見的桃花心木是洪都拉斯桃花心木。洪都拉斯桃花心木的年輪呈螺旋狀交替生長，徑切木料能夠呈現出典型的帶狀紋理（**照片17-5**）。因為徑切桃花心木的這種紋理特點，這種木材常被切割成單板使用。

其他可用於家具製作的桃花心木還有非洲桃花心木和菲律賓桃花心木。這兩種木料都不是真正植物學意義上的桃花心木，但因為它們的外觀與洪都拉斯桃花心木非常像，所以通常被當作桃花心木銷售。

相比洪都拉斯桃花心木，非洲桃花心木更為粗糙，穩定性較差，質地也差一些。儘管整體的顏色以及隨著時間的推移顏色會變深的特性是一樣的，但是這種桃花心木的紋理更加粗獷，心材和邊材的對比效果更為強烈。

照片17-5 桃花心木的紋理因鋸切方式不同產生的變化：平紋（左），帶狀條紋（右）。後者是徑切木料產生的。

用擦拭型清漆處理桃花心木

擦拭型清漆用起來很簡單，並能保留桃花心木的天然外觀。因為擦拭型清漆在木料表面形成的塗層非常薄，所以不會使孔隙的邊緣變得圓潤。不過你要注意，木料的顏色會在幾年之後明顯變深。

1 將木料打磨至180目，並去除打磨產生的塵粒。

2 擦拭或刷塗一層擦拭型清漆。如果出現塗抹不均勻或塗層過厚的表面，則需要擦除多餘清漆。過夜充分固化（參閱第194頁「擦拭型清漆」）。

3 使用280目或更精細的砂紙輕輕打磨塗層，直到表面摸起來很光滑。然後去除打磨產生的塵粒。

4 重複步驟2和步驟3。

5 盡可能在無塵環境中重複步驟2。

6 如果表面光澤度比想像中的還要光亮，可以使用0000號鋼絲絨輕輕擦拭，以降低光澤度。

使用研磨漆染色並填充桃花心木

這種表面處理方式需要額外花費一些功夫，但是處理後的外觀非常優雅：鏡面一樣的光澤以及更好的色彩層次。

1　將木料打磨至150目或180日，並去除打磨產生的塵粒。

2　使用水基染料染色劑（這個例子中使用的是「棕色桃花心木」染料）染色，並在染色劑乾燥之前擦除多餘部分。或者，也可以噴塗不起毛刺染料染色劑，無須擦拭。讓水基染料染色劑乾燥過夜。

3　使用蟲膠或合成漆刷塗或噴塗一層基面塗層（參閱第82頁「基面塗層」）。等待幾個小時讓其充分乾燥。

4 刷塗一層油基膏狀木填料（參閱第126頁「使用油基膏狀木填料」）。

5 當填料表面光澤變暗後，用粗麻布橫向於木料的紋理方向擦拭，擦除多餘填料，然後用柔軟的抹布順著紋理方向輕輕擦拭，使擦痕與木料紋理的走向一致。讓填料過夜乾燥，如果天氣比較潮溼或陰冷，需要適當延長乾燥時間。

6 重複步驟4和步驟5。

7 使用320目或更精細的硬脂酸鹽砂紙輕輕打磨，將塗層處理光滑，然後去除打磨產生的粉塵。

8 重複步驟3和步驟7。

9 噴塗4～6層合成漆，注意每天噴塗的層數不要超過3層。

10 等待2週時間，或者直到你的鼻子貼近塗層表面時聞不到任何漆稀釋劑的氣味，讓合成漆充分固化。

11 按照第268頁「整平與擦拭」部分的方法，擦拭並整平面漆層，直至獲得你想要的光澤度。

12 因為很難看到家具較低位置的反光，所以通常使用擦拭桌面用的研磨劑處理側面、擋板和支撐腿部分就可以了，並且這樣的表面不需要預先進行整平操作。

13 用矽酮家具拋光劑或膏蠟擦拭表面。

菲律賓桃花心木被稱作「柳安」，它比洪都拉斯桃花心木以及非洲桃花心木更為粗糙，質地更差，木料的孔隙也要粗大得多，因此很難做出漂亮的表面處理。房屋建築中的空心結構的門通常會用這種木料製作貼面。儘管菲律賓桃花心木的顏色會隨著時間的推移變深，並且經過孔隙填補後外觀會相當優雅，但是它不像洪都拉斯桃花心木以及非洲桃花心木那樣，可以作為優質的家具木料使用。

18世紀和19世紀早期留存下來的高質量的桃花心木都沒有經過染色和填充處理。當桃花心木在19世紀末回歸人們的視野，尤其是在20世紀20～30年代鄧肯·法夫風格的家具大量湧現之時，可用的桃花心木木料就只有質量較差的洪都拉斯桃花心木和非洲桃花心木了，且用這些木料製作的家具大都經過了染料染色並填充了孔隙。

洪都拉斯桃花心木和非洲桃花心木適合均勻塗抹各種類型的染色劑。不過，在決定給桃花心木染色之前，你要記得一點——桃花心木的顏色會在幾年之後自然變深。如果現在就將木料染成你想要的顏色，你會很快發現木料的顏色變得比預期的顏色更深。因此，只需將木料的顏色染至預期顏色的一半深度。

如今的木匠通常不會為桃花心木做染色和填充處理。他們通常使用油與清漆的混合物或者擦拭型清漆。隨著時間的推移，木料顏色會加深並變紅，並且因為這兩種表面處理產品可以製作很薄的塗層，所以孔隙不會呈現圓潤的、塑料樣的外觀。

就個人而言，我更喜歡使用偏棕色的染料，而不是偏紅色（木料本身已經包含足夠的紅色）的染料染色並填充孔隙（至少在桌面部分），使用合成漆製作表面處理塗層，並將其擦拭至均勻的半光亮狀態。這樣的表面處理可以讓質量較差的洪都拉斯桃花心木和非洲桃花心木看起來更接近高貴的古巴桃花心木和多明尼加桃花心木。

使用合成漆為桃花心木染色和上釉

釉料可以使凹槽和裂縫處的顏色變暗，從而起到使線腳、雕刻件和木旋件的顏色層次更為豐富、雕刻效果更加突出的作用。

1　將木料打磨至150目或180目，並去除打磨產生的塵粒。

2　擦拭或噴塗合成漆染色劑，並在其仍然溼潤的情況下擦去多餘部分。等待1小時使其充分乾燥。

3　噴塗一層合成漆打磨封閉劑。等待二個小時使其乾燥。最好過夜乾燥。

4　使用280目或更精細的砂紙輕輕打磨塗層，並去除打磨產生的塵粒。

5　擦拭、刷塗或噴塗油基釉料。待釉料層失去光澤後，擦拭所有突出部分，並將多餘的釉料集中到凹陷處。在二個小時內噴塗一層薄漆，或者在一個溫暖的房間內讓釉料過夜固化。

6　噴塗2～3層緞面合成漆，每塗抹一層至少等待二個小時使其充分固化。最好可以讓塗層過夜乾燥。

硬楓木

硬楓木是一種非常適合木工行業的木料，具有強度高、耐磨性好、加工特性好等優點。這種木料非常適合製作地板，因為其不易磨損，平整光滑，不易開裂。硬楓木也是最好的廚房案板製作材料，因為其結構緻密，紋理細膩，沒有任何可能影響食物品質的異味。硬楓木來自糖楓樹，與製作楓糖漿的楓樹液來自同一種樹木。偶爾，糖楓樹的生長模式會形成獨特的、吸引人的虎皮紋理和雀眼紋理（**照片17-6**）。具有緊密虎皮紋理的楓木被稱為波紋楓木（譯者注：Fiddleback本義為小提琴背面，因其背面紋理呈波紋狀所以該單詞也有波紋的含義），因為其常用來製作小提琴的背面。

硬楓木比大多數木料完成表面處理的難度更大，因為大多數硬楓木的顏色非常淺，紋理不夠明顯，不經過染色很難獲得漂亮的外觀。儘管虎皮楓木和雀眼楓木例外，但經過染色處理後，其紋理的變化和對比效果同樣可以得到顯著改觀。需要注意的是，為了成功地為硬楓木染色，必須使用染料染色劑。

很多木匠和表面處理師使用色素或擦拭型染色劑為硬楓木染色，效果並不理想。原因在於木料的密度。硬楓木的孔隙不夠大，難以吸附大量色素，因此色素染色劑的效果並不好。在最外層使用色素染色劑效果會好一些，但會遮蓋木料本身的紋理。這一點對虎皮楓木和雀眼楓木來說也是一樣的。雖然色素染色劑可以增強虎皮和雀眼的效果，但其染色效果還是趕不上染料染色劑。可以使用染料染色劑將楓木染成任何需要的顏色，

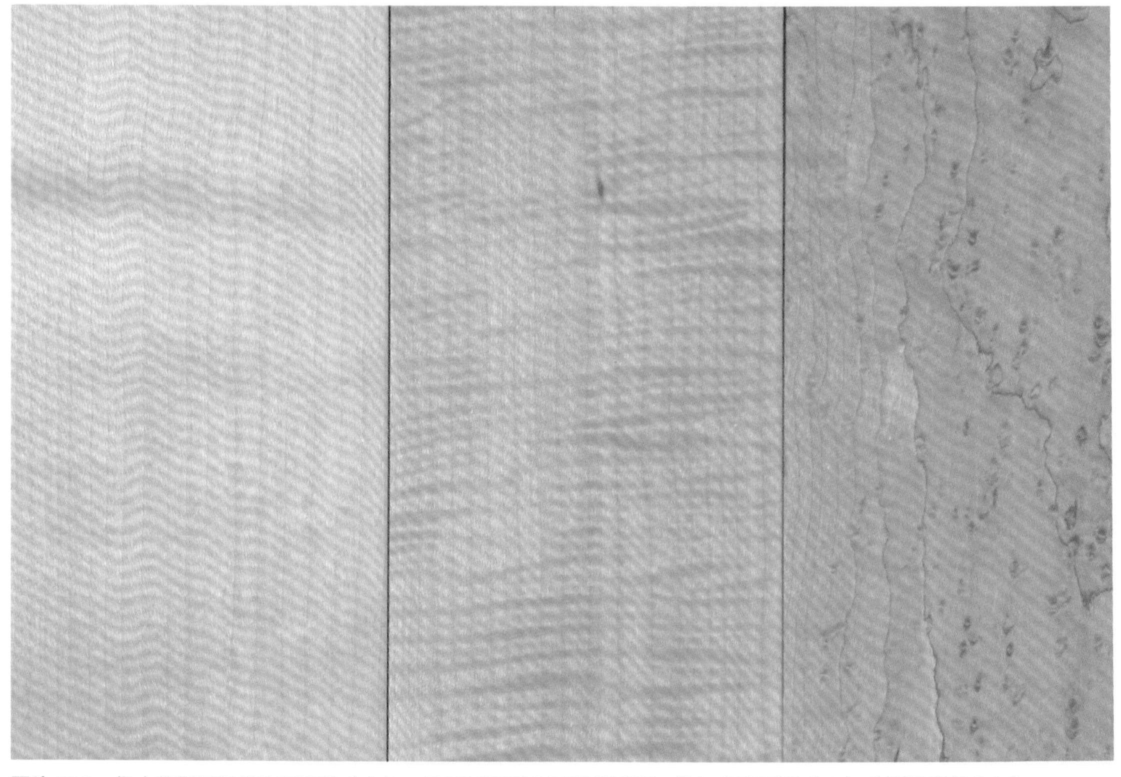

照片17-6 楓木的紋理通常比較平淡（左），也可以呈現有特點的圖案，比如虎皮圖案（中）或雀眼圖案（右）。

用染料和蟲膠處理硬楓木

照片由克里斯・克里森伯里（Chris Christenberry）友情提供。

染料能讓硬楓木呈現最美的外觀效果，尤其是對虎皮楓木和雀眼楓木來說。薄膜型表面處理產品可以加深顏色。

1 將木料打磨至150目或180目，並去除打磨產生的塵粒。

2 為木料去除毛刺（參閱第20頁「去除毛刺」）。

3 使用琥珀色水基染料染色劑（比如洛克伍德品牌的「蜜色琥珀楓木」）處理楓木，並在其乾燥前擦除多餘染料。為了更好地突出虎皮或雀眼的特殊效果，可以用經過高度稀釋的染料塗抹幾層塗層（可以加入5～10倍的稀釋劑），並且每塗抹一層，打磨或刮掉虎皮紋理或雀眼紋理之間的顏色。將顏色保留在虎皮或雀眼的紋理內，這樣顏色會隨著每次擦拭變得更深。緩慢地加深虎皮或雀眼的紋理顏色，直至在染料保持溼潤的情況下獲得想要的顏色效果，然後等待染料完全乾燥，用熟亞麻籽油擦拭表面以強化效果。

4 刷塗或噴塗一層1磅規格的金色蟲膠，靜置幾個小時使其充分乾燥。（如果擦拭了亞麻籽油，應在使用蟲膠或其他表面處理產品之前靜置1週時間使其充分固化。）

5 使用320目或更精細的硬脂酸鹽砂紙輕輕打磨除去毛刺，然後除去打磨產生的塵粒。

6 刷塗或噴塗一層2磅規格的金色蟲膠，靜置乾燥幾個小時。

7 使用320目的砂紙輕輕打磨，然後除去打磨產生的塵粒。

8 重複步驟6和步驟7。

9 用1磅規格的金色蟲膠塗抹最後一層，靜置，或者使用0000號鋼絲絨輕輕擦拭，並使用蠟潤滑。

使用擦拭型清漆處理硬楓木

對於硬楓木製作的裝飾品，可以使用擦拭型清漆處理，為木料帶來愉悅的光澤和溫暖的色調。

1 用木工車床將木料表面打磨至400目或更精細的程度，然後除去打磨產生的塵粒。

2 擦拭一層很薄的擦拭型清漆，至少等待四個小時使其充分固化，最好能夠過夜（參閱第194頁「擦拭型清漆」）。

3 使用320目或更精細的硬脂酸鹽砂紙輕輕打磨，除去粉塵顆粒以及任何因起毛刺產生的粗糙表面。如果砂紙不能很好地匹配木料表面的形狀，可以使用00號或000號鋼絲絨處理。除去打磨產生的塵粒。

4 擦拭第二層擦拭型清漆，過夜，使其充分固化。

5 如果第二層清漆塗層不是最後的塗層，可以使用000號或0000號鋼絲絨，或者400目的砂紙擦拭塗層。

6 如果表面光澤度不均勻，或者你希望塗層更厚一些，可以塗抹更多層擦拭型清漆。注意，每塗抹一層清漆都要用鋼絲絨擦拭或用砂紙輕輕打磨，以去除粉塵顆粒。

7 如果最終的塗層比你想要的更加光亮，那就等待1～2天，然後使用0000號鋼絲絨輕輕擦拭。可以搭配使用油或蠟潤滑劑來掩蓋劃痕。

使用水基表面處理產品處理硬楓木

為了建立一層具有保護效果的塗層，並讓硬楓木盡可能地保持原色，可以使用水基表面處理產品。

1 將木料打磨至150目或180目，並去除打磨產生的塵粒。

2 刷塗或噴塗一層水基表面處理產品。（為了減少毛刺，最好先為木料去除毛刺。具體操作參閱第20頁「去除毛刺」。）

3 靜置二個小時使表面處理塗層充分固化，最好可以過夜，然後使用220～320目的砂紙順次打磨去除毛刺。硬脂酸鹽砂紙的打磨效果最好。

4 去除打磨產生的塵粒，塗抹第二塗層。至少等待二個小時使其充分固化，然後使用320目或更精細的硬脂酸鹽砂紙打磨塗層，除去粉塵顆粒。

5 盡可能在無塵環境中刷塗或噴塗第三層緞面效果的水基表面處理產品。

任意深度，並且不會遮蓋木料原有的紋理（參閱第71頁「黑化木料」）。

那些18世紀和19世紀早期用來製作家具的硬楓木基本沒有經過染色。那些楓木現在呈現溫暖的琥珀色，單純的歲月流逝不能解釋這種顏色的變化。我猜測這些木料可能塗抹了亞麻籽油，亞麻籽油的顏色變深造就了這種顏色。當然，你也可以使用亞麻籽油獲得同樣的效果，但這種效果需要經過漫長的歲月才能顯現出來（第109頁**照片5-6**）。使用琥珀色染料可以很快仿製出這樣的顏色效果。

硬楓木在染色時不易出現斑點（儘管與櫻桃木或樺木相比會略差些），因此在20世紀50年代，琥珀色楓木家具流行的時候，工廠通常會選擇為硬楓木調色而不是染色。他們會在合成漆中添加少量色素。

現在，手工楓木家具大量保留了未經染色的楓木，我相信，這在很大程度上是因為，現在的木匠不明白使用染料可以獲得的效果。不過，未經染色的硬楓木也有其獨特的魅力。

我相信，經過染料染色的楓木具有更為豐富的特徵。儘管我不反對使用油與清漆的混合物對硬楓木進行表面處理，但我還是比較喜歡經過薄膜型表面處理產品處理的硬楓木。薄膜型表面處理產品有利於顯示更多木料本身的特徵，因為其厚度有利於增強顏色的深度和層次。

櫻桃木

18世紀以來，櫻桃木成了廣受歡迎的家具木料，並作為美國進口桃花心木的本土替代木料使用。有時可以通過染色來加速櫻桃木變深的進程，但是通常不需要染色，其顏色就可以自然加深。在20世紀50年代，櫻桃木在家具生產行業非常受歡迎。工廠通常會對櫻桃木進行調色而不是染色處理。調色可以消除心材和邊材的顏色差異，使整體顏色更均勻，並且不會產生斑點。

近些年來，櫻桃木成了木匠製作獨特作品最受歡迎的木料。因為受歡迎，櫻桃木成了美國最貴的本土硬木。櫻桃木之所以大受歡迎，最重要的原因是，古董櫻桃木家具所呈現出來的鏽紅色的、半透明的、暖色調的外觀。不僅如此，櫻桃木易於加工，並能在加工過程中產生令人愉悅的氣味，這一點在與其他木料做對比時尤其突出。並且這種木料還與人們熟知的美味水果──櫻桃同名（儘管出產櫻桃木的樹並不結櫻桃）。

儘管非常受歡迎，但是櫻桃木很難做表面處理。剛剛切割的櫻桃木並不具有古董櫻桃木的溫暖、均勻、鏽紅色的外觀。新櫻桃木通常呈現粉紅至淡紅的顏色，也可能帶有一點淡灰色。不同的板材顏色也不相同，即使是同一塊板材，其不同部位的顏色也可能存在明顯的變化。此外，新櫻桃木的紋理比古董櫻桃木的更加明顯，並且顏色更為柔和。因為自然形成古董櫻桃木的顏色外

注意！！！

對這裡的訊息感到失望吧，自然變深的古董櫻桃木實際上是無法與染色劑或調色劑的效果完全匹配的。顏色可以匹配得非常完美，但不論是染色劑還是調色劑，都無法重現櫻桃木自然老化形成的特有的半透明效果。

觀需要很多年，所以很多木匠嘗試使用染色劑仿製這樣的顏色效果。

問題在於，為櫻桃木染色常常會形成斑點。在這方面，櫻桃木類似於松木和樺木。此外，通過染色獲得的均勻的鏽紅色效果（我發現，洛克伍德「古董櫻桃木」水基染料染色劑最適合該操作）不易保持，因為櫻桃木的顏色會隨著自然進程持續加深，最終可能變得過深。因此，你最好非常認真地選擇那些顏色匹配、含有很少或者不含邊材的木板，然後讓櫻桃木自然變深。（可以在使用其他表面處理產品之前首先塗抹一層熟亞麻籽油，然後固化1週時間，用來加快這個過程。）如果你決定為櫻桃木染色，最好使用不含斑點圖案或漂亮斑點紋路的木板。使用凝膠染色劑或調色劑處理櫻桃木可以最大限度地減少斑點。

凝膠染色劑很適合為櫻桃木染色。早期的巴特利櫻桃木家具套裝就使用了這種染色劑，並獲得了巨大成功。這種染色劑的缺點是無法添加過多顏色，因此很難達到古董櫻桃木的顏色效果。

調色需要使用噴塗設備，但整個過程的控制比較容易。如果你的目標是加深木料的顏色，同時不會導致紋理變模糊，可以使用染料調色劑；如果你的目的是使紋理變得柔和一些，那麼使用色素調色劑比較好；如果需要在整個表面使用調色劑，我發現將染料調色劑和色素調色劑混合使用效果最好。大多數製作現代櫻桃木家具的工廠就是這樣做的。木板的顏色同樣存在差異，所以你要根據需要做決定。

有時會聽到使用鹼液或重鉻酸鉀為櫻桃木做舊的建議。兩種方法都可以顯著加深櫻桃木的顏色，有時也能獲得與古董櫻桃木非常接近的外觀效果。不過，除了櫻桃木的顏色仍然會持續變深外，這兩種方法還存在其他問題。首先，這兩種化學製劑的使用存在危險性，你需要保護好眼睛和皮膚。其次，鹼液如果穿過表面處理塗層進入木料中可能會發生反應，從而轉化為一種剝離劑。所以，必須使用酸液（比如醋酸）中和鹼液（參閱第361頁「鹼液」）。此外，使用任何化學品為木料染色都存在某種程度的不確定性。可能得到的顏色不夠均勻，也可能顏色太深了。對於過深的顏色，除了用力打磨或者漂白，沒有其他方法可以使其變淺。

注意！！！

為了使邊材的顏色與心材的顏色相匹配，使用染料調色劑效果最好。用色素調色劑單獨處理邊材會使木料的紋理變得模糊，使其看起來與心材部分明亮且清晰的紋理差別更加明顯。

因為上述這些問題，我不推薦使用鹼液或重鉻酸鉀為櫻桃木染色。我傾向於不做任何處理，任由櫻桃木的顏色自然變深，或者使用染料染色劑（如果斑點問題得到控制的話）、凝膠染色劑或調色劑。我同樣傾向於在櫻桃木表面使用薄膜型表面處理產品，而不是油或者油與清漆的混合物。因為薄膜塗層可以加深顏色，並使其層次更為豐富。不過，很多木匠喜歡使用油與清漆的混合物，可能因為使用方便吧，處理的效果看上去也並不令人反感。

白蠟木、榆木和栗木

白蠟木、榆木和栗木的紋理結構與橡木非常相似。家具製造商經常用這些木料代替橡木，或者將其與橡木混合使用。這些木料經過染色後，只有非常有經驗的專家才能分辨出彼此。

當你使用色素染色劑為白蠟木、榆木和栗木

使用凝膠清漆處理櫻桃木，並任其自然老化

暴露在光照和氧氣中會導致櫻桃木的顏色自然變深。顏色的顯著加深可以迅速發生，但是需要經過多年（可能要數十年）才能呈現出古董櫻桃木家具所特有的賞心悅目的、溫暖的鏽紅色外觀。凝膠清漆使用簡單，可以做出柔和的緞面光澤效果，並且不會產生斑點。

1 將木料打磨至150目或180目，並去除打磨產生的塵粒。

2 擦拭一層凝膠清漆，並在其固化之前擦去多餘部分。等待4～六個小時使其充分固化，最好可以過夜。（凝膠清漆會很快固化到無法擦拭的狀態，所以在處理寬大表面時最好分段完成，每次只處理一部分。）

3 使用280目或更精細的砂紙輕輕打磨塗層，並去除打磨產生的塵粒。

4 重複步驟2，直到獲得想要的外觀效果。每塗抹一層，你要觀察塗層是否存在瑕疵，並將其打磨除去。

用研磨漆為櫻桃木調色

調色（在表面處理的面漆層添加染色劑）可以用於調和邊材與心材的顏色，並且不會產生斑點。將塗層擦拭至緞面光澤可以使外觀顯得更加精緻。

1　將木料打磨至150目或180目，並去除打磨產生的塵粒。

2　噴塗1～2層經過稀釋的不起毛刺染料（櫻桃木色）可以使木料的紋理更加清晰。讓染料乾燥一個小時。

3　噴塗一層合成漆打磨封閉劑或者經漆稀釋劑稀釋後濃度減半的合成漆。然後等待數小時使其充分乾燥，最好可以過夜。

4　使用280目或更精細的硬脂酸鹽砂紙輕輕打磨，直到塗層表面光滑，然後去除產生的塵粒。

5　將櫻桃木色的色素——染料混合物與合成漆1：1混合，再加入4～6倍的漆稀釋劑製成調色

劑。噴塗多層調色劑。你可以購買市售的合成漆染色劑，或者使用不起毛刺染料和工業染色劑（色素）。除了紅色染色劑，還需要額外添加一點黃色和黑色染色劑。

6 如果木料中含有部分邊材，需要在邊材部分噴塗更多的調色劑，這樣才能使木料顏色更為均一。等待數小時讓染料充分乾燥，最好可以過夜乾燥。

7 如果需要去除粉塵顆粒，可以使用400目或更精細的硬脂酸鹽砂紙十分輕柔地打磨。然後去除打磨產生的塵粒。

8 噴塗4～8層合成漆，每塗抹一層，你要觀察是否存在粉塵顆粒，如果存在，要將其打磨除去。可以使用任何光澤度的合成漆，但最終塗層的光澤度應該與你想要獲得的表面效果接近。

9 使用600目的溼／乾砂紙以及礦物油和油漆溶劑油混合的潤滑劑打磨面漆層。或者，也可以使用市售的擦拭潤滑劑代替上述潤滑劑。在砂紙背面套上一塊平整的打磨塊，持續打磨，直至去除所有的橘皮褶。

10 使用軟布和石腦油清理表面。

11 用1000目的砂紙，重複步驟9和步驟10。

12 使用0000號鋼絲絨配合蠟或油潤滑劑擦拭表面。如果需要，也可以這樣處理擋板和支撐腿。

染色時，遇到的問題大體與處理橡木時相同：木料粗糙的天然紋理會變得更加明顯。但是這幾種木料的情況沒有橡木那樣嚴重，因為它們的晚材並不是很緻密。因此，白蠟木、榆木和栗木的晚材相比橡木的晚材可以吸附更多的色素，總體的染色效果也更為均勻。不過，那些用於弱化橡木粗糙外觀的方法對於白蠟木、榆木和栗木還是適用的。

紅香杉木

紅香杉木通常用於製作杉木櫥櫃，因為它的氣味可以驅除飛蛾。用來製作櫥櫃內部的杉木一般不需要進行染色或表面處理，因為其天然的木色很漂亮，而且表面處理塗層會封閉木料中的氣味，使其無法有效發揮驅蟲作用。當用於製作櫥櫃的外部框架時，杉木一般也無須染色，只做表面處理即可。

為杉木櫥櫃的任何內部構件做表面處理都會出現問題，不管經過處理的部分是不是用杉木做的。因為杉木散發出的芳香類溶劑分子在櫥櫃內的積累會軟化大多數的表面處理塗層，使其變得黏稠。為了避免這個問題，杉木內部的所有構件都不應做表面處理。

我個人認為，用來製作家具外部構造的紅香杉木不需要進行染色，只用薄膜型表面處理產品處理，得到的外觀效果是最好的。

使用緞面合成漆為白蠟木調色

調色是一種為任何紋理不均勻的木料上色的有效方式，並能消除染色造成的對比度差別。緞面合成漆可以進一步增強這些效果。

1　將木料打磨至150目或180目，並去除打磨產生的塵粒。

2　擦拭或者噴塗一層合成漆染色劑，並在合成漆乾燥前擦去多餘部分。放置一個小時使其充分乾燥。

3　噴塗一層合成漆打磨封閉劑或者經漆稀釋劑稀釋後濃度減半的合成漆。靜置二個小時使其充分乾燥，最好可以過夜乾燥。

4　使用280目或更精細的硬脂酸鹽砂紙輕輕打磨，直至塗層表面變得光滑。去除打磨產生的塵粒。

5　將合成漆與合成漆染色劑或色素混合，再加入4～6倍的漆稀釋劑稀釋製成調色劑。噴塗調色劑，直到獲得想要的顏色。

6　噴塗2～3層緞面合成漆。每塗抹一層，你要觀察是否存在粉塵顆粒或者其他瑕疵。如果存在，要用320目或更精細的硬脂酸鹽砂紙將其輕輕打磨除去。

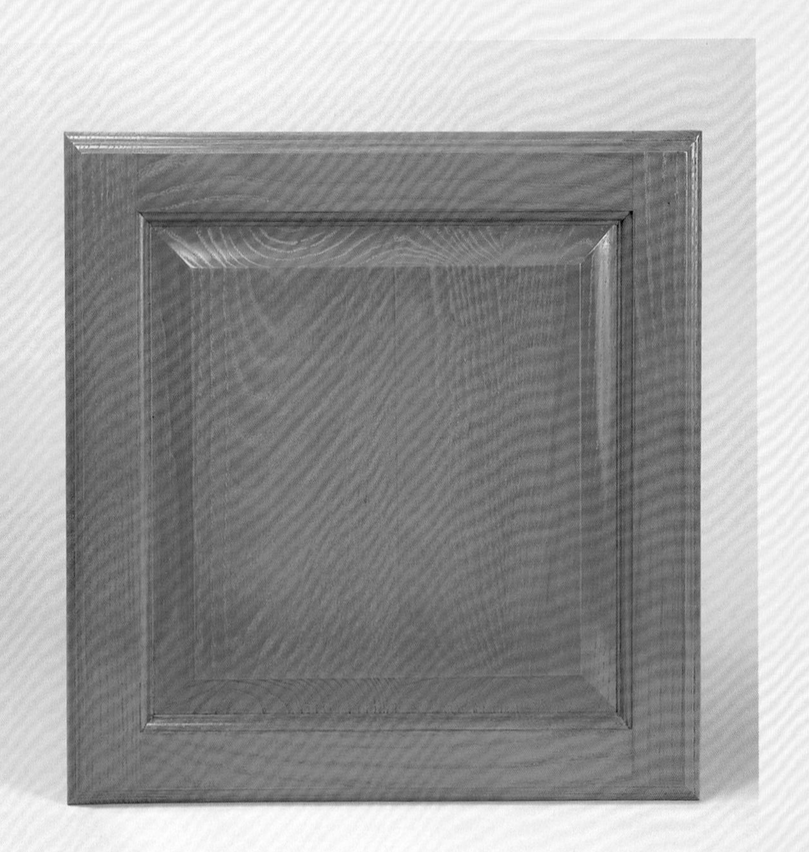

軟楓木、橡膠木和楊木

軟楓木、橡膠木和楊木易於加工，價格相對便宜，通常作為製作家具的備選木料使用。家具工廠和定製家具製造商通常使用這些木料製作桌子、櫃子和椅子的結構部件，使用更好的木料或貼面膠合板製作重要的部件。通常這類木料會用染料染色（如果可見）以模仿品質更好的木料，但大多數人不會發現其中的不同。

給軟楓木、橡膠木和楊木製作表面處理有兩個問題：相比胡桃木和硬楓木，這些木料的紋理平淡且密度較低。平淡的紋理不經過染色很難吸引人。你可以使用色素染色劑或染料染色劑，但用染料染色劑處理得到的顏色會很深。低密度木料通常需要用薄膜型表面處理產品處理，而不能用油與清漆的混合物，這樣才能獲得看起來不錯的光澤效果。

我喜歡這些木料經過薄膜型表面處理產品處理後的樣子，並會根據最終的顏色要求，選擇色素染色劑或染料染色劑為其染色。

樺木

樺木看起來與楓木很像，因此有時候會被誤認為是楓木。樺木同樣具有高密度的材質，因此不太容易吸附色素染色劑。相比楓木，樺木有更多的旋渦狀紋理。如果染色產生的斑點過多，可以使用調色劑為其表層上色，而不是任由斑點留在木料上。如果將染料加入到表面處理產品中，不僅可以獲得均勻的染色效果，同時不會使木料的紋理變得模糊。

在進入20世紀時，樺木與楓木一樣，通常會用染料染成紅色以模仿櫻桃木和桃花心木，然後用於家具製作。我喜歡用處理楓木的方式為樺木做表面處理。如果斑點問題比較嚴重，我會用楓木代替樺木。

油性木料

很多木匠出於裝飾目的喜歡使用色彩豐富的進口硬木，比如柚木、花梨木、巴西花梨木、黃檀木和黑檀木，它們有時也被用來突出其他木料，當然，這些木料也適合製作整個家具。這些硬木很少染色，它們的天然紋理非常漂亮，這也是這些名貴木料被優先選擇的原因。不過，這些木料往往需要做表面處理，因為它們自身含有的油性成分會帶來一些問題。

最常見的問題是，這些表面處理產品需要經過很長時間才能固化。當你使用油、油與清漆的混合物或清漆的時候，這種情況就會出現。木料中的油性成分會進入表面處理塗層中延緩塗料的固化。

還有一種問題會在使用合成漆、雙組分表面處理產品和水基表面處理產品時出現。木料中的油性成分會阻止這些表面處理產品與木料表面的結合。

使用石腦油或漆稀釋劑這樣的快速揮發型溶劑擦拭木料表面可以防範這兩種問題。這個方法可以將木料表面的油性成分除去。在溶劑揮發之後，你要快速完成表面處理，此時木料內部的油性成分還來不及滲透到木料表面。

使用水基表面處理產品為楊木染色

楊木本身缺少特色，通常需要通過染色模仿其他木料，一般情況下會模仿胡桃木。水基聚氨酯可以形成堅硬的表面處理塗層，非常適合處理容易磨損的物品。

1　將木料打磨至150目或180目，並去除打磨產生的塵粒。

2　沿著木料紋理以長長的筆畫刷塗一層胡桃木色的油基染料染色劑，也可以使用沃特科或戴夫特黑胡桃丹麥油代替。擦去多餘染色劑，放置1週時間使其充分固化，然後再使用水基表面處理產品處理。（如果選擇刷塗，不要在水基表面處理塗層下使用水溶性的或不起毛刺染料，以免溶解染料塗層造成拖尾。）

3　刷塗一層緞面光澤的水基聚氨酯。放置二個小時使其充分乾燥，最好可以過夜乾燥。

4　如果存在瑕疵或粉塵顆粒，可以使用320目或更精細的硬脂酸鹽砂紙將其輕輕打磨除去。去除打磨產生的塵粒。

5　重複步驟3和步驟4。

6　盡可能在無塵環境中刷塗最終的塗層。

以法式抛光的方式為樺木染色

你可以使用染料染色劑為樺木染色，以模仿桃花心木。（這個樺木櫃子的頂層抽屜使用來自桃花心木的木皮貼面。）以法式抛光的方式使用蟲膠，可以製作出深邃的鏡面光澤效果。

1 將木料打磨至150目或180目，並去除打磨產生的塵粒。

2 去除木料產生的毛刺（參閱第20頁「去除毛刺」）。

3 塗抹一層水溶性的染料染色劑（這個例子中使用的是桃花心木色染料），並在其乾燥前擦除多餘的染料。過夜乾燥。

4 使用400目的硬脂酸鹽砂紙非常輕柔地打磨塗層。注意不要磨穿染料塗層，尤其是在邊緣位置。

5 去除打磨產生的塵粒。

6 刷塗一層1磅規格的金色蟲膠。靜置二個小時使其充分乾燥，最好可以過夜乾燥。

7 使用320目或更精細的砂紙輕輕打磨，去除毛刺和粉塵顆粒。去除打磨產生的塵粒。

8 重複步驟6和步驟7。

9 以法式抛光的方式處理表面，覆蓋整個表面3～4次，或者直到整個表面呈現均勻的光澤（參閱第162頁「法式抛光」）。

10 使用浸潤了石腦油的抹布擦拭，去除殘留的油。

11 用矽酮家具抛光劑或膏蠟處理表面。

對於全部使用進口硬木製作的作品，當需要孔隙邊緣看起來非常清晰的時候，我會使用油與清漆的混合物或擦拭型清漆做表面處理。如果希望為木料提供更好的保護，我會建立更厚的薄膜塗層。有時候，我會只用蠟處理一些裝飾性的、不需要經常觸碰的木工作品。當使用進口硬木用於裝飾和修飾時，我會根據作品的整體需要，選擇合適的表面處理產品。

給花梨木上蠟

蠟對花梨木的天然顏色影響最小。

1 使用木工車床將作品表面打磨至400目，然後去除打磨產生的粉塵。

2 塗抹一層膏蠟。當膏蠟的光澤消失後擦去多餘部分。過夜乾燥。

3 塗抹第二層膏蠟。當膏蠟的光澤消失後擦去多餘部分。（在處理密度較小的木料時，應根據需要增加塗層數，以獲得均勻的緞面光澤效果。）

4 用手或裝有羊毛墊的機器擦拭塗層表面，直到去除所有條痕，得到均勻的光澤。

◆ 第五部分 ◆

表面處理塗層的後期維護

18

表面處理塗層的保養

簡介

- 塗層退化的原因
- 使用液態家具抛光劑
- 防止塗層退化
- 退化原因及預防措施
- 如何選擇產品？
- 家具抛光劑綜述
- 家具保養產品的類型
- 古董家具的保養

對所有完成表面處理的木工製品來說，表面處理塗層的保養是迄今被製造商曲解最為嚴重的方面。有各種各樣的說法，有些說法只有部分是可信的，諸如「家具抛光劑能夠保護表面處理塗層」，還有一些說法則完全不靠譜，諸如「家具抛光劑能夠置換木料中的天然油分」。目前，美國市場上有數百萬的消費者被成功洗腦，家具抛光產業讓消費者堅信，木料本身含有的油分需要被置換。

欺騙性的營銷使得人們關注的重點偏離了家具抛光劑在防塵、清潔並改善房間氣味方面的優點。除此之外，有些製造商更是完全否定了蠟的作用。他們非但沒有指出蠟能夠提供持久的光澤和耐磨性，而且在蠟的使用上製造了障礙。他們抱怨蠟堵塞了木料的孔隙，使其無法呼吸，而且蠟塗層容易導致木料表面積累油汙。

大量的困惑催生了一個新的分支行業，這個行業專門從事「神奇」的補救工作，以及與古董家具和庭院的外觀維護相關的工作。行業「萬金

傳言

家具拋光劑可以滋養並溼潤木料。

事實

如果真是這樣，那麼家具拋光劑中的油類溶劑必須穿過表面處理塗層，而我們製作表面處理塗層的初衷是把軟飲料、汗水、水以及油類溶劑阻隔在木料之外。當家具看起來顏色變暗或發乾的時候，不是因為木料內部出現了問題或缺陷，而是因為表面處理塗層退化了。如果家具拋光劑的光澤消失了，也不是因為拋光劑滲入了木料之中，而是因為拋光劑揮發掉了。

油」的價格是主產業同種物質價格的3～4倍。它成功體現了我們對家具保養工作的嚴重誤解。

為了抓住保養家具表面處理塗層的要點，你首先要了解，為什麼表面處理塗層會出現退化，以及如何減緩這種退化。此外，準確了解什麼是膏蠟和液態家具拋光劑以及它們的作用也會很有幫助。之後，你就可以針對如何保養家具或者如何為你的客戶提供建議做出明智的決定。

塗層退化的原因

表面處理塗層的退化主要是由以下幾個方面造成的：

- 暴露在強光之下；
- 氧化；
- 物理損壞，包括與高溫、水、溶劑和化學物質接觸造成的損壞。

強光

光線，尤其是陽光，是對表面處理塗層最具破壞性的自然因素。試想一下，房屋南側的油漆層相比房屋北側的退化速度要快多少；一輛長期暴露在陽光下的車與遮陰停靠的車相比，其顏色退化速度會快多少。即使是室內光線，時間久了也會對表面處理塗層造成破壞（**照片18-1**）。

照片18-1　明亮的紫外線，尤其是直射的陽光，會導致顏色退化，表面處理塗層出現破裂並產生裂紋。這種裂紋在超過百年的抽屜前端隨處可見，但是中間部分則不會有，因為中間部分被把手擋住了，光線照射不到，所以中間位置的表面處理塗層光亮如新。

使用液態家具拋光劑

液態家具拋光劑使用非常簡單，但是方法有很多種。這取決於你的目的，只是擦除粉塵還是要用拋光劑來提高光澤度。無論哪種情況，都要保證處理層的表面沒有任何汙漬。如果存在汙漬，需要使用溫和的肥皂擦拭，比如洗碗液或墨菲油皂。

如果使用拋光劑只是為了擦除粉塵，可以用拋光劑稍微打溼軟布，然後輕輕擦拭塗層表面，使粉塵附著在沾溼的布上。但要注意，擦拭時不要在塗層表面留下明顯潮溼的痕跡。

如果要用拋光劑提升表面處理塗層的光澤度，或者為了讓表面更加光滑以減少劃痕，那麼需要加入足夠的拋光劑將軟布打溼，然後輕輕擦拭表面。或者，可以直接在表面處理塗層上噴塗液態家具拋光劑，之後再用棉布擦拭：用拋光劑打溼表面處理塗層，然後用棉布擦掉多餘部分。

如果沒有及時擦掉多餘的拋光劑，就會形成粉塵與蠟和矽酮混合形成的汙垢（如果拋光劑中含有蠟或矽酮成分的話）。表面處理塗層會因此變得很黏，並開始顯現指印。這通常被錯誤地認為是「蠟的堆積」造成的。為了清理這種黏性的表面，需要用溫和的肥皂清洗，或者用石腦油或油漆溶劑油擦拭。棉布會變髒，底下的表面處理塗層也會變得灰暗（這種灰暗是時間造成的，而不是家具拋光劑的原因）。只要表面處理塗層狀況良好，重新塗抹家具拋光劑就可以再次提升塗層的光澤度。但如果表面處理塗層出現了損壞，就只能重新製作表面處理塗層，然後再塗抹拋光劑了。

傳言

家具拋光劑能夠置換木料中的天然油分。

事實

常用的家具木料不包含天然油，並且沒有木料「需要」油。即使是柚木、紫檀木等少數幾種含有天然油的進口硬木也不需要將油置換出來，尤其不能使用含有石油溶劑的家具拋光劑。實際上，這些進口硬木中的油性成分會對表面處理造成影響，正如我在之前章節中提到的那樣。

氧化

氧化是第二大破壞性的自然因素。氧氣幾乎能與所有成分結合起來，使其發生氧化。這個過程雖然很緩慢，但卻是使塗料性能退化的一個重要因素。即使沒有光照的促進，氧化也會導致表面處理塗層變暗並最終開裂。

物理損壞

所有的表面處理塗層都可能因為接觸粗糙的物品、高溫、水、溶劑、酸和鹼而出現不同程度的損壞。有些表面處理產品，比如聚氨酯和催化型表面處理產品，其製作的塗層要比其他表面處理塗層更耐用，但是仍然會出現損壞。

警告！！！

有些肥皂生產商會建議你定期用肥皂和水擦拭家具。儘管性能溫和的天然皂，比如說象牙皂（Ivory，用動物脂肪和鹼液製作而成）和墨菲油皂（用植物油和鹼液製作而成）都不會損傷表面處理塗層，但過多與水接觸則會造成損傷。如果表面處理塗層存在裂縫，水就會滲透到下面，導致塗層產生褶皺並與木料分離。如果表面處理塗層出現了退化或者磨損，與水過多接觸還會導致桌面出現翹曲和凹陷。所以，通常只有在家具被弄髒的時候才會使用肥皂和水進行清理。

防止塗層退化

如何防範由光線、氧化以及物理損傷造成的退化呢？實際上，你所能做的大多數事情都是被動的。主動的保養措施作用非常小（參閱下一頁的「退化原因及預防措施」）。

被動防護

保護家具表面處理塗層最好的方法就是使其保持持續覆蓋的狀態，以及遠離破壞性的因素。下面舉幾個例子。

- 為了保護家具免於強光的照射，不要把家具放在陽光可以直射到的地方；要充分利用窗簾和遮陽布；在桌面上鋪上桌布；如果外出旅行，則要用床單把比較嬌貴的家具蓋上。
- 為了減緩氧化進程，不要把家具放置在閣樓上，或者其他較熱的地方。高溫會加快氧化的速度。
- 為了最大限度地減少物理損傷，最好使用隔熱墊、杯墊、餐墊以及桌布。但不能使用塑料布覆蓋桌面，因為塑料很容易與表面處理層黏連在一起。

傳言

家具拋光劑能夠為表面處理塗層保溼，延緩表面處理塗層的乾燥和開裂。

事實

除了能夠增加光澤度和抗劃傷的能力，家具拋光劑對固化後的表面處理塗層沒有任何影響，無論好的還是壞的。「保溼」會讓表面處理塗層變軟變黏，最終導致災難性的後果。表面處理塗層的軟化通常是由於長時間重複性地接觸酸性護膚油、強效肥皂或者其他化學物質。

主動保養

主動保養需要定期在塗層表面塗抹膏蠟和液態家具拋光劑（參閱第313頁「使用液態家具拋光劑」）。但是膏蠟和家具拋光劑都無法減緩光線和氧化對表面處理塗層的破壞。蠟和拋光劑同樣無法抵擋來自高溫、溶劑和水的危害。儘管在垂直表面上，二者都可以促使水形成水珠滑落下去，但在水平表面，它們無法阻止水的滲透。因為蠟或油類溶劑形成的薄膜特別薄，水很容易從一些較大的孔隙或劃痕處滲入。

膏蠟和液態家具拋光劑只能增強家具的耐磨性。它們可以減少摩擦，使物體易於從塗層表面滑開而不是切入塗層（參閱第317頁「家具拋光劑綜述」）。

除了增加耐磨性，膏蠟和液態家具拋光劑還能給灰暗的表面增添光澤，並掩蓋一些細微的損傷（**照片18-2**），因為它們可以填補由於劃痕和表面處理塗層退化形成的微小孔隙。這樣當你觀察表面處理塗層的時候，光線會反射回來而不是散射到各個方向。膏蠟和液態家具拋光劑不僅能使塗層之下的木料看起來顏色更深，層次更加豐富，同時可以減輕對木料的損害。（對某些人來說，這與在製作表面處理塗層之前，用油浸潤木料的效果相似。）

退化原因及預防措施

原因	預防措施
暴露在光線之下	把家具放在遠離窗戶的位置
	充分利用窗簾和遮陽布
	在不用的時候，把那些暴露最多的重要表面蓋起來
氧化	不要把家具放在悶熱的閣樓，高溫會加速氧化
日常的損耗與損傷	用膏蠟或家具拋光劑減少表面摩擦
與高溫、水、溶劑、酸或鹼接觸過多	使用隔熱墊、杯墊、餐墊以及桌布

警告！！！

有些膏蠟（比如布里瓦斯）含有甲苯（通常會列出在包裝罐上）。這種溶劑很強效，能夠溶解或擦除大多數沒有完全固化的表面處理產品，並能破壞已經完全固化的水基表面處理產品形成的塗層。

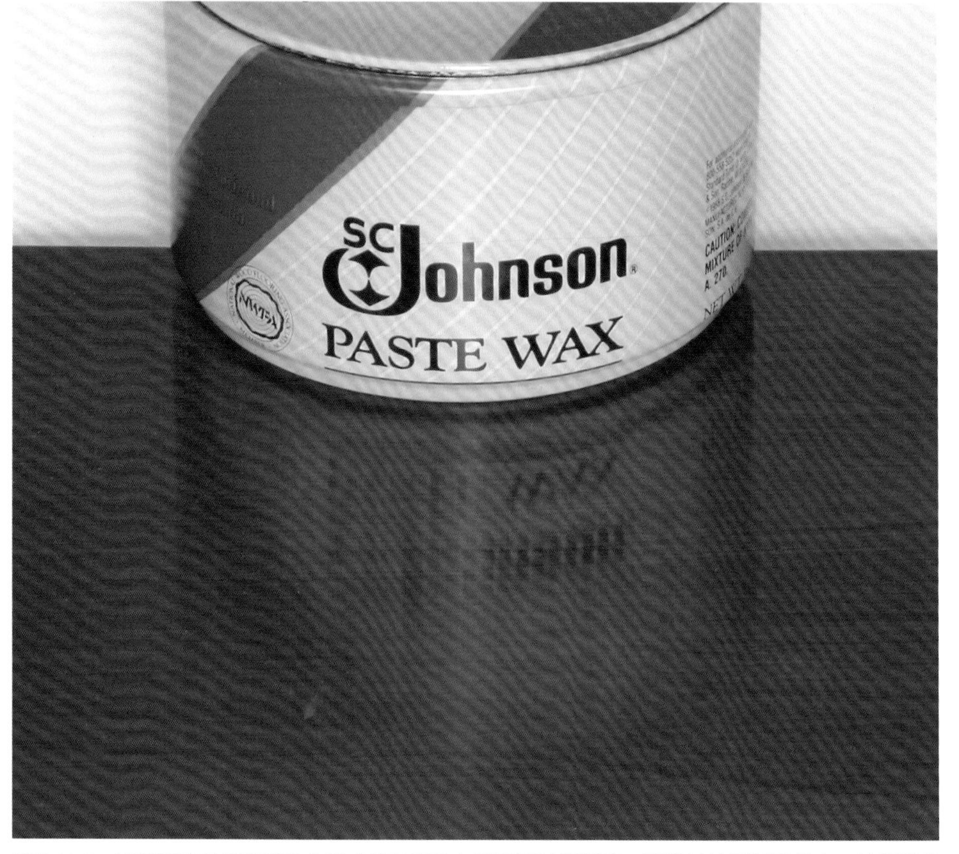

照片 18-2 膏蠟和家具拋光劑的主要功能是提升灰暗表面的光澤度。膏蠟的效果相當持久，液態拋光劑的效果則較為短暫。如圖所示，面板右側就是用膏蠟處理的效果。

傳言

樗檬油和橙油家具拋光劑是用檸檬油和橙油製成的。

事實

這些家具拋光劑只是在石油餾出物的基礎上添加了檸檬和橙子的香味。如果這些拋光劑真的是用檸檬或橘皮中那點少得可憐的油製成的話，那麼它的價格不僅會非常高，而且會在佛羅里達出現霜凍的時候價格飛漲！

膏蠟是不會揮發的。液態家具拋光劑不包含揮發性的蠟成分。（如果液態拋光劑中包含蠟，產品通常會被包裝在透明的容器中，並且會有蠟沉積在容器底部。）這就是膏蠟和液態拋光劑最顯著的區別。這意味著，只要表面的膏蠟沒有被磨掉或洗掉，它就可以為家具提供持續的保護和光澤度。相比之下，不含蠟的拋光劑只能在其揮發之前為家具提供保護和光澤度。

液態家具拋光劑比膏蠟要乾淨得多，因為後者更容易沾染粉塵和汙漬。大多數的液態拋光劑都能為房間增加一些宜人的氣味。

如果家具拋光劑穿過表面處理塗層滲透進入木料中，那麼表面處理塗層就會出現嚴重退化，這時應該考慮重新進行表面處理。此時的塗層和家具拋光劑都已無法保護木料。

用來為裸露木料做表面處理的膏蠟與那些用來為表面處理塗層做拋光的產品本質上是一樣的，並且它們的使用方法也是相同的（參閱第6章「蠟」）。

液態家具拋光劑通常包含四種主要成分：

■石油餾出物溶劑；

■水；

■矽酮；

■蠟。

石油餾出物溶劑是大多數家具拋光劑最主要的成分，它通常被稱為「油」，實際上是一種揮發速度較慢的油漆溶劑油，更準確地說，是一種油性溶劑。這種液體能夠增加塗層的光澤度及抗劃傷性，但只有在其揮發之後才能發揮作用。這個過程通常只需幾個小時。這種液體同樣有助於消除粉塵，並能擦除油脂和蠟，但對水溶性的汙垢則不具有這樣的清潔效果（參閱第198頁「松節油和石油餾出物溶劑」）。

水被添加到很多拋光劑中是因為，它是清理多種粉塵的首選清潔劑。（當然，在與溫和的肥皂產品，比如洗碗液或「油」皂混合之後，水的清潔效果會更好，但是這樣的清潔能力很少用到。）將水和石油餾出物溶劑混合可以製成乳液拋光劑。在第一次使用時，你會發現，這種拋光劑呈現乳白色。這也是你鑒別乳液拋光劑的重要依據。

矽酮是一種非常光滑的合成油，當被用於表面處理時，會使木料顏色呈現出富有深度的層次感。這種油可以在木料表面保持一個星期甚至更久，並且它的光滑特性賦予塗層對抗刮擦的強大能力。儘管一直存在各種投訴，但矽酮是完全惰性的，確實不會損傷表面處理塗層和木料，只是在重新製作表面處理塗層時存在一些問題，需要額外付出努力加以克服（參閱第183頁「魚眼與矽酮」）。因此，很多表面處理修補師以及維護人員不提倡使用矽酮拋光劑。然而，矽酮拋光劑在消費者中非常受歡迎。

蠟在室溫下呈固態，不會從家具表面揮發，所以並不常用，也不易於除塵、清理或者添加香味。（為了在不擦掉蠟的情況下除去其表面吸附的粉塵，可以使用沾水的布或麂皮擦拭，而不能用家具拋光劑代替水。）有時候，液態拋光劑中會添加蠟成分。這很容易辨認，因為蠟會沉澱在容器底部。

如何選擇產品？

選擇一款用於家具主動保養的產品並不像你想像的那樣複雜，需要從貨架的眾多產品中將其挑選出來。因為只有四種類型的家具保養產品可供選擇：透明拋光劑、乳液拋光劑、矽酮拋光劑和蠟（參閱下一頁「家具保養產品的類型」）。這些產品只在氣味、揮發速度方面存在顯著差別，有時候顏色上也會有所不同（用於為劃痕和刮擦處上色）。

你要謹記，並不是必須在家具或櫥櫃上使用這些產品。如果只是為了除塵，可以簡單地用沾溼的布或麂皮來擦掉粉塵，世界各地的很多人都是這樣做的。

無論你決定怎麼做，都要遵循本章前面提到的被動防護建議。這些方法能夠為表面處理塗層提供最好的長效保護。

你還可以使用靜電布清理粉塵，比如攫取（Grab-It）品牌的產品。不過，家具拋光劑還具備其他優勢，比如提高表面光澤度、增加抗劃傷能力、掩蓋輕微的劃痕、清除吸附在表面的粉塵並產生令人愉悅的氣味等。這些效果靜電布都沒有。此外，由於靜電布不含有油類潤滑劑，所以吸附在布上的粉塵可能會在擦拭過程中劃傷表面。並且清洗靜電布或為其塗抹家具拋光劑都會破壞其中的靜電荷，影響使用效果。

傳言

在表面處理塗層上用蠟做拋光處理會堵塞木料孔隙，妨礙木料呼吸。

事實

木料不會呼吸──至少，它不會呼吸空氣。木料會由於環境中空氣溼度的變化擴張和收縮（參閱第1章「為什麼木料必須做表面處理」）。但是作為拋光劑，薄薄地塗抹一層蠟並不會阻礙木料與空氣中水分的交換。

蠟也不會妨礙表面處理塗層的「呼吸」，因為表面處理產品並不能呼吸。如果塗抹薄薄的一層蠟能夠減緩強光照射和氧化導致的塗層退化當然很好，但蠟並不具備這樣的作用。

家具拋光劑綜述

家具拋光劑可用於	家具拋光劑不可用於
■ 增加暫時性的抗劃傷性 ■ 暫時隱藏輕微的劃痕 ■ 暫時增加光澤度 ■ 能夠協助清理粉塵 ■ 清理表面上的油脂、蠟和水溶性的粉塵 ■ 為房間添加令人愉悅的氣味	■ 為「油含量少的木料」提供「滋養」 ■ 「滋養」表面處理塗層 ■ 保護塗層免於高溫、水、溶劑及其他化學物質的損害 ■ 減緩由於光線和氧化造成的塗層退化

家具保養產品的類型

可將所有的家具保養產品畫分為四種類型。你可以根據自己的用途選擇相應的產品類型，然後根據氣味及其揮發速率進一步選擇（如果你注意到了某些差別的話）。如果需要掩蓋一些裂紋或者劃痕，可以選擇一些有顏色的產品（參閱第313頁「使用液態家具拋光劑」以及第114頁「使用膏蠟」）。

舉例	描述	選擇原因
	**透明拋光劑**屬於油漆溶劑油這樣的石油餾出物產品。有時候產品中也會包含一些相關的溶劑，比如柑橘油和松節油。這些拋光劑通常包裝在透明的塑料容器中。透明拋光劑能夠清除油脂和蠟，但不能清除水溶性汙垢，比如軟飲料或黏性指印乾燥後的痕跡	如果你想選擇一款價格不高、有令人愉悅的氣味、有助於清除粉塵的液體拋光劑，透明拋光劑就可以滿足要求
	**乳液拋光劑**是水和石油餾出物的混合物，在第一次使用時呈乳白色。這些拋光劑通常包裝在霧化器噴霧罐中。乳液拋光劑優於透明拋光劑的地方在於，它既能清除油脂，又能清除水溶性汙垢	如果你需要一種輔助除塵、清理效果好的拋光劑，可以選擇乳液拋光劑
	**矽酮拋光劑**是一種在石油餾出物（透明的）或乳液（乳白色）基質中添加了少量矽酮的產品。矽酮是一種油，它不能從木料表面揮發。有一種方法可以辨別矽酮拋光劑：觀察手指在表面拖動時留下的指印，如果使用的是矽酮拋光劑，那麼即使是在幾天之後也能獲得相同的測試效果	如果你需要持久的光澤度和抗劃傷性，同時需要輔助除塵或清潔能力，則可以選用矽酮拋光劑
	**蠟**是永久性的家具保養產品，也是使用難度最大的產品，因為需要付出額外的努力來擦除多餘部分。蠟相對於液態拋光劑的優勢在於，在處理退化的塗層表面時不會突出表面上的裂紋或裂痕	如果你想使老舊退化的或者較新的表面處理塗層獲得相當持久的光澤度和抗劃傷能力，又不想使用矽酮拋光劑，那麼可以選擇蠟作為拋光劑

古董家具的保養

除非近期剛剛做過修復，否則古董家具看起來會有些暗淡無光、裂紋遍布。此外，將各個部件銜接起來的接合處也會變鬆，貼面膠合板的木皮也會翹起來。總體來說，古董家具比新家具更為脆弱，必須以此為前提進行處理。

所有可用於新家具的保養方法同樣適用於古董家具的保養，而且你必須更加重視古董家具的保養。換句話說就是，對於古董家具，避免強光直射、防止劃傷更為重要，因為古董家具的塗層更加脆弱，更容易受到損傷。膏蠟為古董家具提供保養的效果最好。

最好保持房間內溼度恆定，因為溼度的大幅波動會導致家具的接合處變鬆、貼面膠合板的木皮翹起。除了這種簡單的護理，不需要採取進一步的措施了，好好享受家具帶來的美感就好。

這些簡單並且相當直觀的說明也許與你之前在雜誌上看到的、通過各種渠道聽到的內容是相反的。不幸的是，很多人就是使用道聽途說的方法對古董家具進行保養的。很多人都被古董家具嚇到過，唯恐做錯什麼破壞了其原有的價值（參閱第368頁「表面處理塗層的退化及古董鑒定電視節目」）。

如果你是其中的一員，或者你的某個客戶是其中的一員，你要銘記兩點。第一，很少有古董在一開始的時候就具有巨大的價值。第二，使用任何膏蠟或家具拋光劑產品都不會損壞原有的塗料、塗層和木料，除非你的操作手法過於粗糙。

除了需要在一些表面處理塗層退化嚴重的家具上使用膏蠟代替家具拋光劑，古董家具的主動保養措施與新家具的主動保養措施相比是沒有區別的。

傳言

將蠟作為拋光劑使用時，它會堆積在塗層表面形成油汙。

事實

只有在每次完成塗抹後沒有擦除多餘部分時，蠟才會在塗層表面形成堆積。在每次塗抹一層新的膏蠟後，其中含有的溶劑會溶解現存的蠟，並形成新的混合物。這樣在你擦除多餘的蠟之後，留下來的仍然只有與塗層表面緊密結合的那一層。為了有效地擦除多餘的蠟，你需要用乾淨的布擦拭。為了擦除可能造成堆積的蠟，你可以用油漆溶劑油、石腦油、松節油或者某種透明家具拋光劑擦拭表面（如果塗層特別牢固的話）。

19

表面處理塗層的修復

簡介

- 移除異物
- 修復表層損傷
- 修補表面處理塗層的顏色
- 補色
- 用熱熔棒填充
- 用環氧樹脂填充
- 修復深度的劃傷與刀痕

隨著時間的推移，表面處理塗層會退化、出現損傷，應對其及時進行修復。正如我在前面的章節提到的那樣，有些類型的表面處理塗層要比其他表面處理塗層更易於修復，但是總體而言，大多數表面處理塗層的損傷都是可以修復的。在家具行業中，表面處理塗層的修復是一個專業領域，它與表面處理本身是有區別的。這些專業人員主要集中在家具廠、家具商店以及搬家公司（因為對表面處理塗層最嚴重的損壞發生在搬家過程中）。

表面處理塗層受損的情況可以分為五種主要的類型，有時候損傷甚至會穿透表面處理塗層並傷及塗層之下的木料。

- 黏在表面處理塗層的異物，通常是蠟燭或蠟筆的蠟、記號筆標記、乳膠漆飛濺的痕跡以及來自標籤和膠帶的黏合劑。
- 表面處理塗層的表層損傷，一般是輕微的劃痕、裂痕（開裂）、磕碰以及包裝（擠壓）痕跡，這通常會發生在家具堆疊到高溫的卡車內或庫房中的時候。

■對表面處理塗層的顏色造成損傷。

■對木料的顏色造成損傷。

■損傷深入較厚的表面處理塗層中，甚至穿透表面處理塗層深入木料中，通常是一些較深的劃痕和刀痕。

對透明的、滲透性的表面處理產品（油以及油與清漆的混合物）以及在未經染色的木料表面塗抹的很薄的表面處理塗層來說，表層損傷很容易修復，只需用油或者油與清漆的混合物簡單地擦拭，然後擦掉多餘部分即可。但是發生在這些表面處理塗層上的實質性損傷（顏色問題、刀痕以及深度劃痕）是很難修復的，因為塗層的厚度太薄了，缺少可用來操作的界面。一旦受損，這些表面很難再呈現出之前的外觀效果。換句話說，所有的薄膜表面處理塗層損傷都能夠被修復，但要解決顏色問題、刀痕以及深度劃痕往往需要更高的水平和技術。

移除異物

所有黏附在表面處理塗層上的異物都可以通過打磨除去。但打磨操作會破壞表面處理塗層的光澤度，所以在擦除異物時最好使用不會影響表面處理塗層光澤度的溶劑。

■塗層表面的燭用蠟通常經過冰塊冷凍就可以脫落。或者，可以首先刮去大塊的蠟，然後用油漆溶劑油、石腦油或松節油來擦除殘留的蠟。也可以用吹風機加熱這些蠟，待其融化或軟化後就可以將其擦掉了。但要注意，不要使表面過熱，否則表面處理塗層也會軟化。如果蠟經過了染色，並且顏色滲入了表面處理塗層或者下面的木料中，那麼除了剝離表面處理塗層並重新做表面處理，沒有其他辦法可以去除滲入的顏色。

■蠟筆蠟可以使用油漆溶劑油、石腦油或松節油擦除。

■記號筆的標記可用工業酒精擦除。用酒精打溼棉布並輕輕擦拭即可。棉布上的酒精不能太多，不能讓表面處理塗層處在浸潤於酒精中的狀態。如果酒精不起作用，可以使用漆稀釋劑，但這樣可能會損傷表面處理塗層（**照片19-1**）。

■乳膠漆飛濺形成的汙漬通常可以用甲苯、二甲苯或尼龍酸甲酯（DBE）擦除。用這些溶劑打溼棉布並輕輕擦拭。市售的產品，包括酷弗——奧夫（Goof Off）和奧珀斯（Oops）在內，很多都能夠擦除這種類型的異物，並且每種品牌都可提供多種選擇。甲苯的效果較強，尼龍酸甲酯的效果較弱，它們使用的溶劑與較弱的脫漆劑使用的溶劑是相同的（參閱第356頁「N—甲基吡咯烷酮」）。尼龍酸甲酯可以在水基表面處理塗層上安全使用，並被譽為「環境無害型產品」。你需要認真閱讀標籤上的成分說明，確定罐子中的溶劑成分。

■來自貼紙或膠帶的黏合劑也是一個問題。漆稀釋劑通常可以用來擦除這些黏合劑，但可能會損傷表面處理塗層。在使用漆稀釋劑之前，可以嘗試用石腦油、松節油、甲苯或二甲苯擦除。甲苯和二甲苯通常會有效果（參閱第198頁「松節油和石油餾出物」）。

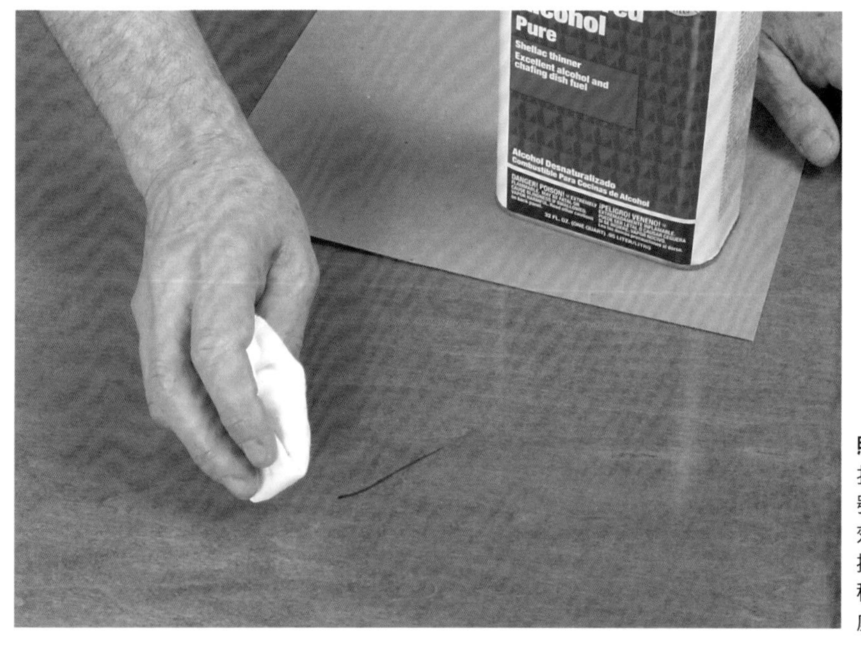

照片19-1 使用經工業酒精打溼的布可以很容易擦掉記號筆的痕跡。如果酒精不奏效，可以嘗試用漆稀釋劑擦拭，但應盡量少用，因為漆稀釋劑會損壞大多數的表面處理塗層。

修復表層損傷

表層的磨損、劃痕、擠壓痕跡以及退化都很常見，並且易於修復。下面介紹了四種用於修復這類損傷的方法。

- 在塗層表面塗抹一層膏蠟並擦除多餘部分。
- 用砂紙打磨掉受損的或磕碰的塗層，露出下方未受影響的塗層。或者，用鋼絲絨或研磨膏進行擦拭，用精細的劃痕掩蓋原有的損傷。
- 另外塗抹一層或兩層表面處理產品來掩蓋這個問題。這種處理方式既可以直接在損傷的塗層上完成，也可以在使用磨料磨掉損傷塗層之後再進行。
- 合併或「回流」表面處理塗層。隨後可以通過打磨將表面處理塗層整平。

塗抹膏蠟

在塗層表面塗抹膏蠟是所有修復方法中最簡單的。這種方法在掩蓋輕微的磨損或劃痕時非常有效，並能提高暗淡表面的光澤度（參閱第114頁「使用膏蠟」）。彩色膏蠟可以為輕微的劃痕著色。你要謹記，家具拋光劑可以擦除膏蠟，並留下斑駁的表面，所以拂拭表面應該用乾布或者沾水的溼布。

警告！！！

很多表面處理產品，特別是工廠使用的表面處理產品帶有顏色——這些顏色通常來自調色劑或者釉料。所以在打磨表面處理塗層時，你很可能會在接觸木料表面之前打磨掉一些顏色。你通常會看到表面處理塗層的顏色在一點點變淺，這可以為你提供早期的預警訊號，提醒你停止繼續打磨。

打磨掉部分表面處理塗層

如果表面處理塗層足夠厚，可以打磨掉一些以露出更好的表面。這與擦掉舊塗層暴露出新表面的處理方式完全一樣（參閱第16章「完成表面

小提示

修復表面處理塗層的損傷通常需要很多技能，同時也需要一些專業化產品的幫助。「莫霍克表面處理產品」（Mohawk Finishing Products）會在全美的各個城市開辦為期3天的課程，講授表面處理塗層的修復技術。這家公司同樣銷售表面處理的專業化產品（參閱第373頁「資源」）。

處理」）。可以先用砂紙和潤滑劑來整平塗層表面，或者也可以跳過這一步，使用鋼絲絨或研磨膏進行擦拭。應該始終選擇最精細的研磨料以有效消除損傷。大多數情況下，你應選用400目、600目或1000目的砂紙，0000號鋼絲絨，灰色研磨墊或者浮石。如果你想要降低磨穿表面處理塗層的風險，就一定不能讓不必要的操作進一步加深塗層上的劃痕深度。

塗抹更多表面處理產品

即使不知道現有的表面處理塗層使用的是哪種塗料，你仍然可以在現有的表面處理塗層的基礎上製作更多的表面處理塗層（參閱第148頁「表面處理產品的兼容性」）。在塗抹新塗層之前，可以先用鋼絲絨將塗層表面打磨或擦拭平整，就像之前塗抹多層表面處理塗層時所做的那樣。如果最初的表面處理是你完成的，並且你還記得使用的是哪種表面處理產品，那麼現在最好使用與之前相同的表面處理產品。（是否使用同一品牌的產品並不是很重要。）如果不記得或不知道之前使用的產品類型，那你面前有三種選擇：一是使用油與清漆的混合物或擦拭型清漆進行擦拭；二是在塗層表面進行法式拋光；三是選用一種薄膜型表面處理產品，為你提供所需的塗層特性，比如，聚氨酯能夠提供良好的耐久性。很多表面處理修復師會在將塗層表面清理乾淨後噴塗一層薄薄的合成漆，這樣既快又有效（參閱第8章「薄膜型表面處理產品」）。

油與清漆的混合物並不比膏蠟更好用，因為需要擦除多餘部分。但是在有些時候，彩色的油與清漆的混合物能夠非常有效地為顏色較淺的區域著色，並且油與清漆的混合物比膏蠟的效果更持久（參閱第5章「油類表面處理產品」）。不過，在塗層如鏡面般平滑的桌面上使用油與清漆的混合物並不是明智之舉。因為表面上的每一處缺陷都會清晰地顯現出來，而且由於油與清漆的混合物質地柔軟，形成的塗層很容易受到損壞。使用膏蠟或者某種其他的方法修復這種類型的表面通常會更好。

法式拋光對修復輕微受損的表面來說是非常不錯的選擇（參閱第162頁「法式拋光」）。19世紀的時候，這項技術被廣泛使用。現在，歐洲仍有很多地方沿用這項技術，美國同樣將其用於為精細古董家具的古舊表面「提亮」。由於現代家具最初的表面處理不是用蟲膠完成的，所以經過法式拋光處理的家具表面乾淨、無光澤是非常重要的。用鋼絲絨打磨或擦拭表面以製造一些劃痕，為蟲膠提供一個易於黏附的粗糙表面，這個做法相當不錯。

刷塗或噴塗一層薄膜型表面處理產品，無論使用的表面處理產品是否與最初的產品相同，覆蓋原有塗層總是存在風險的。任何不可預見的事情都有可能發生，從流布性差到起泡以及產生魚眼（參閱第183頁「魚眼和矽酮」）。這種做法通常也不太方便：你必須把家具移動到專門做表面處理的區域，這樣家具可能會在一段時間不能投入使用。如果你選擇使用這種方法修復家具，請在開始操作之前參閱第148頁的「表面處理產品的兼容性」。

通常情況下，如果不能打磨掉部分表面處理塗層或在表面製作更多的塗層，就需要剝離原有塗層重新進行表面處理。所以，在嘗試修復表面處理塗層的時候，些許損失在所難免。

合併表面處理塗層

蟲膠和合成漆都是揮發型表面處理產品，因此可以使用適當的溶劑將其重新溶解或回流（用酒精處理蟲膠，用漆稀釋劑處理合成漆，參閱第8章「薄膜型表面處理產品」）。回流又稱為合併，你可以選擇這種方法來保留現有的表面處理塗層及其顏色。

有兩種可以合併表面處理塗層的方法：在塗層表面噴塗或刷塗溶劑，或者用法式拋光的方法把溶劑擦進塗層中。噴塗或刷塗溶劑可以浸潤表面處理塗層，從而實現回流，額外擦拭塗層表面可以使其變得更加平滑。如果做得好，這兩種方法都能夠提高塗層的光澤度和光滑度。但是，這兩種方法都無法修復木料的整個表面塗層。因為做到這一點通常需要把表面處理塗層完全溶解，而這樣做會導致滾動、流掛，或者使塗層變得凹凸不平。

如果使用蟲膠，就不用為選擇溶劑發愁了，因為只能使用工業酒精。如果選擇使用合成漆，就需要根據揮發速率選擇漆稀釋劑的種類，通常揮發速率最慢的漆稀釋劑產生的效果最好（參閱第174頁「漆稀釋劑」）。蟲膠或合成漆的溶解狀態愈接近液態，並且沒有出現流掛，修復就會愈深入、愈徹底。

合併表面處理塗層也存在風險。除非你做好了失敗後重做表面處理的準備，否則不要輕易嘗試（**照片19-2**）。簡而言之，如果開裂嚴重或者裂紋特別深，直視裂縫可以看到塗層內部的話，你可以嘗試這種處理方式。

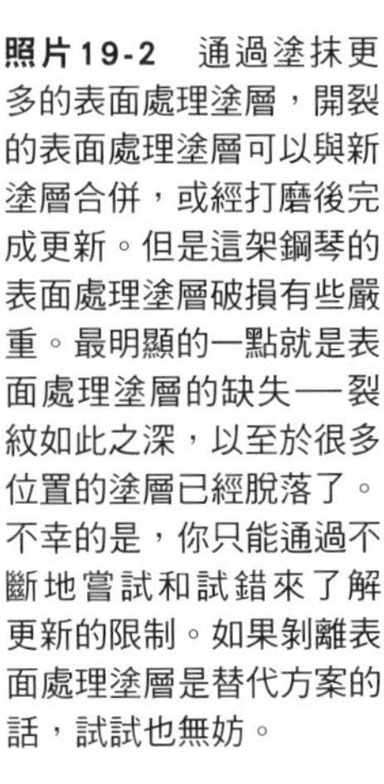

照片19-2　通過塗抹更多的表面處理塗層，開裂的表面處理塗層可以與新塗層合併，或經打磨後完成更新。但是這架鋼琴的表面處理塗層破損有些嚴重。最明顯的一點就是表面處理塗層的缺失——裂紋如此之深，以至於很多位置的塗層已經脫落了。不幸的是，你只能通過不斷地嘗試和試錯來了解更新的限制。如果剝離表面處理塗層是替代方案的話，試試也無妨。

修補表面處理塗層的顏色

表面處理塗層的顏色損傷分為三種類型：

- 水造成的損傷（水環）；
- 高溫造成的損傷；
- 劃痕或擦掉了部分顏色造成的損傷。

去除水漬

當溼氣滲入表面處理塗層內部的時候就會產生水環，薄膜塗層的透明度會因此受到影響而變得模糊。溼氣滲入的薄膜塗層區域會出現混濁或者發白，並呈現環狀的外觀，因為這種損傷通常是由潮溼的水杯或者熱杯子放在塗層表面，使杯子下方的溼氣進入表面處理塗層凝結造成的。高溫會加速溼氣的滲透。水環在一些年代比較久遠並且存在細小裂痕的表面處理塗層上較為常見。裂痕通常會成為溼氣進入木料的通道。酒精也會產生水環，因為在其滲透進入表面處理塗層的時候，水分也會隨之滲入。

儘管修復非常老舊的表面處理塗層的損傷很難，但除去水環還是可能的（**照片19-3**）。下面介紹幾種可以做到這一點的方法，每種方法都要比之前的方法更為激進，因此潛在的破壞性也會更大。

- 在受損區域塗抹一層油類物質，比如家具拋光劑、凡士林或蛋黃醬，之後保持過夜。這種方法很少有效，並且有時會讓顏色出現輕微的褪色，但不會損傷表面。
- 用布料沾取少量的工業酒精輕輕擦拭受損區域——在擦拭過程中出現拖尾的蒸氣軌跡就可以了。更多的酒精不一定更好，因為過多的酒精會軟化表面處理塗層，使其變得不均勻，或

照片19-3　一塊用酒精潤溼的布能夠非常有效地去除水漬。為了不會損傷表面處理塗層，酒精不宜太多，只要在輕輕擦拭後可以在布料後面留下拖尾的蒸氣軌跡就可以了。

傳言

水環通常出現在家具拋光劑層或蠟層。

事實

家具拋光劑或者蠟都不會產生水環。這種傳言廣為流傳是因為，有時使用油漆溶劑油這樣的油類溶劑擦拭表面會使水環消退，就像能用這類溶劑擦除家具拋光劑或蠟那樣。

警告！！！

如果水完全滲透了表面處理塗層，並使塗層與木料發生分離，那就需要去除翹起的塗層，修復它以及任何顏色的損傷，或者將塗層剝離並重做表面處理。通常這種類型的損傷表現為表面處理塗層的裂縫。如果水分滲入了表面處理塗層並加深（染色）了木料的顏色，那就需要剝離表面處理塗層並用草酸來漂白深色區域（參閱第 354 頁「使用草酸」）。

者自身產生一些水漬。擦拭時不要太用力，也不要讓酒精潤溼塗層表面。

- 大多數表面處理產品，特別是合成漆，可以經乙二醇醚溶劑溶解後製成噴霧。常用的溶劑是乙二醇丁醚，可用於製作氣溶膠噴霧罐產品。常見的品牌包括霧濁消除者（Blush Eliminator）、霧濁控制（Blush Control）和超級霧濁緩凝劑（Super Blush Retarder）。（在合成漆或蟲膠製作的表面，水環與霧濁很相似。）這些面向非專業人士的產品可以在www.woodfinishingsupplies.com上找到。
- 對所有的表面處理塗層來說，都可以使用溫和的研磨料擦拭受損部分，將塗層磨掉。不過，由於損傷經常處於塗層的表層，所以過多的擦拭操作是沒有必要的。關鍵在於避免擦拭的部分形成與塗層的其他部分截然不同的光澤度。牙膏或者煙灰與水或油的混合物有時也有效果，可以留下光亮的表面。矽藻岩與水或油形成的混合物有些粗糙，但仍能產生光亮的光澤度。浮石和0000號鋼絲絨會產生緞面光澤的表面，並且一直都很有效。加入油或者蠟作為潤滑劑可以減少劃傷。如果經過擦拭的部分光澤過於暗淡，可以使用更精細的研磨料擦拭處理區域，或者用噴霧器在處理區域噴塗能夠產生所需光澤效果的塗料。同樣可以擦拭整個表面，以獲得均勻的光澤效果。

修復高溫造成的損傷

高溫造成的損傷與水造成的損傷很相似：薄膜塗層出現混濁並呈灰白色。高溫也會導致表面處理塗層出現一些凹陷。由於高溫造成的損傷遍及整個表面處理塗層，所以除了剝離塗層並重新進行表面處理，修復的可能性不大。不過，可以嘗試一下去除水環的方法。可以像處理壓痕一樣處理凹陷，參閱第323頁「修復表層損傷」。

置換缺失的顏色

輕微的顏色損傷通常是由於刻痕、劃痕和擦痕的存在。有四種顏色損傷的情況，每種情況都需要不同的應對方法。

- 無論是木料本身的天然顏色還是來自染色劑的顏色，木料表面仍然保留了足夠多的顏色，你要做的就是在損傷處塗抹一層透明的表面處理產品，使其融入原有的塗層。你使用的表面處理產品應能將損傷處的顏色加深到足夠的深度。
- 木料表面未能保留足夠的顏色，這就需要在修復損傷的過程中進行補色。
- 木料表面仍然處於封閉狀態，這會阻止顏色的滲透。在這種情況下，必須使用有顏色的表面處理產品修復頂層損傷。
- 木纖維的損壞非常嚴重，以至於塗抹任何液體塗料都會產生過深的顏色。此時需要使用中性（無色）的膏蠟、水基表面處理產品或者乾燥速度非常快的表面處理產品。

由於每種情況的修復方法都不相同，所以你要提前測試，以確定針對不同情況的最有效的方法。這裡有一個簡單的測試方法：在損傷處塗抹一些透明液體，觀察接下來發生的情況。

液體會使損傷的痕跡消失，還是會輕微地加深損傷？是沒有任何效果，還是會加深損傷處的顏色？

油漆溶劑油是最好的選擇。但如果你的工作地點遠離店鋪，或者你去拜訪朋友，而他那裡找不到油漆溶劑油，你可以用口水作為替代。用手指沾上口水在損傷處簡單塗抹（**照片19-4**）。根據液體對顏色的影響，幾秒鐘之內你就可以知道具體情況。

- 如果液體能夠恢復損傷處的顏色，那你需要塗抹一層透明的表面處理產品。最好的選擇是油與清漆的混合物、透明蟲膠或清漆。與透明蟲膠相比，油與清漆的混合物加深顏色的效果更強。清漆則介於兩者之間。
- 如果液體只能部分恢復損傷處的顏色，那就需要塗抹一些染色劑產品。選擇一種油基的擦拭型染色劑或者水溶性的染料染色劑最為簡單，因為擦除多餘的染色劑不會對周邊的區域造成損傷。你也可以選擇市售的商業產品，比如霍華德表面處理修復者（Howard's Restor-a-finish）或者彩色膏蠟。
- 如果液體沒有產生任何效果，說明木料仍然處於表面處理產品的封閉之下（塗層並未完全被破壞）。要置換的顏色仍然位於表面處理塗層中，所以需要重新將其覆蓋。可以用修色筆來完成這個操作（**照片19-5**），也可以刷塗一層含有黏合劑的染色劑。典型的黏合劑包括蟲膠、清漆和水基黏合劑。此外，作為用漆稀釋劑溶解的蟲膠製品，你也可以使用填補漆進行處理（參閱第168頁「填補漆」和**照片19-6**）。實際上，你使用的是經過稀釋的塗料。可以使用通用染色劑和色素粉末與蟲膠、填補漆、水基表面處理產品或油混合，或者將日式染色劑與清漆混合（參閱下一頁「補色」）。
- 如果液體使受損部位的顏色變得特別深，這通常表明木料表面過於粗糙，並吸附了過多的液體。

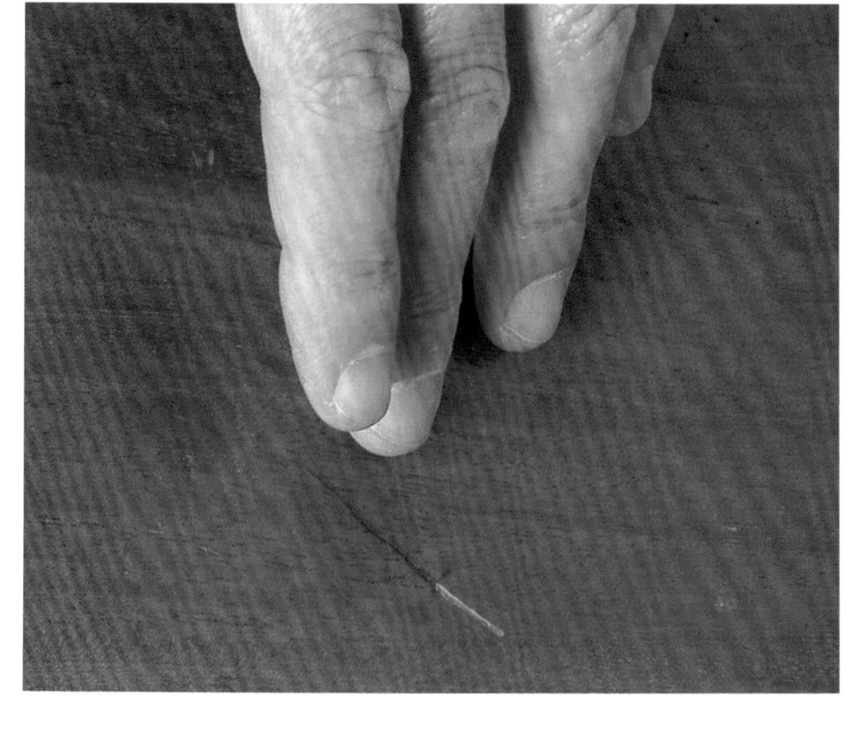

照片19-4 判斷表面處理塗層顏色損傷情況的最好方法，就是用手指沾一些油漆溶劑油或口水沾溼損傷表面。如果損傷處的顏色恢復了，簡單地塗抹一些透明的表面處理產品即可；如果損傷處的顏色恢復了一些但不完全，可以塗抹一些染色劑；如果損傷處的顏色沒有任何變化，則需要塗抹一層彩色的表面處理產品；如果損傷處的顏色變得特別深，可以使用透明的膏蠟做處理。

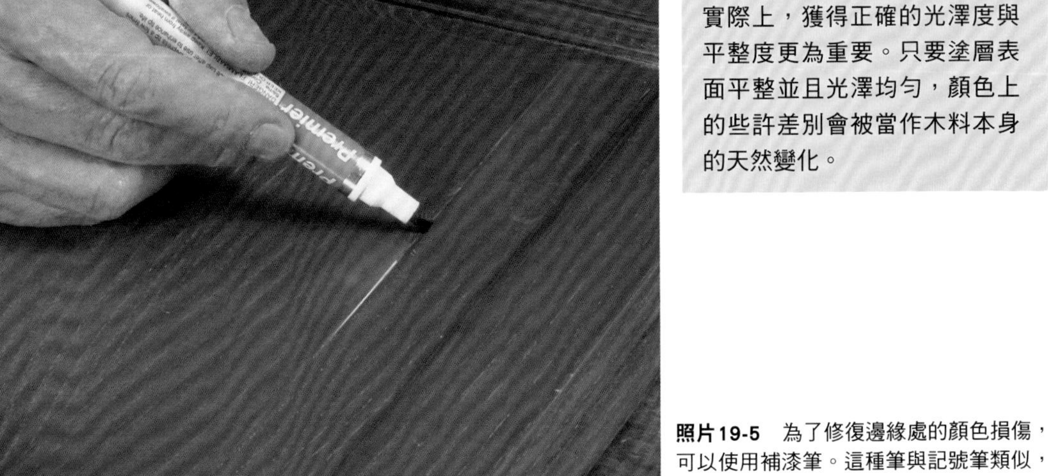

傳言

只要選擇了正確的顏色，修補痕跡是看不出來的。

事實

實際上，獲得正確的光澤度與平整度更為重要。只要塗層表面平整並且光澤均勻，顏色上的些許差別會被當作木料本身的天然變化。

照片19-5 為了修復邊緣處的顏色損傷，可以使用補漆筆。這種筆與記號筆類似，但顏色是木料色調的。選用合適的顏色，沿著受損的邊緣簡單地拖動筆尖即可。

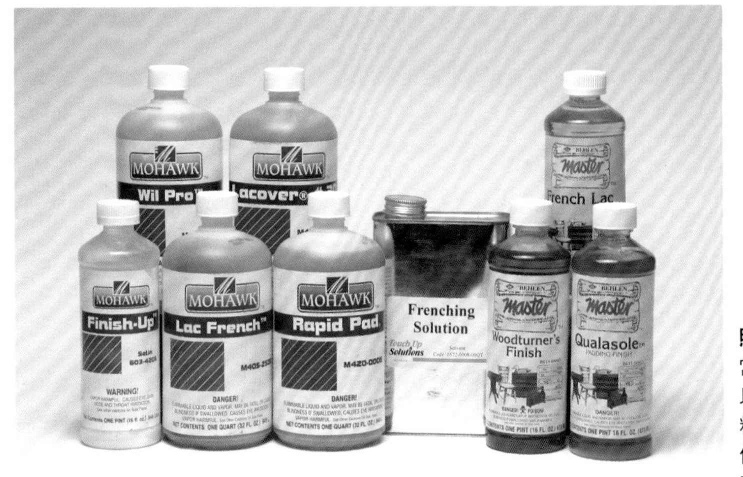

照片19-6 最初的填補漆成分是蟲膠，通常會添加一些樹脂來增強防水性能，也可以添加強效的漆稀釋劑作為溶劑來代替酒精。在修補較小的區域時使用填補漆更方便，因為其中含有的潤滑劑成分會在修補完成後揮發，省去了擦除的工作。

■如果你不能整平表面，可以塗抹一層透明的膏蠟，這是對顏色的加深程度影響最小的方式。此外，你也可塗抹一層蟲膠或水基表面處理產品。

粉末狀染色劑比液態染色劑更容易使用。一個小的工具盒能夠很方便地存放這些粉末，但是在移動過程中要非常小心，以免染色劑漏出或者彼此混合。在這個小盒子裡我同時填裝了染料和色素。薄膜罐則很方便用來盛裝黏合劑。

補色

在那些顏色被擦掉或刮掉的區域，在純色的木粉膩子、老化處和硬蠟上，在經過環氧樹脂修補的位置以及膠水形成的汙漬處，顏色可以被填充，木料的紋理也能被勾畫出來。在任何時候，最好選擇在同種類型的光源（白熾燈、螢光燈或者自然光源）下進行操作。在塗抹塗料之前，最好使用氣溶膠或者蟲膠或填補漆來封閉木料的表面（參閱第168頁「填補漆」──將蟲膠溶解在漆稀釋劑中）。封閉劑既能顯示木料表面的真正顏色，也方便在塗錯顏色的時候能夠更容易地擦除修復痕跡。

至於染色劑，色素或染料都可以使用，這主要取決於你想要得到何種程度的透明度。如果染色劑中不含有黏合劑，那你需要自己添加一種。大多數修復專家會選用快乾型的蟲膠或填補漆黏合劑，也可以將清漆與油或日式染色劑混合，以獲得你需要的較長的操作時間。這樣各個步驟之間需要等待的時間會明顯變長。

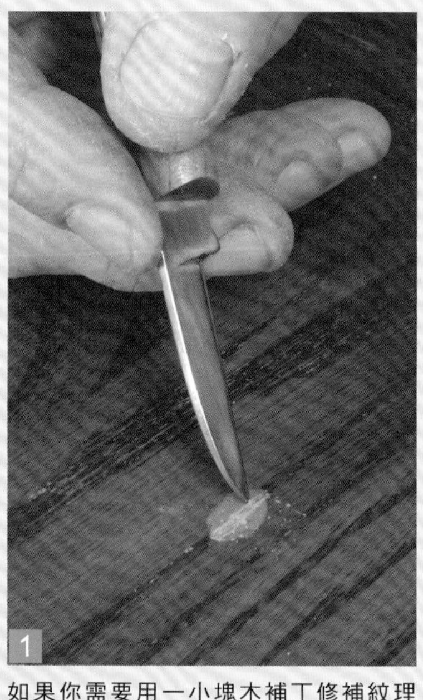

如果你需要用一小塊木補丁修補紋理較為粗大的木料（諸如橡木或桃花心木），除了為木塊染色使其與木料的顏色相匹配，還需要用刀尖在木塊上切割出一些類似的紋理。

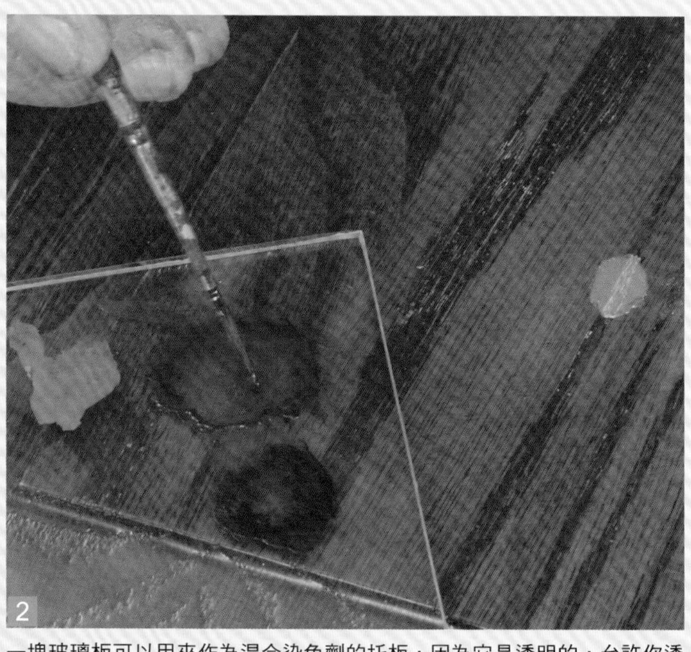

一塊玻璃板可以用來作為混合染色劑的托板，因為它是透明的，允許你透過它觀察染色劑與木板的顏色匹配情況。在上圖中，我正在玻璃板上把綠色色素加入到深褐色的色素中削減紅色調，以更好地匹配這塊橡木板的紋理和顏色（參閱第74頁「配色」）。

使用精細的藝術畫筆在補色區域畫線，將其與周邊的木料紋理連接起來，匹配木料的紋理樣式。色素（含有黏合劑）通常最適合完成這項任務。你同樣可以使用木紋筆畫線。木紋筆可以達到與藝術畫筆同樣的效果，使用也很方便，只是可用的顏色有限。

補色（續）

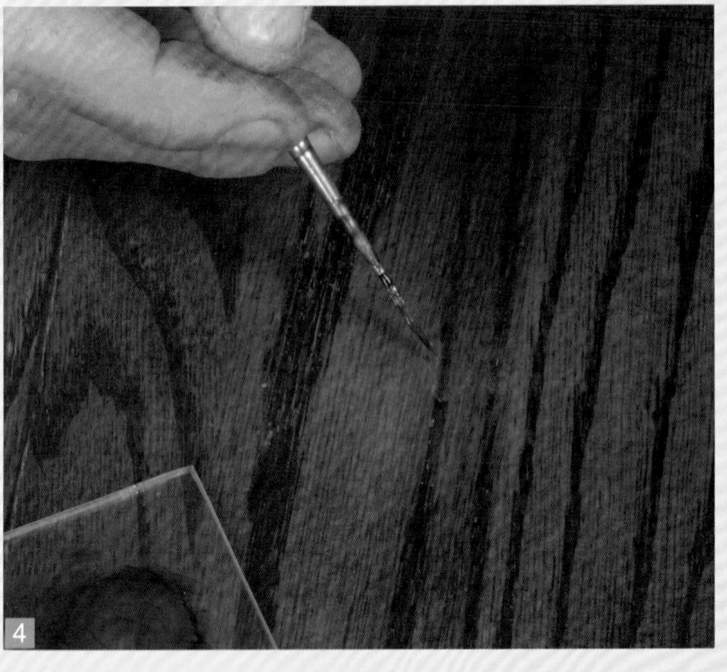

待線條乾燥，噴一些氣溶膠或者用擦拭墊沾取一些蟲膠或填補漆來「填補」線條處的凹陷（參閱第30頁「抹布」）。然後，通過微調背景色（周邊木料最淺的顏色），即使用藝術畫筆畫出很多短線，完成著色工作。除此之外，你也可以用擦拭墊沾上蟲膠或填補漆快速地來回擦拭修補區，待其表面變黏，用手指沾上少量的染料或色素粉末塗抹上去。當你完成修復工作之後，可以用氣溶膠或擦拭墊來製作一層保護性塗層。使用光澤度合適的噴霧漆或者用研磨料擦拭以調整光澤度。如果需要在表面處理塗層之間進行修復，那麼在完成修復之後，你要繼續製作表面處理塗層。

儘管由於顏色匹配的限制會導致操作效率降低，但是可以用染色劑和黏合劑代替彩色鉛筆。在各個步驟之間，你可以使用氣溶膠來封閉不同塗層的顏色。

如果是在家或者辦公室完成操作，你同樣需要考慮所用溶劑的氣味因素。可以換用水基的表面處理氣溶膠，但它可能不像溶劑基的產品那樣效果好，或者換用水基填補漆，比如莫霍克品牌的終結者（Finish Up）產品，效果也可以。（要保證經常擦拭噴霧器的噴嘴，以防止噴霧器堵塞。）在修復表面處理塗層時，並沒有一個通用的解決方案能夠解決溶劑的氣味問題。

小提示

可以用噴槍或氣刷在任何損傷或者補丁處「羽化」缺失的顏色。

方法一：若要處理上述問題，可以在一塊硬紙板的中間剪一塊與損傷區域或補丁塊大小相近的洞，對正，放上紙板，將噴槍置於硬紙板上方幾吋的高度做短暫的噴塗。

方法二：調整噴槍或氣刷的噴霧模式，形成細窄的噴霧面以噴射細霧。按壓扳手到剛好可以打開空氣閥的程度，然後橫向於處理表面，向著顏色缺失的區域移動。當噴槍經過待修補區域的時候，加力按壓扳手，同時像鐘擺那樣來回擺動手腕完成噴塗，然後再鬆開扳手。將染色劑稀釋到可以來回噴塗幾次的程度，以滿足操作要求。這樣在每次噴塗的間隙，你有足夠的時間觀察和判斷，以得到最佳的修補效果。

用熱熔棒填充

熱熔棒是一種固體的棒狀表面處理產品。從成分上來說，這種產品通常是揮發型表面處理產品，比如蟲膠或合成漆。揮發型表面處理產品的優點在於可以融化，因此很容易通過控制熱度進行操作（參閱第8章「薄膜型表面處理產品」）。下面會詳細介紹使用熱熔棒的步驟。相同的技術同樣可以用來塗抹硬蠟，只是為了保持表面平整，你需要經常刮掉多餘的蠟。

使用熱熔刀、電切刀或丁烷刀熔化熱熔棒，並將融化物填入損傷處。或者，你也可以用焊槍或者在火焰上燒灼的螺絲刀（要確保擦掉煙灰）熔化熱熔棒，然後輕輕地填充損傷部位。確保填料略為溢出。

首先要用砂紙或刮刀清除損傷區域邊緣及其周圍的任何粗糙之處，完成損傷區域的預處理。如果損傷是由香煙造成的，那麼首先要把燒焦的部分切掉。選擇與背景色（最淺的顏色）相匹配的彩色熱熔棒（可以幾種混合使用）。如果受損區域內部的顏色是正確的，那你可以選擇一種透明的熱熔棒。使用熱熔刀、電切刀或丁烷刀熔化固體表面處理產品，將融化物填入損傷處。或者，可以用焊槍或者在火焰上燒灼的螺絲刀（要確保擦掉煙灰）熔化熱熔棒，之後輕輕地填充損傷部位。確保填料略為溢出。

用熱熔棒填充（續）

待填料冷卻，將其刮平。可以使用320目的砂紙或者更精細的溼／乾砂紙搭配一種油性潤滑劑進行打磨。在砂紙背面墊上軟木塊，選用的軟木塊應比需要打磨的修復區略大一些。注意保持軟木塊的底面與修復區域平行，這樣就不會蹭掉周邊的塗層了。

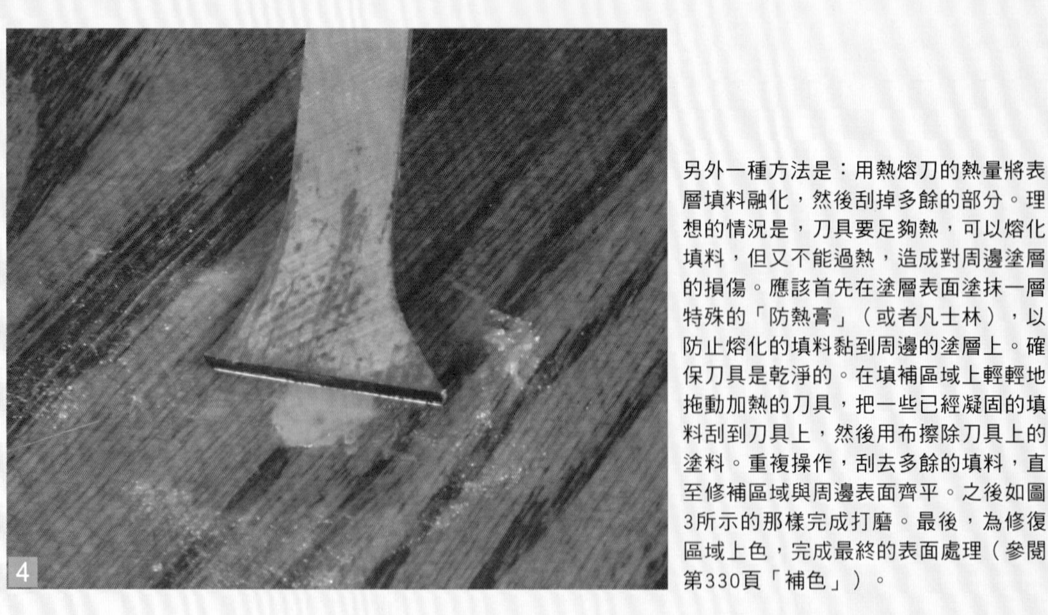

另外一種方法是：用熱熔刀的熱量將表層填料融化，然後刮掉多餘的部分。理想的情況是，刀具要足夠熱，可以熔化填料，但又不能過熱，造成對周邊塗層的損傷。應該首先在塗層表面塗抹一層特殊的「防熱膏」（或者凡士林），以防止熔化的填料黏到周邊的塗層上。確保刀具是乾淨的。在填補區域上輕輕地拖動加熱的刀具，把一些已經凝固的填料刮到刀具上，然後用布擦除刀具上的塗料。重複操作，刮去多餘的填料，直至修補區域與周邊表面齊平。之後如圖3所示的那樣完成打磨。最後，為修復區域上色，完成最終的表面處理（參閱第330頁「補色」）。

用環氧樹脂填充

任何環氧樹脂都可以成功地填充劃痕與刀痕，但是其中最易於操作的是棒狀環氧樹脂，或者可以稱之為「巧克力棒」（Tootsie-Roll）環氧樹脂。這是一種圓柱形產品，部分環氧樹脂被包裹在內部。在揉製環氧樹脂的時候，可以將其與大多數染色劑混合起來使用，但油性染色劑或日式染色劑除外。或者，你也可以使用預先著色的環氧樹脂棒。大多數環氧樹脂棒在混合之後留給你的操作時間是8～10分鐘。待環氧樹脂固化，你就可以像使用熱熔棒那樣，用一把加熱的刀去除多餘樹脂，或者使用下面的技術完成操作。

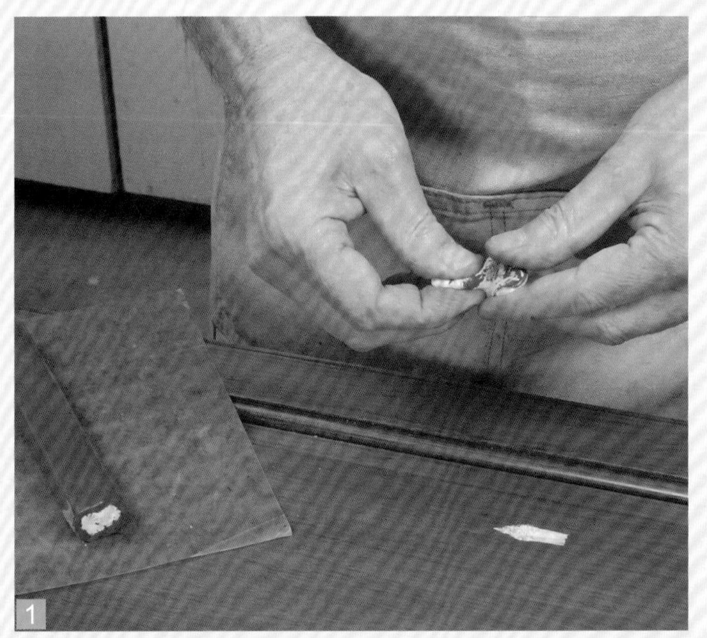

1 可以選擇一種與要修復的背景顏色匹配的環氧樹脂棒進行修復，或者選用一款中性凝膠樹脂棒混合染色劑後使用。切下足夠的環氧樹脂，用手指進行揉製，直至其變成單一的顏色。揉製之前把手指弄溼有助於完成這步操作。

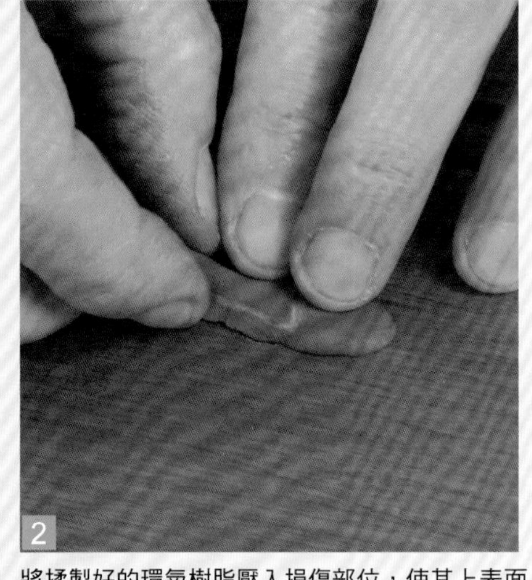

2 將揉製好的環氧樹脂壓入損傷部位，使其上表面略高於周圍的塗層。

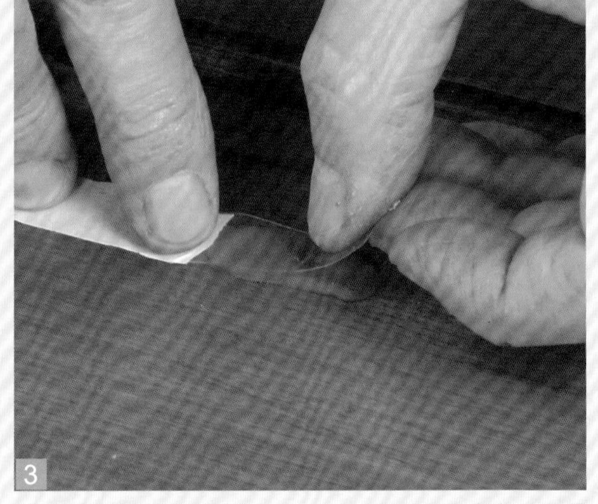

3 剪下一塊透明的聚酯薄膜（Mylar），並將其修剪成剛好可以覆蓋填充區域的大小，然後用一塊遮蔽膠帶固定住薄膜的一端。

用環氧樹脂填充（續）

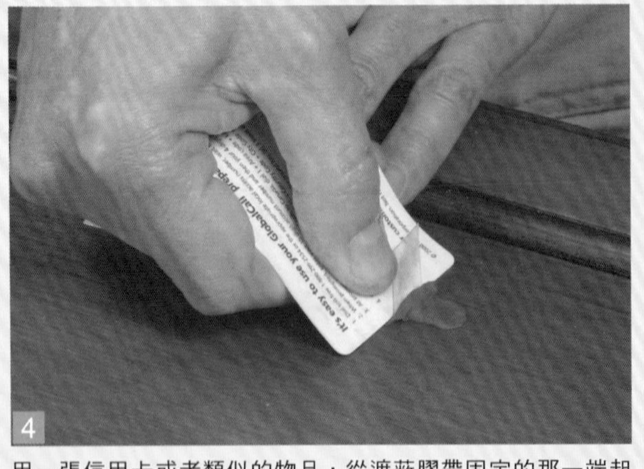
用一張信用卡或者類似的物品，從遮蔽膠帶固定的那一端起始，將多餘的環氧樹脂從填充處擠出。信用卡應當擠過整個填充區域，這樣就能整平填充區域，使其與周邊表面齊平。

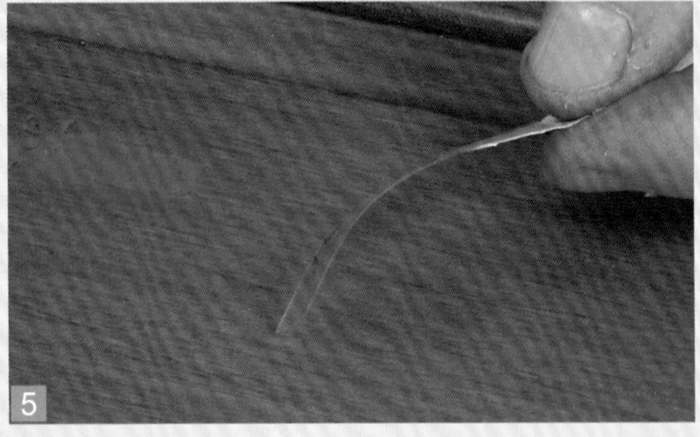
小心去掉薄膜，避免將受損部位的填料拉起。

在環氧樹脂硬化之前，可以用經異丙醇沾溼的抹布擦去周邊區域多餘的樹脂。如果有必要，可以使用第330頁介紹的「補色」技術為填充區域著色。

修復深度的劃傷與刀痕

當劃痕或刀痕深入表面處理塗層內部，甚至穿透表面處理塗層傷及木料表面時，必須對其進行填充。使用木粉膩子很難成功地填充，因為木粉膩子會在塗層表面黏得到處都是，並在擦除過程中產生更多的損傷。最好使用固態的表面處理產品（比如熱熔棒）、環氧樹脂或蠟來填充損傷處，這些產品都有不同的硬度可選（參閱第333頁「用熱熔棒填充」和第335頁「用環氧樹脂填充」）。熱熔棒、環氧樹脂和硬蠟在桌面上的使用效果非常好，因為它們可以變得非常硬。環氧樹脂和硬蠟使用起來非常簡單，更適合處理櫥櫃門或者其他垂直表面。與熱熔棒相比，這兩者獲得的光澤度較低，很容易與周邊塗層的光澤度匹配。此外，環氧樹脂最適合修補桌面邊緣、雕刻處和旋切處，因為它固化之後比較牢固。熱熔棒和硬蠟固化之後則比較脆。

有些進口家具和鋼琴是用聚酯產品進行表面處理的，因此需要使用一款特殊的聚酯修復材料才能完全掩蓋損傷。在木料表面處理用品網（www.woodfinishingsupplies.com）可以找到面向業餘愛好者的、配有說明書的聚酯修復套裝產品。

20

室外用木料的表面處理

簡介

- 木料降解
- 延緩木料降解
- 為戶外門做表面處理
- 給室外地板染色
- 紫外線防護
- 如何選擇產品？

木材是一種美麗的材料。如果在木料表面塗抹一層透明的表面處理產品展現其天然的顏色，它會顯得更加美麗。因此，消費者普遍希望可以在室外地板、門、戶外家具、圍欄和其他需要暴露在戶外的木製品上保留這種美麗。這種願望足夠強烈，整個表面處理行業都在為了滿足這一需求而努力，並促成了室外表面處理產品的問世。

如果可以持續做好防紫外線和防潮措施，木料就可以無限期地持續使用。那些塗層保養良好的舊建築便是佐證。去除塗料後的木料仍然跟新的一樣。但如果在風吹日曬雨淋的環境中暴露，只需1年左右，木料就會變灰，開始開裂和翹曲，甚至腐爛。這樣的場景在現實中隨處可見。此外，如果是在氣候潮溼的地區，特別是在陰涼且空氣流通不暢的地方，霉菌就會在木料上生長並形成霉斑，通常表現為出現在木料表面的深色汙點。

在本章中，我會詳細講解陽光和水分是如何加速木料降解的，並提供可以阻止或者減緩這種損害的方法。

警告！！！

家用漂白劑（次氯酸鈉或氯漂白劑）可以非常有效地殺死霉菌孢子，但也會破壞木質素，導致木料失去大量顏色，使木料表層纖維變得非常粗糙。使用 3 倍於漂白劑的水並在 10 分鐘內將漂白劑清洗掉可以最大限度地減少破壞。只有在需要殺滅霉菌時才能使用家用漂白劑。切勿將家用漂白劑與鹼液（氫氧化鈉）混合，因為它們混合會產生有毒氣體。

木料降解

如果長時間暴露在陽光下和雨水中，木料就會發生降解。

木料降解主要表現為以下四種形式：

- 褪色；
- 腐爛；
- 開裂和變形；
- 發霉。

褪色

在日曬雨淋中，木料會快速變成銀灰色，因為這些因素結合在一起會破壞木料表面的木質素和內含物。紫外線會加劇木質素的分解，雨水會沖刷掉分解產物和內含物。木質素可以增加纖維木質細胞的剛性，並能像膠水一樣將它們黏合在一起。內含物則可以使木料呈現有趣的色彩，比如黃色、棕色、粉紅色和紅色。如果木質素和內含物消失，這些顏色也會隨之消失，保留下來的只有對紫外線具有抗性的灰色的纖維素。

如果你喜歡灰色，並且木料沒有出現腐爛或開裂的情況，也可以保持木料的這種未受保護的狀態。事實上，灰化的表面可以非常有效地阻止木料出現更深層次的降解（**照片20-1**）。軟木的腐蝕速度大概只有每世紀¼吋（6.4mm）。

如果你不喜歡灰色，可以使用商用的室外地板增亮劑或草酸將其去除（去除表層的纖維素）。用草酸清除纖維素非常有效，但你應該在沖洗草酸之前將附近的植物和草地覆蓋起來，或者將它們弄溼（參閱第354頁「使用草酸」）。只有在非常嚴重的情況下，才需要通過打磨木料表面除去降解的部分。

腐爛

木料腐爛是真菌降解並消耗木料中的纖維素導致的（**照片20-2**）。昆蟲的侵染可以在視覺上產生類似於腐朽的外觀。二者都需要水分參與，因此水分是木料腐爛和昆蟲侵襲的間接誘因。「乾腐」這個詞通常是指木料腐爛得非常嚴重，以至於腐爛的部分變成了乾粉狀態，但用來描述木料表面的腐爛並不恰當，因為後者是個需要水分的過程。

有些木料的心材部分，比如紅杉、雪松和柚木的心材，含有抗腐爛的內含物。因此，這些木料通常被用於室外用途。通常來自原始森林的樹木上的木料相比取自次生林樹木的木料具有更好的防腐性能。

在美國西部這樣氣候乾燥的地區，木料很少會腐爛，因為水分是腐爛發展的必要條件。因此在這樣的環境中，即使不含有防腐成分並且完全不做保護，木料也可以安然保存數十年。當然，它們的表面會變成銀灰色，但表層之下的木料不會受到影響。

大多數軟木不具有防腐特性，但它們對建築行業至關重要，並且通常用於容易磨損的場合（比如室外窗臺和地板）。為了使它們（最常見的是南方黃松）具有抗腐蝕性，一般需要加壓注射化學品，比如鹼性銅季銨鹽（Alkaline Copper Quaternary，簡稱ACQ）或者銅唑（Copper

Azole，簡稱CBA）。不久之前，鉻化砷酸銅（Chromated Copper Arsenate，簡稱CCA）還是行業使用的標準防腐劑，但出於安全考慮，這種產品已經退出了市場。只要這些化學物質已經滲透到了木料中，木料基本上就不會腐爛了。經過處理的木料通常會標有「加壓處理」或「PT」字樣，並呈現出非常常見的暗綠色或暗棕色。

在某些情況下，可以使用商用防腐劑、防水劑或含有防腐劑的染色劑處理木料表面，以延緩木料的腐爛，但是與某些木料中的天然防腐成分和加壓處理技術相比，這些產品提供的防腐效果維持時間很短，並且滲入深度非常淺。應經常使用防腐劑，因為如果腐爛從表層之下開始的話，木料還是會腐爛的。

在潮溼的氣候環境中，對未做加壓處理、不含防腐成分的木料來說，使用防腐劑是必要的。對一些含有部分邊材的防腐木料來說，使用防腐劑也會非常有幫助。在防腐木料的心材上使用防腐劑也有一些效果，尤其是次生林來源的木料。對於加壓處理的木料，因為它們本身具有很強的防腐性能，因此防腐劑（通常也含有防霉成分）只能用來預防霉菌。

腐爛並不完全是壞事。如果沒有霉菌和昆蟲（比如白蟻），森林生態系統就無法正常運轉。腐爛是大自然循環利用枯木的方式。

照片20-1　紫外線照射和雨水沖刷會破壞並去除木料表面的木質素。隨後，賦予木料獨特顏色的內含物也會流失，木料表面只留下銀灰色。這種變化只發生在木料表面。

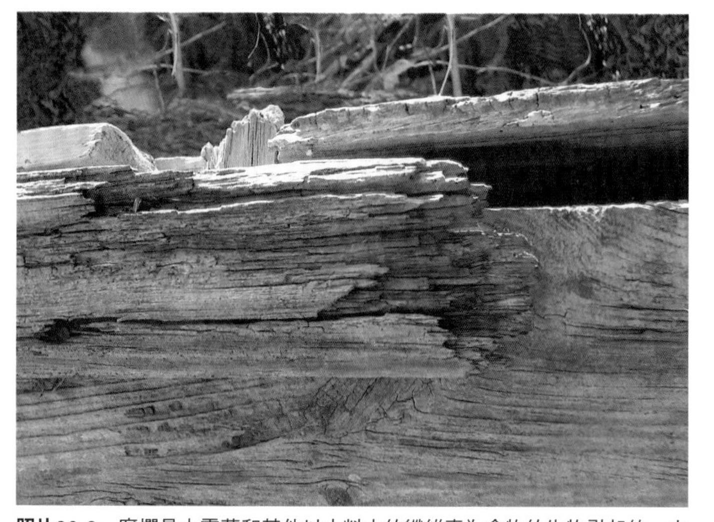

照片20-2　腐爛是由霉菌和其他以木料中的纖維素為食物的生物引起的。水分和氧氣則是導致木料腐爛的間接因素，因為沒有它們生物是無法生存的。

開裂和變形

即使你願意生活在灰白色的環境中，並且使用的是具有防腐特性的木料，仍然需要處理木料開裂和變形的問題。這是陽光和雨水造成的。陽光加熱並乾燥暴露在外的木料表面，導致其收縮和開裂，進而導致木料出現翹曲。雨水會浸泡暴露的木料表面，導致其吸水膨脹，而木料的厚度會阻止這種膨脹，因為即使在乾燥後，壓縮的細胞也能保持形狀。經過幾輪循環之後，木料就會開裂和翹曲。這就是所謂的「壓縮收縮」（請參閱第4頁「斷裂、龜裂和翹曲」）。

圍欄頂部的木板、戶外地板的端部以及木瓦和木板的底部會最先開裂。徑切材（沿年輪半徑方向鋸切）發生開裂和翹曲的情況明顯要少於弦切材（沿年輪的切線方向鋸切）（第274頁**照片17-1**）。因此，最好選擇徑切材用於室外木製品的製作（**照片20-3**）。

照片20-3　弦切材比徑切材更容易開裂。圖中的雪松木桌子未做任何保護暴露在陽光下和雨水中長達8年的時間。你可以看到，弦切板材（上圖）已經出現了多條裂紋，而徑切材（下圖）除了顏色變灰之外，形狀依然保持完好。

小提示

確保將所有水可能穿過並留在塗料層下方的部位填補緊密。最脆弱的部位是木製壁板與牆線拼接對齊的位置。如果選擇自行安裝木製壁板並修整，在安裝之前，通過在木板端面刷塗一層防水劑可以提高壁板的防水性，從而將其使用壽命延長多年。即便如此，仍然需要將拼接處填補緊密。

發霉

生長在木料或塗層表面的霉斑呈灰色、深綠色、棕色或黑色，經常出現在氣候潮溼的地區，或者空氣流動受到限制的樹木或灌木的背面。霉菌通常不會對木料或塗層造成嚴重破壞，它們只是看上去很糟糕（**照片20-4**）。測試霉菌（而不是汙垢）的簡單方法是，將幾滴家用漂白劑滴在這些汙點上，並觀察其是否會變亮。漂白劑可以殺死霉菌，使木料恢復天然的顏色，或者使木料顏色變淺。

相比其他塗料，有些塗料製作的塗層更容易發霉。亞麻籽油製作的或任何含有亞麻籽油的塗層尤其脆弱，霉菌會以亞麻籽油為食到處肆虐。此外，醇酸樹脂塗料也很脆弱，使用二氧化鈦色素的乳膠漆比使用氧化鋅的乳膠漆更易受到霉菌侵襲。可以在任何塗層塗料中添加防霉劑以增強防霉能力。（濃縮型防霉劑在大多數塗料店中有售，尤其是在氣候潮溼和溼潤的地區。）可以將木料防腐劑定期用於原木的防護，或者將其塗抹在木料表面塗層上以阻止霉菌生長。

延緩木料降解

為了防止或減緩放置在室外的木料降解，必須阻擋紫外線，並封閉木料表面，防止其與水接觸。在潮溼的氣候環境中，還需要使用防腐劑防止霉菌滋生。對於家具這類可移動的物品，在不使用時最好將它們放置在有遮蓋物的地方，比如有頂的門廊或者車庫。對戶外門來說，最好的保護措施是將其懸掛起來（參閱第345頁「為戶外門做表面處理」）。不僅如此，還可以使用油漆、染色劑、透明的表面處理產品或防水劑來保護木料。

照片20-4 木料或塗層表面的深色霉斑看起來很糟糕，但是並不會對木料造成深度傷害。在深色斑點處滴上幾滴家用漂白劑就可以區分這些斑點是霉菌還是汙垢。如果是霉菌，斑點的顏色會明顯變淺。

傳言

在安裝好室外木牆、地板或柵欄之後，為木料上漆或染色之前，你至少需要等待六個月時間使木料充分乾燥。

事實

除非木料被浸溼（鋸切時你在鋸片上噴了水），否則應該在一個月內完成上漆或染色。等待的時間愈長，塗料的黏合效果就會愈差，上漆或染色失敗的風險就會愈高，因為日曬雨淋會導致木料性能退化。

油漆

上漆是保護木料最有效的方法。厚塗層可以阻止水的滲透，其中的色素可以阻擋紫外線。你現在仍能見到200年前製作的、外觀保存完美的木製壁板，因為狀態良好的油漆塗層為其提供了持續的保護。

有兩類油漆可供選擇：油基漆和水基漆（乳膠漆）。因為油基漆塗層相比乳膠漆塗層具有更好的耐磨性，所以更適合用於椅子和野餐桌這樣的製品。對已經暴露在環境中幾個月甚至更長時間的木料來說，尤其是當木料已經變灰的時候，油基漆也是可供使用的最好的底漆。變灰表明木料表層的木纖維已經與深層的木纖維脫離，因為其中的木質素已經被破壞。油基底漆比乳膠漆滲透得更深，因此可以更好地滲入退化木料的內部，並與深層未被破壞的木料部分緊密結合在一起。如果木料剛剛經過打磨，塗抹丙烯酸乳膠底漆的效果會非常好。

乳膠漆最適合用在製作木製壁板和修整的部分，因為允許水蒸氣通過的特性使它比油基漆更具優勢（參閱**照片20-5**）。你可能認為這是一個缺點，但實際上這種特性很有用：當你因為供暖或打開空調而封閉建築物的時候，屋內因為做飯、洗澡等活動產生的水蒸氣可以穿過塗層排出

照片20-5　乳膠漆是最適合用於木製外牆的油漆，因為它是一種會「呼吸」的塗料。它允許室內因做飯、洗澡產生的水蒸氣穿過塗層逸散。醇酸樹脂漆由於阻隔水分的效果更強，會導致水分在塗層後面累積，最終造成塗層脫落。

去。水蒸氣可以借此穿過牆壁、隔熱層和木製壁板。對比一下，如果水蒸氣無法穿過油漆層，它就會在塗層後累積，導致其剝落。（位於乳膠漆塗層下的油基底漆塗層並沒有厚到可以阻止水蒸氣滲透的程度。）

油漆非常適合木製壁板和房屋邊線的表面處理（因為可以將木板拼接處封閉起來），對於不常暴露在潮溼環境中的家具和外門也非常適合。但是對於室外地板和大部分圍欄，油漆是很糟糕的選擇，因為它們長期暴露在外部環境中，無法有效地封閉或填補木料的所有端面。水會找到通路滲透到塗層下方，導致其剝落，打磨或剝離塗層並重做表面處理是一件工作量很大的工作。此外，油漆需要很多維護工作，因此很少用於室外地板和圍欄的表面處理。

請注意，水蒸氣和液態水導致塗層脫落的方式不同。水蒸氣是從室內穿過木製壁板的，並且蒸氣狀態的水可以穿過乳膠漆塗層。液態水則是從外部滲入到塗層下方的，並且因為過於集中，以至於無法穿過較厚的塗層。

色素染色劑

色素染色劑是另一種能夠有效用於室外木料表面處理的產品。跟油漆一樣，色素染色劑既可以防潮又能防紫外線，因為其中同時含有黏合劑和色素。但是由於兩者含量都很少，而且根本無法形成有效的薄膜覆蓋，所以色素染色劑的保護作用不像油漆那樣強，也不及它的效用持久。不過，缺少薄膜塗層使其維護起來更加容易。通常每隔一兩年需要重新塗抹一層色素染色劑，具體時間間隔取決於當地的氣候條件以及木料在外部環境中的暴露情況。重新塗抹色素染色劑時基本不需要刮削或打磨（參閱第346頁「給室外地板染色」）。

對室外的木製地板、圍欄和未上漆的雪松、柏木或紅杉木材質的木製壁板來說，色素染色劑通常是最好的選擇。

有三種類型的黏合劑和兩類色素可供選擇。黏合劑分別是油基型、水基型和醇酸樹脂基型。色素染色劑則分為半透明型和純色型。

油基染色劑是最常見、最受歡迎的類型，也是使用最為簡單的。可以刷塗、噴塗或使用滾筒塗抹，這樣會有足夠多的染色劑滲入到木料中，或者揮發掉，這樣在木料表面幾乎不會形成任何薄膜。沒有薄膜塗層，當然也不會出現塗層脫落的問題，所以重新製作起來也很容易。通常情況下你需要做的就是清除表面的汙垢和霉菌，然後重新塗抹。

水基型的丙烯酸染色劑很受歡迎，因為這種產品沒有什麼氣味，易於清理，減少了汙染性溶劑的用量。但是水基染色劑會在木料表面形成一層塗層，使木料看起來有些模糊，並且如果水分進入到了塗層下方，會導致塗層剝落。與油基染色劑相比，水基染色劑更容易留下塗抹的痕跡，因為其形成的塗層很薄，很容易磨損。

醇酸樹脂基染色劑使用長油清漆將色素黏合到木料上。這種染色劑可以在木料表面建立塗層，同時不易剝落，因為它與木料的黏合非常緊密，並且具有彈性。廠家通常會建議最多塗抹3層，並指導你每隔一兩年清理一次表面，然後重新塗抹一層。該類產品使用最廣泛的品牌是新勁（Sikkens）。這類染色劑的缺點是，在最開始使用或重做塗層時，如果木料表面沒有清理得非常乾淨，塗層還是會剝落，並且在使用頻率高的部位容易出現明顯的磨損。這種情況下，除非剝離全部塗層並重新塗抹，否則很難使磨損區域與其他區域渾然一體。

傳言

廠家聲稱，就功能性壽命而言，他們的染色劑是可靠的。

事實

我永遠無法理解，當某種產品在天氣狀況差別極大的地區（比如明尼亞波利斯、紐奧良和土桑）使用時，廠家是如何給出產品的單一使用壽命的。你生活的城市愈靠近熱帶，愈應該建議縮短推薦的重做刷塗的時間。

半透明和純色染色劑最大的差別在於色素含量。純色染色劑含有更多色素，因此可以更好地阻擋紫外線，但相比半透明的染色劑，它們會使木料表面變得更模糊。半透明染色劑，尤其是使用透明度更高的反式氧化物色素的染色劑，最為常用也最受歡迎。它們使用起來比較簡單，因為可以很方便地避免出現拼接痕跡。

透明表面處理產品

透明表面處理產品包含水基表面處理產品和所有種類的清漆產品，它們都可以形成薄膜塗層，很好地阻止水的滲透，但是不能防禦紫外線。破壞性的紫外線會穿過薄膜塗層導致木料降解。首先被破壞的是將纖維素黏合在一起的木質素，其強度會由於紫外線的照射而喪失，進而導致木料表層纖維與木料的其餘部分分離。當這種情況發生時，與表層木纖維結合的表面處理塗層就會剝落。暴露在陽光下的透明表面處理產品塗層通常會在薄膜完全退化之前就開始剝落。

在透明表面處理產品中添加紫外線吸收劑可以使塗層在紫外線下正常存在。很多廠家提供這種含有吸收劑的產品。不過，產品的有效性存在極大的差別（參閱第348頁「紫外線防護」）。

室外使用的透明表面處理產品包含三類：艦船清漆、桅桿清漆和油。戶外型的水基表面處理產

小提示

有三種方法可以使光亮的艦船清漆產生緞面光澤：

- 使用鋼絲絨擦拭；
- 將其他清漆底部的消光劑添加到艦船清漆中（參閱第138頁「使用消光劑控制光澤」）；
- 在頂部塗抹一層室內用的緞面清漆。（這個面漆層的退化速度會更快，所以需要更頻繁地更新，但是艦船清漆中的紫外線吸收劑會阻止紫外線損傷木料。）

品也可以使用，只是目前這種產品還未被廣泛接受。艦船清漆是一種添加了紫外線吸收劑的長油清漆（參閱第191頁「油與樹脂的混合物」），桅桿清漆則是一種不包含紫外線吸收劑的長油清漆。油中可以添加紫外線吸收劑，也可以不加，但即便添加了紫外線吸收劑，也會因為油在木料表面形成的塗層過薄而無法提供很好的保護。無論暴露在陽光下還是雨水中，油形成的表面處理塗層都會很快從木料表面消失。

不管是生亞麻籽油還是熟亞麻籽油，都沒有阻擋陽光和水的效果。更糟糕的是，油類產品很容易發霉。事實上，霉菌能夠以亞麻籽油中的脂肪酸作為營養物，所以在經過亞麻籽油處理的表面，霉菌生長得更快。只有在非常乾燥的氣候環境中，才可以考慮使用亞麻籽油用於室外木料製品的表面處理。

艦船清漆是適合戶外使用的最好的透明表面處理產品。它們非常光亮（具有很好的光反射特性），相對柔軟（韌性較好），可以塗抹8～9層以獲得最大的防紫外線能力。此外，由於這些表面處理產品中的紫外線吸收劑並不能阻止表面處理塗層本身的退化，所以當表面處理塗層開始退化時，需要打磨掉退化的表面（出現暗斑、粉化和裂紋），重新塗抹幾層表面處理產品。如果塗層是暴露在陽光明媚的南方地區，可能需要每年重新處理1～2次。

為戶外門做表面處理

戶外門存在一個特殊的問題，因為它們通常是用漂亮的硬木製作的，所以木料的選擇很大程度上是基於視覺感受的。這些硬木暴露在陽光下和雨水中同樣會變灰和開裂，這與用於製作室外地板和圍欄的軟木是一樣的。

由於這些門的樣式通常是框架式和面板式，有時候，單個木板會被黏到實心的中心結構上以構建裝飾性圖案——這幾乎不可能阻止水分滲透至塗層下方並導致其剝落。面板或單板會隨著季節的變化膨脹和收縮，導致任何塗層出現裂縫。

為了讓戶外門經過多年使用後仍保持良好的外觀，並且不會變灰或開裂，唯一的方法是為其做好防曬和防雨措施。在建築的北部，防曬不是問題，我們需要的是一扇能夠抵禦風雨的外重門。對於陽光能夠照射的戶外門，最好的方法是為其製作一個門檐或有頂的門廊。如果沒有使用可以抵禦風雪的外重門，門檐必須足夠大，不僅可以遮擋陽光，還要能夠隔離風雨。

在右圖的例子中，門檐會拉低建築物的整體設計水平，為此可以考慮另一種解決方案——使用艦船清漆為戶外門做表面處理。艦船清漆不僅可以抵禦紫外線，而且可以保護外重門免受水的破壞。如果沒有使用外重門，必須定期刮去表面塗層並重做表面處理，才能保持門的美觀度。

即使安裝了外重門和門檐，不用擔心風雪和陽光照射的問題，也應該使用韌性較強的桅桿清漆為戶外木門做表面處理，因為木料會隨著溼度的變化顯著地膨脹和收縮。在這種情況下，不需要使用紫外線吸收劑。

這扇前門朝西，沒有樹木或其他障礙物可以阻擋下午的陽光，所以這扇門幾乎沒有任何防曬和防雨的保護措施。你會發現，門的頂部依然狀態良好，因為門框的深槽結構保護了這部分區域，但是從這裡向下，情況逐漸變得糟糕，因為這部分長期暴露在陽光下和雨水中。

給室外地板染色

給室外木地板染色包含兩個步驟，而第一步常常被忽略。第一步要清理木料，即使是新安裝的地板也要如此。地板非常容易變髒，因為大部分木板是水平放置的。第二步是選擇表面處理產品並完成處理。正如之前提到的那樣，對大部分木地板來說，染色劑是最合適的塗料。

清理

下面的步驟適用於處理任何表面和任何塗層，並可以根據實際情況適當調整。

新裝地板

1 檢查磨釉或蠟塗層。磨釉是在研磨過程中產生的一種狀態，它會使液體呈珠狀分散開，而不是浸入木料表面。有時在加壓處理過程中使用蠟也會產生同樣的效果。在表面的各個區域噴灑一些水檢查其是否會滲透。如果水變成了水珠，你需要按照下面的方法處理：

- 讓木材風化幾週；
- 高壓清洗木料；
- 使用商用木地板增亮劑，然後用硬毛刷或掃把刷洗；
- 打磨木料。

2 如果木料表面有汙垢，需要清洗木料，然後將其晾乾。

注意！！！

高壓清洗機是一種將水龍頭中的水高壓噴出的水泵系統。其初始壓力在500～1000psi（3447.5～6895kPa）的範圍，並可根據需要繼續增加壓力，但壓力無須過高，否則會損害木料。

木料之前經過了防水劑處理

1 使用高壓清洗機或花園水管配合硬毛刷清洗汙垢。

2 如果仍有霉菌殘留，可以使用泵式噴霧器、滾筒或刷子刷塗商用木地板增亮劑，然後刷洗木料，或者使用高壓清洗機清洗木料。（木地板增亮劑含有次氯酸鈉、草酸或氧化漂白劑，通常也含有一種清潔劑。）為了刷洗木料時水可以均勻流出，可以先用花園水管將木料表面噴溼。

3 如果木料表面仍殘留有單寧酸或鏽斑，可用草酸水溶液或者含有草酸的商用木地板增亮劑或漂白劑處理（參閱第354頁「使用草酸」）。

4 徹底沖洗木料，然後將其晾乾。

木料已經染色

1 按照說明清洗已經經過防水劑處理的木料。

2 如果想去除木料上現有的染色，可以使用木地板剝離劑，這通常是一種濃度適中的氫氧化鈉溶液（參閱第361頁「鹼液」）。

3 徹底沖洗木料，然後將其晾乾。

木料已經上漆

1 使用木地板剝離劑、熱風槍或溶劑剝離劑剝離油漆層（參閱第21章「剝離表面處理塗層」）。通常打磨不是一個好主意，因為木板中含有釘子或螺絲。

2 徹底沖洗木料，然後將其晾乾。

塗抹

按照以下方法塗抹木地板染色劑或防水劑。

1 選擇天氣溫暖的日子操作。使用油基產品時，應保持24小時內的溫度不低於4.4℃，使用水基產品時，24小時內的溫度不能低於10℃。

2 查證天氣狀況，確保24小時內不會下雨。

3 使用刷子、滾筒（使用短毛滾筒）或擦拭墊（使用油漆墊）塗抹染色劑或防水劑。如果你使用的是滾筒或油漆墊，回刷（製作塗層時前後來回刷塗）可以得到最好的效果。整個刷塗過程應順紋理進行。也可以使用噴槍，但要注意最終的塗層不能過厚。

4 每次橫跨幾塊木板從一端到另一端刷塗，注意保持木板邊緣溼潤，這樣就不會留下刷痕拼接的痕跡了。

5 如果可以夠到，要為所有木板的端面塗抹塗料。

6 在使用水基、純色和半透明的染色劑以及防水劑和任何種類的油時，只需塗抹一層，並且塗層不能太厚。應盡可能地讓產品滲入木料中，不要形成薄膜塗層，或者只留下很薄的塗層。至於醇酸樹脂染色劑，它在設計時就是為了在木料表面建立薄膜塗層，因此必須確保木料表面是完全乾淨的，以減少塗層剝落的可能性。

7 當木地板開始出現磨損或者看起來很乾時，需要清理木板表面並重新刷塗。

小提示

在使用漂白劑或染色劑前後，應使用塑料薄膜將周圍的植物、草地以及其他生命體保護起來，或者噴水將其打溼，以提供必要的保護。

對戶外地板來說，染色劑通常是最好的表面處理產品，因為這種產品不易剝落。此外，染色劑中的色素能夠提供一定的防紫外線能力，黏合劑能夠提供一定的防水能力。

紫外線防護

紫外線（主要來自陽光，也可能來自螢光燈）會導致木料、染色劑甚至塗料褪色，表面處理塗層變暗並最終剝落。色素是可用於塗層製作的最好的紫外線阻隔劑。它通過吸收紫外線發揮保護木料的作用。但是，色素會掩蓋木料原有的顏色，至少會讓木料表面略顯模糊。

廠家可以將被稱為紫外線吸收劑的化學品添加到透明表面處理產品中防禦紫外線。這種化學品不會讓木料看起來模糊。它們會像防曬乳一樣發揮作用，將光能轉化為熱能。

不過，正如防曬乳那樣，紫外線吸收劑也會隨著時間的推移耗損。因此，對任何透明的表面處理產品來說，防紫外線的措施都是暫時的。

很多廠家聲稱他們用於室外的透明表面處理產品很好，而消費者通常在家居中心和油漆店能夠買到的消費品牌的產品中並未含有足量的、能夠達到有效防護水平的紫外線吸收劑。因為這種產品價格不菲。最有效的防紫外線的透明表面處理產品通常用於碼頭。其他市售的防紫外線產品通常因為塗抹得太薄難以產生防護效果。這些產品包含防水劑和油，以及被稱為「柚木」油的產品（參閱第102頁「額外的困惑：柚木油」）。這些產品很難在木料表面建立塗層，不管其中含有

在碼頭銷售的艦船清漆與家居中心和油漆店銷售的產品是截然不同的。這塊染紅的木板使用了四種不同的清漆製作了五個塗層，放置在西向的窗戶前長達六個月，並為部分木板蓋上了報紙加以保護。左側的木板使用在碼頭購買的艦船清漆做處理，中間的兩塊木板則使用家居中心和油漆店銷售的常規艦船清漆完成表面處理。右側木板使用標準的室內用醇酸樹脂清漆做表面處理。結果，在碼頭購買的清漆非常有效地阻止了紫外線對塗層的破壞，使塗層免於褪色。在家居中心或油漆店購買的艦船清漆只是比室內型清漆的保護效果稍好一些，因為後者不含紫外線吸收劑。

多少比例的紫外線吸收劑，它們都無法形成紫外線吸收劑發揮作用所需的塗層厚度。它們會很快失去效用。

為了在數年甚至更長時間裡有效地保持塗層的防紫外線能力，必須在木料表面建立足夠厚的塗層。木船的表面處理師通常會塗抹8～12層高質量的防紫外線艦船清漆，並希望它們可以持續使用10年，甚至更久——只要能夠提供持續的維護和保養工作。保養意味著，每年隨著表面處理塗層的變暗，需要打磨掉最頂層的1～2層塗層，然後重新塗抹幾層。當你使用艦船清漆處理任何室外表面時（例如戶外門），只要塗層變暗了，都要如此操作。變暗意味著塗層表面已經退化，防紫外線的能力正在逐漸喪失。

即使窗玻璃可以阻擋部分紫外線，陽光還是會漂白木料和染色劑，導致表面處理塗層剝落。這個櫥櫃的背面曾在西向的窗戶下暴露長達5年之久。

防水劑

防水劑通常是添加了低表面張力的蠟質或矽酮的礦物油，用以將水隔離。有時候，它們也可以只是經過稀釋的水基表面處理產品。儘管時效很短，但防水劑可以有效地阻止水的滲透。如果加入了紫外線吸收劑，它們還可以阻擋部分紫外線，只是維持的時間很短。如果塗層太薄，其中含有的少量紫外線吸收劑很快就會損失掉，結果導致塗有防水劑的木料暴露在陽光下和雨水中時變灰、開裂和翹曲的速度與未做保護時幾乎是相同的。

防水劑在所有用於室外木料的表面處理產品中保護能力最弱，但是它們易於使用，永遠不會留下銜接的痕跡，並且不會剝落。

如何選擇產品？

根據上面的討論，選擇一種用於室外的表面處理產品並不難。可以在外牆壁板的牆線、戶外門、家具甚至圍欄上使用油漆。確保填補木製壁板的所有縫隙使其不漏水，並為所有表面製作塗層，包含端面這種水分可以滲入並堆積到油漆層下方的表面。可以在側板上塗抹乳膠漆，在需要增加耐磨性的表面塗抹油漆。

可以使用染色劑處理室外地板、圍欄、雪松壁板，有時也能用來處理家具和門，選擇的範圍包括醇酸樹脂型、純色型、半透明型和水基染色劑。醇酸樹脂型、純色型和水基染色劑傾向於在木料表面形成薄膜，這種特性使其易於剝落。半透明型染色劑對紫外線和水的抗性較差，但不會剝落，重做塗層也較為容易。

小提示

如果你願意付出努力，便可以按照以下方法保持室外地板和圍欄的木料原色。從使用新木料開始，首先塗抹一層含有紫外線吸收劑的防水劑。當木料開始變灰的時候，使用木地板增亮劑或草酸清洗木料表面，使其恢復原來的顏色。然後塗抹另一層含有紫外線吸收劑的防水劑。如果你生活在潮溼的氣候環境中，請選擇含有防腐劑的防水劑產品。根據室外地板的暴露情況以及居住環境的不同，可能需要每隔3～六個月重新製作一次塗層。這種程序可以在很多年裡防止木料變灰，但是不能阻止木料開裂或翹曲。

如果你生活在類似沙漠的乾燥氣候環境中，可以使用透明的薄膜型表面處理產品處理門和家具，並可以在任何地方使用亞麻籽油。如果你希望使用透明型表面處理產品並獲得最大的防紫外線能力，可以使用艦船清漆完成處理。如果你的防紫外線要求不高，可以使用桅桿清漆。記住，如果水找到了進入塗層下方的路徑，任何薄膜塗層都會剝落。

如果你不介意木料變灰，或者願意按照上方小提示中的方法一直保持下去的話，可以在室外地板上使用防水劑。如果你生活在潮溼的氣候環境中，那就需要使用含有防腐劑的防水劑產品，並在安裝前使用可上漆的防水劑處理木製壁板和牆線的端面。

21

剝離表面處理塗層

簡介

- 用於剝離的溶劑及化學製品
- 快速識別剝離劑
- 使用草酸
- 剝離劑的安全性
- 破解密碼──剝離劑綜述
- 專業剝離
- 使用剝離劑的常見問題
- 使用剝離劑
- 表面處理塗層的退化及古董鑒定電視節目
- 選擇剝離劑

當進行到剝離表面處理塗層環節時，你就完成了一個完整的表面處理循環。在第1章「為什麼木料必須做表面處理？」部分，我解釋了木料需要表面處理來保持其良好外觀的原因。在隨後的章節中，我闡述了各種使用表面處理產品的方法、如何選擇表面處理產品以及如何修復和保養表面處理塗層的知識。現在，我將講解如何將其剝離。

自從本書的第1版出版以來，剝離表面處理塗層變得頗具爭議──主要是因為古董鑒定電視節目和類似電視節目的流行及其產生的影響。甚至有些人認為，根本沒有必要用一個章節的篇幅來闡述這個主題。你可以在第368頁「表面處理塗層的退化及古董鑒定電視節目」中找到我對這個問題的看法。

貫穿這本書，我都在強調對表面處理產品和表面處理操作的理解，正如一位主流木工雜誌的主編告訴我的那樣──表面處理並不是一門「沒有人能夠理解，所以無法認真對待」的技術。沒有比油漆──清漆剝離劑

注意！！！

對大多數其他門類的表面處理產品來說，由於製造商不會提供使用的材料，所以用戶無法知道不同品牌下的產品所使用的材料是否具有可比性，因此很難以價格作為購買決策的參考因素。但是對每類剝離劑產品來說，成分相同的剝離劑產品可能會有不同的價格，所以用戶在選購產品時還是可以並且應該把價格納入參考因素中。

能夠更好地展示你對表面處理的基本理解的產品了。因為這些產品中的所有主要成分都對健康有害，因此製造商會在包裝上列出這些成分。通過使用剝離劑，你可以輕鬆了解自己想要獲得的效果，從而明智地選擇需要的產品（參閱第358頁「破解密碼──剝離劑綜述」和第353頁「快速識別剝離劑」）。

剝離劑使用的溶劑（或溶劑組）主要有三種，因此學習它們的名字和每種溶劑的作用方式並不困難（拼寫除外）。這三種溶劑的效能、價格和對健康的潛在危害都不相同。有時候這些溶劑會成對或成組混合使用，有時候會為其添加鹼或酸用於增加剝離劑的強度，有時候會單獨使用一種鹼液（鹼水）作為剝離劑。可溶性的剝離劑呈液態或均勻的膏狀，有些產品中添加了清潔劑使其可以用水清洗。

應該根據溶劑強度、安全性和價格選擇不同種類的產品。在每種分類下，應該根據易用性和價格選擇產品。在同一類別下，不同產品的溶劑強度、剝離速度和安全性並不存在顯著差別。

其他的剝離方式──打磨、刮削或者用熱風槍加熱輔助的方式對家具來說過於激烈了。機械方法（打磨和刮削）通常是剝離木製外牆或室內木製品油漆層最有效的方法，但是在剝離油漆層或其他表面處理塗層的同時，會不可避免地損耗部分表層木料，也會破壞體現老家具價值和升值潛力的一些老舊特徵。打磨也會磨圓脆弱的雕刻線和木旋線，增加磨穿木皮的風險。將油漆層或其他表面處理塗層加熱到一定的溫度會增加塗料起泡、木料燒焦的風險，並造成木皮或接合部位膠水的熔化。

用於剝離的溶劑及化學製品

通常用於剝離劑的溶劑或溶劑組有三類。這些溶劑或溶劑組可以單獨使用，也可以與其他溶劑組合使用。因為溶劑的名字很長，有時很難想起來，因此在這裡我使用了縮寫：

- 二氯甲烷（MC）；
- 丙酮—甲苯—甲醇（ATM）；
- N—甲基吡咯烷酮（NMP）。剝離過程還會用到兩種強鹼—氫氧化鈉（鹼液）和氫氧化氨（氨水）。鹼液通常單獨使用。這兩種鹼製品有時可以與溶劑混合使用，以增強其剝離效果。鹼液和氨水會使大多數木料顏色變深。鹼液在單獨使用的情況下會使原有的膠水失效，如果與木料表面接觸的時間足夠長，還會使其變成紙漿狀。因此應該盡可能地避免使用鹼液，除非需要用它提高剝離劑的強度。

注意！！！

使用溶劑或化學品剝離鉛基產品並不會對人體健康造成危害。鉛仍會留在剝離劑的殘渣中，操作者不太可能將其吸入。（不過，如果產生了大量的垃圾，處理可能是個問題。）打磨或刮除鉛基油漆就是另一回事了，你應該佩戴防塵面罩防止吸入粉塵。（由於溶劑和化學物質的潛在危險性，應避免在孩子或者孕婦面前剝離包含鉛基產品的塗層。）

有時也會在剝離劑中添加草酸來增加強度。因為酸會腐蝕金屬罐，所以包含草酸的剝離劑產品一般僅供專業人士使用（參閱第360頁「專業剝離」）。

二氯甲烷（MC）

在過去四五十年裡，二氯甲烷一直是油漆一清漆剝離劑中主要的活性成分。它也是普通大眾以及一些商業剝離工房可以得到的最有效的剝離溶劑，而且它不可燃。但是，二氯甲烷有毒，並且已經被列為潛在的致癌物（參閱第357頁「剝離劑的安全性」）。

你可以購買液態的或均勻膏狀的二氯甲烷剝離劑，並有四種不同強度的配方供選擇。如果在非水平的表面作業，剝離劑的黏稠度（或濃度）是重要的考慮因素——液態的剝離劑易於流失，膏狀的剝離劑可以黏在表面上。但需要說明的是，黏稠度與剝離劑的強度之間沒有相關性。

四種強度的剝離劑，無論是液態還是膏狀，其中的二氯甲烷溶劑的揮發速率都非常快，因此通常需要添加石蠟延緩溶劑揮發。蠟會上浮到剝離劑的表面形成一層薄膜，將溶劑封閉在內部。如果蠟膜受到干擾出現了縫隙，部分溶劑就會揮發出來（參閱第364頁「使用剝離劑」）。

在塗抹新的表面處理塗層之前，必須除去所有的蠟。如果你沒有這樣做，新的表面處理塗層就不能很好地與木料黏合，並且可能出現褶皺或者無法徹底乾燥的狀況。很多方法要求通過「中和」剝離劑以除去蠟質。這樣的建議純粹是誤人子弟。蠟不是酸或者鹼，它是無法被中和的。你需要使用乾淨的抹布以及大量的溶劑（油漆溶劑油、石腦油或漆稀釋劑）清洗木料，才能將蠟除去。很多時候，需要重做表面處理都是因為在塗抹新的表面處理塗層之前沒有把蠟清除乾淨。通過在配方中加入清潔劑，可以水洗除去不同配方中的二氯甲烷剝離劑。這種水洗能力可以使蠟、剝離劑以及由其產生的黏性垃圾更容易通過水沖

快速識別剝離劑

以下是快速識別主要類別剝離劑的方法。參閱第358頁「破解密碼——剝離劑綜述」查找更深入的識別方法。

	MC	MC／ATM	ATM	NMP
塑料容器				X
標記為可生物降解				X
標記為可燃		X	X	
標記為不可燃	X			
明顯更重	X			

MC：二氯甲烷；ATM：丙酮－甲苯－甲醇；NMP：N－甲基吡咯烷酮

使用草酸

草酸可以漂白某些剝離劑中的鹼液和氨水造成的深色汙漬，以及由水和金屬殘留物導致的鏽斑（黑色水環）。

在藥店和很多塗料商店都可以買到草酸晶體，接下來要將其溶解在溫水中製成飽和溶液（當晶體不能再溶解時，溶液就飽和了）。要在整個表面刷塗溶液，而不能只刷塗深色的位置，否則這些地方的顏色可能會變得過淡，你不得不想方設法重新處理整個表面以獲得均勻的顏色。

等待草酸溶液乾燥。然後用軟管沖洗，或者使用經過充分浸溼的抹布或海綿洗去結晶（不能將晶體刷至空氣中，因為這樣極易將其吸入）。用水將塗層表面清洗乾淨。然後在水中加入一些小蘇打、少量的家用氨水或其他某種溫和的弱鹼，再次清洗塗層，中和殘留的草酸。

草酸通常不會漂白木料本身，但應該可以去除深色的汙漬。有時候塗抹第二次或第三次效果更佳，但通常情況下第一次處理就可以達到要求了。如果仍然殘留有淡棕色的痕跡，通過打磨可以輕鬆將其除去，因為這樣的痕跡通常位於塗層的淺表。

警告！！！

草酸有劇毒，會導致嚴重的皮膚和呼吸系統問題。使用時應佩戴手套和護目鏡，並避免草酸的粉末進入空氣中。

警告！！！

二氯甲烷在血液中代謝可以形成一氧化碳，導致心臟為了給身體輸送更多的氧氣必須跳動得更快。因此，對於已經患有心臟病的人，二氯甲烷會導致心臟病發作。所以心臟病患者不能使用二氯甲烷剝離劑。

除去。但是，水洗會導致木料起毛刺，衝掉水溶性的染料染色劑，導致木皮脫落和接合處出現鬆動。

二氯甲烷剝離劑的強度主要由配方決定。四種不同強度的配方中都含有少量的甲醇作為「活化劑」，以提高剝離效率。

- 二氯甲烷和甲醇。
- 鹼強化的二氯甲烷和甲醇。
- 酸強化的二氯甲烷和甲醇。
- 用丙酮和甲苯稀釋的二氯甲烷和甲醇（實際上是二氯甲烷與丙酮－甲苯－甲醇兩種類型溶劑的組合）。

二氯甲烷－甲醇剝離劑的強度足夠高，除了少數有機溶劑抗性最強的表面處理產品，大多數具有有機溶劑抗性的塗料製作的塗層都可以被快速剝離。不過，這種剝離劑配方剝離雙組分表面處理產品塗層的效果較差。為了改善剝離效果，在使用剝離劑處理之前，可以用60目或80目的砂紙打磨塗層表面。此外，這些剝離劑不易燃、無汙染。（二氯甲烷在配方中佔到75%～85%。它不易燃，也未被環境保護局視為臭氧消耗物或煙霧生產者。）它們的主要缺點在於對健康的潛在危害和成本較高。二氯甲烷是一種中等價格的溶劑，所以用高比例的二氯甲烷配製的剝離劑同樣也是中等價格。

鹼強化的二氯甲烷剝離劑比二氯甲烷剝離劑的強度更高，因為添加了鹼。這裡使用的鹼通常是氫氧化氨（氨水），有時候是氫氧化鈉（鹼液），這些訊息通常會在包裝上列出，但也有例外。

鹼強化剝離劑在大多數的油漆店、船隻和汽車車身的用品商店都可以買到，通常被作為艦船清漆剝離劑銷售。這類剝離劑的優點是剝離能力得到了增強，可以處理異常堅韌的表面處理產品形成的塗層。其缺點是價格較高，與二氯甲烷相關的健康危害以及會使橡木、桃花心木、櫻桃木和胡桃木等硬木出現預期之外的染色。染色是剝離劑中的鹼與木料中天然含有的單寧酸反應造成的。可以使用草酸去除染色（參閱第354頁「使用草酸」）。

酸強化的二氯甲烷剝離劑在專業剝離商店有售，可用於剝離催化漆和改性清漆製作的塗層。酸的存在使剝離劑對這些塗層非常有效。你也可以在二氯甲烷剝離劑中添加草酸，自己製作酸強化剝離劑。用溫水配製草酸的飽和溶

小提示

儘管從技術上來說，二氯甲烷剝離劑的剝離效能已經比較強了，但製造商有時仍會在其中加入少量的甲苯、二甲苯或酮。這可能會在你閱讀產品標籤的時候帶來一些混亂。下面是兩種鑒別高含量的二氯甲烷剝離劑的方法：

- 標籤上注明「不易燃」；
- 罐子明顯更重（二氯甲烷的比重比剝離劑中其他成分的比重更大）。

警告！！！

丙酮、甲苯和甲醇的蒸氣都是高度易燃並且有毒的。高濃度的蒸氣會損害你的中樞神經系統，導致疾病，並能在極端情況下導致死亡。所以，在使用丙酮—甲苯—甲醇剝離劑和修復劑時，應採取與使用二氯甲烷剝離劑時同樣的防護措施（參閱第 357 頁「剝離劑的安全性」）。

液（無法溶解更多草酸晶體的溶液），然後在可水洗的二氯甲烷剝離劑中添加5%的飽和草酸溶液。或者，可以使用漆稀釋劑製作飽和草酸溶液，並在非水洗的二氯甲烷剝離劑中添加5%的飽和溶液。注意，這兩種飽和溶液都不能存放在金屬容器或塑料容器中。

二氯甲烷／丙酮—甲苯—甲醇（MC／ATM）剝離劑是四種以二氯甲烷為基礎的剝離劑中效能最弱的，但是其強度已足以剝離所有老舊表面處理塗層了，而且它們也是四種以二氯甲烷為基礎的剝離劑中最便宜的。在二氯甲烷中加入丙酮—甲苯—甲醇的缺點是，這些加入的溶劑是易燃的，並可能導致空氣汙染。

有時可以用甲基乙基酮（MEK）或其他酮類代替丙酮，用二甲苯代替甲苯。這些溶劑比丙酮和甲苯的揮發速率慢一些，並且會被列出在包裝標籤上。

丙酮—甲苯—甲醇（ATM）

丙酮、甲苯和甲醇（包括其他酮類、二甲苯和酒精替代品）是漆稀釋劑中的三種基本成分。如果你曾經將漆稀釋劑塗抹在表面處理塗層上，會非常熟悉這種溶劑混合物的破壞性。它會溶解蟲膠、合成漆和水基表面處理產品，並能軟化清漆，有時造成清漆塗層起皺。製造商利用這類溶劑的溶解能力製成了不含二氯甲烷的剝離劑。這

類剝離劑包含以下兩種類型：

- 含蠟以減緩溶劑揮發速率的剝離劑，通常因為含有增稠劑而呈膏狀；
- 不含蠟和增稠劑的修復劑。

丙酮—甲苯—甲醇剝離劑同樣有液態和均勻膏狀兩種形態，分為可水洗和不可水洗的類型，使用方法與前邊講到的四種二氯甲烷剝離劑相同。丙酮—甲苯—甲醇剝離劑在剝離大多數老舊塗層時表現出色。這種剝離劑有效是因為蠟延緩了溶劑的揮發，使其與表面處理塗層的接觸時間足夠長，可以完全滲入。它們的優勢是：價格便宜且性能良好，並且沒有類似二氯甲烷的健康風險。其缺點是：比二氯甲烷剝離劑的剝離能力弱，高度易燃，會導致空氣汙染，並且有些品牌的產品中含有鹼，會導致硬木的顏色變深。

丙酮—甲苯—甲醇修復劑則不含蠟，所以溶劑揮發迅速——會在其滲透並徹底軟化塗層之前揮發掉。因此除了蟲膠、合成漆和水基表面處理產品，修復劑對其他表面處理塗層都是無效的。即使是處理蟲膠、合成漆和水基表面處理產品製作的塗層，修復劑的剝離效能依然不高。因為修復劑中的溶劑揮發極其迅速，所以必須使用鋼絲絨擦拭才能將塗層剝離。你無法像使用剝離劑那樣擦掉表面處理塗層，通常廠家會推薦使用機械方式去除軟化的塗層。

修復劑對清漆和所有雙組分表面處理產品形成的老舊塗層是無效的（儘管製造商聲稱有效），同時缺乏鑒別待剝離塗層類型的指導說明，這是這類剝離劑最嚴重的缺陷。很多人因為需要花費大量的精力使用鋼絲絨擦除表面處理塗層而備感挫敗。此外，考慮到修復劑本質上是一種漆稀釋劑（可以使用漆稀釋劑代替它），很多品牌的產品價格過高了。修復劑的優點在於不含蠟，所以不會出現影響塗抹新的表面處理塗層的情況，無須在剝離塗層後使用溶劑清洗木料表面，因此節省了一個步驟。

傳言

有些修復劑可以「調節」木料狀態。

事實

木料不需要調節。修復劑中所包含的「調節劑」實際上是礦物油。在丙酮—甲苯—甲醇的溶劑揮發後，少量的礦物油會殘留在木料上，使木料看起來不那麼乾燥。當你塗抹表面處理產品後這種現象就會消失。礦物油對木料沒有什麼好處。如果有的話，那就是它會削弱表面處理產品（尤其是水基表面處理產品）與木料的黏合強度。

N—甲基吡咯烷酮（NMP）

N—甲基吡咯烷酮剝離劑不像二氯甲烷和丙酮—甲苯—甲醇那樣有效，但是它揮發速率極慢，蒸氣不會在空氣中快速積聚，因此在使用時毒性很小，且不易燃，同時也沒有被環境保護局列為空氣汙染物。由於溶劑揮發速率非常慢，所以這種剝離劑不需要添加蠟來增加溶劑與表面處理塗層接觸的時間，因此也不存在完成剝離後清除蠟的問題。不過，N—甲基吡咯烷酮價格昂貴，基於N—甲基吡咯烷酮的剝離劑價格都很高。

為了降低成本，可以將其他慢揮發和剝離能力較弱的溶劑與之混合使用。這樣的溶劑包括一些二元酯——比如己二酸酯、琥珀酸酯和戊二酸酯（DBE）——以及3—乙氧基丙酸乙酯（EEP）、γ—丁內酯（BLO）。這些溶劑的訊息都會在包裝上列出。

剝離劑的安全性

所有的剝離劑都對健康有害。如果連油漆溶劑油都會引起頭暈和煩躁，這些剝離劑又怎麼能例外呢？無論如何，這一點必須澄清，因為很多廠家宣稱他們的剝離劑是安全的。有些剝離劑產品甚至名字中都帶有「安全」字樣，這更增加了欺騙性。

剝離劑的安全性問題在20世紀80年代中期被推上了風口浪尖，因為高劑量的二氯甲烷導致特定的實驗小鼠品系出現了癌症，並在大鼠中誘發了良性腫瘤。儘管四項主要的人體研究沒有證據顯示二氯甲烷對人類具有致癌性，但它仍然被美國國家環境保護局列為了潛在的致癌物。這四項研究涵蓋了超過6000名職業工人，他們在其職業生涯中每天都會接觸二氯甲烷。

即使二氯甲烷致癌的風險極小，也足以驅動廠家迫切尋找其他可以剝離表面處理塗層的溶劑了。丙酮—甲苯—甲醇剝離劑已經存在，但這些剝離劑本身高度易燃並且具有相當高的毒性（儘管不致癌）。廠家選擇N—甲基吡咯烷酮作為最有可能的候選者。它的特點並不是毒性減弱，而是揮發減緩。高濃度的N—甲基吡咯烷酮蒸氣毒性極高，但其揮發速率極慢，需要數天時間才能達到二氯甲烷或丙酮—甲苯—甲醇數分鐘揮發至空氣中形成的濃度。在這段時間裡，正常的空氣流動已經完成了多次室內空氣的更新。

理解這一點差別非常重要，只有這樣你才能明白一些廠家的惡意投訴和反投訴行為。一方面，N—甲基吡咯烷酮剝離劑的製造者需要說服用戶，二氯甲烷和丙酮—甲苯—甲醇對健康不利，否則用戶可能不會購買他們的產品，因為它們並非無毒，只是揮發速率相當緩慢，而且價格昂貴。另一方面，二氯甲烷和丙酮—甲苯—甲醇的製造者會理直氣壯地聲稱，N—甲基吡咯烷酮剝離劑在相同的蒸氣濃度下比二氯甲烷和丙酮—甲苯—甲醇毒性更強（事實確實如此）。

所有的溶劑，不管是剝離劑還是稀釋劑都對用戶的健康有害。我們對溶劑了解得愈多，發現的問題就會愈多。比如，在20世紀70年代，二氯甲烷在人們的認知中還是安全的，並用來代替剝離劑中被發現具有致癌性的苯。你應該在戶外或者對流通風良好的室內工作，盡可能減少在溶劑煙霧中的暴露。請佩戴美國國家職業安全與衛生研究所認證的有機蒸氣防護面罩，但你不能單純依賴它，因為這種面罩抵禦二氯甲烷煙霧的有效時間非常短。做好安排，保證良好的通風，你還是要依靠呼吸新鮮空氣來避免中毒。

破解密碼——剝離劑綜述

製造商通常會在包裝上列出剝離劑中的所有溶劑成分。他們不需要列出每種成分的含量，因為產品配方在行業內是確定的，可以根據給出的溶劑組合推測出相應的配比。

成分	配比
二氯甲烷 甲醇	75%～85%二氯甲烷* 4%～10%甲醇
二氯甲烷 甲醇 氫氧化氨（並不總是列出）	75%～85%二氯甲烷* 4%～10%甲醇 1%～5%氫氧化氨
二氯甲烷 丙酮 甲苯 甲醇 （可用其他酮類溶劑代替丙酮，用二甲苯代替甲苯）	25%～60%二氯甲烷 其他每種成分比例均在10%～40%
丙酮 甲苯 甲醇（丙酮－甲苯－甲醇剝離劑） （可用其他酮類溶劑代替丙酮，用二甲苯代替甲苯）	每種成分比例均在10%～40%
丙酮 甲苯 甲醇（丙酮—甲苯—甲醇修復劑）	每種成分比例均在10%～40%
N—甲基吡咯烷酮	40%～80%N－甲基吡咯烷酮

注：*表示二氯甲烷含量高的剝離劑不易燃（產品包裝上通常會注明），並且比相同規格的其他剝離劑產品重得多。

	相對強度	潛在問題	安全問題	備注
	除了最堅硬的塗層，對其他表面處理塗層均有效	含有蠟，需要在塗抹新的表面處理塗層前將其去除	蒸氣對健康有害	在戶外或者對流通風良好的房間內操作
	市售的油漆—清漆剝離劑產品中效能最強的	含有蠟，需要在塗抹新的表面處理塗層前將其去除。氫氧化氨會使很多硬木顏色變深	蒸氣對健康有害	在戶外或者對流通風良好的房間內操作。可用於處理異常堅固的塗層
	可以剝離大多數的老舊塗層	含有蠟，需要在塗抹新的表面處理塗層前將其去除	蒸氣對健康有害。蒸氣和液態溶劑存在誘發火災的風險	在戶外或者對流通風良好的房間內操作。是一種能夠剝離大多數老舊塗層的高性價比選擇
	可以剝離大多數的老舊塗層	含有蠟，需要在塗抹新的表面處理塗層前將其去除。有些產品含有氫氧化氨但未注明，可能會導致很多硬木顏色變深	蒸氣對健康有害。蒸氣和液態溶劑存在誘發火災的風險	在戶外或者對流通風良好的房間內操作。是一種能夠剝離大多數老舊塗層的高性價比選擇
	能夠溶解蟲膠、合成漆和水基表面處理產品，對其他表面處理產品無效	效率很低的剝離劑，因為其中不含蠟，所以無法減緩溶劑的揮發速率	蒸氣對健康有害。蒸氣和液態溶劑存在誘發火災的風險	在戶外或者對流通風良好的房間內操作。很多使用者會在修復劑不起作用時備感挫敗
	比二氯甲烷剝離劑的起效速度慢得多	需加快速度	因為揮發很慢，所以相對安全	在所有剝離劑溶劑中最為昂貴

從20世紀40年代開始，N—甲基吡咯烷酮作為清潔溶劑被廣泛使用。在20世紀90年代早期，二氯甲烷由於潛在的致癌性受到了攻擊，很多公司開始使用N—甲基吡咯烷酮作為替代品。隨著N—甲基吡咯烷酮類剝離劑的廣泛使用，你幾乎可以在所有的塗料商店找到來自不同品牌的此類產品。不幸的是，N—甲基吡咯烷酮類剝離劑後來成了不做產品推廣的典型案例，現在已經很難找到了。

基於N—甲基吡咯烷酮的剝離劑起效緩慢，而且需要幾天時間才能從木料表面揮發。因此，如果有必要，可以將處理後的表面放置幾天，等待剝離劑穿透多層表面處理塗層。如果你的時間相對寬裕，這樣操作的工作量會比使用快揮發型剝

專業剝離

專業剝離工房使用的剝離劑與業餘愛好者剝離表面處理塗層使用的剝離劑含有的溶劑和化學成分基本相同。二者最大的差別在於工房擁有更高效的設備和方法進行剝離。

有兩種主要的剝離系統：流動（也常被稱為「橫流」）系統和桶裝處理系統。流動系統使用軟管和水泵讓剝離劑（通常使用二氯甲烷，但是其他剝離劑也是可以的）持續地流過置於金屬托盤中的物品表面，同時用硬毛刷刷洗。（很多毛刷與軟管是相連的，這樣刷子就可以在刷洗的同時起到分配剝離劑的作用。）對於頑固的表面處理塗層，應在剝離劑流過物品表面後浸泡一段時間，然後再開始刷洗。淤渣會被沖下，沿排水管流動並通過篩網過濾，塗料殘渣和其他一些固體顆粒被濾網捕獲，經過過濾的剝離劑則通過水泵進行再循環利用。

在所有的表面處理塗層都被剝離或者出現鬆動之後，物品被放置在某個臺面上，用高壓清洗機對其進行清洗。晾乾，然後就可以開始打磨木料表面並重新製作表面處理塗層了。

桶裝處理系統使用兩個大桶，一個裝滿鹼液，另一個裝有草酸。首先把待處理物品放入鹼液中浸泡，一直持續到表面處理塗層鬆動並可以刷洗掉的狀態。接下來將其放入盛有草酸的桶中以中和鹼液，並漂白在鹼液作用下顏色變深的木料。然後從草酸溶液中取出物品並用軟管沖洗乾淨。晾乾，然後就可以開始打磨木料表面並重新製作表面處理塗層了。

兩種系統都很有效，但通常都需要大量的打磨操作，因為水會導致木料起毛刺。流動系統對木料的傷害較小，但其使用的剝離劑相當昂貴。桶裝系統使用的化學品要便宜得多，但如果浸泡時間過長，鹼液會對木料造成嚴重損害，並會溶解原有的膠水。

桶裝系統在修復師群體中口碑極差。儘管對訓練有素的操作者來說，這個系統的破壞性並不強，但對於大多數木製家具，最好使用流動系統進行表面處理塗層的剝離。金屬家具和木質鑲邊則可以使用桶裝系統安全地完成表面處理塗層的剝離。

離劑的常規工序少得多，因為快揮發型剝離劑通常需要塗抹多次。我通常會選擇這種剝離劑而不是快揮發型的產品，因為它可以減少一些工作量。

但是基於N—甲基吡咯烷酮的剝離劑產品並沒有按照這樣的思路進行宣傳和銷售。它們曾經（現在仍是）按照30分鐘內可以見效的特性被推廣，結果被扣上了「不起作用」的帽子，正因如此，現在很難在塗料商店或家居中心找到這種產品的存貨。

這些剝離劑通常被標榜為「可生物降解」，這是可怕的誤導。快揮發型剝離劑並非一定是可生物降解的。這種誤解源於它們揮發得太快，以至於在剝離塗層時已經沒有任何殘留了。N—甲基吡咯烷酮剝離塗層形成的淤渣會在相當長的時間內維持潮溼狀態，無論在哪裡都會被認定為危險廢物，因為其中包含了被剝離下來的塗層塗料。所以，為了安全起見，你不應在這種淤渣乾燥之前將其丟到垃圾桶裡。

傳言

基於N—甲基吡咯烷酮的剝離劑屬於環境友好型產品，因為它們是可生物降解的。

事實

剝離劑有可能是可生物降解的，但是剝離塗層形成的淤渣是有害的廢棄物。在N—甲基吡咯烷酮剝離劑完全揮發、淤渣變硬之前，這種廢棄物的危害性不會消失。除非你想處理容器中尚未使用的N—甲基吡咯烷酮剝離劑，否則「可生物降解」是毫無意義的。

鹼液

鹼液可能是最古老的化學脫漆劑。它非常有效，但是使用風險大並且會傷害木料。專業的剝離師經常使用鹼液，他們通常會把家具浸入裝滿鹼液的加熱桶中。鹼液能夠剝離表面處理塗層，但也會溶解膠水，損害木料。木料表面會變得柔軟鬆散，需要用力打磨才能磨穿塗層露出下面的木料。很多家具都因為使用鹼液作為剝離劑而慘遭破壞，剝離工房同樣因為在剝離操作中濫用這種化學品而名聲不佳。

當然，鹼液並不總是破壞者。它可以將木料孔隙內的頑固塗料溶解，同時不會過於損害木料。它可以有效地剝離金屬物品（鋁製品除外）表面的塗層而不損傷金屬。它可以用於剝離牛奶漆塗層。這是一種在18世紀和19世紀曾經使用的酪蛋白塗料，很難用其他剝離劑去除。它也是一種可用於處理戶外木製品、磚石結構和混凝土結構的寬大表面以及室內石膏物品或軟木鑲邊的廉價且有效的剝離劑。

可以在1gal（3.8L）溫水中溶解0.25lb（0.11kg）氫氧化鈉（塗料商店有售）製成鹼液剝離劑。不要使用鋁質或塑料容器，並確保將氫氧化鈉放入水中，而不是將水澆在氫氧化鈉固體上（氫氧化鈉與水接觸產生的溶解熱會使固體表面的水迅速沸騰造成灼傷）。氫氧化鈉與水混合會釋放出大量的溶解熱，所以不要用手握持容器。

警告！！！

鹼液可能會導致嚴重的化學灼傷。在使用鹼液時，應佩戴護目鏡、手套和防護服，以保護自己免受飛濺的鹼液傷害。

使用剝離劑的常見問題

如果曾經做過剝離工作，你會發現，剝離操作並不像分步說明介紹的那樣簡單（參閱第364頁「使用剝離劑」）。以下是一些常見問題、問題原因及其解決方案。

問題	原因	解決方案
剝離劑不起作用	處理時間不夠長	處理更長時間。當溫度低於18.3℃時，剝離劑的作用速度會明顯變慢；當溫度高於29.4℃時，剝離劑的揮發速率會明顯加快。可以塗抹更多層剝離劑來保持處理表面的溼潤狀態，或者用塑料薄膜將表面蓋起來
	剝離劑的強度不夠。（你可以剝離一層塗層，卻無法繼續剝離下一個塗層，因為這些塗層使用了不同的表面處理產品）	換用一種更強效的剝離劑（參閱第358頁「破解密碼——剝離劑綜述」）
		使用60目或80目的砂紙打磨塗層表面，以增加剝離劑的作用面積
	錯把染色劑當作表面處理產品使用。實際上你已經剝離了所有表面處理塗層，殘留下的其實是染色劑。剝離劑無法將染色劑完全除去	延長木料乾燥時間。如果在反光下木料表面或孔隙區域沒有光澤，則說明表面處理塗層已被剝離。這時的木料摸起來就像裸木一樣
無法將塗料從孔隙中剝離	油基（反應固化型）塗料不會溶解。它們會膨脹起泡。有時乳膠漆也會這樣。孔隙內的塗料由於缺少膨脹的空間，所以會一直殘留在孔隙中，直到它被擦拭並出現鬆動	在木料表面塗抹更多的剝離劑。用柔軟的黃銅毛刷順著紋理方向擦洗木料。去除黏性泥漿。如有必要，可以重複操作。這種方法可能不適合處理松木、楊木等紋理緻密的木料。這種情況下可以嘗試使用氨水剝離塗層，然後再打磨
無法將染色劑從孔隙中剝離	染色劑可以是基於各種溶劑的染料，也可以是含有不同黏合劑的色素。沒有哪種剝離劑可以將它們完全去除（參閱第4章「木料染色」）	沒有必要去除全部染色劑，然後重新染色，以獲得與之前相當的或更深的顏色。可以去除一部分水溶性的染料染色劑，這也是老家具中最常用的染色劑類型。可以用剝離劑除去一部分溶劑型的染料染色劑，也可以用氯漂白劑（家庭或游泳池使用的那種）去除大部分染料的顏色，但這會導致木料變白。（注意保護自己免受有機蒸氣的傷害。）可以使用上面提到的去除孔隙中塗料的方法去除孔隙中的色素染色劑（稀釋的塗料）

問題	原因	解決方案
剝離劑在木料表面形成條紋並加深了木料的顏色	鹼液和含鹼的剝離劑會使很多硬木的顏色變深	使用草酸漂白深色的汙漬（參閱第354頁「使用草酸」）。草酸基本不會漂白木料本身，但它能去除鹼性汙漬。它也可以去除鏽漬（棕色或黑色的水漬）
表面處理塗層被剝離之後，染色劑著色不均	木料本身有問題	參閱第85頁「常見染色問題、原因及解決方法」解決這個問題
	沒有剝離所有的表面處理塗層。殘留在木料中的塗料阻止了染色劑均勻地滲透	重新剝離木料表面的塗層。使用180～280目的砂紙輕輕打磨，確保所有的表面處理塗層被除去
新的表面處理塗層無法完全乾燥，或者固化後出現剝落	沒有去除剝離劑中所有的蠟	剝離沒有完全乾燥的表面處理塗層，使用油漆溶劑油、石腦油或漆稀釋劑徹底清洗木料表面。不斷折疊並翻轉抹布，確保將蠟從木料表面去除，而不是擦拭得到處都是
在打磨剝離塗層的木料表面時，砂紙出現堵塞	剝離劑（N—甲基吡咯烷酮）沒有完全揮發	等待更長時間，使用熱源加熱木料，或者用酒精或漆稀釋劑清洗木料以加速乾燥
	沒有剝離所有的表面處理塗層	重新剝離表面處理塗層，如果你不介意光澤，請持續打磨，直到砂紙不再出現堵塞，表明木料表面已經沒有表面處理塗層了

使用剝離劑

剝離表面處理塗層不需要特殊技能，但這個過程可能會對你的健康產生不利影響，而且有些剝離劑是易燃的。以下介紹了除修復劑（參閱第355頁「丙酮—甲苯—甲醇」）和鹼（參閱第361頁「鹼液」和第362頁「使用剝離劑的常見問題」）之外的常見剝離劑的使用方法。

1 在室外陰涼處或有良好對流通風的房間內工作。在溫暖的環境下工作，因為剝離劑在低溫下會失去效能。如果使用易燃剝離劑，請遠離明火或火花。

2 將五金連接件和可輕鬆拆卸並且難以觸及的部件取下。如果五金連接件也需要剝離塗料，可以將其浸泡在裝有剝離劑的容器內。

3 穿戴長袖襯衫、耐溶劑的手套（丁基或氯丁橡膠），佩戴眼鏡或護目鏡。

4 搖動盛有剝離劑的容器。先用一塊布蓋住蓋子，然後再緩慢將其打開，使壓力逐漸得到釋放。然後將剝離劑倒入一個廣口瓶或廣口罐中。

5 使用舊的或者便宜的油漆刷在木料表面刷塗厚厚的一層剝離劑。（注意，某些合成毛毛刷會在二氯甲烷剝離劑中溶解。）向著一個方向刷塗，而不是來回刷。這有助於形成厚塗層。剝離劑中的蠟會上浮到溶劑表面，如果沒

使用舊的或者便宜的刷子在木料表面刷塗一層厚厚的剝離劑。

有受到擾動的話可以延緩溶劑的揮發。

6　留出足夠的時間使剝離劑作用於塗層表面。然後使用油灰刀試一試，看能否將塗層薄膜從木料表面剝離。如果最初塗抹的剝離劑揮發掉了，需要添加更多的剝離劑。（可以在塗層表面覆蓋一層保鮮膜減緩溶劑的揮發。）如果能夠保持塗層的溼潤狀態並提供足夠的滲透時間，所有類型的剝離劑都可以一次性剝離很多塗層。

7　根據情況，可按照以下方法去除溶解的、起泡的或軟化的塗層薄膜。

■使用一塊塑料刮片或者一把寬而鈍的油灰刀將平整區域的塗層薄膜刮下，放入桶內或紙盒中。油灰刀應該是乾淨平滑的，因此需要用銼刀將其邊角銼圓，以免刮傷木料表面。

■使用重型紙巾浸潤並擦除溶解的塗層。

■使用刨花（平刨或壓刨產生的）在木料表面揉搓，吸附溶解的或起泡的塗層薄膜，然後用硬毛刷將其刷去。

■使用1號天然羊毛墊或者合成鋼絲絨（思高）將線腳、木旋件和雕刻件上軟化或起泡的塗層薄膜破壞、打斷。

■在木旋件的凹槽附近使用一根粗線或繩子反覆拉拽，以清除起泡的塗層表面。使用一端

用塑料刮片或油灰刀刮去平整表面上溶解或起泡的塗層。

使用刨花揉搓溶解的或起泡的塗層。

使用剝離劑（續）

削尖的木棒或木銷將裂紋和凹槽處軟化的塗層碎片取出，這樣可以避免尖利的金屬劃傷表面。

■在剝離塗層後沒有必要進行打磨，除非木料本身存在問題，比如存在劃痕和刀痕需要去除。打磨也會去除人們追求的老舊家具的時代特性。這些特性包含木料表面顏色的變化、銅鏽和正常的磨損痕跡。在大多數情況下，剝離後需要打磨的唯一原因是，清除所有的表面處理塗層。任何殘留的舊塗層都會堵塞砂紙。選擇180～280目的細砂紙輕輕打磨。如果發現木料表面仍有殘餘的塗層，更好、更簡單的方法是再次進行剝離，而不是將其打磨除去。

8 在木料表面塗抹更多的剝離劑，並用軟黃銅刷刷去木料孔隙中殘留的任何塗料或染色劑。擦拭要順紋理方向進行。

9 使用油漆溶劑油，石腦油或漆稀釋劑清洗木料，除去來自剝離劑的、殘留在木料表面的蠟。如果使用的是修復劑或N—甲基吡咯烷酮剝離劑則不需要此步驟，因為它們不含蠟。不過，使用N—甲基吡咯烷酮剝離劑時需要等待幾天時間，讓木料孔隙中的殘留溶劑完全揮發掉。如果想加速溶劑揮發，可以使用加熱燈加熱，或者用酒精或漆稀釋劑擦拭。

如果你需要使用鋼絲絨或研磨墊幫助去除塗層，可能會出現顏色去除不均勻的情況，導致在進行修復時產生顏色問題。如果可能，最好使用抹布、紙巾或塑料（不是金屬）刮片來清除塗層薄膜。

10 待剝離殘渣中的溶劑完全揮發，可以將其扔進垃圾桶，除非當地法律禁止這樣做。事實上，乾燥的殘渣與剝離之前家具表面的塗層本質上是完全相同的。相比於把做過表面處理的整個木製品扔過去，將乾燥的塗料殘渣送去垃圾處理廠並不會導致更多的汙染。

用硬毛刷刷去凹槽處殘留的刨花。

通過在木旋件的凹槽附近使用一根粗線或繩子反覆拉拽，清除溶解的或起泡的塗層。

使用軟黃銅刷刷去木料孔隙中殘留的任何塗料或染色劑。擦拭操作應順紋理進行。

表面處理塗層的退化及古董鑒定電視節目

你會發現古董鑒定這樣的電視節目非常具有諷刺意味，他們非常努力地引導人們了解古董和它們的價值，結果卻造成了對大量古董家具的破壞。這是節目的鑒定人員阻止人們修復古董家具的結果，即使是那些老舊但還未成為古董的家具也未能幸免。我在第1章「為什麼木料必須做表面處理？」中描述了表面處理塗層退化的必然結果，除了外表不美觀，還會導致接合處鬆動、木皮剝落、木板翹曲和開裂，然後在某個時間，家具可能會被扔掉。

這些電視節目傳遞的錯誤訊息是，修復表面處理塗層會降低古董家具的價值，他們通常會說：「如果沒有為這件家具做修復處理，它的價值是X美元。但因為做了修復處理，它現在的價值只有Y美元。」兩種情況下家具的價值差距相當大，而且鑒定人員比較的重點是家具是否處於接近完美的狀態。家具需要進行修復的原因則很少被提及。

為什麼要為家具做修復呢？當然是因為現有的表面處理塗層狀態很糟糕。如果沒有為家具做修復，而是任由塗層現有的狀況發展下去，這件家具還能估價多少呢？應該比較這個，而不是家具是否處於接近完美的狀態。如果保存下來的家具狀態非常糟糕，其價值應該比經過修復、狀態良好的家具更低。這些鑒定人應該這樣表述：「這件家具顯然在某個時期的狀態很差，並且做過修復。這很好，家具因此得以保存下來，現在價值Y美元。如果這件家具沒有做過修復，那它現在的價值會大大降低。此外，如果某件家具一直存放在房間內的黑暗角落（陽光會破壞表面處理塗層），並且幾代人都沒有移動或使用過（磨損會破壞表面處理塗層），它可能會呈現一種「嶄新的」原始狀態，這種情況非常罕見。此時家具的價格是X美元，但是沒有人會因為獲得一件沒有使用過的家具而感到愉快。」

除了極少數保存完好並因其稀有性而價值不菲的家具（它們仍將被保存在理想的溫度和溼度條件下），對於表面處理塗層退化嚴重的家具，修復沒有任何錯誤。事實上，應該為家具做修復處理，理想情況下，你應該盡可能地保護家具的老舊外觀，或者使其恢復原貌。這兩種做法在市場上都有其倡導者以及買家。

使用天然鬃毛刷將配好的鹼液刷塗至塗層表面。等待足夠長的時間，讓鹼液剛好可以溶解塗料，同時不會損害木料。在剝離表面處理塗層之後，你需要將白醋和水等比例混合配製成溶液清洗木料，以中和鹼液。如果沒有中和鹼液，殘留的鹼液可能會在隨後的某個時間點由於水分的滲入重新活化，恢復活性的鹼液會剝離其所在部位的新塗層。

選擇剝離劑

如何在不同類型的剝離劑中進行選擇？首先，你要決定是否願意承擔使用二氯甲烷剝離劑所帶來的健康風險。如果可以，你就可以選擇最便宜的產品完成剝離工作。最弱的配方——經丙酮和甲苯稀釋的二氯甲烷—甲醇剝離劑是最便宜的，並且可以完成大多數老舊塗層的剝離。更為堅韌的表面處理塗層，比如聚氨酯製作的塗層，則需要使用只含有二氯甲烷和甲醇的剝離劑。最為堅硬的塗層，比如催化型表面處理產品、聚酯和烤漆塗層，需要使用鹼或酸強化的二氯甲烷剝離劑，並且可以使用60目或80目的砂紙打磨塗層，以提高剝離的成功率。

如果你不知道需要剝離的塗層使用了何種塗料，同時希望確保所選的剝離劑能夠發揮作用，那你可以使用二氯甲烷—甲醇剝離劑。這種剝離劑幾乎可以剝離所有未經染色處理的塗層。

如果你不想使自己暴露在二氯甲烷中，那可以使用丙酮—甲苯—甲醇剝離劑。這種剝離劑當然不如二氯甲烷那樣強效，但足以剝離大多數的老舊塗層。

如果你希望盡可能地減少接觸有毒溶劑，同時願意支付更多的錢，可以使用N—甲基吡咯烷酮剝離劑。你要做的就是為其提供滲透塗層所需的時間。

如果你需要剝離金屬（不包括鋁）表面的塗層，或者你並不擔心木料是否會受損，並且可以保護好自己，可以考慮使用鹼液。在使用鹼液剝離塗層時，要確保鹼液與塗層接觸的時間足夠長，可以充分溶解塗料，同時時間不能過長，以免損害下層的木料。

如果這些方法都失敗了，你需要通過刮削、打磨或使用熱風槍的方式剝離塗層。

Touch-Up Stick
Premier

後　記

你現在已經了解了所有的初級、中級表面處理知識以及一些高級技術。你一定認識到，如果在開始時便準確地理解了材料的性能和一些簡單工具的使用方法，表面處理其實並不是一個很難駕馭的主題。當然，掌握木料表面處理技術確實需要大量的經驗。不幸的是，由於製造商的誤導及其提供的大量不準確的訊息，以及木工雜誌和木工書籍中流傳的大量自相矛盾的訊息，木料表面處理的難度大大增加了。

自從1994年本書的第1版發行以來，製造商在提供更完善、更準確的產品訊息方面依然毫無長進。但是一些木工雜誌和木工書籍的出版商已經在為提高訊息的準確性而努力了，他們值得稱讚。

當我參加研討會的時候，我會呼籲與會者將其遇到的不準確的或誤導性的訊息表達出來，然後向製造商或出版商投訴，或者通知那些零售商店的店員或郵購公司，要求他們將問題反饋給製造商。在這裡，我也會向你發出同樣的呼籲。我業已確信，在這一領域，「消費者反抗」已經開始取得成效。如果沒有這些改變，思維惰性會一直持續下去。

我有幸被邀請編寫本書的第1版。現在撰寫第2版更是讓我感到榮幸之至。在此我要特別感謝《讀者文摘》（Reader's Digest）的克里斯・雷焦（Chris Reggio）和多洛雷斯・約克（Dolores York）。感謝他們對我的信任。

在撰寫這本書的時候，我非常榮幸可以和另外兩位傑出人士一起合作，那就是里克・馬斯特利（Rick Mastelli）和德博拉・菲利安（Deborah Fillion），他們同樣參與了本書第1版的創作。一本指導性書籍的成功與訊息的呈現方式密切相關，它們與訊息本身同等重要。里克（編輯和攝影師）和德博拉（封面和版式設計師）做得非常好，將訊息完美地呈現在讀者面前。如果你覺得這本書非常吸引人，又很容易學習，這都要歸功於他們。

在學習木料表面處理的過程中，很多人幫助過我。其中第一位的就是吉姆・麥克洛斯基（Jim Mc Closkey），他讓我主持《表面處理與修復》（*Finishing and Restoration*）雜誌，也就是之前的《專業修復》（*Professional Refinishing*）雜誌的編輯工作足足有4年。在這些年中，我從來自美國各地的高水平的修復師那裡學到了很多。另外一個為我提供大量幫助的群體是眾多主流木工雜誌的編輯，這些雜誌包括：《木工房新聞》（*Woodshop News*）、《大眾木工》（*Popular Woodworking*）、《木工》（*Woodwork*）、《緬因古董文摘》（*Maine Antique Digest*）、《塗料經銷商》（*The Paint Dealer*）以及《美國塗料承包商》（*American Painting Contractor*），他們給了我很多機會，讓我在雜誌上探討了數以百計的關於表面處理的話題。在撰寫本書的時候，我已經把這些文章中的很多內容融入其中。

我同樣很榮幸能夠結識這樣一批多年來為我提供技術訊息支持的朋友。其中表現最為出眾的是戴維・比切（David Bueche）、邁克・福克斯

（Mike Fox）、傑里・洪特（Jerry Hund）、戴維・傑克遜（David Jackson）、勞埃德・哈斯特拉（Lloyd Haabstra）、拉斯姆・拉米雷斯（Russ Ramirze）以及格雷格・威廉姆斯（Greg Williams）。

非常幸運，我在當地擁有一支陣容強大的木匠和表面處理師團隊，他們總能在我需要的時候給予我鼓勵和建議。在此我要特別感謝蘭德爾・凱恩（Randall Cain）、馬修・希爾（Matthew Hill）、比爾・赫爾（Bill Hull）、艾倫・萊克爾（Alan Lacer）以及布萊恩・斯洛科姆（Bryan Slocomb）。艾倫・萊克爾、布萊恩・斯洛科姆、克里斯・克里斯貝利（Chris Christenberry）、查爾斯・拉特克（Charles Radtke）以及邁克爾・珀伊爾（Michael Puryear），他們甚至無償為我提供了一些作品照片。吉姆・羅伯遜（Jim Roberson）則為我提供了一些他自己拍攝的工作照片。

最後，我要感謝對我來說最重要的人，我的妻子碧特（Birthe），在我追逐一個又一個冒險的路上，她一直相信並支持著我。

資　源

儘管當地的塗料商店和家居中心能夠提供你所需要的大多數產品，但它們無法提供木工表面處理基本需求之外的任何東西。分銷商和少數從事專業產品貿易的塗料商店能夠提供合成漆、雙組分表面處理產品、不起毛刺染色劑以及其他更為專業的表面處理產品。你可以把這些產品的訊息記在你的電話本裡。

你也可以在汽車用品商店找到優質的噴塗設備和種類繁多、用途廣泛的擦拭產品。這些商品資源也會在黃頁中列出。對於當地找不到的其他商品，你可以向提供郵購的供應商尋求幫助。下面列出了一些可靠的供應商，他們會根據你的要求提供產品目錄。

如果你不是專業的表面處理師，請務必查看www.woodfinishingsupplies.com網站，這是唯一一個面向非專業的表面處理人員的網站資源。

許多供應商提供莫霍克表面處理（Mohawk Finishing Products）這種專業廠家生產的消費型的貝倫兄弟（H. Behlen Bros.）品牌的表面處理材料。包含大量貝倫品牌產品的目錄帶有（B）標記。

許多目錄中還包含來自洛克伍德（W. D. Lockwood）的各種顏色的粉末染料。這些目錄帶有（L）標記。

少數目錄中會包含一些難以找到的樹脂、色素和化學產品。這些目錄標記為（C）。

本科銷售公司（Benco Sales, Inc.）
美國田納西州克羅斯維爾市（Crossville）
郵政編碼TN38557，郵政信箱3649
電話：（931）484-9578，（800）632-3626
網址：www.bencosales.com
為表面處理修復提供塗料和剝離劑產品的供應商

百威系統公司（Besway Systems, Inc.）
美國田納西州麥迪遜市（Madison）
威廉姆斯大街305號
郵政編碼TN37116
電話：（615）865-8310，（800）251-4166
網址：www.besway.com
為表面處理修復提供塗料和剝離劑產品的供應商

化學品商店網（TheChemistryStore.com）
美國佛羅里達州龐帕諾比奇（Pompano Beach）
520號東北26號院
郵政編碼FL33064
電話：（800）224-1430
網址：www.chemistrystore.com
提供多種常規途徑難以找到的化學產品，標記（C）

康斯坦丁（Constantine's）
美國佛羅里達州羅德岱堡（Ft. Lauderdale）
奧克蘭公園大道1040號西區

郵政編碼FL33334
電話：（954）561-1716，（800）443-9667
網址：www.constantines.com
提供各種表面處理產品，標記（B）（L）

加勒特・韋德公司（Garrett Wade Co.）
美國紐約州紐約市美洲大道161號
郵政編碼NY10013
電話：（212）807-1155，（800）221-2942
網址：www.garrettwade.com
提供各種表面處理產品，標記（B）

高夫幕牆（Goff's Curtain Walls）
美國威斯康辛州皮沃基市（Pewaukee）
威斯康星大道1225號西區
郵政編碼WI53072
電話：（262）691-4998，（800）234-0337
網址：www.goffscurtainwalls.com
提供噴漆工房用的重型塑料窗簾

高地五金（Highland Hardware）
美國喬治亞州亞特蘭大高地大街1045號北區
郵政編碼GA30306
電話：（404）872-4466，（800）241-6748
網址：www.tools-for-woodworking.com
提供各種表面處理產品以及課程，標記（B）

胡德表面處理（Hood Finishing Products）
紐澤西桑莫塞郡
郵政編碼NJ08875，郵政信箱97
電話：（732）828-7850，（800）229-0934
網址：www.hoodfinishing.com
為完成表面處理塗層及其修復提供塗料和剝離劑產品的供應商

家居表面處理（Homestead Finishing Products）
美國俄亥俄州克里夫蘭市
郵政編碼OH44136，郵政信箱360275
電話：（216）631-5309
網址：www.homesteadfinishing.com
提供各種表面處理產品，標記（B）

金世博木工房（Klingspor's Woodworking Shop）
美國北卡羅來納州希科里（Hickory）
郵政編碼NC28603，郵政信箱3737
電話：（828）327-7263，（800）228-0000
網址：www.woodworkingshop.com
提供各種表面處理產品，標記（B）

克雷默色素（Kremer Pigments）
美國紐約州紐約市伊麗莎白大街228號
郵政編碼NY10012
電話：（212）219-2394，（800）995-5501
網址：www.kremer-pigmente.com
提供各種普通表面處理產品以及多種專業產品，標記（C）

洛克伍德有限公司（W. D. Lockwood & Co.）
美國紐約州紐約市富蘭克林大街81-83號
郵政編碼NY10013
電話：（212）966-4046，（866）293-8913
網址：www.wdlockwood.com
美國表面處理行業最大的水溶性、醇溶性和油溶性粉末染料供應商，標記（B）（L）

優點產業（Merit Industries）
美國堪薩斯州堪薩斯市第10大街1020號北區
郵政編碼KS66101
電話：（913）371-4441，（800）856-4441
網址：www.meritindustries.com
提供各種表面處理產品和潤色產品，標記（B）

莫霍克表面處理
美國北卡羅來納州希科里
郵政編碼NC28603，郵政信箱373722000
電話：（828）261-0325，（800）545-0047
網址：www.mohawk-finishing.com
向專業表面處理和修復企業提供各種表面處理產品和修復產品，並在美國各地舉辦「表面處理塗層修復」研討會

洛克勒木工和五金公司（Rockler Woodworking and Hardware）
美國明尼蘇達州梅迪納柳樹大街4365號
郵政編碼MN55340
電話：（763）478-8200，（800）279-4441
網址：www.rockler.com
提供各種表面處理產品，並且洛克勒公司的商店遍布美國各地。提供相關課程

表面修復貨棧（Refinisher's Warehouse）
美國南卡羅來納州查爾斯頓埃米埃爾西大街13號
郵政編碼SC29407
電話：（843）556-4538，（800）636-8555
提供各種表面處理產品和修復產品，標記（B）

修復公司（Restorco）**奎克克林產品**（Kwick Kleenproducts）
美國印第安納州文森斯
郵政編碼IN47591，郵政信箱807
電話：（812）886-0556，（888）222-9767
網址：www.kwickkleen.com
為修復行業提供各種表面處理產品和剝離劑產品以及課程

舊磨坊專櫃商店（Olde Mill Cabinet Shoppe）
美國紐約州紐約市華盛頓路1660號貝蒂營
郵政編碼PA17402
電話：（717）755-8884
網址：www.oldemill.com
提供各種表面處理產品和修復產品以及課程。標記（B）（L）（C）

潤色補給站（Touch Up Depot）
美國德克薩斯州貝敦市蘇蘭德大街5215號郵政編碼TX77521
電話：（866）883-3768
網址：www.touchupdepot.com
提供各種表面處理產品、剝離劑產品和潤色產品。提供相關課程

潤色方案（Touch Up Solutions）
美國北卡羅來納州希科里
郵政編碼NC28603，郵政信箱9346
電話：（828）397-6206，（877）346-4747
網址：www.touchupsolutions.com
為表面處理和修復行業提供各種表面處理產品和潤色產品

範戴克修復者（Van Dyke's Restorers）
美國南達科塔州文索基特SC高速公路34號西側39771號
郵政編碼SD57385
電話：（605）796-4888，（800）558-1234
網址：www.vandykes.com
美國各種修復產品的最大供應商

木工技藝（Woodcraft）
美國西維吉尼亞州帕克斯堡機場工業園560號
郵政編碼WV26102
電話：（304）422-5412，（800）225-1153
網址：www.woodcraft.com
提供各種表面處理產品，並且木工技藝公司的商店遍布美國各地。提供相關課程。標記（B）

木工表面處理師──大師魔術（Wood Finisher's Supply-Master's Magic）
美國奧克拉何馬州埃爾里諾霍洛韋大街2300號郵政編碼OK73036
電話：（405）422-1025，（800）548-6583
網址：www.woodfinisherssupply.com
為表面處理和修復行業提供各種表面處理產品、剝離劑和潤色產品

木工表面處理（Wood Finishing Supplies）
美國明尼蘇達州羅切斯特B區38大街855號
郵政編碼MN55901
電話：（507）280-6515，（866）548-1677
網址：www.woodfinishingsupplies.com
為專業人士和非專業用戶提供關於表面處理產品和潤色產品的網站資源

木工塗料供應（Wood Finish Supply）
美國加利福尼亞州布拉格堡
郵政編碼CA95437，郵政信箱929
電話：（707）962-9480，（800）245-5611
網址：www.woodfinishsupply.com
提供各種表面處理產品以及多種專業產品，標記（B）（L）

木工供應（Woodworker's Supply）
美國新墨西哥州阿爾布開克市東北區林蔭道5604號
郵政編碼NM87113
電話：（505）821-0500，（800）645-9292
網址：www.woodworker.com
提供各種表面處理產品，標記（B）（L）

李威利工具公司（Lee Valley Tools,Ltd.）
加拿大安大略省溫哥華市莫里森大街1090號
郵政編碼K2H8K7
電話：（613）596-0350，
（800）461-5053 from USA
（800）267-8767 from Canada
網址：www.leevalley.com
提供各種表面處理產品，標記（B）（L）

聲明：由於加工木材和其他材料的過程本身存在受傷的風險，因此本書無法保證書中的技術對每個人來說都是安全的。本書沒有任何明示或暗示的保證，出版商和作者不對本書內容或讀者為了使用書中的技術使用相應工具造成的任何傷害或損失承擔任何責任。出版商和作者敦促所有操作者在開始任何操作之前仔細檢查並熟練掌握每種工具的使用，並遵守木工和表面處理操作的安全指南。

木工表面處理

出　　版／楓葉社文化事業有限公司
地　　址／新北市板橋區信義路163巷3號10樓
郵政劃撥／19907596　楓書坊文化出版社
網　　址／www.maplebook.com.tw
電　　話／02-2957-6096
傳　　真／02-2957-6435
作　　者／鮑勃・弗萊克斯納
譯　　者／曹值、陳潔
企劃編輯／陳依萱
校　　對／周季瀅
港澳經銷／泛華發行代理有限公司
定　　價／750元
初版日期／2020年11月

國家圖書館出版品預行編目資料

木工表面處理 / 鮑勃・弗萊克斯納作. --
初版. -- 新北市 : 楓葉社文化, 2020.11
面； 公分
譯自 : Understanding Wood Finishing
ISBN 978-986-370-241-2（平裝）
1. 木工
474　109014809